普通高等教育土建学科专业"十二五"规划教材

建筑水暖电安装工程计价

（工程造价与建筑管理类专业适用）

文桂萍　主编

代端明　卢燕芳　副主编

庞宗琨　黄鸣　主审

中国建筑工业出版社

图书在版编目（CIP）数据

建筑水暖电安装工程计价/文桂萍主编．—北京：中国建筑工业出版社，2013.5（2022.2重印）
普通高等教育土建学科专业“十二五”规划教材．（工程造价与建筑管理类专业适用）
ISBN 978-7-112-15482-1

Ⅰ.①建… Ⅱ.①文… Ⅲ.①给排水系统-建筑安装-工程造价-高等职业教育-教材②采暖设备-建筑安装-工程造价-高等职业教育-教材③电气设备-建筑安装-工程造价-高等职业教育-教材 Ⅳ.①TU723.3

中国版本图书馆CIP数据核字(2013)第114305号

本书主要介绍建筑水暖电安装工程各系统组成、各环节施工基本常识与计量计价方法、工程量清单与工程量清单计价书编制方法。

全书内容包括三个部分：第一部分建筑安装工程计价基础知识，介绍安装工程计价模式、编制与审核方法；第二部分建筑安装工程列项与工程量计算，介绍建筑水暖电各系统基本常识、各分部分项工程项目列项、工程量计算、计算实例等，这是本书的重点；第三部分建筑安装工程计价书的编制与工程实例，介绍工程量清单及招标控制价编制要求与注意事项。

本书适用于建筑类高等院校工程造价、建筑设备类、建筑经济管理等专业的教学用书，也可作为建筑安装工程技术人员、管理人员、造价员考前培训的参考用书。

为更好地支持相应课程的教学，我们向采用本书作为教材的教师提供教学课件，有需要者可与出版社联系，邮箱：jckj@cabp.com.cn，电话（010）58337285，建工书院 http：//edu.cabplink.com。

* * *

责任编辑：朱首明 张 晶 张 健
责任设计：董建平
责任校对：张 颖 刘 钰

普通高等教育土建学科专业“十二五”规划教材
建筑水暖电安装工程计价
（工程造价与建筑管理类专业适用）
文桂萍 主 编
代端明 卢燕芳 副主编
庞宗琨 黄 鸣 主 审

*

中国建筑工业出版社出版、发行（北京西郊百万庄）
各地新华书店、建筑书店经销
北京红光制版公司制版
北京建筑工业印刷厂印刷

*

开本：787×1092毫米 1/16 印张：19¾ 字数：490千字
2013年9月第一版 2022年2月第十次印刷
定价：**45.00**元（赠教师课件）（含光盘）
ISBN 978-7-112-15482-1
（24075）

教材编审委员会名单

序　言

住房和城乡建设部高职高专教育土建类专业教学指导委员会工程管理类专业分委员会（以下简称工程管理类分指委），是受教育部、住房和城乡建设部委托聘任和管理的专家机构。其主要工作职责是在教育部、住房和城乡建设部、全国高职高专教育土建类专业教学指导委员会的领导下，按照培养高端技能型人才的要求，研究和开发高职高专工程管理类专业的人才培养方案，制定工程管理类的工程造价专业、建筑经济管理专业、建筑工程管理专业的教育教学标准，持续开发“工学结合”及理论与实践紧密结合的特色教材。

高职高专工程管理类的工程造价、建筑经济管理、建筑工程管理等专业教材自2001年开发以来，经过“专业评估”、“示范性建设”、“骨干院校建设”等标志性的专业建设历程和普通高等教育“十一五”国家级规划教材、教育部普通高等教育精品教材的建设经历，已经形成了有特色的教材体系。

通过完成住建部课题“工程管理类学生学习效果评价系统”和“工程造价工作内容转换为学习内容研究”任务，为该系列“工学结合”教材的编写提供了方法和理论依据。使工程管理类专业的教材在培养高素质人才的过程中更加具有针对性和实用性。形成了“教材的理论知识新颖、实践训练科学、理论与实践结合完美”的特色。

本轮教材的编写体现了“工程管理类专业教学基本要求”的内容，根据2013年版的《建设工程工程量清单计价规范》内容改写了与清单计价和合同管理等方面的内容。根据“计标［2013］44号”的要求，改写了建筑安装工程费用项目组成的内容。总之，本轮教材的编写，继承了管理类分指委一贯坚持的“给学生最新的理论知识、指导学生按最新的方法完成实践任务”的指导思想，让该系列教材为我国的高职工程管理类专业的人才培养贡献我们的智慧和力量。

住房和城乡建设部高职高专教育土建类专业教学指导委员会
工程管理类专业分委员会

前　言

建筑水暖电安装工程计价是一项技术性、实践性很强的工作，它不仅涉及多方面的专业知识，还涉及国家经济政策、相关法律法规。为了让读者能掌握安装工程计价的基本技能，编者结合多年的工程实践经验与教学实践，在课程教案的基础上多次修改、反复补充，编写成这本书。

本书内容包括：安装工程预算定额及定额消耗量指标解释；安装工程费用项目构成及其计算；安装工程工程量清单及工程量清单计价的编制；建筑水暖电安装工程各子项目的清单列项、定额套价、工程量计算、案例等。

全书在内容安排上淡化理论，以广西地区为例，按项目的形式编排，旨在对照建筑水暖电各系统实际安装程序与各分部施工做法，讲解清单列项、工程量计算、定额套价，进而计算各项费用、计算工程总造价等方面的知识。重点突出实际应用，通俗易懂，有助于读者理解、掌握与动手操作。

本书主要由广西建设职业技术学院管理工程系文桂萍、代端明、卢燕芳编写，另外参编人员还有陈东、梁国赏、李瑜、鲍立平，由广西建设工程造价管理总站庞宗琨、广西建工集团投资发展部黄鸣主审。全书由代端明统稿。

书中的工程量计算与工程量清单、工程量清单计价书编制的具体做法和实例，仅代表编者个人对规范、定额和相关解释材料的理解，不妥和错漏之处在所难免，恳请读者批评指正。

目　录

第1篇　建筑安装工程计价基础知识

第2篇　建筑安装工程列项与工程量计算

第3篇　综　合　实　训

第1篇　建筑安装工程计价基础知识

1 计价模式简介

建筑工程计价模式分为定额计价模式、工程量清单计价模式两种。定额计价模式采用工料单价法，工程量清单计价模式采用综合单价法。

1.1　定额计价的发展简介

工程造价是工程建设的核心内容，也是建筑市场运行的核心环节。新中国成立以来，我国基本建设领域的承发包计价、定价一直实行计划经济体制下的标准定额计价管理模式。它是根据各地建设主管部门颁布的预算定额或综合定额中规定的工程量计算规则、定额单价和取费标准等，按照计量、套价、取费的方式进行计价。按这种计价模式计算出的工程造价反映了一定地区和一定时期建设工程的社会平均价值，可以作为考核固定资产建造成本、控制投资的直接依据。但预算定额的工、料、机的消耗量是根据社会平均水平综合测定的，费用标准是根据本地区大多数施工企业管理水平综合测定的，因此企业报价时就会表现为平均主义。企业不能结合项目具体情况、自身技术管理水平自主报价，不能充分调动企业加强管理的积极性，也不能充分体现市场公平竞争。

1.2　清单计价的发展简介

1.2.1　清单计价模式发展

随着我国建设市场的快速发展，招标投标制、合同制的逐步推行，工程造价计价依据改革不断深入，特别是2001年底我国加入了世界贸易组织（WTO），面对开放的国际市场竞争环境，按照WTO的要求，我国的工程计价方式与国际通行的工程量清单计价方式的接轨工作势在必行。根据“政府宏观调控、统一计价规则、企业自主报价、市场竞争形成价格”的改革目标，住房和城乡建设部（原建设部）于2002年初开始组织有关部门和地区的工程造价专家编制全国统一的工程量清单计价办法。为了增强工程量清单计价办法的权威性和强制性，以国家标准的形式推出了2003年《建设工程工程量清单计价规范》，于2003年7月1日起正式施行，并于2008年7月9日对规范进行了修订，从2008年12月1日起执行。采用这种方法投标，企业可以结合自身的生产效率、消耗水平和管理能力与已储备的本企业报价资料进行投标报价，工程造价由承发包双方在市场竞争中按价值规律通过合同确定。

工程量清单计价是改革和完善工程价格管理体制的一个重要组成部分。工程量清单计价法相对于传统的定额计价方法而言是一种全新的计价模式，或者说是一种市场定价模式，是由建筑产品的买方和卖方在建筑市场上根据供求状况、信息状况进行自由竞价，从而最终能够签订工程合同价格的方法。在工程量清单的计价过程中，工程量清单为建筑市场的交易双方提供了一个平等的平台，其内容和编制原则的确定是整个计价方式改革中的重要工作。

1.2.2　工程量清单的适用范围

根据2008《建设工程工程量清单计价规范》总则规定：全部使用国有资金投资或国有资金投资为主（以下简称国有资金投资）的工程建设项目，必须采用工程量清单计价；非国有资金投资的工程建设项目，可采用工程量清单计价。

1.2.3　工程量清单的作用

工程量清单是编制招标文件和投标报价的依据，也是支付工程进度款和竣工结算时调整工程量的依据。它供建设各方计价时使用，并为投标者提供一个公开、公平、公正的竞争环境，是评标、询标的基础，也为竣工时调整工程量、办理工程结算及工程索赔提供重要依据。工程量清单除了作为信息的载体，为潜在的投标者提供必要的信息外，还具有以下作用：

(1) 为投标者提供一个客观、公开、公正、公平的竞争环境。工程量清单由招标人统一提供，统一的工程量避免了由于计算不准确、项目不一致等人为因素造成的不公正影响，使投标者站在同一起跑线上，创造了一个公平的竞争环境。

(2) 是计价和询标、评标的基础。工程量清单由招标人提供，无论是上限控制价的编制还是企业投标报价，都必须在清单的基础上进行，同时也为今后的询标、评标奠定了基础。当然，如果发现清单有计算错误或是漏项，也可按招标文件的有关要求在中标后进行修正。

(3) 为施工过程中支付工程进度款提供依据。与合同结合，工程量清单为施工过程中的进度款支付提供了依据，是施工企业进行成本管理、经济核算的基础。

(4) 为办理工程结算、竣工结算及工程索赔提供了重要依据。

(5) 招标人利用工程量清单编制上限控制价，供评标时参考。

1.2.4　工程量清单计价的主要优点

(1) 工程量清单计价模式是实现“控制量、指导价、竞争费”的一种行之有效的途径。

(2) 投标单位采用综合单价法时，可以根据自身的管理水平、施工技术水平，在不低于本企业内部成本价的基础上自主报价，这样的报价真实地反映出投标单位的个别成本和建筑产品的价格，有利于形成建筑市场的公开、公正、公平的竞争机制，同时也有利于促使投标单位不断提高其管理水平和技术水平。

(3) 有利于节省时间，减少不必要的重复劳动。

(4) 可以减少投标单位的报价风险和防止投标单位高估冒算。

(5) 有利于与国际惯例接轨。

(6) 按照工程量清单签订的计量估价合同有利于工程实施过程中结算。

1.3　两种计价模式的联系和区别

1.3.1　二者的联系

(1) 定额计价在我国已使用多年，具有一定的科学性和实用性，清单计价规范的编制以定额为基础，参照和借鉴了定额的项目划分、计量单位、工程量计算规则等。

(2) 清单计价可根据定额子目进行组价。在确定清单综合单价时，一般以省（自治区）颁定额或企业定额为依据进行计算。

1.3.2 二者的区别

(1) 定额表现的是某一分部分项工程消耗什么，消耗量是多少；而分部分项工程量清单表现的是这一项目清单内包括了什么，对什么需要计价。

(2) 定额项目一般是按施工工序进行设置的，包括的工程内容相对工程量清单而言较为单一；而工程量清单项目的划分，一般是以一个“综合实体”考虑的，包括的工程内容一般不止一项。

(3) 定额消耗量是社会平均消耗量，企业依定额进行投标报价，不能完全反映企业的个别成本；清单计价规范不提供工料机消耗量，企业依招标人提供的工程量清单自主报价，反映的是企业的个别成本。

(4) 编制工程量清单时，是按分部分项工程实体净值计算工程量的；依定额计算工程量则考虑了规定的预留量。

(5) 工程量清单的计量单位为基本单位；定额工程量的计量单位一般为扩大单位。

定额计价与工程量清单计价是共存于招标投标计价活动中两种不同的计价方式。但计价规范作为国家标准，从资金来源方面规定了强制实行工程量清单计价的范围，即“全部使用国有资金或国有资金投资为主的大中型建设工程应执行本规范”，可以看出，工程量清单计价在建设工程招标投标计价活动中将逐步占据主导地位。

2 安装工程消耗量定额

2.1 全国统一安装工程预算定额

按 WBS（Work Breakdown Structure）“工作结构分解”方法，将安装工程进行分解后最小的安装工程（作）单位，称为“安装工程基本构成要素”，也称为安装工程的“细目”或“子目”。它是组成安装工程最基本的单位实体，具有独特的基本性质：有名称、有编码、有工作内容、有计量单位，可以独立计算资源消耗量，可以计算其净产值，是工作任务的分配依据，是工程造价的计算单元，是工程成本计划和核算的基本对象。这也是对定额分部分项或子项分解和建立的基本要求。

若将这些“安装工程基本构成要素”测定出其合理需要的劳动力、材料和施工机械使用台班等的消耗数量后，并将其按工程结构或生产顺序的规律，有机地依序排列起来，编上编码，再加上文字说明，印制成册，就成为“安装工程消耗量定额手册”，简称“定额”。

2.1.1 我国现行《全国统一安装工程预算定额》(GYD-203-2000) 的组成

我国现行《全国统一安装工程预算定额》（GYD-203-2000）由 14 个专业安装工程预算定额组成：

第一篇《机械设备安装工程》

第二篇《电气设备安装工程》

第三篇《热力设备安装工程》

第四篇《炉窑砌筑工程》

第五篇《静置设备与工艺金属结构制作安装工程》

第六篇《工业管道工程》

第七篇《消防及安全防范设备安装工程》

第八篇《给排水、采暖、燃气工程》

第九篇《通风空调工程》

第十篇《自动化控制仪表安装工程》

第十一篇《刷油、防腐蚀、绝热工程》

第十二篇《通信设备及线路安装工程》

第十三篇《建筑智能化系统设备安装工程》

第十四篇《长距离输送管道工程》

2.1.2 《全国统一安装工程预算定额》中各专业安装工程定额的组成内容

《全国统一安装工程预算定额》中 14 个专业安装工程消耗量定额由以下内容组成：

（1）定额总说明

说明定额编制的依据；工程施工条件要求；定额人工、材料、机械台班消耗标准的确定说明及范围；施工中所用仪器、仪表台班消耗量的取定；对垂直和水平运输要求的说明等；对定额中有关的费用按系数计取的规定及其他有关问题的说明。

(2) 各专业工程定额篇说明

是对本篇定额共同性问题所作的说明，说明该专业工程定额的内容和适应范围；定额依据的专业标准和规范；定额的编制依据；有关人工、材料和机械台班定额的说明；与其他安装专业工程定额的关系；超高、超层脚手架搭拆及摊销等的规定。

(3) 目录

为查找、检索安装工程子目定额提供方便。更主要的是，各专业安装工程预算定额是该专业工程经 WBS 分解后，其基本构成要素有机构成的顺序完全体现在“定额目录”中。所以，定额目录为工程造价人员在计算造价时提供连贯性的参考，在立项计算消耗量时不至于漏项或错算。

(4) 分章说明

主要说明本章定额的适用范围、工作内容、工程量的计算规则、本定额不包括的工作内容以及用定额系数计算消耗量的一些规定。

(5) 定额项目表

定额项目表是各专业工程定额的重要内容之一，定额分项工程项目表是预算定额的主要部分。定额项目表是安装工程按 WBS 分解后的工程基本构成要素的有机组合，并按章-节-项-分项-子项-目-子目（工程基本构成要素）等次序排列起来，然后按排列的顺序编上分类码和顺序码以体现有机的系统性。定额项目表组成的内容包括：章节名称，分节工作内容，各组成子目及其编号，各子目人工、材料、机械台班消耗数量等。它以表格形式列出各分项工程项目的名称、计量单位、工作内容、定额编号及其中的人工、材料、机械台班消耗量。

(6) 附录

放在每篇消耗量定额之后，为使用定额提供参考资料和数据，一般有以下内容：

1) 工程量计算方法及有关规定；

2) 材料、构件、零件、组件等质（重）量及数量表；

3) 材料配合比表、材料损耗率表等。

2.1.3 安装工程预算定额编制原则

消耗量定额，既是工程建设中人工、材料、施工机械台班的消耗量标准，也是确定工程造价的重要依据。因而定额的编制是一项严肃的、科学的技术经济工作，必须遵循一定的原则。国家编制建设工程消耗量定额时，要兼顾全国各省、市、自治区的不同情况，还要考虑全国各建筑业企业的劳动生产率水平差异，编制定额时应充分体现按社会平均必要劳动量来确定物化劳动与活劳动消耗数量的原则。

建设工程定额，是为国家经济建设工作服务的，是建设市场各主体进行建筑产品交易的主要依据。所以在编制定额时，对定额项目划分粗细程度（WBS 分解细度）、计量单位的选择、计算规则的确定、定额内容的扩大和综合等均应科学合理。编制定额时，应采用“细算粗编”的方法，减少定额的换算，少留定额“活口”，即要符合“简明适用、细算粗编”的编制原则。国家编制建设工程定额除考虑上述原则外，还应考虑当前设计、施工的技术水平，建设市场情况，以及工程建设工业化、机械化发展方向等原则。

建筑业企业在编制“企业施工生产消耗量定额”时，除参照国家定额编制原则以外，主要应考虑企业的施工生产技术和工艺水平、生产和经营管理水平、施工成本管理水平以及建设市场竞争等情况进行编制。

2.1.4 安装工程消耗量定额的性质

本定额是完成规定计量单位分项工程计价所需的人工、材料、施工机械台班的消耗量标准，是安装工程预算工程量计算规则、项目划分、计量单位的依据；是编制招标工程标底、预算控制价、施工图预算的依据；是制定企业定额的基础，也可作为工程投标报价的参考。

2.2 广西2008安装工程消耗量定额

2.2.1 广西2008安装工程消耗量定额册目

2003年《建设工程工程量清单计价规范》颁布，2008年更新再版后，各省市将“量、价”合一的定额进行“量、价”分离，编制出本地的“消耗量定额”和“综合单价”，以指导本地区工程造价管理工作。量价分离后返还定额本来面目，称为“安装工程消耗量定额”更为恰当。安装工程消耗量定额是建设工程定额体系中的专业类定额。

广西2008安装工程消耗量定额，就是根据《建设工程工程量清单计价规范》（GB 50500—2008）、《全国统一安装工程预算定额》及其配套的编制说明、2002版《全国统一安装工程预算定额广西单位估价表》、《全国统一安装工程基础定额》等，结合广西实际情况编制的，本套消耗量定额共分十一册，包括：

第一册 机械设备安装工程

第二册 电气设备安装工程

第三册 热力设备安装工程

第四册 炉窑砌筑工程

第五册 静置设备与工艺金属结构制作安装工程

第六册 工业管道工程

第七册 建筑智能化系统设备安装工程

第八册 给排水、燃气工程

第九册 通风空调工程

第十册 自动化控制仪表安装工程

第十一册 刷油、防腐蚀、绝热工程

2.2.2 广西2008安装工程消耗量定额各册组成

（1）总说明

内容包括安装定额各册名称；本估价表作用、依据；编制的条件；人工、材料、机械、仪器、仪表台班耗量的确定。

（2）册说明

内容包括适用范围、编制的依据、定额内工作内容、不包括的内容、各项收费规定等。

（3）目录

（4）分章说明

说明本定额的适用范围、内容、计算要求、不包括的工作内容等。

(5) 定额项目表

由项目名称、工程内容、计量单位、项目表和附注组成。其中项目表包括定额编号、项目划分、基价构成、各种消耗指标等内容，是消耗量定额的主要组成部分。它以表格形式列出各分项工程项目的名称、计量单位、工作内容、定额编号、单位工程量的定额基价及其中的人工、材料、机械台班消耗量及单价。

定额编号由八位数字组成，前两位数表示安装工程，第三第四位数表示安装工程定额的册号，后四位是该册定额的顺序号。如：03021593 的“03”表示安装工程，“02”表示安装工程定额的第二册。

表内反映了完成一定计量单位的分项工程所消耗的各种人工、材料、机械台班数额及其基价的标准数值，如下表 2-1 所示。表的上部列出分项工程子目及其定额编号，表的中部列出人工、材料和机械台班的消耗量及其参考单价，表的下部列出该子目的参考基价及其中的人工费、材料费、机械费。表中各分项工程子目所给定的人工、材料和机械台班消耗量乘以各自的参考单价，就是该子目的人工费、材料费和机械费。

广西 2008 安装工程消耗量定额例表（第二册） **表 2-1**

一、普通灯具安装

1. 吸顶灯具

工作内容：测定、划线、打眼、埋螺栓、灯具安装、接线、接焊包头。 单位：10套

定额编号				03021590	03021591	03021592	03021593	03021594	03021595	03021596
项目				圆球吸顶灯		半圆球吸顶灯			方型吸顶灯	
				灯罩直径（mm 以内）					矩型罩	大口方罩
				250	300	250	300	350		
基价（元）				147.47	148.41	154.86	155.80	156.39	150.58	163.24
其中	人工费（元）			93.96	93.96	93.96	93.96	93.96	93.96	106.56
	材料费（元）			51.89	52.83	59.28	60.22	60.81	55.00	55.06
	名称	单位	单价	消耗量						
人工	综合工日	工日	36	2.610	2.610	2.610	2.610	2.610	2.610	2.960
材料	成套灯具	套	—	(10.100)	(10.100)	(10.100)	(10.100)	(10.100)	(10.100)	(10.100)
	塑料绝缘线 BV-2.5mm^2	m	1.78	3.050	3.050	7.130	7.130	7.130	7.130	7.130
	伞型螺栓 M6-8×150	套	1.00	20.400	20.400	20.400	20.400	20.400	—	—
	膨胀螺栓 M6	10套	6.30	—	—	—	—	—	2.040	2.040
	冲击钻头 Φ12	只	5.00	0.140	0.140	0.140	0.140	0.140	0.140	0.140
	瓷接头（双）	个	0.54	—	—	—	—	—	10.300	10.300
	镀锌锁紧螺母 20	个	0.16	20.600	20.600	20.600	20.600	20.600	20.600	20.600
	塑料护口 15～20	个	0.16	20.600	20.600	20.600	20.600	20.600	20.600	20.600
	黑胶布 20mm×20m	卷	1.00	0.250	0.250	0.250	0.250	0.250	0.250	0.250
	接线盒	个	1.50	10.100	10.100	10.100	10.100	10.100	10.100	10.100
	其他材料费	元	—	3.360	4.300	3.490	4.430	5.020	1.200	1.260
机械	电锤【功率 520W】	台班	5.41	0.300	0.300	0.300	0.300	0.300	0.300	0.300

需要指出的是：各定额项目的工作内容是综合规定的，除主要操作内容外，还应包括施工前准备工作、设备和材料的领取、定额范围的搬动（场内材料搬运水平距离300m，设备搬运水平距离为100m）、质量检查、施工结尾清理、配合竣工验收等全部工作内容。执行中除规定的增加费用内容外，一律不准增加计费内容和项目。

(6) 附录

一般编在预算定额的最后面。包括主要材料损耗表、材料预算价格取定表、装饰灯具安装工程示意图等。主要供编制预算时计算主材的损耗率、定额材料费中所用各种材料的单价及确定灯具安装子目时参考。

2.3　水暖电安装工程消耗量定额

2.3.1　电气设备安装工程消耗量定额

在现行的广西2008安装工程消耗量定额中，建筑电气安装工程主要使用以下三册。

第二册《电气设备安装工程》：

内容分为十四章，依次是变压器；配电装置；母线、绝缘子；控制设备及低压电器；蓄电池；电机；滑触线装置及起重设备电气装置；电缆；防雷及接地装置；10kV以下架空配电线路；电气调整试验；配管、配线；照明器具；电梯电气装置；附录。

第七册《建筑智能化系统设备安装工程》：

内容分为十一章，依次是综合布线工程；通信系统设备安装工程；计算机网络系统设备安装工程；建筑设备监控系统安装工程；有线电视系统设备安装工程；扩声、背景音乐系统设备安装工程；电源与电子设备防雷接地装置安装工程；城市道路交通、停车场管理系统设备安装工程；楼宇安全防范系统设备安装工程；住宅小区智能化系统设备安装工程；火灾自动报警系统。

第十一册《刷油、防腐蚀、绝热工程》：

内容分为十一章，建筑电气安装工程常用的章节是除锈工程；刷油工程；防腐蚀涂料工程。

一般的建筑电气安装工程，强电部分最常用的是第二册，弱电部分最常用的是第七册。

(1) 第二册《电气设备安装工程》消耗量定额内容

建筑电气设备安装工程计价主要套用第二册《电气设备安装工程》，属于通用电气。对于专业电气设备安装工程的计价，如10kV以上送配电线路、设备安装等，应套用由专业部门（电力）出的定额。

第二册定额共有14章，计2136个定额项目。

熟悉定额项目划分，对于确定预算项目、分项计算工程量、计算工程量清单综合单价等都具有十分重要的意义，它可减少重项、漏项，提高预算准确性，加快预算编制速度。

(2) 第二册消耗量定额中下列各项费用的规定：

1) 脚手架搭拆费（10kV以下架空线路，室外电缆工程、路灯工程等除外）

按人工费的4%计算，其中人工工资占25%，材料占75%。一般无论实际是否搭拆，均按规定计取。在《建设工程工程量清单计价规范》(GB 50500—2003) 中作为技术措施费用。

2）工程超高增加费

下列情况要计算工程超高增加费（已考虑了超高因数的定额子目除外）：操作物高度离楼地面5m以上、20m以下的电气安装工程，按超高部分人工费的33%计算，超过20m以上的按超高部分人工费的80%计算。施工措施费按批准的施工组织设计另行计算。

3）高层建筑增加费

施工应增加的人工降效及材料垂直运输的人工费用（高度在6层或20m以上的工业与民用建筑）。按定额中给定的表格参数计算，以人工费为计算基数，全部作为人工费。

4）地下室降效费按地下室建筑面积0.8元/m²计算。

5）安装与生产同时进行增加的降效费，按人工费的10%计取。

6）在有害身体健康环境中施工降效增加费，按人工费的10%计取。

（3）第二册《电气设备安装工程》消耗量定额与其他各册定额的关系

电气设备安装及架空线路安装的电压等级为10kV以下者，主要使用第二册定额。现行第二册《电气设备安装工程》消耗量定额与其他册定额的关系如下：

1）与第一册《机械设备安装工程》消耗量定额的关系

① 电动机、发电机安装执行第一册《机械设备安装工程》安装定额项目；电机检查接线、电动机调试执行第二册定额。

② 各种电梯的机械设备安装部分执行第一册定额有关项目；电气设备安装部分执行第二册定额。

③ 起重运输设备的轨道、设备本体安装、各种金属加工机床的安装执行第一册定额的有关项目；与之配套安装的各种电气盘箱、开关控制设备、照明装置、管线敷设及电气调试执行第二册定额。

2）与第三册《热力设备安装工程》消耗量定额的关系

设备本身附带的电动机安装执行第三册锅炉成套附属机械设备安装预算定额项目，由锅炉设备安装专业负责；电动机的检查接线、调试应执行第二册定额。

3）与第七册《建筑智能化系统设备安装工程》消耗量定额的关系

建筑智能化系统设备安装、系统调试执行第七册相应定额项目；电缆敷设、桥架安装、配管配线、接线盒安装、应急照明控制设备、应急照明器具、电动机检查接线、防雷接地装置等安装，均应执行第二册定额。

4）与第十册《自动化控制仪表安装工程》消耗量定额的关系

① 各种仪表的安装及带电信号的阀门、水流指示器、压力开关、驱动装置及泄漏报警开关的接线、校线等执行第十册定额；控制电缆敷设、电气配管、支架制作安装、桥架安装、接地系统等均应执行第二册定额。

② 自动化控制装置工程中所用的电气箱、盘及其他电气设备元件安装执行第二册定额；自动化控制装置的专用盘、箱、柜、操作台安装执行第十册定额。

2.3.2 给排水、燃气及水消系统设备安装工程消耗量定额

在现行的广西2008安装工程消耗量定额中，给排水、燃气及消防水安装工程主要使用以下两册定额。

第八册《给排水、燃气工程》消耗量定额：

内容有十章，依次是管道安装；阀门、水位标尺安装；低压器具、水表组成与安装；卫生器具制作与安装；小型容器制作安装；燃气附件、器具安装；水灭火系统安装；气体灭火系统安装；泡沫灭火系统安装；广场喷泉系统安装。附录有：管件含量表、管道地沟沟底宽度计算表。

第十一册《刷油、防腐蚀、绝热工程》消耗量定额：

内容有十一章，依次是除锈工程、刷油工程、防腐蚀涂料工程等。

(1) 第八册《给排水、燃气工程》消耗量定额内容

建筑给排水施工主要执行第八册定额。适用于新建、扩建项目中的生活用给水、排水、燃气管道及附件配件安装，小型容器制作安装。

第八册消耗量定额共分十章，计791个定额项目。

(2) 第八册预算定额中增加收费规定

1) 脚手架搭拆费

按人工费的5%计算，其中人工工资占25%，材料占75%；无论实际是否搭拆，均按规定计取。

2) 高层建筑增加费

按定额中的表格参数计费，以人工费为计算基数（全部人工费），全部作为人工工资。

3) 工程超高增加费

定额中工作物操作高度离楼地面3.6m以上时，按超高部分定额人工费乘以定额表中给定的系数。

4) 地下室降效费按地下室建筑面积计算，给排水工程按0.2元/m^{2}计，消防带喷淋系统按0.6元/m^{2}计。

5) 设置于管道间、管廊内的管道、阀门、法兰、支架安装，其定额人工费乘以1.3。

另：工业管道、生产生活共用的管道、锅炉房内管道应套用第六册《工业管道工程》相应项目。

(3) 第八册《给排水、燃气工程》消耗量定额与其他各册定额的关系

就管道安装而言与相关定额之间关系如下：

1) 有关各种泵类设备安装及二次灌浆，使用第一册《机械设备安装工程》定额。

2) 热水锅炉安装，使用第三册《热力设备安装工程》定额。

3) 水喷雾灭火系统、气体灭火系统、泡沫灭火系统管道安装，及泡沫灭火系统管件法兰、阀门、管道支架，泡沫灭火系统的水冲洗、强度试验、严密性试验等执行第六册《工业管道工程》相应定额。

4) 压力表、温度计等仪表安装，使用第十册《自动化控制仪表安装工程》定额。

5) 管道、设备除锈、刷油、绝热工程，使用第十一册《刷油、防腐蚀、绝热工程》定额。

6) 管道安装涉及的刨沟、沟槽恢复、破路面、人工挖填管沟土方等，使用第二册《电气设备安装工程》定额。

7) 管沟砌筑、抹灰、浇注混凝土等工程，使用《建筑与装饰工程消耗量定额》。

2.3.3　通风空调工程消耗量定额

在现行的广西2008安装工程消耗量定额中，通风空调安装工程主要使用以下两册

定额。

第九册《通风空调工程》定额：

内容分为十四章，依次是薄钢板通风管道制作安装；调节阀安装；风口安装；风帽制作安装；罩类制作安装；消声器制作安装；空调部件及设备支架制作安装；通风空调设备安装；净化通风管道及部件制作安装；不锈钢钢板通风管道及部件制作安装；铝板通风管道及部件制作安装；塑料通风管道及部件制作安装；玻璃钢通风管道及部件安装；复合型风管制作安装。附录有：主要材料损耗率一览表、国际通风部件标准质量表。

第十一册《刷油、防腐蚀、绝热工程》定额：

内容分为十一章，依次是除锈工程；刷油工程；防腐蚀涂料工程；手工糊衬玻璃钢工程；橡胶板及塑料板衬里工程；衬铅及搪铅工程；喷（涂）镀工程；耐酸砖板衬里工程；绝热工程；管道补口补伤工程；阴极保护及牺牲阳极。附录有：无缝钢管绝热、刷油工程量计算表，主要材料损耗率表。

(1) 第九册《通风空调工程》消耗量定额内容

通风空调工程安装主要执行第九册《通风空调工程》定额。

适用于工业与民用建筑新建、扩建项目中的通风、空调工程。共分十四章，计401个定额项目。通风、空调工程的刷油、绝热、防腐蚀，执行第十一册《刷油、防腐蚀、绝热工程》相应定额。

(2) 第九册消耗量定额中增加收费的规定

1) 脚手架搭拆费

按人工费的3%计算，其中人工工资占25%，材料占75%；无论实际是否搭拆，均按规定计取。

2) 高层建筑增加费

按定额中的表格参数计费，以人工费为计算基数（全部人工费），全部作为人工工资。

3) 超高增加费

定额中工作物操作高度离楼地面6m以上时，按超高部分定额人工费乘以系数15%。

4) 系统调整费按系统工程人工费的8%计，其中人工工资占25%，材料费占75%。

5) 地下室降效费按地下室建筑面积计算，仅为通风工程的按0.6元/m^2计，通风空调工程按0.8元/m^2计。

6) 安装与生产同时进行增加的降效费，按人工费的10%计取。

7) 在有害身体健康环境中施工降效增加费，按人工费的10%计取。

(3) 第九册《通风空调工程》消耗量定额与其他各册定额的关系

1) 通风、空调工程的电气控制箱、电机检查接线、配管配线等，执行第二册《电气设备安装工程》定额。

2) 通风、空调工程的冷却水、冷冻水等管道，执行第八册《给排水、燃气工程》定额。

3) 通风管道的除锈、刷油、保温防腐等，执行第十一册《刷油、防腐蚀、绝热工程》定额。

4) 所用仪表、温度计安装，执行第十册《自动化控制仪表安装工程》定额。

5) 制冷机组及附属设备安装，执行第一册《机械设备安装工程》定额。

6）设备基础砌筑、浇注、风道砌筑及风道防腐，执行《建筑与装饰工程消耗量定额》和安装工程第十一册定额。

2.3.4 消耗量定额的使用

安装工程消耗量定额是编制安装工程预算书的主要依据之一，所以定额套价的关键在于掌握定额的使用。

合理套用定额，必须注意以下几点：

（1）熟悉定额项目的划分，注意工程内容与定额项目一致。

（2）了解设备的型号、规格，注意工程范围与定额相符合。

（3）看清定额说明及分部划分，注意定额运用条件及换算规定。

（4）注意主材形式。

（5）注意费用的调整。

以上只是一些提示，套价时应结合实际工作，不断总结经验，提高熟练程度，常用的定额项目（如管线、灯具、开关、插座、配电箱等安装），可通过抄写，以加强记忆，并加快套价速度。

3 安装工程费用项目构成及其计算

3.1 建设工程费用项目的组成

根据广西的做法，建设工程费用由分部分项工程直接工程费、措施费、管理费、利润、其他项目费、规费和五项税费组成。

3.1.1 分部分项工程直接工程费

分部分项工程直接工程费是指施工过程中耗费的构成工程实体的人工费、材料费、施工机械使用费。内容包括以下几个方面。

(1) 人工费

人工费是指直接从事建设工程施工的生产工人开支的各项费用，内容包括：

1) 基本工资：发放给生产工人的基本工资。

2) 工资性补贴：按规定标准发放的物价补贴，煤、燃气补贴，交通补贴，住房补贴，流动施工津贴等。

3) 辅助工资：生产工人年有效施工天数以外非作业天数的工资，包括职工学习、培训期间的工资，调动工作、探亲、休假期间的工资，因气候影响的停工工资，女工哺乳期间的工资，病假在六个月以内的工资及产、婚、丧假期的工资。

4) 福利费：按规定标准计提的职工福利费。

5) 劳动保护费：按规定标准发放的生产工人劳动保护用品的购置及修理费，服装补贴，防暑降温费，在有碍身体健康环境中施工的保健费用等。

(2) 材料费

材料费是指施工过程中耗用的构成工程实体的原材料、辅助材料、构配件、零件、半成品的费用和周转使用材料的摊销（或租赁）费用。

内容包括以下几点：

1) 材料原价（或供应价格）。

2) 材料运杂费。材料自来源地运至工地仓库或指定堆放地点所发生的全部费用。

3) 运输损耗费。材料在运输装卸过程中不可避免的损耗。

4) 采购及保管费。为组织采购、供应和保管材料过程所需要的各项费用，包括采购费、仓储费、工地保管费、仓储损耗等。

(3) 施工机械使用费

施工机械使用费是指施工机械作业所发生的机械使用费以及机械安拆费和场外运输费。

施工机械台班单价应由下列七项费用组成：

1) 折旧费：施工机械在规定的使用年限内，陆续收回其原值及购置资金的时间价值。

2）大修理费：施工机械按规定的大修理间隔台班进行必要的大修理，以恢复其正常功能所需的费用。

3）经常修理费：施工机械除大修理以外的各级保养和临时故障排除所需的费用。包括为保障机械正常运转所需替换设备与随机配备工具附具的摊销和维护费用，机械运转中日常保养所需润滑与擦拭的材料费用及机械停用期间的维护和保养费用等。

4）安拆费及场外运费：安拆费是指一般施工机械（不包括大型机械）在现场进行安装与拆卸所需的人工、材料、机械和试运转费用以及机械辅助设施的折旧、搭设、拆除等费用；场外运费是指一般施工机械（不包括大型机械）整体或分件自停放场地运至施工场地或由一施工场地运至另一施工场地的运输、装卸、辅助材料及架线等费用。

5）人工费：机上司机（司炉）和其他操作的工作日人工费及上述人员在施工机械规定的年工作台班以外的人工费。

6）燃料动力费：施工机械在运转作业中所消耗的固体燃料（煤、木柴）、液体燃料（汽油、柴油）及水、电等。

7）车船使用税：施工机械按照国家和有关部门规定应缴纳的车船使用税、保险费及年检费等。

3.1.2 措施费

措施费视之为完成工程项目施工，发生于该工程施工前和施工过程中非工程实体项目的费用，内容包括技术措施费和其他措施费。

（1）技术措施费

1）高层建筑增加费：是指在高层建筑（6层或20m以上的工业与民用建筑）施工应增加的人工降效及材料垂直运输增加的人工费用，按人工费的百分比计取，计算基数中应包括6层或20m以下全部工程的人工费。

2）脚手架费：是指施工需要的各种脚手架搭、拆、运输费用及脚手架的摊销（或租赁）费用。

3）在有害身体健康的环境中施工增加费：是指在民法通则有关规定允许的前提下，改扩建工程由于车间装置范围内有害气体或高分贝的噪声超过国家标准以致影响身体健康而导致降效的增加费用。不包括劳保条例规定应享受的工种保健费。

4）安装与生产同时进行增加费：是指改扩建工程在生产车间或装置内施工，因生产操作或生产条件限制（如不准动火）干扰了安装工作正常进行而导致降效的增加费用。不包括为了保证安全生产和施工所采取的措施费用。

5）混凝土、钢筋混凝土模板及支架费：是指混凝土施工过程中需要的各种钢模板、木模板、支架等的支、拆、运输费用及模板、支架的摊销（或租赁）费用。

6）混凝土泵送费：泵送混凝土所发生的费用。

7）施工排水、降水费：是指为确保工程在正常条件下施工，采取各种排水、降水措施所发生的各种费用。

8）已完工程及设备保护费：是指竣工验收前，对已完工程及设备进行保护所需的费用。

9）二次搬运费：是指因施工场地狭小等特殊情况而发生的二次搬运费用。

10）大型机械设备进出场及安拆费：是指大型机械整体或分体自停放场地运至施工现

场或由一个施工地点运至另一个施工地点所发生的机械进出场运输转移费用，及机械在施工现场进行安装、拆卸所需的人工费、材料费、机械费、试运转费和安装所需的辅助设施的费用。

11）组装平台。

12）设备管道施工安全、防冻和焊接保护措施。

13）压力容器和高压管道的检验。

14）焦炉施工大棚。

15）焦炉烘炉、热态工程。

16）管道安装后的充气保护措施。

17）隧道内施工的通风、供水、供气、照明及通信设施。

18）现场施工围栏。

19）其他施工技术措施费：是指根据各专业、地区及工程特点补充的技术措施费用项目。

（2）其他措施费

1）环境保护费：施工现场为达到环保部门要求所需要的各项费用。具体内容详见建设部建办［2005］89号《关于印发（建筑工程安全防护、文明施工措施费用及使用管理规定）的通知》中建设工程文明施工措施项目清单及各地方的有关补充规定。

2）文明施工费：施工现场文明施工所需要的各项费用。具体内容详见建设部建办［2005］89号《关于印发（建筑工程安全防护、文明施工措施费用及使用管理规定）的通知》中建设工程文明施工措施项目清单及各地方的有关补充规定。

3）安全施工费：施工现场安全施工所需要的各项费用。具体内容详见建设部建办［2005］89号《关于印发（建筑工程安全防护、文明施工措施费用及使用管理规定）的通知》中建设工程文明施工措施项目清单及各地方的有关补充规定。

4）临时设施费：是指施工企业为进行建筑工程施工所必须搭设的生活和生产用的临时建筑物、构筑物和其他临时设施等发生的费用。

临时设施包括临时宿舍、文化福利及公用事业房屋与构筑物，仓库、办公室、加工厂（场）以及在规定范围内道路、水、电、管线等临时设施和小型临时设施。

临时设施费用包括临时设施的搭设、维修、拆除费或摊销费。

5）雨期施工增加费：是指在雨期施工期间所增加的费用，包括防雨措施、排水、工效降低等费用。

6）缩短工期增加费：是指因缩短工期要求发生的施工增加费，包括夜间施工增加费、周转材料加大投入量所增加的费用等。

7）夜间施工增加费：是指因夜间施工所发生的夜班补助费、夜间施工降效、夜间施工照明设备摊销及照明用电等费用。

8）特殊保健费：在有毒有害气体和有放射性物质区域范围内的施工人员的保健费，与建设单位职工享受同等特殊保健津贴。

9）室内空气污染测试费：对室内空气相关参数进行检测发生的人工和检测设备的摊销等费用。

10）停工窝工损失费：建筑安装施工企业进入现场后，由于设计变更、停水、停电累计超过8小时（不包括周期性停水、停电）以及按规定应由建设单位承担责任的原因造成的、现场调剂不了的停工、窝工损失费用。

11）机械台班停滞费：非承包商责任造成的机械停滞所发生的费用。

12）交叉施工补贴：建筑工程与设备安装工程进行交叉作业而相互影响的费用。如招标文件没有规定时，影响的工日可根据拟建工程的实际情况估算。

13）暗室施工增加费：在地下室（或暗室）内进行施工时所发生的照明费、照明设备摊销费及人工降效费。

14）其他施工组织措施费：是指根据各专业、地区及工程特点补充的施工组织措施费用项目。

3.1.3　管理费

管理费是指建筑安装企业组织施工生产和经营管理所需的费用。内容包括：

(1) 管理人员工资：是指管理人员的基本工资、工资性补贴、职工福利费、劳动保护费等。

(2) 办公费：是指企业管理办公用的文具、纸张、账表、印刷、邮电、书报、会议、水电、烧水和集体取暖（包括现场临时宿舍取暖）用煤等费用。

(3) 差旅交通费：是指职工因公出差、调动工作的差旅费、住勤补助费，市内交通费和误餐补助费，职工探亲路费，劳动力招募费，职工离退休、退职一次性路费，工伤人员就医路费，工地转移费以及管理部门使用的交通工具的油料、燃料、养路费及牌照费等。

(4) 固定资产使用费：是指管理和试验部门及附属生产单位使用的属于固定资产的房屋、设备仪器等的折旧、大修、维修或租赁费。

(5) 工具用具使用费：是指管理使用的不属于固定资产的生产工具、器具、家具、交通工具和检验、试验、测绘、消防用具等的购置、维修和摊销费。

(6) 劳动保险费：是指由企业支付离退休职工的易地安家补助费、职工退职金、六个月以上的长病假人员工资、职工死亡丧葬补助费、抚恤费、按规定支付给离休干部的各项经费。

(7) 工会经费：是指企业按职工工资总额计提的工会经费。

(8) 职工教育经费：是指企业为职工学习先进技术和提高文化水平，按职工工资总额计提的费用。

(9) 财产保险费：是指施工管理用财产、车辆保险。

(10) 财务费：是指企业为筹集资金而发生的各种费用。

(11) 税金：是指企业按规定缴纳的房产税、车船使用税、土地使用税、印花税等。

(12) 其他：包括技术转让费、技术开发费、业务招待费、绿化费、广告费、公证费、法律顾问费、审计费、咨询费等。

3.1.4　利润

利润是指施工企业完成所承包工程获得的盈利。

3.1.5　其他项目费

(1) 暂列金额：招标人在工程量清单中暂定并包括在合同价款中的一笔款项。用于施工合同签订时尚未确定或者不可预见的所需材料、设备、服务的采购，施工中可能发生的工程变更、合同约定调整因素出现时的工程价款调整以及发生的索赔、现场签证确认等的费用。

（2）暂估价：招标人在工程量清单中提供的用于支付必然发生但暂时不能确定的材料的单价以及专业工程的金额，包括材料暂估价、专业工程暂估价、检验试验费暂估价。

检验试验费是指依据国家有关法律、法规和工程建设强制性标准，对涉及结构安全项目的抽样检测和对进入施工现场的建筑材料、构配件的见证取样检测所发生的费用，包括专项检测和见证取样检测，不包括属于其他费用定额中的研究试验费、特种设备检验试验费等内容。鉴于检测业务为建设单位直接委托有关检测机构进行，因此检测试验费应在“其他项目费”中单独列项。招标时，该项费用按规定的费率暂定计取，并在招标文件和施工合同中约定结算按实调整。

（3）计日工：在施工过程中，完成发包人提出的施工图纸以外的零星项目或工作，按合同中约定的综合单价计价。

（4）总承包服务费：总承包人为配合协调发包人进行工程分包自行采购的设备、材料等进行管理、服务以及施工现场管理、竣工资料汇总整理等服务所需的费用。

（5）检验试验配合费：施工单位按规定进行建筑材料、构配件等试样的制作、封样、送检和其他为保证工程质量进行的材料检验试验工作所发生的费用。

（6）优良工程增加费：招标人要求承包人完成的单位工程质量达到合同约定为优良工程所必须增加的施工成本费。

（7）预算包干费：对一些投资不大，建设周期不长的建设项目，施工合同期在一年左右完成的工程，可根据工程大小考虑一定的风险包干系数，通过招、投标（或议标），签订合同，一次包干。该费用一般应用于采用工料单价法且为固定总价合同的工程。在工程量清单计价法中，由于一般采用固定单价合同，且在综合单价中已含风险费用，因此不用列该费用。

3.1.6 规费

规费是指政府和有关政府行政主管部门规定必须缴纳的费用（简称“规费”）。包括：

（1）工程排污费：是指施工现场按规定缴纳的工程排污费。

（2）社会保障费：包括养老保险费、失业保险费和医疗保险费等。

1）养老保险费是指企业按规定标准为职工缴纳的基本养老保险费。

2）失业保险费是指企业按照国家规定标准为职工缴纳的失业保险费。

3）医疗保险费是指企业按照规定标准为职工缴纳的基本医疗保险费。

（3）住房公积金：是指企业按规定标准为职工缴纳的住房公积金。

（4）危险作业意外伤害保险费：是指按照《建筑法》规定，企业为从事危险作业的建筑安装施工人员支付的意外伤害保险费。

（5）工伤保险费。

3.1.7 五项税费

五项税费（全国一般地区为三项）是指国家税法规定的应计入建筑工程造价内的营业税、城市维护建设税、教育费附加和地方教育费附加及广西防洪保安费。

3.2　安装工程费用计价程序

安装工程的费用计价程序见下表3-1～表3-4：

3.2.1　工程量清单计价程序

建设工程工程量清单计价程序（以人工费为计算基数）　**表3-1**

序　号	项　目　名　称	计　算　程　序
1	分部分项工程量清单计价合计	Σ(分部分项工程量清单工程量×相应综合单价)
1.1	其中：人工费	Σ(分部分项工程量清单项目工程内容的工程量×相应消耗量定额人工消耗量×人工单价)
2	措施项目清单计价合计	〈2.1〉+〈2.2〉
2.1	技术措施项目清单计价小计	Σ(技术措施项目清单工程量×相应综合单价)
2.1.1	其中：人工费	Σ(技术措施项目清单项目工程内容的工程量×相应消耗量定额人工消耗量×人工单价)
2.2	其他措施项目清单计价小计	Σ(〈1.1〉+〈2.1.1〉×相应费率)或按有关规定计算
3	其他项目清单计价合计	按有关规定计算
4	规费	(〈1〉+〈2〉+〈3〉)×相应费率
4.1	其中：养老保险费	
5	税金	(〈1〉+〈2〉+〈3〉+〈4〉)×相应费率
6	工程总造价	〈1〉+〈2〉+〈3〉+〈4〉+〈5〉
7	扣除养老保险费后的工程造价	〈6〉-〈4.1〉

注："〈　〉"内的数字均为表中对应的序号

3.2.2　工料单价法计价程序

建设工程工料单价法计价程序（以人工费为计算基数）　**表3-2**

序　号	项　目　名　称	计　算　程　序
1	分部分项工程费用计价合计	Σ(分部分项工程工程量×相应综合单价)
1.1	其中：人工费	Σ(分部分项工程量清单项目工程内容的工程量×相应消耗量定额人工消耗量×人工单价)
2	措施项目费用计价合计	〈2.1〉+〈2.2〉
2.1	技术措施费用计价小计	Σ(技术措施项目工程量×相应综合单价)
2.1.1	其中：人工费	Σ(技术措施项目工程内容的工程量×相应消耗量定额人工消耗量×人工单价)
2.2	其他措施费用计价小计	Σ(〈1.1〉+〈2.1.1〉×相应费率)或按有关规定计算
3	其他项目费用计价合计	按有关规定计算
4	规费	(〈1〉+〈2〉+〈3〉)×相应费率
4.1	其中：养老保险费	
5	税金	(〈1〉+〈2〉+〈3〉+〈4〉)×相应费率
6	工程总造价	〈1〉+〈2〉+〈3〉+〈4〉+〈5〉
7	扣除养老保险费后的工程造价	〈6〉-〈4.1〉

注："〈　〉"内的数字均为表中对应的序号

3.2.3 工程量清单综合单价计价程序

工程量清单综合单价组成表 表3-3

<table>
<tr><th rowspan="3">序号</th><th colspan="6">分部分项及技术措施工程量清单综合单价</th></tr>
<tr><th rowspan="2">组成内容</th><th rowspan="2">计算程序</th><th rowspan="2">序号</th><th rowspan="2">费用项目的组成</th><th colspan="2">计算方法</th></tr>
<tr><th>以人材机费用为取费基础时</th><th>以人工费为取费基础时</th></tr>
<tr><td>A</td><td>人工费</td><td>〈1〉/清单项目工程量</td><td>1</td><td>人工费</td><td colspan="2">〈1〉=∑(分部分项工程量清单项目工程内容的工程量×相应消耗量定额中人工含量×相应人工单价)</td></tr>
<tr><td>B</td><td>材料费</td><td>〈2〉/清单项目工程量</td><td>2</td><td>材料费</td><td colspan="2">〈2〉=∑(分部分项工程量清单项目工程内容的工程量×相应消耗量定额中材料含量×相应材料单价)</td></tr>
<tr><td>C</td><td>机械费</td><td>〈3〉/清单项目工程量</td><td>3</td><td>机械费</td><td colspan="2">〈3〉=∑(分部分项工程量清单项目工程内容的工程量×相应消耗量定额中机械含量×相应机械单价)</td></tr>
<tr><td>D</td><td>管理费</td><td>〈4〉/清单项目工程量</td><td>4</td><td>管理费</td><td>〈4〉=(〈1〉+〈2〉+〈3〉)×管理费费率</td><td>〈4〉=〈1〉×管理费费率</td></tr>
<tr><td>E</td><td>利润</td><td>〈5〉/清单项目工程量</td><td>5</td><td>利润</td><td>〈5〉=(〈1〉+〈2〉+〈3〉)×利润费率</td><td>〈5〉=〈1〉×利润费率</td></tr>
<tr><td>小计</td><td colspan="6">A+B+C+D+E</td></tr>
</table>

注："〈 〉"内的数字均为表中对应的序号

3.2.4 工料单价法综合单价计价程序

工料单价法综合单价组成表 表3-4

<table>
<tr><th colspan="4">工料单价法综合单价</th></tr>
<tr><th rowspan="2">序号</th><th rowspan="2">组成内容</th><th colspan="2">计算方法</th></tr>
<tr><th>以人材机费用为取费基础时</th><th>以人工费为取费基础时</th></tr>
<tr><td>A</td><td>人工费</td><td colspan="2">∑(消耗量定额子目人工含量×相应人工单价)</td></tr>
<tr><td>B</td><td>材料费</td><td colspan="2">∑(消耗量定额子目材料含量×相应材料单价)</td></tr>
<tr><td>C</td><td>机械费</td><td colspan="2">∑(消耗量定额子目机械台班含量×相应机械单价)</td></tr>
<tr><td>D</td><td>管理费</td><td>(A+B+C)×管理费费率</td><td>A×管理费费率</td></tr>
<tr><td>E</td><td>利润</td><td>(A+B+C)×利润费率</td><td>A×利润费率</td></tr>
<tr><td colspan="2">小计</td><td colspan="2">A+B+C+D+E</td></tr>
</table>

3.3 建筑安装工程费用适用范围及计算规则

3.3.1 适用范围

安装工程的费率（管理费、利润、规费）划分为三个标准，分别为：

(1) 给排水、燃气、电气（含路灯）、通风空调、消防、智能、仪表、砌筑、静置设备及金属结构工程；

（2）工业管道工程；

（3）机械设备、热力设备工程。

3.3.2 取费注意事项

（1）民用建筑安装工程均为同一费率标准，配套于民用建筑安装工程的少量机械设备安装（电梯、泵、风机、空调设备等）按照民用建筑安装工程费率标准计取。工业安装工程应按照项目主体来确定其费率标准，刷油防腐蚀、绝热工程因在清单计价规范中不属于实体项目，应按照其所对应的实体工程计取各项费用。

（2）给排水、燃气册定额仅适用于建筑物内生活用管道安装工程，民用小区室外给排水、燃气管网安装工程执行《广西壮族自治区市政工程消耗量定额》（给水、燃气以进建筑物前总阀门为界，排水以化粪池为界）。而厂区室外埋地安装的给水、污水、工业废水、燃气以及其他工艺管道等仍然执行工业管道安装定额。

（3）附属于某栋建筑物安装工程的少量土方工程套用安装工程定额并按照主体项目费率标准计取各项费用，工艺管道安装工程中的土方、基础、井类等项目按照《广西壮族自治区建筑工程消耗量定额》及其配套费用定额执行。

3.3.3 费用计算规则

（1）建筑安装工程费用按"人工费"为计算基数的程序计算。人工费、材料费、机械费是指直接工程费及施工技术措施费中的人工费、材料费、机械费，人工费中不包括机上人工，机械费中不包括大型机械设备进出场及安拆费。

（2）人工费、材料费、机械费按分部分项项目及施工技术措施项目计算的人工、材料、机械台班消耗量乘以相应单价计算。

人工单价按照建设主管部门或其授权的工程造价管理机构发布的定额人工单价执行，材料费按各地工程造价管理机构公布的当时当地相应编码的市场材料单价计取，机械台班单价除人工费、动力燃料费可按相应规定调整外，其余均不得调整。企业投标报价时可根据自身的情况及建筑市场人工价格、材料价格、机械租赁价格等因素自主决定。

（3）措施费项目应根据本定额或措施项目清单，结合工程实际确定。本定额未包括的其他措施费项目，发承包双方可自行补充或约定。

（4）施工组织措施费、管理费、利润，在编制施工图预算、标底、上限控制价等时，应按弹性区间费率的中值计取；投标报价时，除定额另有规定外，企业可参考弹性区间费率自主确定，计价时可根据工程投资规模、技术含量、复杂程度取定。

（5）缩短工期比例在30%以下者按本定额费率区间取定；缩短工期比例在30%以上者，应由专家委员会审定其措施方案及相应的费用。计取缩短工期增加费的工程不应同时计取夜间施工增加费。

（6）总承包服务费

1）招标人单独分包的工程，总包单位与分包单位的总承包服务费由招标人、总承包人和分包人在合同中明确。

2）总承包人自行分包的工程所需的总承包服务费由总承包人和分包人自行解决。

3）安装承包人与土建承包人的施工配合费由其双方协商确定。

3.4 建筑安装工程取费费率

3.4.1 安装工程管理费及利润费率

安装工程管理费及利润费率表　　表 3-5

编号	项目名称	计算基数	管理费费率(%)	利润费率(%)
1	给排水、燃气，电气，通风空调、消防，智能、仪表、砌筑，静置设备及金属结构工程	Σ分部分项、技术措施项目人工费	28.00～42.00	0～34.00
2	工业管道工程		34.00～50.00	0～34.00
3	机械设备、热力设备工程		20.00～30.00	0～34.00

3.4.2 安装工程施工组织措施费费率

安装工程施工组织措施费费率表　　表 3-6

编号	费率名称	计算基数	费率或标准(%)
1	环境保护费	Σ分部分项、技术措施项目人工费	0.30～0.50
2	文明施工增加费		2.00
3	安全施工增加费		4.50
4	临时设施费		8.00～12.00
5	雨期施工增加费		5.00
6	夜间施工增加费	夜间施工工日数(工日)	8.00元/工日
7	检验测试费	按实际计	
8	交叉施工补贴	交叉部分人工工日	4.00元/工日
9	机械台班停滞费	停滞台班机械费	系数1.10
10	停工窝工人工补贴	停工窝工人工工日	16.00元/工日
11	特殊保健费	厂区(车间)内施工项目的定额人工费	厂区10.00 车间20.00
12	暗室施工增加费	定额册说明有规定的按规定计取，无规定的按暗室施工人工费×25%计算	25.00
13	缩短工期增加费	分部分项人工费	4.00～7.00
14	其他	按实际发生计取	

3.4.3　安装工程其他项目费费率

安装工程其他项目费费率表　　　　**表 3-7**

编号	项目名称		计算基础	费率或标准(%)
1	优良工程增加费		Σ(分部分项费用＋措施项目费用)	2.00～3.00
2	预算包干费			3.00～5.00
3	检验试验费	消防工程		3.00
		其他安装工程		0.50
4	检验试验配合费			0.10
5	总承包服务费	材料保管费	招标人提供材料费金额	3.00～5.00
		配合管理费	分包合同金额	
6	暂列金额		按预计发生数估算	
7	计日工		按预计发生数估算	
8	其他项目		按实际发生	

3.4.4　安装工程规费费率

安装工程规费费率表　　　　**表 3-8**

编号	项 目 名 称	计 算 基 数	费率(%)
1	养老保险费	Σ(分部分项工程费计价合计＋措施项目费计价合计＋其他项目费计价合计)	3.49
2	其他		3.17
其中	工程排污费		0.06
	失业保险费		0.35
	医疗保险费		1.40
	住房公积金		0.91
	危险作业意外伤害保险		0.29
	工伤保险费		0.16

3.4.5　安装工程五项税(费)费率

安装工程五项税(费)费率表　　　　**表 3-9**

项目名称		计算基数	费率(%)		
			市区	城(镇)	其他
五项税(费)		Σ(分部分项工程费计价合计＋措施项目费计价合计＋其他项目费计价合计＋规费)	3.56	3.50	3.37
其中	营业税		3.11	3.05	2.94
	城市维护建设税		0.22	0.22	0.21
	教育附加费		0.10	0.10	0.09
	地方教育附加费		0.03	0.03	0.03
	广西防洪保安费		0.10	0.10	0.10

4 安装工程工程量清单编制及计价

4.1 工程量清单编制

由于工程量清单在建设工程招标工作中所起的作用，决定了招标人必须花费一定的人力、物力来编制一份好的清单，避免工程实施阶段不必要的时间和资金损失。由招标人在编制招标文件时提供工程量清单的优点在于：一是减轻投标人在投标报价时计算工程量的负担，从而可以缩短投标报价时间；二是有利于评标，在评审各投标人报价时，可以只考虑价格因素，免除了由于各投标人在工程量计算方面产生差异而影响报价的因素。

在实际工作中，由于招标人自身原因，工程造价文件往往委托有资质的招标代理机构、工程价格咨询单位或监理单位，依据招标文件的有关要求、施工设计图纸、施工现场实际情况及相应的工程量计算规则和计价办法进行编制。

4.1.1 工程量清单的编制内容

工程量清单应采用统一的格式。工程量清单书应由下列内容组成：

（1）工程量清单封面；

（2）总说明；

（3）分部分项工程量清单；

（4）技术措施项目清单；

（5）其他措施项目清单；

（6）其他项目清单；

（7）规费、税金项目清单。

4.1.2 工程量清单的编制原则

在编制工程量清单时，应遵循以下原则：

（1）遵守有关的法律法规

（2）遵照“五统一”的规定

在编制工程量清单时，必须按照规范提出的工程量清单“五统一”的原则设置清单项目，计算工程数量。“五统一”即项目编码统一、项目名称统一、项目特征统一、计量单位统一、工程量计算规则统一。

（3）遵守招标文件的相关要求

工程量清单作为招标文件的组成部分，必须与招标文件的原则保持一致，与投标须知、合同条款、技术规范等相互照应，较好地反映本工程的特点，体现项目意图。

（4）编制力求准确合理

工程量的计算应力求准确，清单项目的设置力求合理、不漏不重。还应建立健全工程量清单编制审查制度，确保工程量清单编制的全面性、准确性和合理性，提高清单编制质量和服务质量。

4.1.3　工程量清单的编制依据

《建设工程工程量清单计价规范》GB 50500—2008（以下简称08《规范》）、国家或省级、行业建设主管部门颁发的计价依据和办法、建设工程设计文件、有关施工及验收规范、招标文件及其补充通知和答疑纪要、合同文件、施工现场情况、工程特点及拟采用的施工方案等。

4.2　工程量清单计价

工程量清单计价内容应包括按招标文件规定完成工程量清单所列项目的全部费用，包括分部分项工程费、措施项目费、其他项目费、规费和税金等。

工程量清单计价书应采用统一格式，一般由下列内容组成：

（1）投标总价封面；

（2）总说明；

（3）工程项目投标报价汇总表；

（4）单项工程投标报价汇总表；

（5）单位工程投标报价汇总表；

（6）分部分项工程量清单计价表；

（7）分部分项工程量清单综合单价分析表；

（8）技术措施项目清单计价表；

（9）其他措施项目清单计价表；

（10）其他项目清单计价表；

（11）规费、税金项目清单计价表；

（12）主要材料价格表。

4.3　各项清单的编制及计价

由于清单计价模式实施初期，定额仍是计价的主要依据。因此，结合2008广西安装工程消耗量定额及其配套的费用定额，对于安装工程工程量清单上限控制价的各部分清单项目编制，规定了以下统一的编制及计费程序。此外，采用工程量清单编制施工图预算、设计概算等也应参照此计费程序编制。

4.3.1　分部分项工程量清单的编制及计价

（1）分部分项工程量清单的编制

分部分项工程量清单应满足规范管理和方便计价两方面的要求，格式如表4-1所示。

分部分项工程量清单　　　　**表4-1**

序号	项目编码	项目名称	项目特征	计量单位	工程数量
1					

1）项目编码

五级编码，应采用十二位阿拉伯数字表示。一至九位应按附录的规定设置，十至十二位应根据拟建工程的工程量清单项目名称设置，不得有重码。

五级编码组成内容如下：

第一级表示分类码（两位）：01 建筑、02 装修、03 安装、04 市政、05 园林绿化、06 矿山。

第二级表示专业工程章顺序（两位），如：02 电气设备安装工程、08 给排水采暖燃气工程。

第三级表示专业工程节顺序（两位），如：01 给排水采暖管道。

第四级表示分项工程项目名称顺序码（三位），如：001 镀锌钢管。

第五级表示具体清单项目名称顺序码（三位），从 001 开始。

2）项目名称

① 项目名称设置及划分原则

A. 以形成工程实体为原则，因此项目的名称应以工程实体命名。所谓实体是指形成生产或工艺作用的主要实体部分，对附属或次要部分均不设置项目。但也有个别工程项目，既不能形成实体，又不能综合在某一个实物量中。如消防系统的调试、自动控制仪表工程、采暖工程、通风工程的系统调试项目，均是多台设备、组件由网络（管线）连接组成一个系统，在设备安装的最后阶段，根据工艺要求，进行参数整定与测试调整，以达到系统运行前的验收要求。它是某些设备安装不可或缺的内容，没有这个过程就无法验收。因此 08 规范对系统调试项目，均作为工程量清单项目单列。

B. 一个单位工程内的清单项目设置不能重复，相同的项目，只能相加后列为一项，用同一个清单编码，对应一个综合单价。

② 项目名称设置应符合以下要求

A. 项目名称既要规范也要有一定的灵活性

即清单项目名称一定要按 08 规范附录 C 的规定设置，不能自行其是，但是为便于利用消耗量定额计价，应按定额的步距考虑清单项目，不必把清单项目设置得太细。如镀锌薄钢板矩形通风管道，由于消耗量定额是按一定步距划分的，因此清单项目设置不应按照具体的周长来列，而是按照定额步距即可。如截面为 500×250 和 600×320 的风管，其项目特征和工作内容都相同时，其工程量可以归为一项清单内，不应列两项，因为它们的周长都在 2000mm 以下（定额步距）。

B. 项目特征的描述要具体

项目特征是区分清单项目的依据，是确定综合单价的前提，是履行合同义务的基础，因此清单项目特征的准确描述非常重要。清单项目特征的描述，应根据 08 规范附录中有关项目特征的要求，结合技术规范、标准图集、施工图纸，按照工程结构、使用材质及规格或安装位置等，予以详细而准确地表述和说明。体现项目本质区别的特征和对报价有实质影响的内容都必须描述。

在进行项目特征描述时，可掌握以下要点。

（A）必须描述的内容：

a. 涉及正确计量的内容必须描述。如配电箱尺寸，直接关系到空箱的价格，对尺寸进行描述就十分必要。

b. 涉及材质要求的内容必须描述。如油漆的品种：是调和漆、还是硝基清漆等；管材的材质：是碳钢管，还是塑钢管、不锈钢管等；还需对管材的规格、型号进行描述。

c. 涉及安装方式的内容必须描述。如管道工程中的钢管的连接方式是螺纹连接还是焊接，塑料管是粘接连接还是热熔连接等就必须描述。

d. 涉及安装地点的内容必须描述。如配管在砖混结构内还是钢模板内，因安装地点不同，其价格也不同，必须描述。

(B) 可不描述的内容：

a. 对计量计价没有实质影响的内容可以不描述。

b. 应由投标人根据施工方案确定的可以不描述。由投标人根据施工要求，在施工方案中确定，自主报价比较恰当。

c. 应由投标人根据当地材料和施工要求确定的可以不描述。

d. 应由施工措施解决的可以不描述。

总之，分部分项工程量清单名称的设置应根据 08 规范附录 C 中相应清单的项目名称、项目特征、工作内容以及拟建工程实际情况等几方面来考虑。另外，由于安装工程材料品牌种类繁多，因此在编制清单时，对于价格因品牌差异不大的材料（如镀锌钢管、普通绝缘导线等）可不列材料的厂家、品牌，而对于价格因品牌差异大的材料和设备应在编制清单时由招标人确定（或暂定）所用材料的厂家、品牌以及详细的型号、规格，以便于评标和结算。为此，同一个清单编码在不同实际工程中的清单名称是不一定相同的，08 规范要求的“五统一”中的“项目名称统一”也只是相对的，即仅能保证编码前九位相同的清单项目其对应的大类别名称是唯一的。

3) 工程量

分部分项工程量清单的工程量计算应按 08 规范附录 C 中的工程量计算规则执行。有部分专业的分部分项工程量清单所综合的工作内容很多，如附录中 030209001“避雷装置”项目，是以“项”为计量单位，所包括的工程内容很多，其清单就是一个大的实体项目，相当于“定额法”的一个小预算。对于这类分部分项工程量清单下的“工程内容”中的子项目，因为它不体现在清单项目表上，且其计量单位和计算规则在 08 规范附录 C 中也没有具体规定，因此在列清单时如果有施工图可以计算的，其工程内容的工程量不必提供，由报价人自己计算。如无法从施工图计算出来的，招标人应提供具体的工程内容的工程量。

在此值得注意的是，清单项目的工程量计算规则与消耗量定额的工程量计算规则有着原则上的区别。清单项目的计量原则是大部分项目以实体安装就位的净尺寸计算，而定额工程量的计算在净值的基础上，加上规定的预留量，这个预留量是随施工方法、措施的不同而变化的。此外，清单工程量的计量单位和定额的计量单位也是不同的，前者采用自然单位，后者采用定额单位，具体有效数字的位数详见实施细则。

(2) 分部分项工程量清单计价

1) 分部分项工程量清单综合单价的组成及计费程序见第 3.2 节（安装工程费用计价程序）工程量清单综合单价组成表（表 3-3）。

2) 综合单价的计算方法

目前工程量清单计价的方法，可以认为是工程量清单项目包括多项定额计价模式下的定额子目，因此目前许多地方工程量清单计价的基本思路是：把每个清单项目剖析、分解为若干个定额计价模式下的子目并计算形成清单项目的综合单价，具体方法又可分为直接法和反推法。

① 直接法

其具体步骤如下：

A. 确定对应定额子目。根据工程量清单项目名称和拟建工程的具体情况，按照企业定额（实际应用中较少）或建设行政主管部门发布的消耗量定额（简称计价定额），分析确定该清单项目的各项可组合的主要工程内容，并据此选择对应的定额子目（一般多于一个）。

B. 计算一个项目单位对应的每个定额子目工程量。根据定额计算规则计算出一个项目单位所对应的每个定额子目的工程量（简称定额工程量）。

C. 确定每个定额子目单价。根据投标人自行采集的市场价格或参照工程造价管理机构发布的价格信息，结合工程实际分析确定每个定额子目人、材、机的单价。

D. 确定综合单价。以上述的量价为基础，把每个定额子目的价格汇总起来，并考虑企业管理费、利润、风险等分摊费用，即得到清单项目的综合单价。

【例 4-1】 某工程的分部分项清单工程量如表 4-2 所示，已知 *DN*25 镀锌钢管单价为 18.13 元/m，聚氨酯漆单价为 30 元/kg，管理费费率为 35%，利润率为 17%，根据广西 2008 安装工程消耗量定额计价（按 2011 年桂建标【2011】21 号文，一类工 47 元/工日），求该分部分项工程量清单的综合单价。

分部分项工程量清单 **表 4-2**

序号	项目编码	项目名称	计量单位	工程数量
1	030701003001	室内消火栓镀锌钢管 *DN*25，螺纹连接，含管件安装，管道水冲洗、消毒，水试压，管道刷 GZ－2 卫生食品特种漆施涂两底三遍	m	384

【解】 第一步，确定定额子目。根据该项目名称所描述的工作内容，得以下消耗量定额子目：

03080002　　室内镀锌钢管（螺纹连接）*DN*25

03110318　　聚氨酯漆　管道　底漆两遍

03110320　　聚氨酯漆　管道　中间漆一遍

03110321　　聚氨酯漆　管道　中间漆增一遍

03110322　　聚氨酯漆　管道　面漆一遍

第二步，计算一个清单项目计量单位（每米）所对应的每个定额子目的工程量。

03080002　室内镀锌钢管（螺纹连接）$DN25=1\text{m}$

03110318　聚氨酯漆 管道 底漆两遍　$S_1=3.14\times D\times L=3.14\times 0.0335\times 1=0.105\text{m}^2$

注：0.0335　是管外径，查手册获得

03110320　聚氨酯漆 管道 中间漆一遍　$S_1=3.14\times D\times L=3.14\times 0.0335\times 1=0.105\text{m}^2$

03110322　聚氨酯漆 管道 面漆一遍　$S_1=3.14\times D\times L=3.14\times 0.0335\times 1=0.105\text{m}^2$

第三步，确定每个定额子目单价。

人工费＝定额人工费＝定额工日消耗量×人工单价

材料费＝主材＋附材＝主材定额消耗量×主材单价＋定额附材费

机械费＝定额机械费

利用以上计算公式和安装消耗量定额得各定额子目的人材机单价，如表4-3所示。

定额子目人材机单价　　　　**表4-3**

定额编号	定额子目	人工费（元）	材料费（元）		机械费（元）
			主材	附材	
03080002	镀锌钢管 DN25	0.2071×47＝9.734	1.02×30＝30.6	1.263	0.496
03110318	聚氨酯漆　管道 底漆两遍	0.1116×47×0.105＝0.551	0.255×30×0.105＝0.803	1.609×0.105＝0.169	0
03110320	聚氨酯漆　管道 中间漆一遍	0.0576×47×0.105＝0.284	0.097×30×0.105＝0.306	0.179×0.105＝0.0188	0
03110321	聚氨酯漆　管道 中间漆增一遍	0.0576×47×0.105＝0.284	0.075×30×0.105＝0.236	0.179×0.105＝0.0188	0
03110322	聚氨酯漆　管道 面漆一遍	0.0576×47×0.105＝0.284	0.153×30×0.105＝0.482	0.161×0.105＝0.0169	0

第四步，确定综合单价。

综合单价＝人工费＋材料费＋机械费＋管理费＋利润

＝(9.734＋0.551＋0.284＋0.284＋0.284)＋(30.6＋0.803＋0.306＋0.236＋0.482)＋(1.263＋0.169＋0.0188＋0.0188＋0.0169)＋0.496＋(9.734＋0.551＋0.284＋0.284＋0.284)×(35%＋17%)

＝51.338元/m

② 反推法

由于清单项目总费用＝清单工程量×综合单价＝∑(定额子目综合单价×定额子目计价工程量)

则：综合单价＝清单项目总费用/清单工程量＝∑(定额子目综合单价×定额子目计价工程量)/清单工程量。

采用反推法思路清晰，易于理解。其具体步骤如下：

A. 确定对应定额子目；

B. 计算每个定额子目工程量；

C. 计算每个定额子目合价；

D. 确定综合单价，以上述的量价为基础，把每个定额子目的合价汇总起来除以清单工程量，即得到清单项目的综合单价。

【例4-2】 某工程的分部分项清单工程量如下表4-4所示，已知电力电缆敷设VV－

1kV－3×70＋1×35 单价为 220 元/m，管理费费率为 35%，利润率为 17%，根据广西 2008 安装工程消耗量定额计价（按 2011 年桂建标【2011】21 号文，一类工 47 元/工日），求该分部分项工程量清单的综合单价。

分部分项工程量清单 **表 4-4**

序号	项目编码	项目名称	计量单位	工程数量
1	030208001001	电力电缆普通敷设 VV－1kV－3×70＋1×35，干包终端电缆头制作安装	m	150

【解】

第一步，确定定额子目。

该清单项目定额子目为：03020664　铜芯电力电缆普通敷设 70mm² 以内

03020707　铜芯干包终端电缆头制作安装 70mm² 以内

第二步，计算每个定额子目计价工程量。

根据施工图和消耗量定额计算规则得电缆计价长度为 165m，电缆头为 4 个。

第三步，计算每个定额子目合价。

(1)03020664　铜芯电力电缆普通敷设 70mm² 以内

1)人工费＝定额工日消耗量×人工单价×计价工程量＝0.08255 工日/m×47 元/工日×165m＝640.18 元

2)材料费＝主材＋附材＝(主材定额消耗量×主材单价＋定额附材费)×计价工程量＝(1.01×220 元/m＋0.903 元/m)×165m ＝36812.00 元

3) 机械费＝定额机械费×计价工程量＝0.561 元/m×165m＝92.57 元

4) 管理费＝人工费×管理费费率＝640.18×35%＝224.06 元

5) 利润＝人工费×利润率＝640.18×17%＝108.83 元

6) 小计：640.18＋36812＋92.57＋224.06＋108.83＝37877.64 元

(2) 03020707　铜芯干包终端电缆头制作安装 70mm² 以内

1) 人工费＝定额工日消耗量×人工单价×计价工程量

＝0.59 工日/个×47 元/工日×4 个＝110.92 元

2) 材料费＝主材＋附材＝(主材定额消耗量×主材单价＋定额附材费)×计价工程量

＝(0＋59.98 元/个)×4 个＝239.92 元

3) 机械费＝定额机械费×计价工程量＝1.56×4＝6.24 元

4) 管理费＝定额人工费×管理费费率＝110.92×35%＝38.82 元

5) 利润＝定额人工费×利润率＝110.92×17%＝18.86 元

6) 小计：110.92＋239.92＋6.24＋38.82＋18.86＝414.76 元

第四步，计算综合单价。

综合单价＝∑子目合价/清单工程量＝(37877.64＋414.76)/150＝255.28 元/m

4.3.2 措施项目清单的编制及计价

(1) 措施项目清单的编制

1) 措施项目是指为完成工程项目施工，发生于该工程施工前和施工过程中技术、生活、安全等方面的非工程实体项目。措施项目清单的编制，应考虑多种因素，除工程本身的因素外，还涉及水文、气象、环境、安全等和施工企业的实际情况，按拟建工程的具体情况列项。安装工程主要措施项目如表4-5所示，作为列项的参考。

安装工程主要措施项目一览表 **表4-5**

一、技术措施项目		二、其他措施项目	
序号	项目名称	序号	项目名称
1	高层建筑	1	环境保护
2	脚手架使用	2	文明施工
3	有害身体健康环境增加	3	安全施工
4	安装与生产同时进行	4	临时设施
5	混凝土、钢筋混凝土模板及支架	5	雨季施工增加
6	混凝土泵送	6	缩短工期增加
7	施工排水、降水	7	夜间施工增加
8	已完工程及设备保护	8	特殊保健
9	二次搬运	9	室内空气污染测试
10	大型机械设备进出场及安拆	10	停工窝工损失
11	组装平台	11	机械台班停滞
12	设备管道施工安全、防冻和焊接保护措施	12	交叉施工
13	压力容器和高压管道的检验	13	暗室施工增加
14	焦炉施工大棚	14	行车、行人干扰
15	焦炉烘炉、热态工程	15	其他施工组织措施
16	管道安装后的充气保护措施		
17	隧道内施工的通风、供水、供气、照明及通信设施		
18	现场施工围栏		
19	其他施工技术措施		

2）安装工程中有些技术措施项目费（如组装平台、压力容器和高压管道的检验、焦炉施工大棚、格架式桅杆等）与分部分项工程费的编制方法基本一致，即根据提供的技术措施清单项目套用有关定额并计算相应的管理费和利润即可。有些技术措施费没有定额可套，而是按照定额册说明有关规定来计取人工材料机械费用并计算相应的管理费和利润（如脚手架搭拆费、高层建筑增加费、安装与生产同时进行增加的费用、在有害身体健康的环境中施工增加的费用），这些技术措施费在编制招标控制价时应按照安装定额规定的系数计算，具体如下。

① 安装工程脚手架搭拆费

安装工程脚手架搭拆费系数表 **表 4-6**

<table>
<tr><th rowspan="2">序号</th><th rowspan="2" colspan="3">专业名称</th><th rowspan="2">按人工费的%</th><th colspan="2">其中（%）</th></tr>
<tr><th>人工费</th><th>材料费</th></tr>
<tr><td>1</td><td colspan="3">第二册电气设备安装工程（10kV 架空线路、路灯工程、电缆埋地敷设工程除外）</td><td>4</td><td rowspan="17">5</td><td rowspan="17">75</td></tr>
<tr><td rowspan="2">2</td><td rowspan="2">第三册热力设备安装工程</td><td colspan="2">第一～第五章</td><td>10</td></tr>
<tr><td colspan="2">第六章</td><td>5</td></tr>
<tr><td rowspan="3">3</td><td rowspan="3">第四册炉窑砌筑工程</td><td rowspan="3">工程量（m³）</td><td>500 以内</td><td>25</td></tr>
<tr><td>500～2000</td><td>20</td></tr>
<tr><td>2000 以上</td><td>15</td></tr>
<tr><td rowspan="2">4</td><td rowspan="2">第五册静置设备与工艺金属结构制作安装工程</td><td colspan="2">静置设备制作</td><td>5</td></tr>
<tr><td colspan="2">其他</td><td>10</td></tr>
<tr><td>5</td><td colspan="3">第六册工业管道工程（单独承担的埋地管道工程除外）</td><td>7</td></tr>
<tr><td>6</td><td colspan="3">第七册建筑智能化设备安装工程</td><td>5</td></tr>
<tr><td>7</td><td colspan="3">第八册给排水、燃气工程</td><td>5</td></tr>
<tr><td>8</td><td colspan="3">第九册通风空调工程</td><td>3</td></tr>
<tr><td>9</td><td colspan="3">第十册自动化控制仪表安装工程</td><td>4</td></tr>
<tr><td rowspan="3">10</td><td rowspan="3">第十一册刷油，防腐蚀绝热工程</td><td colspan="2">刷油</td><td>8</td></tr>
<tr><td colspan="2">防腐蚀</td><td>12</td></tr>
<tr><td colspan="2">绝热</td><td>20</td></tr>
</table>

② 安装工程高层建筑增加费

高层建筑增加费，是指在高层建筑（6 层或 20m 以上的工业与民用建筑）施工应增加的人工降效及材料垂直运输增加的人工费用，按人工费的百分比计取，计算基数中应包括 6 层或 20m 以下全部工程的人工费（包含地下室部分，但地下室的层数及高度不包含在建筑物的层数及高度内）。安装工程高层建筑增加费系数如表 4-7～表 4-10 所示，且高层建筑增加费全部为人工费。

第二册　电气设备安装工程 **表 4-7**

层数	9 层以下（30m）	12 层以下（40m）	15 层以下（50m）	18 层以下（60m）	21 层以下（70m）	24 层以下（80m）
按人工费的%	1	2	4	6	8	10
层数	27 层以下（90m）	30 层以下（100m）	33 层以下（110m）	36 层以下（120m）	39 层以下（130m）	42 层以下（140m）
按人工费的%	13	16	19	22	25	28
层数	45 层以下（150m）	48 层以下（160m）	51 层以下（170m）	54 层以下（180m）	57 层以下（190m）	60 层以下（200m）
按人工费的%	31	34	37	40	43	46

第七册　建筑智能化系统设备安装工程　　　　表 4-8

层数	9层以下(30m)	12层以下(40m)	15层以下(50m)	18层以下(60m)	21层以下(70m)	24层以下(80m)
按人工费的%	1	2	4	6	8	10
层数	27层以下(90m)	30层以下(100m)	33层以下(110m)	36层以下(120m)	39层以下(130m)	42层以下(140m)
按人工费的%	13	16	19	22	25	28
层数	45层以下(150m)	48层以下(160m)	51层以下(170m)	54层以下(180m)	57层以下(190m)	60层以下(200m)
按人工费的%	31	34	37	40	43	46
层数	65层以下(215m)	70层以下(230m)	75层以下(250m)	80层以下(265m)	85层以下(280m)	90层以下(300m)
按人工费的%	49	52	55	58	61	64
层数	95层以下(315m)	100层以下(330m)	105层以下(350m)	110层以下(365m)	115层以下(380m)	120层以下(400m)
按人工费的%	67	70	73	76	79	82

第八册　给排水、燃气工程　　　　表 4-9

层数	9层以下(30m)	12层以下(40m)	15层以下(50m)	18层以下(60m)	21层以下(70m)	24层以下(80m)
按人工费的%	2	3	4	6	8	10
层数	27层以下(90m)	30层以下(100m)	33层以下(110m)	36层以下(120m)	39层以下(130m)	42层以下(140m)
按人工费的%	13	16	19	22	25	28
层数	45层以下(150m)	48层以下(160m)	51层以下(170m)	54层以下(180m)	57层以下(190m)	60层以下(200m)
按人工费的%	31	34	37	40	43	46

第九册 通风空调工程 表 4-10

层数	9层以下（30m）	12层以下（40m）	15层以下（50m）	18层以下（60m）	21层以下（70m）	24层以下（80m）
按人工费的%	1	2	3	4	5	6
层数	27层以下（90m）	30层以下（100m）	33层以下（110m）	36层以下（120m）	39层以下（130m）	42层以下（140m）
按人工费的%	8	10	13	16	19	22
层数	45层以下（150m）	48层以下（160m）	51层以下（170m.）	54层以下（180m）	57层以下（190m）	60层以下（200m）
按人工费的%	25	28	31	34	37	40

③ 安装工程超高增加费

第一册 机械设备安装工程：设备底座的安装标高，如超过地平面正或负 10m 时，则定额的人工和机械按表 4-11 乘以调整系数：

调 整 系 数 表 表 4-11

设备底座正或负标高以内（m）	调整系数	设备底座正或负标高以内（m）	调整系数
15	1.25	30	1.55
20	1.35	40	1.70
25	1.45	超过 40	1.90

第二册 电气设备安装工程（已考虑了超高因素的定额子目除外）：操作物高度离楼地面 5m 以上、20m 以下超高部分人工费乘以系数 1.33；超过 20m 以上的超高部分人工费乘以系数 1.8。

第四册 炉窑砌筑工程：本定额中专业炉工程不计取超高增加费（已综合考虑在定额中），一般（通用）工业炉窑和钢结构烟囱内衬喷涂工程，施工高度超过标高 40m 以上的工程，超高部分定额人工、机械系数乘以 1.30。

第六册 工业管道工程：以设计标高正负零为准，安装高度超过 20m 时，超过部分按定额人工费乘以系数 1.3。

第七册 建筑智能化设备安装工程：指操作物高度距离楼地面 3.6m 以上的工程，按其超过部分的定额人工费乘以表 4-12 中系数：

超 高 系 数 表 表 4-12

操作高度	10m 以下	20m 以下	20m 以上
超高系数	1.25	1.40	1.80

第八册 给排水、燃气工程：指操作物高度距离楼地面 3.6m 以上的工程，按其超过部分的定额人工费乘以表 4-13 中系数：

超高系数表　　表 4-13

标高±（m）	3.6～8	3.6～12	3.6～16	3.6～20
超高系数	1.10	1.15	1.20	1.25

第九册　通风空调工程：指操作物高度距离楼地面 6m 以上，按定额人工费乘以系数 1.15 计算。

第十一册　刷油、防腐蚀、绝热工程：以设计标高正负零为准，当安装高度超过±6.00m时，人工和机械分别乘以表 4-14 中系数：

超高系数表　　表 4-14

标高以内（m）	20	30	40	50	60	70	80	80 以上
超高系数	0.30	0.40	0.50	0.60	0.70	0.80	0.90	1.00

④ 安装与生产同时进行增加的费用：各册均按受影响部分的人工费 10%计算。

⑤ 在有害身体健康的环境中施工增加的费用：各册均按受影响部分的人工费 10%计算。

⑥ 地下室（或暗室）施工降效费：按地下室建筑面积乘以各册定额说明中规定的地下室单位建筑面积计算。

取费标准　　表 4-15

序号	专　业	取费标准	备　注
1	电气设备安装工程	0.8 元/m^2	
2	建筑智能化系统设备安装工程	0.4 元/m^2	
3	给排水、燃气工程	0.2 元/m^2	
4	消防带喷淋系统工程	0.6 元/m^2	
5	通风空调工程	0.8 元/m^2；仅为通风工程的按 0.6 元/m^2	
6	其他无法按面积计算的专业	按地下室（或暗室）人工费的 25%计算	

（2）措施项目清单计价

技术措施项目清单的计费办法、标准、范围、内容及说明详见下表 4-16。其他措施项目计算程序见第 3.4 节（建筑安装工程取费费率）表 3-6。

技术措施项目费计算办法　　表 4-16

序号	项目名称	计算程序	范围、内容及说明
1	脚手架使用费	按各册定额说明的规定计取，其综合单价组成和计算程序与“分部分项工程量清单综合单价”相同	指施工需要的各种脚手架搭拆费及脚手架的摊销费用
2	已完工程及设备保护费	按有关部门规定或根据拟建工程的实际情况估算	指工程完工后未经验收或未交付使用器件的保养、维护所发生的费用
3	二次搬运费	按实际情况估算	

续表

序号	项目名称	计算程序	范围、内容及说明
4	大型机械设备进出场及安拆费	∑实际发生机械台班数×定额台班单价×0.9	施工方案中有大型机具的使用方案，拟建工程必须使用大型机具
5	组装平台	按有关部门的规定估算	拟建工程中有钢结构、非标设备制作安装、工艺管道预制安装
6	设备管道施工安全、防冻和焊接保护措施		
7	压力容器和高压管道的检验	按实际情况估算	工程中有三类压力容器制作安装，及超过10MPa的高压管道
8	焦炉施工大棚	按实际情况估算	焦炉施工方案要求
9	焦炉烘炉、热态工程	按实际情况估算	焦炉施工方案要求
10	管道安装后的充气保护措施		
11	隧道内施工的通风、供水、供气、照明及通信设施	按实际情况估算	隧道施工方案要求
12	格架式桅杆	套相应定额，其综合单价组成和计算程序与“分部分项工程量清单综合单价”相同	施工方案要求，大于40吨设备的安装
13	高层建筑增加费	套相应定额，其综合单价组成和计算程序与“分部分项工程量清单综合单价”相同	建筑物超过6层或者檐高超过20m需要增加的人工降效和机械降效费用
14	安装与生产同时进行施工增加费	人工费×费率	
15	有害身体健康环境增加费	∑有毒厂区（车间）内施工项目的定额人工费×费率	
16	其他	按有关部门规定或根据拟建工程的实际情况估算	

4.3.3 其他项目清单的编制及计价

（1）其他项目清单的编制

工程建设标准的高低、工程的复杂程度、工程的工期长短、工程的组成内容等直接影响其他项目清单中的具体内容，08规范提供了四项作为列项的参考，根据拟建工程的具体情况列项：暂列金额、暂估价（包括材料暂估单价、专业工程暂估价）、计日工、总承包服务费。

在此需要说明的是，并不是每个工程都要列完所有上述内容，投标单位可以根据拟建工程情况和本企业的实际来确定。

（2）其他项目清单计价

其他项目清单计价是在计算基数上按费率取费，参见第3.4节（建筑安装工程取费费率）表3-7。

4.3.4 规费与税金清单的编制及计价

规费与税金清单编制及计价亦为在计算基数上按费率取费，参见第3.4节（建筑安装工程取费费率）表3-8，表3-9。

4.4 清单计价注意事项

（1）对于分部分项工程量清单必须严格按照招标人提供的清单内容和工程量报价，不准增加、减少和修改。

（2）对于措施项目清单、其他项目清单的内容也不准修改、减少，但可以增加，即计价单位认为招标人提供的措施项目、其他项目清单（招标人部分除外）还不能满足工程实际施工要求，则可以自行增加需要发生的项目。

（3）遵照现行定额的相关规定，熟悉每一个定额子目所包括的工程内容，并把其与清单项目的工程内容结合起来，做到清单计价时对其工程内容的考虑不重复、不遗漏，以便能计算出较为合理的价格。

（4）分部分项工程量清单综合单价参照定额计算时，其所包括的工程内容的工程量也应参照其配套的计算规则计算。清单的工程量一般为实体的净值，定额子目的工程量是按定额工程量计算规则计算的，是包括了采取措施后的预留量。这个区别在配线工程中非常明显，定额工程量包含了进出配电箱等的预留长度，而清单工程量是不含预留长度的，预留线的安装费和材料费都应考虑进综合单价中。

（5）关于设备费。第一，承包商提供的民用建筑安装工程小型设备视同主材一样，其价值列入相应项目的综合单价中，不再单列在设备表中。第二，考虑到民用建筑安装工程的大型设备和工业安装工程的设备金额较大，对规费计算的准确性影响较大，因此民用建筑安装工程大型设备费和工业安装工程的设备费不能计入综合单价中，需单列于设备表中，然后把设备表的总金额汇总于税金前，仅计取税金，不能计取其他费用。民用建筑安装工程大型设备是指电梯、冷水机组、冷却塔、电力变压器、发电机组、高压配电柜、箱式变电站以及其他单件价值超过1万元的低压配电柜、水泵、自动供水设备、风机、空调器、消防控制中心、智能控制中心等设备。除此之外的其他民用建筑安装设备为小型设备。

（6）对于较复杂的项目，投标报价时部分措施项目费要结合所做工程的施工组织设计来确定。编制标底时，最好也预先做一个施工组织设计或者确定一个常规的施工方法，否则有部分措施项目费无法确定或遗漏。

（7）工程量清单中的每一计价项目均需填写单价和合价，对没有填写单价和合价项目的费用，将被视为已包括在工程量清单的其他单价或合价之中。

5 安装工程计价书的校核与审查

工程计价书的编制是一项政策性、技术性比较强的工作，计算过程繁杂。为了提高编制的质量，核实工程造价，节约与合理使用建设资金，促进施工单位的经营管理，必须对工程计价进行审核。

工程计价书的审核应坚持原则、依据充分、方法科学、认真细致，及时发现问题并进行修正，确保工程预、结算的准确、合理。

5.1 审 核 的 原 则

为了合理确定工程造价，提高审核的质量，维护建设单位和施工单位的合法权益，审核时应遵守以下原则：

(1) 严格执行国家有关工程造价的法律、法规的规定，坚持实事求是、公平合理的原则。

(2) 遵守职业道德和行业规范，做到该增就增，该减则减，认真细致地做好审核工作。

(3) 坚持以理服人、协商解决的精神，做好审核定案工作。

5.2 审 核 的 依 据

工程计价书审核的主要依据有：

(1) 工程设计图纸。

工程设计图纸是编制施工图预算的主要依据，也是审核工程计价书的主要依据。包括设计说明、系统图、平面图、施工大样图、所用的标准图、图纸会审记录、设计变更记录等资料。

(2) 定额及解释材料、工程量计算规则、材料单价和有关文件。

(3) 工程招标文件、工程量清单、报价书、综合单价分析表。

(4) 已审核的施工组织设计和施工方案。

5.3 审 核 的 形 式

由于工程规模、专业复杂程度、结算方式的不同，工程计价书的审核主要有以下几种形式：

(1) 单独审核

规模不大的一般工程，由发包方或工程造价咨询单位单独审核，发包承包双方协商修正、调整后，定案即可。

(2) 联合会审

大中型工程项目或重点工程，由建设单位会同设计单位、监理单位、审计事务所、工程造价管理部门等共同进行会审。

(3) 委托审核

委托审核是指当不具备会审条件，建设单位不能单独审核，或者需由权威机构审核裁定时，由建设单位委托工程造价管理部门或中介机构等专职机构进行审核。

5.4 审核的内容

(1) 工程承包的工作范围是否正确

审核工程项目的完整程度，主要指有无重复计算或漏算；审核各工程项目中主材的型号、规格是否与设计图纸一致，比如灯具的型号规格、线路的敷设方式、线材的品种规格等应与设计图纸一致。

(2) 工程量计算、定额的使用以及定额的换算是否准确

工程量计算是否准确，直接影响工程造价的准确性，而工程量计算又是最容易发生错误的环节，审核时应仔细核对。审核定额套用，主要看是否漏套、高套、重套，定额换算是否合理。

(3) 设备、材料价格的合理性、准确性

材料单价可参考当地工程造价咨询机构颁发的材料预算价格，结合市场行情进行审核。

(4) 费用计算程序、计算基础及费率是否准确

审核是否按当地规定的现行费用计算程序进行，计算结果是否正确。

5.5 审核的方法

工程预、结算的审核方法有许多种，常用的方法主要有全面审核法、重点审核法、经验审核法、指标审核法等几种。

(1) 全面审核法

对于建设规模较小的工程预、结算，可根据施工设计图纸及其他有关资料，对工程预、结算的内容逐一进行审核。这种方法全面细致，审核质量高，但工作量大，耗时长。

(2) 重点审核法

对于工程规模较大、审核时间紧迫的工程预、结算，可抓住工程预、结算中的重点项目进行仔细审核，这种方法叫做重点审核法。重点项目包括如下内容：

1) 安装过程复杂，工程量计算繁杂，定额缺项多，对预、结算结果有明显影响的部分。

2) 工程数量多，单价高，占工程造价比重较大的部分，如低压配电室、空调机房等。

3) 编制预、结算时，易出错、易弄虚作假的部分，如配管、配线工程。

(3) 经验审核法

经验审核法是指根据以往的实践经验，对容易发生误差的部分进行详细审核。

(4) 指标审核法

指标审核法是指把现有建筑结构、用途、工程规模、建造标准基本相同的工程项目的造价指标与被审核的工程项目进行比较，从而判断预、结算结果是否准确。如果出入较大，则进一步分析对比，找出重点进行详细审核。

5.6 审核的步骤

实际进行工程计价书的审核时，可按照如下步骤进行：

(1) 熟悉有关资料

审核前，应熟悉送审的工程招投标文件及承包合同，熟悉设计图纸及所用的标准图，熟悉施工组织设计或施工技术方案，熟悉预算定额、费用定额及其他相关文件。

(2) 确定审核方法并进行核算

按照确定好的审核方法对工程计价书进行核算，在审核过程中，若发现有问题，应做详细记录。

(3) 交换审核意见

审核单位与计价书编制单位交换审核意见，并作进一步的核对。

(4) 审核定案

根据交换意见的结果，将更正后的预、结算项目进行计算汇总，填制工程审核调整表，由编制单位责任人、审核人、审核单位责任人等签字确认并加盖公章，完成工程计价书的审核。

思考题与习题

1. 什么是工程量清单计价？
2. 工程量清单计价与定额计价有哪些区别？
3. 什么是安装工程定额？它具有什么特点？如何分类？
4. 什么是消耗量定额？消耗量定额的作用是什么？
5. 怎样划分安装材料和设备？
6. 什么是主材？什么是附材？
7. 材料供应价格由哪些内容组成？
8. 什么是地区材料预算价格？
9. 现行定额规定的人工工日单价是否适应现实市场？为什么？在做工程预算或工程报价时该怎样做？
10. 分别阐述人工工日单价、材料单价、机械台班单价、建筑工程单位产品单价、产品的人工费、材料费、机械台班使用费的含义与区别。
11. 简述工程造价的计算基础及计算程序。
12. 安装工程、建筑工程、装饰工程、市政建设工程、园林工程造价费用的计算基础是一样的吗？安装工程中用了几种计算基础来计算工程造价？
13. 什么是工程量清单？
14. 工程量清单的编制依据有哪些？
15. 工程量清单编制原则有哪些？

16. 叙述工程量清单编制内容。
17. 建筑工程的措施项目清单一般应包括哪些内容?
18. 什么是暂列金额、暂估价? 怎么计算?
19. 写出确定分部分项工程量清单工、料、机消耗量的计算公式。
20. 写出分部分项工程量清单项目综合单价计算的表达式。
21. 我国现行工程报价费用组成，与国际上投标报价费用组成有哪些不同?
22. 投资方、发包方、承包方应怎样来计算工程造价最为合理?

第2篇　建筑安装工程列项与工程量计算

6　生活给水排水系统

【学习目标】

了解生活给水排水系统的组成，熟悉生活给水排水系统的施工、识图，掌握生活给水排水系统的清单列项与定额套价，能根据施工图编制工程计价书。

【学习要求】

能力目标	知识要点	相关知识
能熟练识读给水排水系统施工图	常用给水排水工程图例，给水排水系统图、平面图的识读方法	给水排水管道安装、阀门安装、水表、卫生器具安装、水泵安装、水箱安装的施工工艺及基本技术要求
能编制给水排水系统工程量清单并进行定额套价及工程量计算	清单列项及清单工程量的计算、定额套价及定额工程量的计算	

6.1　系统简介

6.1.1　系统任务

给水排水工程包括给水工程和排水工程两个系统。给水工程是将城市市政给水管网中的水输送到建筑物内各个用水点上，并满足用户对水质、水量、水压的要求。排水工程主要是将人们生活、生产中产生的污水、废水及雨雪水收集后排入市政管网中去。

6.1.2　系统分类

给水排水工程分为城市给水排水工程（市政工程）和建筑给水排水工程，建筑给水排水又分为室内给水排水和室外给水排水。

6.1.3　系统组成

如图6-1所示。

(1) 建筑生活给水系统

系统组成：市政管网→室外给水管→ 引入管→水表节点→室内给水管→各用水点

(2) 建筑生活排水系统

1）污水系统：卫生器具→卫生器具排水管→排水支管→排水立管→排出管→室外排水管→市政管道

2）雨水系统：雨水斗→雨水立管→排出管→室外雨水排水管→市政排洪管道

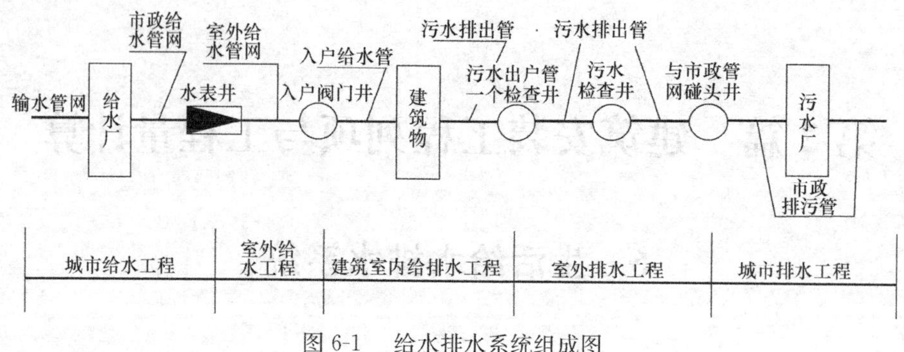

图6-1　给水排水系统组成图

6.2　给水排水管道与市政管道的划分界线

6.2.1　给水管道、燃气管道

（1）以建筑物入口处阀门（水表井）为界，阀门以内执行安装工程定额，阀门以外的小区给水、燃气管网执行市政工程消耗量和费用定额。

（2）如果给水进水管围绕建筑物一周敷设，该给水进水管应参照市政工程消耗量定额套用，但仍随安装工程主体项目的费率标准取费。如图6-2所示。

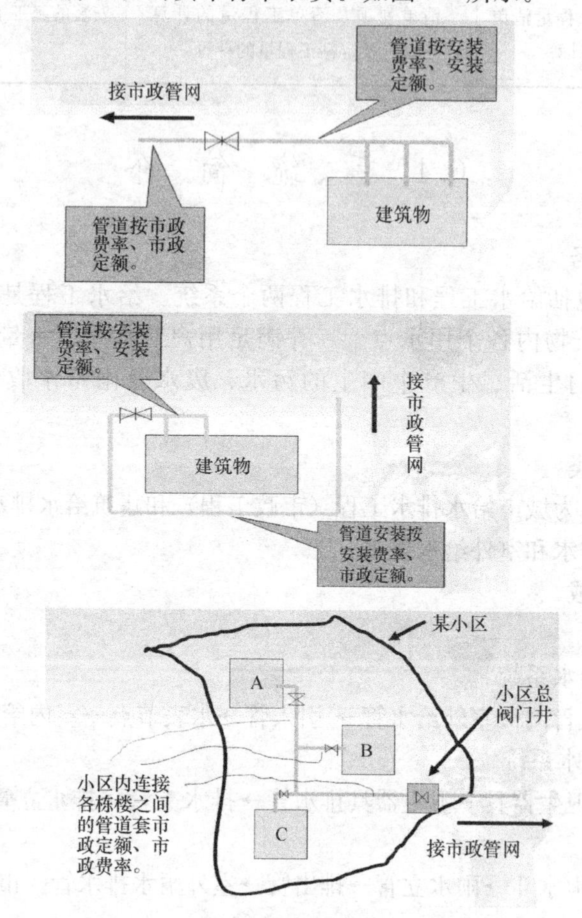

图6-2　给水管道与市政管道的划分

6.2.2 排水管道

室内排水、雨水管道及连接到第一个污水检查井、雨水井的管道按照安装消耗量和费用定额执行。化粪池前连接各污水检查井之间的排水管道、配套设计于该建筑物的连接各雨水检查井间的雨水管道，参照市政工程消耗量定额套用，但仍随安装工程主体项目的费率标准取费。其余小区室外排水管网工程执行市政工程消耗量和费用定额。如图 6-3 所示。

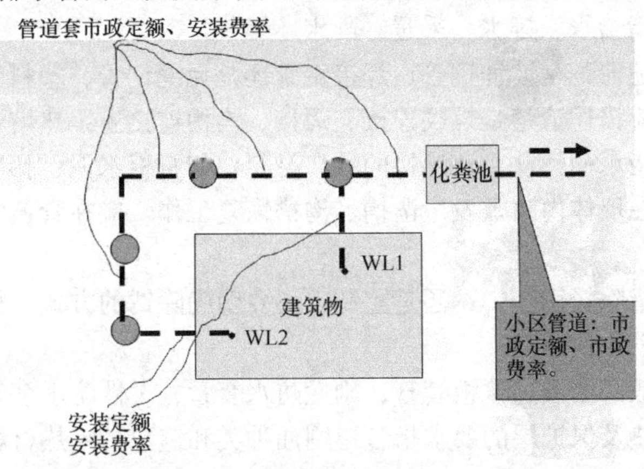

图 6-3 排水管道与市政管道的划分

6.2.3 小区给、排水管网工程

编制工程量清单时，其工程量清单子目按市政清单子目设置。

6.3 管 道 安 装

6.3.1 管道清单的设置及工程量计算规则

管道按敷设方式分为明敷和暗敷；按敷设的部位分为埋地敷设、立管、支管；按材质分为镀锌钢管、塑料管、复合管等。

工程量清单项目设置及工程量计算规则，应按表 6-1 的规定执行，本表摘自《建设工程工程量清单计价规范》GB 50500—2008 附录中表 C.8.1。

管道安装工程量清单项目的设置 **表 6-1**

<table>
<tr><th>项目编码</th><th>项目名称</th><th>项目特征</th><th>计量单位</th><th>工程量计算规则</th><th>工程内容</th></tr>
<tr><td>030801001</td><td>镀锌钢管</td><td rowspan="9">1. 安装部位（室内、外）
2. 输送介质（给水、排水、热媒气、燃气、雨水）
3. 材质
4. 型号、规格
5. 连接方式
6. 套管形式、材质、规格
7. 接口材料
8. 除锈标准、刷油、防腐、绝热及保护层设计要求</td><td rowspan="9">m</td><td rowspan="9">按设计图示管道中心线长度以延长米计算，不扣除阀门、管件（包括减压阀、疏水器、水表、伸缩器等组成安装）及各种井类所占的长度；方形补偿器以其所占长度按管道安装工程量计算</td><td rowspan="9">1. 管道、管件及弯管的制作、安装
2. 管件安装（指铜管管件、不锈钢管管件）
3. 套管（包括防水套管）制作、安装
4. 管道除锈、刷油、防腐
5. 管道绝热及保护层安装、除锈、刷油
6. 给水管道消毒、冲洗
7. 水压及泄漏试验</td></tr>
<tr><td>030801002</td><td>钢管</td></tr>
<tr><td>030801003</td><td>承插铸铁管</td></tr>
<tr><td>030801004</td><td>柔性抗震铸铁管</td></tr>
<tr><td>030801005</td><td>塑料管（UPVC、PVC、PP-C、PP-R、PE）</td></tr>
<tr><td>030801007</td><td>塑料复合管</td></tr>
<tr><td>030801008</td><td>钢骨架塑料复合管</td></tr>
<tr><td>030801009</td><td>不锈钢管</td></tr>
<tr><td>030801010</td><td>铜管</td></tr>
</table>

6.3.2　工程量清单的项目特征描述

给水排水、燃气管道安装，是按安装部位、输送介质、管径、材质、连接方式、接口材料、除锈标准、刷油、防腐、绝热、保护层等不同特征设置清单项目。编制工程量清单时，应明确描述这些特征，以便计价。

(1) 安装部位应明确是室内还是室外。

(2) 输送介质指给水、排水、采暖、雨水、燃气。

(3) 材质应描述清楚是镀锌钢管、焊接钢管还是无缝钢管、塑料管、复合管等。

(4) 连接方式应描述清楚是螺纹连接、焊接、沟槽连接还是热熔连接、粘接等。

(5) 接口材料指承插铸铁管道连接的接口材料，如石棉水泥、膨胀水泥等。

(6) 如果管道在墙体内暗敷发生凿槽、沟槽恢复工作，应在管道安装清单中描述是否包含该项工作。

(7) 除锈要求指除轻锈、中锈还是重锈，还要明确除锈的方式，如手工除锈、机械除锈、化学除锈、喷砂除锈等。

(8) 套管指一般穿墙或过楼板套管、刚性防水套管、柔性防水套管等。

(9) 防腐、绝热及保护层的要求指管道刷油种类和遍数、绝热材料及其厚度、保护层材料等。

总之，给水排水管道安装清单项目，除了管道安装外，还包括有管道安装过程中可能发生的套管的制作安装、绝热、保护层、保护层油漆、管道除锈、管道刷油、管道消毒、冲洗、水压及泄漏试验等工作内容。编制清单的人员必须根据拟建工程，结合实际情况，将需要发生的工作内容在管道安装的清单中描述清楚。

6.3.3　工程量清单的计价

(1) 室外埋地给水管道

1) 常用管材及其连接方式

① 镀锌钢管：*DN*＜100mm 时螺纹连接；*DN*≥100mm 时法兰或焊接连接。

② 塑料管：PVC-U 塑料给水管采用粘接连接；PE 塑料给水管采用电热熔连接。

③ 复合管：卡环式或卡套式连接。

2) 管道敷设方式及施工程序

① 管道敷设方式：埋地给水管一般采用直埋敷设。

② 施工程序：测量放线→开挖管沟→ 沟底找坡、沟基处理→下管→管道安装→试压→刷油防腐→回填。

3) 定额列项与工程量计算

① 室外埋地给水管安装

A. 工程量计算规则：管道以施工图所示管道中心线长度“m”计算，不扣除阀门、管件（包括减压器、疏水器、水表、伸缩器等组成安装）所占的长度。

B. 定额套价：室外埋地给水管道套用市政管网工程相应定额，取费按本栋楼安装工程执行；小区各栋之间给水主管网执行市政管网工程消耗量定额及配套费用定额。

C. 使用说明：

a. 定额按照管道的材质、连接方式来设置定额子目，使用时根据实际情况选取相应的定额子目。

b. 管道安装定额不含管件安装，管件需另行列项计算。

c. 管道消毒冲洗及压力试验需另列项计算。

② 室外给水管管件

A. 工程量计算规则：以“个”为单位。

B. 计算方法：按设计图纸实际数量计算。

C. 定额套价：套市政管网工程相应管件定额。

（2）室外埋地排水管

1）常用管材及其连接方式

① 排水铸铁管：承插连接或法兰连接。

② 塑料排水管：采用 PVC-U 塑料，承插粘接连接。

③ 双壁波纹管：橡胶圈连接。

2）管道敷设方式及施工程序

① 管道敷设方式：大部分采用直埋敷设。

② 施工程序：测量放线→开挖管沟→ 沟底找坡、沟基处理→下管→ 管道安装→ 灌水试验→回填。

3）定额列项与工程量计算

室外埋地排水管安装

A. 工程量计算规则

a. 管道以施工图所示管道中心线长度“m”计算，不扣除管件所占的长度，井至井中的中心扣除检查井长度。检查井长度的扣除在建筑安装定额计算规则中没有阐述，可参考市政定额中的扣除长度。每座检查井扣除长度如表 6-2 所示。

b. 埋地排水塑料管、铸铁管安装，定额包括接头零件安装，但接头零件价格另行计算。

c. 排水管道的安装定额包括了灌水试验、通球试验或通水试验。

检查井扣除长度 **表 6-2**

检查井规格（mm）	扣除长度（m）	检查井规格（mm）	扣除长度（m）
ϕ700	0.40	各种矩形井	1.00
ϕ1000	0.70	各种交汇井	1.20
ϕ1250	0.95	各种扇形井	1.00
ϕ1500	1.20	圆形跌水井	1.60
ϕ2000	1.70	矩形跌水井	1.70
ϕ2500	2.20	阶梯式跌水井	按实扣

B. 定额套价

a. 连接检查井之间的管道套用市政管网工程相应定额，但取费仍随安装工程；栋与栋之间主管网套用市政工程消耗量定额及费用定额。

b. 排水管管件按设计图纸实际数量计算，套用市政管网工程相应管件定额。

c. 检查井、化粪池按土建定额执行，一般列在建筑工程预算中。

（3）室内给水管道

1）常用管材及其连接方式

① 镀锌钢管：DN<100mm 时螺纹连接；DN≥100mm 时法兰或沟槽连接。

② 塑料管：PVC-U 塑料给水管采用粘接连接；PP-R 塑料给水管采用热熔连接。

③ 塑料复合管：卡套式或卡箍式连接。

2）管道敷设方式及施工程序

① 管道敷设方式：立干管采用沿墙明敷设，或者在管井内敷设；支管采用沿墙明敷，或者在墙体内暗敷。

② 施工程序：安装准备→预留孔洞→预制加工→干管安装→立管安装→支管安装→管道试压→管道防腐保温→管道的清洗与消毒。

3）定额列项与工程量计算

① 室内给水管道安装

A. 工程量计算规则：

管道以施工图所示管道中心线长度“m”计算，不扣除阀门、管件（包括减压器、疏水器、水表、伸缩器等组成安装）所占的长度，如图 6-4 所示。

B. 定额套价：室内给水管道套用第八册第一章管道安装定额。

C. 使用说明：

a. 除了钢管焊接连接的安装定额中已包括管件安装费和材料费，其余的给水管道安装定额中已包括管件安装费，但管件要按实际数量另计。

b. 定额按照管道的材质、连接方式来设置定额子目，使用时根据实际情况选取相应的定额子目。

c. 塑料管、复合管的安装定额中均已包括管卡，不得另行计算。

d. 卫生洁具给水支管的工程量应算至与洗脸盆、洗手盆、洗涤盆、坐便器连接的角阀处。

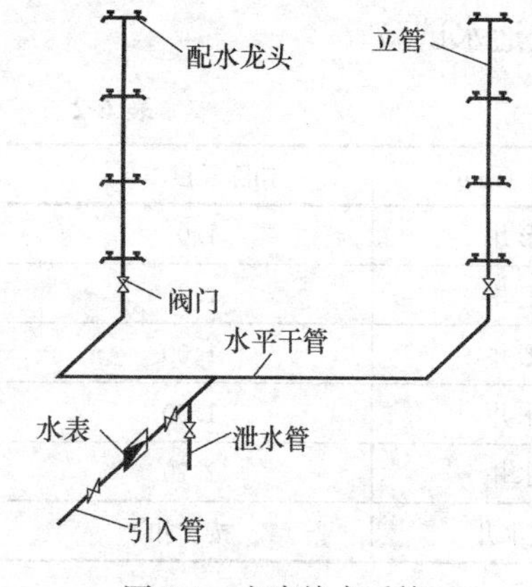

图 6-4　室内给水系统

e. 室内管道暗装于墙体或者楼板时，管道的刨沟、刨沟恢复工作可以套用第二册电气设备安装中管道的刨沟、刨沟恢复定额子目。但如果暗装时不采用支架固定的应扣除相应的定额附材中的支架含量，其余不变。

f. 各种水、电管道在楼板找平层内敷设，如采用预埋管道压槽的，适用于暗埋水电管混凝土槽预压定额。如楼板混凝土层已经浇注好后，采取刨浅沟的可套用相应刨沟凿槽定额乘以 0.5 系数计算。

g. 设置于管道间、管廊内的管道、阀门、法兰、支架安装，其定额人工乘以系数 1.3。对于安装工程中的管井（管道间），不管井内是否有楼板，均按管井计算。

② 室内塑料给水管管件

A. 工程量计算规则：以“个”为单位。

B. 计算方法：按定额附录管件含量表计算管件组合价，如表 6-3 所示；也可以按设计图纸实际数量计算。

C. 定额套价：利用补充定额计算管件的主材单价，其他费用则不用计。

D. 使用说明：组合价的计算方法是先找管道和管件的单价，如 De75 的塑料管，管材＝40.8 元/m，三通＝24.7 元/个，弯头＝21.7 元/个，管箍＝10.38 元/个，异径管＝9.37 元/个，按定额含量则其组合价＝40.8×1.02＋24.7×(1.7/10)＋21.7×(0.5/10)＋9.37×(0.3/10)＋10.38×(1.3/10)＝48.53 元/m。

室内塑料给水管（粘接、热熔连接）管件含量表（计量单位：个/10m）　　**表 6-3**

材料名称	单位	公称外径 (mm)										
		20	25	32	40	50	63	75	90	110	125	160
三通	个	1	1	1	1	11.7	11.78	1.7	1.5	1.6	1.01	1.01
带丝三通	个	3.5	2	0.3	3	0.4	0.4	—	—	—	—	—
弯头	个	3.5	3.5	2.5	2.5	2.6	2.4	0.5	0.7	0.2	0.66	0.66
带丝弯头	个	11	2	—	—	—	0.3	—	—	—	—	—
异径管	个	—	0.6	1	1.4	0.1	0.1	0.3	0.3	0.4	0.16	0.16
管箍	个	0.4	1	2	0.4	0.1	0.1	1.3	1.3	1.1	0.81	0.81
带丝管箍	个	—	—	2	1	4	4	—	—	—	—	—
合计	个	19.4	10.1	8.8	9.3	18.9	19.08	3.8	3.8	3.3	2.64	2.64

③ 管道刷油防腐

A. 工程量计算规则

a. 按展开面积“m^2”计算。

b. 镀锌钢管展开面积计算公式：$S=3.14\times D\times L$，式中 D—管外径，L—管长度。

B. 定额套价：套用第十一册定额中的金属管道刷油。

C. 使用说明：

a. 设计要求金属管道需做刷油防锈处理时才计算此工程量，防锈处理的一般做法是刷两遍红丹漆，再刷两遍调合漆。

b. 镀锌钢管一般不用作刷油防锈处理，仅对焊接处进行防锈处理，但有时为了美观需对整条管道刷银粉漆或调合漆。

c. 管道消毒冲洗。管道消毒冲洗以及压力试验均包含在管道的安装定额中，一般不能另列项计算。第八册中的管道消毒冲洗、试压定额仅适用于有特殊要求需要进行多次冲洗、消毒及试压的时候使用。

④ 管道套管安装

A. 工程量计算规则：管道套管制作安装按材质分为钢套管和塑料套管，按敷设管道的直径以“个”计算。

B. 定额套价：第八册第一章定额分别设置了柔性防水套管、刚性防水套管、穿墙或过楼板套管的制作安装定额，计价时可根据实际情况套用。

C. 使用说明：

a. 按规范要求，给水管穿墙或过楼板时需安装塑料套管或铁皮套管。

b. 管道穿过地下室或地下构筑物外墙时，应采用刚性防水套管。对防水有严格要求的建筑物，必须采用柔性防水套管。

c. 柔性防水套管、刚性防水套管选取定额时按所穿越的管道的直径套用，一般穿墙、过楼板套管按套管的直径选取定额。

（4）室内排水管道

1）常用管材及其连接方式

常采用PVC-U塑料排水管，承插粘接连接。

2）管道敷设方式及施工程序

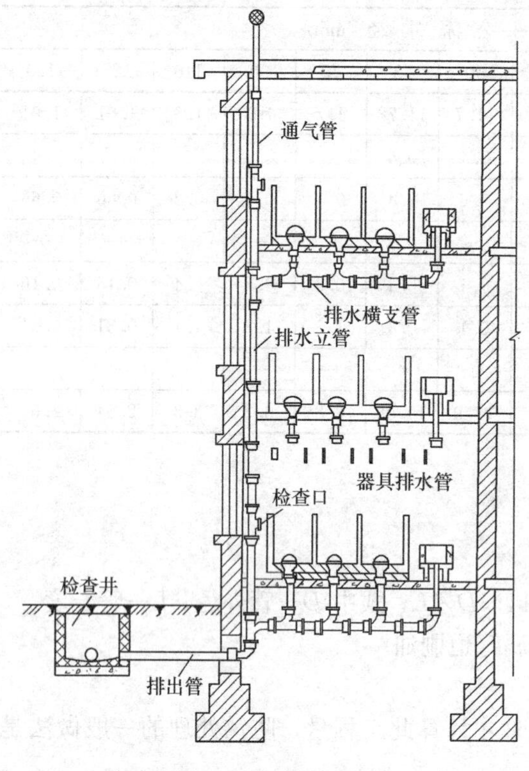

图6-5　室内排水系统

① 管道敷设方式：立管、干管采用沿墙明敷设；支管采用沿墙明敷设或在卫生间凹槽内暗敷设。

② 施工程序：安装准备→预制加工→干管安装→立管安装→支管安装→卡件固定→封口堵洞→闭水试验→通水试验。

3）定额列项与工程量计算

① 室内排水管道安装

A. 工程量计算规则：排水管道以施工图所示管道中心线长度"m"计算，不扣除管件所占长度，如图6-5所示。

B. 定额套价：套用第八册第一章定额。

C. 使用说明：

a. 污水排水管的主材单价一般执行组合价，不再另外列项计算管件价格。组合价＝管材单价×管材消耗量＋Σ(管件单价×管件消耗量)，管件消耗量见表6-4。

b. 室内塑料排水管道安装定额包括管卡、透气帽制作与安装以及接头零件的安装，但楼板下固定管道用的支架需要另行计算。

c. 排水管道的安装包括了灌水试验、通球试验或通水试验。

d. 设置于管道间、管廊内的管道，其定额人工乘以系数1.3。

e. 所有卫生洁具的排水支管计算至楼地面。

室内承插排水塑料管管件含量表（计量单位：个/10m）　　**表6-4**

材料名称	单位	公称直径（mm）					
		50	75	100	150	200	250
三通	个	1.15	1.93	4.48	3.45	1.52	1.52
弯头	个	5.55	1.59	4.14	1.33	0.40	0.40
四通	个	—	0.13	0.25	0.11	0.11	0.11
接轮	个	0.20	0.96	0.35	0.48	0.56	0.56
检查口	个	0.32	1.59	1.39	1.39	1.59	1.59

续表

材料名称	单位	公称直径（mm）					
		50	75	100	150	200	250
异径管	个	—	0.17	0.25	0.14	0.14	0.14
伸缩节	个	2.22	2.22	2.22	2.22	2.22	2.22
防漏环	个	1.59	1.59	1.59	1.59	1.59	1.59
合计	个	11.03	10.18	14.67	10.71	8.13	8.13

② 阻火圈或防火套管安装

A. 工程量计算规则：按“个”计算。

B. 定额套价：套用第八册第一章定额。

C. 使用说明：高层建筑中明设排水塑料管道穿过楼板时应按设计要求设置阻火圈或防火套管，所以高层建筑需计算阻火圈或防火套管工程量。

（5）室内雨水、空调排水系统

1）常用管材及其连接方式

常采用PVC-U塑料排水管，承插粘接连接。

2）管道敷设方式及施工程序

① 管道敷设方式：立干管常沿外墙明敷设。

② 施工程序：预留孔洞→管道支架安装→管道安装→管道灌水试验。

3）定额列项与工程量计算

① 室内雨水、空调排水管安装

A. 工程量计算规则：

a. 排水管道以施工图所示管道中心线长度“m”计算，不扣除管件所占长度。

b. 铸铁排水管、雨水管及塑料排水管、塑料雨水管均包括管卡、透气帽制作与安装，但在楼板下固定管道用的支架需另行计算。

c. 管道安装定额包括接头零件的安装，但接头零件的价格另计。

B. 定额套价：套用第八册第一章定额，定额中分别设置了承插铸铁雨水管（石棉水泥接口）、铸铁雨水管（水泥接口）、过阳台承插塑料雨水管、空调排水管、塑料直通雨水管子目。

② 塑料雨水管、空调排水管管件

A. 工程量计算规则：按设计图纸实际数量以“个”计算。

B. 定额套价：按定额附录管件含量表计算管件的组合价，其他费用则不用计。

C. 使用说明：

a. 雨水斗要根据图纸数量计算主材费。

b. 在地下室或架空层敷设的雨水横管，考虑作为承接各雨水立管的横干管，其管件较多，可按过阳台雨水管定额套用。

c. 承接阳台地漏的排水管道按过阳台雨水管道定额子目执行。

③ 阻火圈或防火套管安装

A. 工程量计算规则：按“个”计算。

B. 定额套价：套用第八册第一章定额。

C. 使用说明：高层建筑中明设排水塑料管道穿过楼板时应按设计要求设置阻火圈或防火套管，所以高层建筑中凡排水塑料管穿过楼板或墙体时需计算阻火圈或防火套管工程量。

6.4 管沟土方

6.4.1 管道清单的设置及工程量计算规则

工程量清单项目设置及工程量计算规则，应按表6-5的规定执行，本表摘自《建设工程工程量清单计价规范》GB 50500—2008附录中表A.1.1。

土方工程量清单项目的设置　　表6-5

项目编码	项目名称	项目特征	计量单位	工程量计算规则	工程内容
010101006	管沟土方	土壤类别 管外径 挖沟平均深度 弃土石运距 回填要求	m	按设计图示以管道中心线长度计算	1. 排地表水 2. 土方开挖 3. 挡土板支拆 4. 运输 5. 回填

6.4.2 工程量清单的项目特征描述

室外管沟土方清单项目应描述清楚土壤类别、管沟深度、是否有弃土外运及其运距、土方回填的压实要求等。

6.4.3 工程量清单的计价

(1) 工程量计算规则

管道挖土方根据其土壤类别以及挖方深度来决定是否需要计算放坡。即一类、二类土挖方在1.2m内；三类土挖方在1.5m内，不考虑放坡。

考虑放坡的计算公式：$V=h(b+kh)l$

式中，h—沟深；b—沟底宽；l—沟长；k—放坡系数，根据土的性质确定，人工开挖一般可取0.3。

不考虑放坡的计算公式：$V=hbl$

式中，h—沟深；b—沟底宽；l——沟长。

注意事项：

1) 管道沟槽按图示中心线长度计算；管沟深度按设计标高的平均值计算；沟底宽度，设计有规定的，按设计规定尺寸计算，设计无规定的，可按表6-6规定宽度计算。

管道沟槽底宽取值表（m）　　表6-6

管径（mm）	铸铁管、钢管、塑料管、石棉水泥管	混凝土、钢筋混凝土、预应力混凝土管	陶土管
50～70	0.60	0.80	0.70
100～200	0.70	0.90	0.80
250～350	0.80	1.00	0.90

续表

管径（mm）	铸铁管、钢管、塑料管、石棉水泥管	混凝土、钢筋混凝土、预应力混凝土管	陶土管
400～450	1.00	1.30	1.10
500～600	1.30	1.50	1.40
700～800	1.60	1.80	
900～1000	1.80	2.00	

2）按表6-6计算管道土方工程量时，各种井类及管道（不含铸铁给水排水管）接口等处需加宽的土方量不另行计算，底面积大于20m² 的井类，其增加工程量并于管沟土方内计算。

3）敷设铸铁给水管时，其接口等土方增加量可按管沟土方总量的2.5%计算。

（2）定额套价

管道挖、填土方套用第二册第八章的人工挖填沟槽定额。

（3）注意事项

1）安装工程的管沟回填土工程量计算时应扣除管径在200mm以上的管道、基础、垫层和各种构筑物所占的体积，管径在200mm以下的（包括200mm）可不扣除。

2）此方法只适用于人工挖土，不适用机械挖土。

3）室外管道挖土方，挖沟深度要扣除室外地坪标高。

6.5 管 道 支 架

6.5.1 管道清单的设置及工程量计算规则

工程量清单项目设置及工程量计算规则，应按表6-7的规定执行，本表摘自《建设工程工程量清单计价规范》GB 50500—2008附录中表C.8.2。

管道支架安装工程量清单项目的设置 **表6-7**

项目编码	项目名称	项目特征	计量单位	工程量计算规则	工程内容
030802001	管道支架制作安装	1. 形式 2. 除锈、刷油设计要求	kg	按设计图示质量计算	1. 制作、安装 2. 除锈、刷油

6.5.2 工程量清单的项目特征描述

管道支架除锈指除轻锈、中锈还是重锈，还要明确除锈的方式，如手工除锈、机械除锈、化学除锈、喷砂除锈等。管道支架刷油指刷油漆的品种、刷几遍。

6.5.3 工程量清单的计价

（1）工程量计算规则

1）除钢管外，其余给水管道均含管卡安装工作内容，但在楼板下固定管道用的支吊架需另行计算。型钢支架制作安装按重量计算。

2）钢管安装定额未含管卡及支吊架，需另行计算。

（2）定额套价

1）一般型钢支架制作安装执行第八册第一章的管道支架制作安装定额。

2）带木垫或弹簧的型钢支架制作安装执行第八册第一章的木垫式管道支架制作安装定额。

（3）型钢支架计算方法和步骤

1）先计算支架个数。支架的间距可按规范要求计算。

支架的个数=某规格的管道长度÷该规格管道支架的间距。计算的得数有小数就进1取整。

钢管垂直安装时支架间距规定：楼层高度≤5m，每层必须安装1个，楼层高度>5m，每层不得少于2个，水平安装时支吊架间距不应大于表6-8的规定。

钢管支吊架间距　　表6-8

公称直径（mm）		15	20	25	32	40	50	70	80	100	125	150	200	250	300
支架的最大间距（m）	保温管	2	2.5	2.5	2.5	3	3	4	4	4.5	6	7	7	8	8.5
	不保温管	2.5	3	2.5	4	4.5	5	6	6	6.5	7	8	9.5	11	12

2）计算每一个支架所需型钢的长度。

3）计算型钢的重量：型钢长度×理论重量。

型钢的理论重量可查五金手册，常用型钢理论重量（kg/m）如表6-9所示。

常用型钢理论重量（kg/m）　　表6-9

名称	型号	理论重量	型号	理论重量	型号	理论重量	型号	理论重量	型号	理论重量	型号	理论重量	型号	理论重量
圆钢	5.5#	0.187	6#	0.222	7#	0.302	8#	0.395	10#	0.617	12#	0.888	14#	1.21
扁钢	20×3	0.47	25×3	0.59	30×3	0.71	40×4	1.26	40×5	1.57	50×4	1.57	50×5	1.96
等边角钢	20×3	0.899	25×3	1.124	30×3	1.373	40×4	2.422	50×4	3.059	50×5	3.77	63×5	4.822
槽钢	5#	5.44	6.3#	6.63	8#	8.05	10#	10.01	12.6#	12.32	14a#	14.54	14b#	16.73
工字钢	10#	11.26	12.6#	14.22	14#	16.89	16#	20.51	18#	24.14	20a#	27.93	20b#	31.07

（4）管道支架刷油防腐

1）工程量计算规则

按重量计算，工程量同管道的支架制作安装工程量。

2）定额套价

执行第十一册定额中的一般钢结构刷油。

3）使用说明

支架的制作安装中，不包括支架除锈、刷油工程量，所以需另外列项计算。一般的做法是刷两遍红丹漆，再刷两遍调合漆。

6.6　管　道　附　件

6.6.1　阀门清单的设置及工程量计算规则

工程量清单项目设置及工程量计算规则，应按表6-10的规定执行，本表摘自《建设工程工程量清单计价规范》GB 50500—2008 附录中表 C. 8. 3。

管道附件安装工程量清单项目的设置　　　　**表 6-10**

<table>
<tr><th>项目编码</th><th>项目名称</th><th>项目特征</th><th>计量单位</th><th>工程量计算规则</th><th>工程内容</th></tr>
<tr><td>030803001</td><td>螺纹阀门</td><td rowspan="6">1. 类型
2. 材质
3. 型号</td><td rowspan="6">个</td><td rowspan="6">按设计图示数量计算（包括浮球阀、手动排气阀、液压水位控制阀、不锈钢阀门、煤气减压阀、液压自动转换阀、过滤阀等）</td><td rowspan="10">安装</td></tr>
<tr><td>030803002</td><td>螺纹法兰阀门</td></tr>
<tr><td>030803003</td><td>焊接法兰阀门</td></tr>
<tr><td>030803004</td><td>带短管甲乙的法兰阀门</td></tr>
<tr><td>030803005</td><td>自动排气阀</td></tr>
<tr><td>030803006</td><td>安全阀</td></tr>
<tr><td>030803007</td><td>减压器</td><td rowspan="4">1. 型号
2. 规格
3. 连接方式</td><td rowspan="2">组</td><td rowspan="4">按设计图示数量计算</td></tr>
<tr><td>030803008</td><td>疏水器</td></tr>
<tr><td>030803009</td><td>法兰</td><td>副</td></tr>
<tr><td>030803010</td><td>水表</td><td>组</td></tr>
</table>

6. 6. 2　工程量清单的项目特征描述

编制工程量清单时，应明确描述相应材料的类型、材质、型号、规格及连接方式等特征。如阀门安装在铸铁管道上，则应明确描述阀门是否带短管甲乙；编制减压器、疏水器、水表安装的工程量清单时，如果是成组安装，必须描述清楚其组成的工作内容和相应材质；保温阀门和不保温阀门应分开设置清单项目。

6. 6. 3　工程量清单的计价

（1）工程量计算规则

1）阀门以螺纹连接、法兰连接分类，不论型号，均按规格的大小为档次，以“个 ”为计量单位。

2）法兰阀门安装，如仅为一侧法兰连接时，定额所列法兰、带帽螺栓及垫圈数量减半，其余不变。

3）设置于管道间、管廊内的阀门，其定额人工乘以系数 1.3。

（2）定额套价

执行第八册第二章定额。

（3）使用说明

1）这里的阀门是指：截止阀、闸阀、蝶阀、球阀、止回阀等。

2）定额中的阀门是按连接方式来分类的，如螺纹阀、螺纹法兰阀、焊接法兰阀、沟槽阀门。

3）套用定额时需分清阀门的连接方式，一般小口径（$DN\leqslant40$）阀门采用螺纹连接，大口径（$DN\geqslant50$）阀门采用法兰连接或者沟槽连接。而法兰连接又分螺纹法兰连接和焊接法兰连接，如果管道是塑料管则一般采用螺纹法兰连接，如果管道是镀锌钢管则一般采用焊接法兰连接或者沟槽连接。

4）液压水位控制阀的安装定额子目不含浮球阀及连接浮球阀的管道，浮球阀以及连接浮球阀的管道安装可另行计算。

5）民用建筑安装项目的电动蝶阀安装工程量清单子目按相应连接方式的阀门清单项

目设置。

(4) 其他阀门安装

1) 工程量计算规则

① 自动排气阀安装以“个”为计量单位，已包括了支架制作安装，不得另行计算。

② 浮球阀安装均以“个”为计量单位，已包括了联杆及浮球的安装，不得另行计算。

2) 定额套价

套用第八册定额中的相应子目。

(5) 水表安装

1) 工程量计算规则

①螺纹水表安装，包括表前阀门安装，以“组”计量。

②焊接法兰水表安装，以“个”为计量单位，阀门用量按设计要求计算，套用第二章阀门安装相应定额。

2) 定额套价

① 螺纹水表套用第八册第三章螺纹水表安装定额。

② 焊接法兰水表套用第八册第三章焊接法兰水表安装定额，水表前后的阀门套用第二章阀门安装相应定额。

3) 使用说明

小口径（$DN\leqslant40$）水表一般用作分户水表，采用螺纹连接；大口径（$DN\geqslant50$）水表一般用作总表，采用焊接法兰连接。

6.7　卫　生　器　具

6.7.1　阀门清单的设置及工程量计算规则

工程量清单项目设置及工程量计算规则，应按表6-11的规定执行，本表摘自《建设工程工程量清单计价规范》GB 50500—2008附录中表C.8.4。

卫生器具安装工程量清单项目的设置　　表6-11

项目编码	项目名称	项目特征	计量单位	工程量计算规则	工程内容
030804001	浴盆	1. 材质 2. 组装形式 3. 型号 4. 开关	组	按设计图示数量计算	器具、附件安装
030804002	洗脸盆				
030804005	洗涤（洗菜）盆				
030804006	化验盆				
030804007	淋浴器	1. 材质 2. 类型 3. 型号、规格			
030804012	大便器				
030804013	小便器				
030804014	水箱制作安装	1. 材质 2. 类型 3. 型号、规格	套		1. 制作 2. 安装 3. 支架制作、安装 4. 除锈、刷油

续表

项目编码	项目名称	项目特征	计量单位	工程量计算规则	工程内容
030804015	排水栓	1. 带存水弯、不带存水弯 2. 材质 3. 型号规格	组	按设计图示数量计算	安装
030804016	水龙头	1. 材质 2. 型号、规格	个		
030804017	地漏				
030804018	地面扫除口				

6.7.2 工程量清单的项目特征描述

清单项目设置时，必须明确以下特征描述：

(1) 浴盆的材质（搪瓷、铸铁、玻璃钢、塑料）、规格（1400、1600、1800）、组装形式（冷水、冷热水、冷热水带喷头）。

(2) 洗脸盆的型号（立式、台式、普通式）、规格、组装形式（冷水、冷热水）、开关种类（肘式、脚踏式）、进水连接管的材质、角形阀的规格型号、水龙头的规格型号。

(3) 淋浴器的组装形式（钢管组成、铜管组成）。

(4) 大便器规格型号（蹲式、坐式、低水箱、高水箱）、开关及冲洗形式（普通冲洗阀、脚踏式冲洗、自闭式冲洗）、材质、冲洗管的材质及规格等。

(5) 小便器规格型号（挂斗式、立式）、冲洗短管材质的规格型号、存水弯的材质等。

(6) 水箱的形状（圆形、方形）、材质、容积。

(7) 水龙头的材质、种类、直径规格等。

(8) 排水栓的类型、口径规格等。

(9) 地漏、地面扫除口的材质、型号、规格。

(10) 开水炉、电热水器、电开水炉、容积式热交换器、蒸汽-水加热器、消毒锅、饮水器的类型等。

(11) 消毒器的类型、尺寸等。

6.7.3 工程量清单的计价

(1) 浴盆

1) 未计价材料：浴盆、冷热水嘴、排水配件。

2) 给水支管安装范围分界点：给水支管算至浴盆龙头处，如图 6-6 所示。

3) 排水支管安装范围分界点：如果已经安装了浴盆，排水管计算至楼地面；如果没有安装浴盆，只是安装好浴盆的排水管道，则排水管除了计算至楼地面之外，还要再加上 0.2～0.3m 的预留管段。

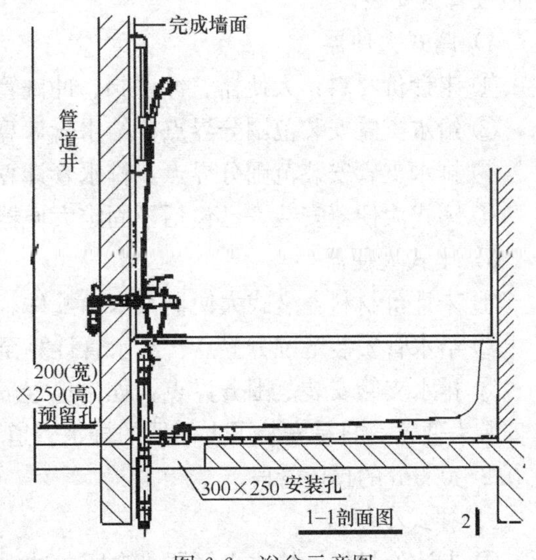

图 6-6 浴盆示意图

4) 浴盆支座和四周侧面的砌砖及瓷砖

粘贴应另行计算。

（2）洗脸盆

1）未计价材料：洗脸盆、冷热水嘴。

2）给水支管安装范围分界点：给水支管算至角阀处，如图 6-7 所示。

3）排水支管安装范围分界点：如果已经安装了洗脸盆，排水管算至楼地面；如果没有安装洗脸盆，只是安装了洗脸盆的排水管道，则排水管除了计算至楼地面之外，还要加上 0.2～0.3m 的预留管段。

（3）淋浴器

1）未计价材料：成套淋浴器。

2）给水支管安装范围分界点：给水管计算至淋浴器水龙头处，如图 6-8 所示。

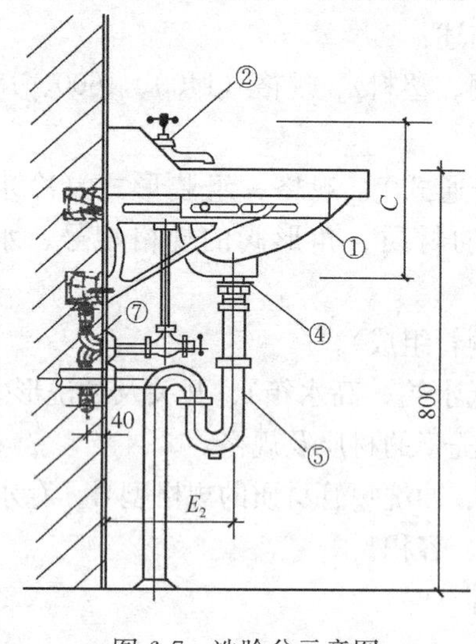

图 6-7　洗脸盆示意图

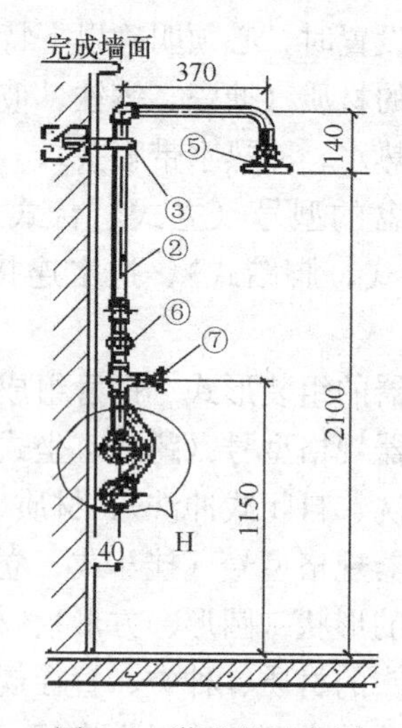

图 6-8　淋浴器示意图

③ 淋浴器安装适用于各种成品淋浴器安装，由水管组成的淋浴器只计莲蓬喷头安装，其他按管道安装计。

4）蹲式大便器

① 未计价材料：大便器、冲洗阀、冲洗管。

② 给水支管安装范围分界点：给水管计算至大便器冲洗阀处，如图 6-9 所示。

③ 排水支管安装范围分界点：排水管计算至存水弯处（不包括存水弯）。

④ 蹲式大便器安装，已包括了固定大便器的垫砖，但不包括大便器蹲台砌筑。

5）坐式大便器

① 未计价材料：坐式大便器及水箱配件。

② 给水管安装范围分界点：给水管计算至坐式大便器角阀处，如图 6-10 所示。

③ 排水支管安装范围分界点：如果已经安装了大便器，排水管算至楼地面；如果没有安装大便器，只是安装了大便器的排水管道，则排水管除了计算至楼地面之外，还要加上 0.2～0.3m 的预留管段。

6）挂式小便器

① 未计价材料：挂式小便器、自闭式冲洗阀。

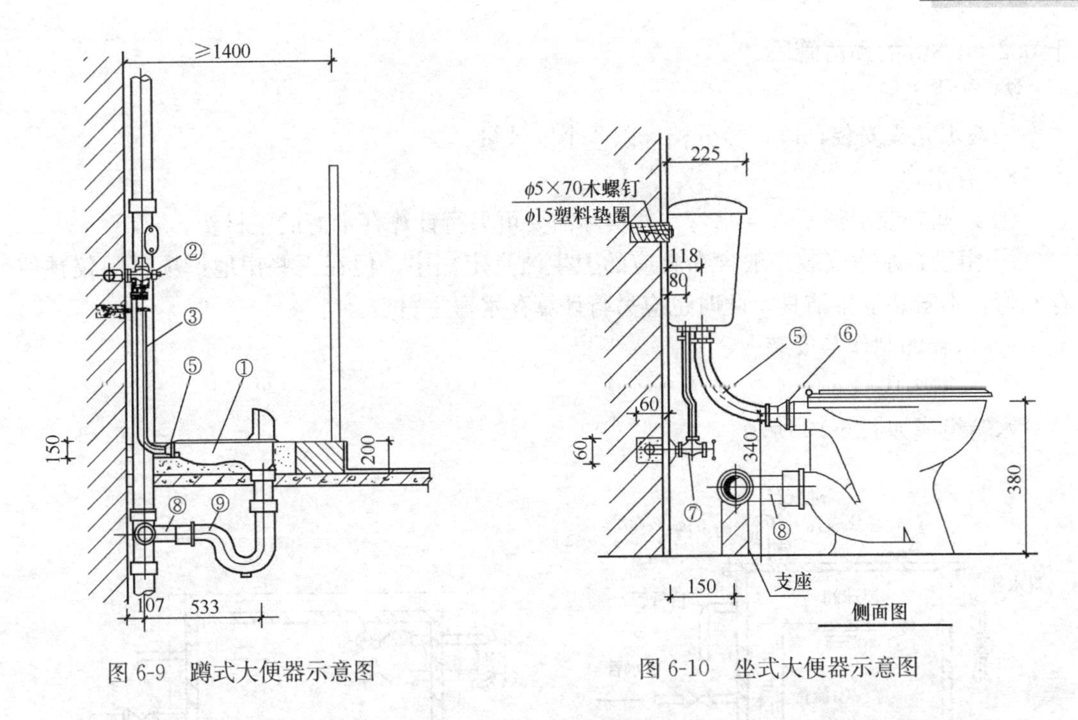

图 6-9　蹲式大便器示意图　　　　图 6-10　坐式大便器示意图

② 给水管安装范围分界点：给水管计算至小便器冲洗阀处，如图 6-11 所示。

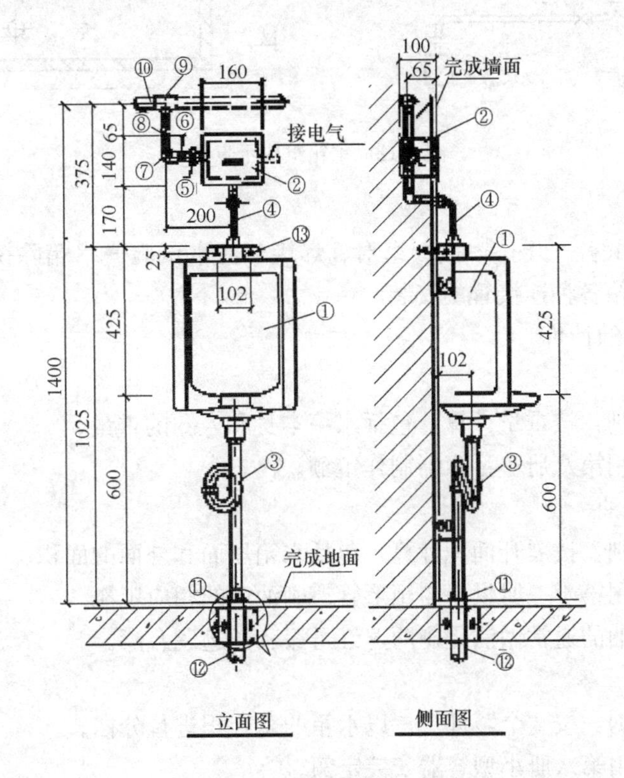

图 6-11　挂式小便器示意图

③ 排水支管安装范围分界点：如果已经安装了小便器，排水管算至楼地面；如果没有安装小便器，只是安装了小便器的排水管道，则排水管除了计算至楼地面之外，还要加

上 0.2～0.3m 的预留管段。

7）水龙头

一般水龙头安装，以直径分档，以“个”计量。

8）存水弯

① 地漏安装定额不含存水弯，如实际需要可另行计算存水弯的主材费。

② 由于存水弯安装一般含在相应的卫生洁具定额中，但在一些房地产项目中仅预留存水弯，不安装卫生洁具，此时也应另行计算存水弯主材费。

9）水箱的制作与安装

① 水箱组成

水箱组成如图 6-12 所示。

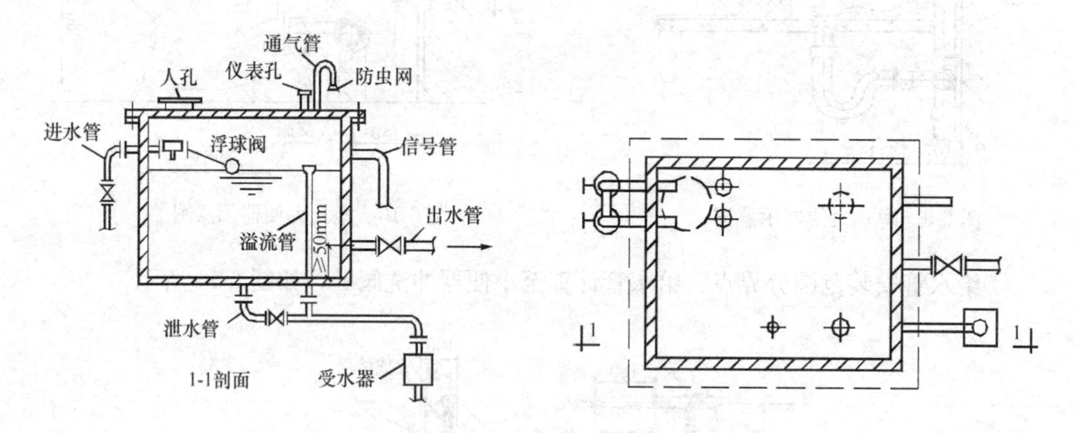

图 6-12　水箱组成示意图

② 施工程序

施工程序为：下料→开孔→接板组对、焊接→注水试验→水箱除锈刷油→装配零部件→水箱安装→水箱各种连接管的安装。

③ 工程量清单的计价

A. 水箱制作

工程量计算规则：按重量计算，包括水箱本身和人孔的重量。

定额套价：套用第八册小型容器制作定额。

B. 水箱除锈刷油

工程量计算规则：按展开面积计算，包括水箱里面和外面的面积。

定额套价：套用第十一册设备与矩形管道刷油中的相应定额。

使用说明：刷油的通常做法是刷两遍红丹漆和两遍调合漆。

C. 水箱安装

工程量计算规则：按“个”计算，以水箱的总容积进行分档。

定额套价：套用第八册小型容器安装定额。

④ 使用说明

与水箱连接的各种管道安装，执行相应的管道安装项目。成品购买的水箱只需要计取水箱的安装费用。

6.8　水泵房工程量清单列项与计价

6.8.1　泵房内水的流向

水池→过滤器→吸水喇叭口→闸阀→橡胶软接头→水泵→止回阀→闸阀→出水管

6.8.2　水泵房清单列项的思路

水泵房内一般有生活供水系统、消火栓系统和喷淋系统，建议按系统分别列清单子目，生活水系统的管道、阀门按第八册清单子目，消火栓系统、喷淋系统的管道、阀门按第七册清单子目，如图 6-13 所示。

6.8.3　清单列项与计价

（1）水泵房管道安装

1）管道清单列项

① 生活供水系统的管道的清单子目按本教材 6.3 节设置。

② 消火栓系统、喷淋系统的管道清单子目按表 6-12 设置。

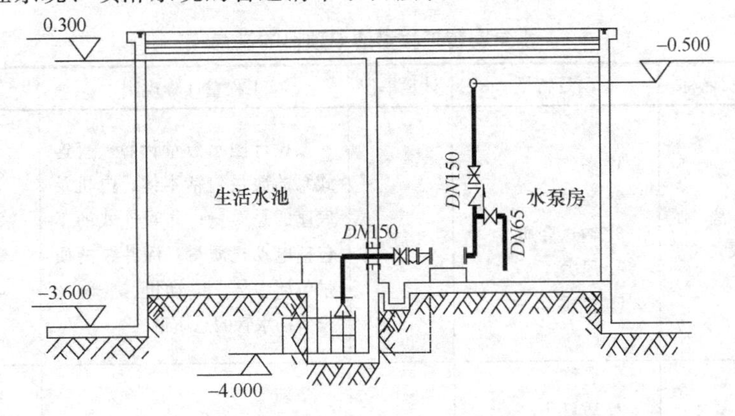

图 6-13　某水泵房剖面图

水灭火系统管道安装工程量清单项目的设置　　表 6-12

项目编码	项目名称	项目特征	计量单位	工程量计算规则	工程内容
030701001	水喷淋镀锌钢管	1. 安装部位（室内、外） 2. 材质 3. 型号、规格 4. 连接方式 5. 除锈标准、刷油、防腐设计要求 6. 水冲洗、水压试验设计要求	m	按设计图示管道中心线长度以延长米计算，不扣除阀门、管件（包括减压阀、疏水器、水表、伸缩器等组成安装）及各种井类所占的长度；方形补偿器以其所占长度按管道安装工程量计算	1. 管道、管件及弯管的制作、安装 2. 套管（包括防水套管）制作、安装 3. 管道除锈、刷油、防腐 4. 管网水冲洗 5. 无缝钢管镀锌 6. 水压试验
030701002	水喷淋镀锌无缝钢管				
030701003	消火栓镀锌钢管				
030701004	消火栓钢管				

2）工程量清单计价

① 管道工程量计算规则：管道以施工图所示管道中心线长度“m”计算，不扣除阀门、管件所占的长度。

② 定额套价：套用第八册第一章管道安装中的相应定额。

③ 管件安装：按成品考虑，以“个”计量，应打包在相应的管道的清单中。管道安装定额中已包括管件的安装费，但未包括管件的材料费，需按设计图纸计算。

④ 管道套管制作安装：参照本教材 6.3 节管道安装中套管的制作安装部分。

(2) 管道支架制作安装：参照本教材 6.5 节。

(3) 阀门安装：参照本教材 6.6 节。

(4) 可曲挠橡胶接头安装

1) 清单列项：以项目编码桂 030803019 的补充清单列项。

2) 工程量计算规则：按“个”计算。

3) 定额套价：套用第八册第二章相应定额。

(5) 水泵安装

1) 清单列项

工程量清单项目设置及工程量计算规则，应按表 6-13 的规定执行，本表摘自《建设工程工程量清单计价规范》GB 50500—2008 附录中表 C.1.9。

水泵安装工程量清单项目的设置　　表 6-13

项目编码	项目名称	项目特征	计量单位	工程量计算规则	工程内容
030109001	离心式泵	1. 名称 2. 质量 3. 输送介质 4. 压力 5. 材质	台	按设计图示数量计算。直连式泵的质量包括本体、电机及底座的总质量；非直连式的不包括电动机质量；深井泵的质量包括本体、电动机、底座及设备扬水管的总质量	1. 本体安装 2. 泵拆装检查 3. 电动机安装 4. 二次灌浆
030109011	简易移动潜水泵	1. 名称 2. 质量 3. 输送介质 4. 压力 5. 材质	台	按设计图示数量计算	1. 本体安装 2. 泵拆装检查 3. 电动机安装 4. 二次灌浆

2) 清单计价

①工程量计算规则：按“台”计算。

②定额套价：套用第一册第九章中相应定额。

③注意事项：

A. 水泵安装定额中未包括二次灌浆工作，需要在土建工程中计取。

B. 实际工作中如果发生了水泵的拆装检查工作，需要有甲乙双方签字的拆装检查记录，方可计取此项费用。

C. 水泵隔振装置（减振垫、减振吊钩），按“个”计算，自编补充定额，计算其主材价，打包在水泵安装的清单中。

(6) 水泵进出口钢制大小头安装

1) 清单列项：可参照第六册低压碳钢管件的制作安装 0306040001 清单子目。

2) 清单计价

①工程量计算规则：如为成品购买按“个”计算。

②定额套价：套用第六册第二章低压碳钢管件连接定额。

(7) 水泵用仪表（压力表、温度计等）

1) 清单列项：压力表可参照第十册 0310001002 清单子目；温度计可参照第十册 0310001001 清单子目。

2) 清单计价

①工程量计算规则：按“个”计算。

②定额套价：套用第十册第一章的相应定额。

(8) 水泵的检查接线及调试

1) 清单列项：可参照第二册电动机检查接线及调试 030206006 清单子目。

2) 清单计价

①水泵电机检查接线：执行第二册第六章定额。

②水泵调试：执行第二册第十一章定额。

③水泵检查接线及调试项目应该列在电气安装工程中。

6.9 室内给排水系统清单工程量计算

室内给排水系统清单工程量的计算同预算定额工程量的计算。

【例 6-1】 图 6-14～图 6-16 是某工程的室内给排水图，共两层。给水管采用 PP-R 塑料管，排水管采用 UPVC 塑料管。设给水入户管长为 1.5m，排水管出至第一个检查井长度为 2.5m。试就此图进行室内给排水系统的定额预算计价、编制工程量清单和工程量清单计价。

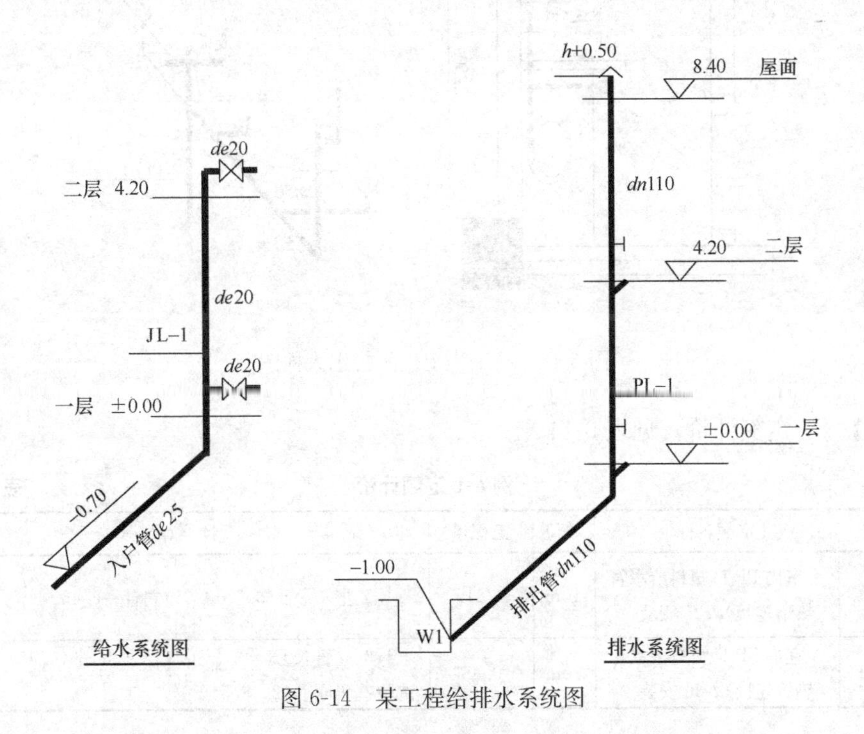

图 6-14 某工程给排水系统图

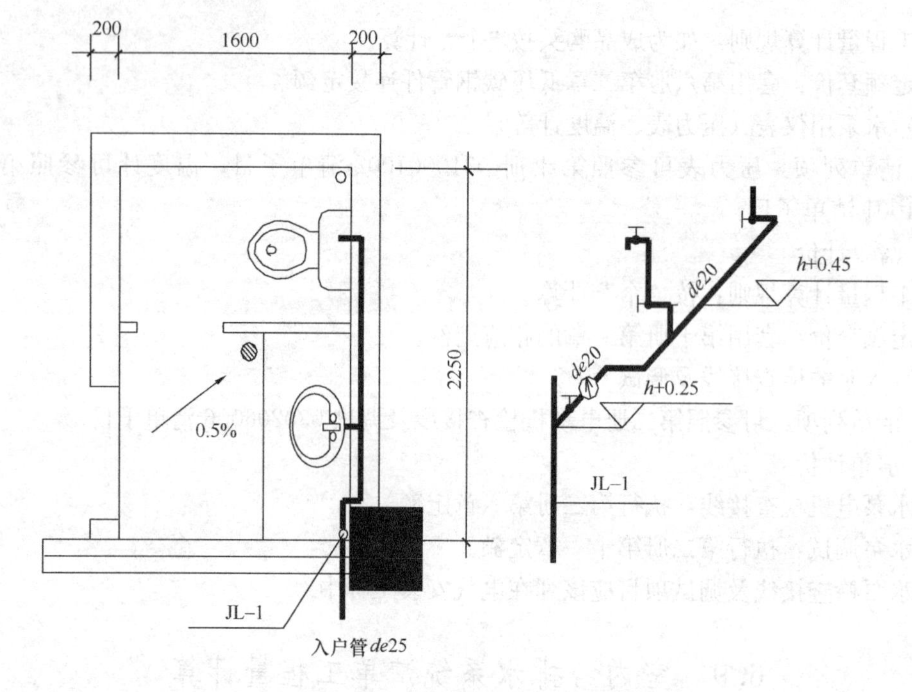

图6-15　某工程卫生间给水大样图

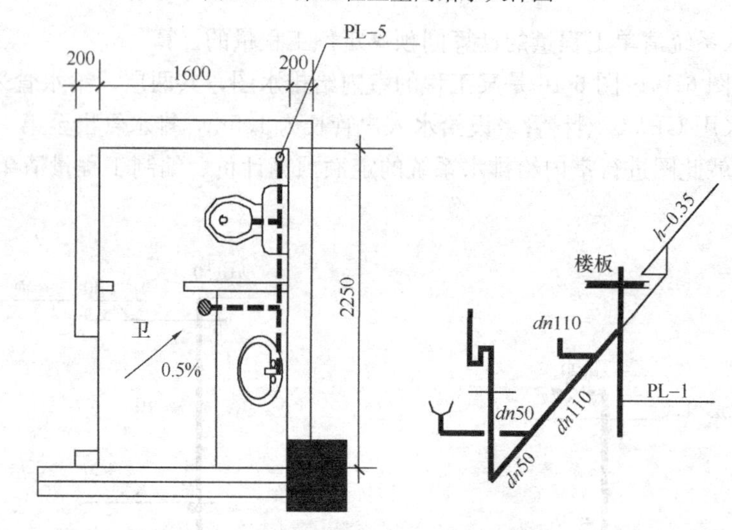

图6-16　某工程卫生间排水大样图

【解】 1. 定额计价，见表6-14。

例6-1定额计价　　　　**表6-14**

定额编号	定额名称	单位	工程量	计　算　式
03080070	室内PP-R塑料给水管(热熔连接)de25安装	10m	0.245	1.5进户管+(0.7+0.25)立管=2.45
03080069	室内PP-R塑料给水管(热熔连接)de20安装	10m	0.85	4.2(立管长)+[0.2+0.15+1.60+(0.45−0.25)至洗脸盆角阀]×2=8.5

续表

定额编号	定额名称	单位	工程量	计 算 式
03021536	凿沟槽，管径为20mm	10m	0.43	[0.2+0.15+1.60+(0.45−0.25)至洗脸盆角阀]×2=4.3
03021559	所凿沟槽恢复，管径为20mm	10m	0.43	4.3
03080154	UPVC塑料排水管*dn*110安装	10m	1.53	(2.5+1.0+8.4+0.5)立管+(1.1+0.35至大便器)×2=15.3
03080152	UPVC塑料排水管*dn*50安装	10m	0.36	(0.5+0.6+0.35+0.35)×2=3.6
03080446	螺纹水表*DN*15安装	组	2	2
03080476	洗脸盆安装	10套	0.2	2
03080493	坐式大便器安装	10套	0.2	2
03080522	地漏*DN*50安装	10个	0.2	2
03080235	过楼板塑料套管*de*32安装	个	1	1
03080234	过楼板塑料套管*de*25安装	个	1	1
03020542	人工挖、填管沟土方	$10m^3$	0.24	$V1=0.7\times0.6\times1.5=0.63$ $V2=1.0\times0.7\times2.5=1.75$

2. 工程量清单，见表6-15。

工程量清单 **表6-15**

项目编码	项目名称	单位	工程量	计 算 式
030801005001	室内PP-R塑料给水管*de*25安装，热熔连接，含过楼板套管	m	2.45	1.5进户管+(0.7+0.25)立管
030801005002	室内PP-R塑料给水管*de*20安装，热熔连接，暗敷(含凿沟槽及沟槽恢复)，含过楼板套管	m	8.5	4.2(立管长)+[0.2+0.15+1.60+(0.45−0.25)至洗脸盆角阀]×2
030801005003	室内UPVC塑料排水管*dn*110安装，承插粘接连接	m	15.3	(2.5+1.0+8.4+0.5)立管+(1.1+0.35至大便器)×2
030801005004	室内UPVC塑料排水管*dn*50安装，承插粘接连接	m	3.6	(0.5+0.6+0.35+0.35)×2
030803010001	螺纹水表*DN*15安装(含表前阀)	组	2	2
030804003001	台式洗脸盆安装，冷热水龙头，配成套铜镀铬下水配件	组	2	2
030804012001	带低水箱坐式大便器安装(含成套水箱冲洗配件)	组	2	2

续表

项目编码	项目名称	单位	工程量	计　算　式
030804017001	塑料地漏 *DN*50 安装	个	2	2
010101006001	管沟挖填土方，三类土，夯填	m	4	1.5+2.5

3. 工程量清单计价，见表 6-16。

工程量清单计价　　**表 6-16**

清单/定额编码	项目/定额名称	单位	工程量
030801005001	室内 PP-R 塑料给水管 *de*25 安装，热熔连接，含过楼板套管	m	2.45
03080070	室内 PP-R 塑料给水管（热熔连接）*de*25 安装	10m	0.245
03080235	过楼板塑料套管 *de*32 安装	个	1
030801005002	室内 PP-R 塑料给水管 *de*20 安装，热熔连接，暗敷（含凿沟槽及沟槽恢复），含过楼板套管	m	8.5
03080069	室内 PP-R 塑料给水管（热熔连接）*de*20 安装	10m	0.85
03080234	过楼板塑料套管 de25 安装	个	1
03021536	凿沟槽，管径为 20mm	10m	0.43
03021559	所凿沟槽恢复，管径为 20mm	10m	0.43
030801005003	室内 UPVC 塑料排水管 *dn*110 安装，承插粘接连接	m	15.3
03080154	UPVC 塑料排水管 *dn*110 安装	10m	1.53
030801005004	室内 UPVC 塑料排水管 *dn*50 安装，承插粘接连接	m	3.6
03080152	UPVC 塑料排水管 *dn*50 安装	10m	0.36
030803010001	螺纹水表 *DN*15 安装（含表前阀）	组	2
03080446	螺纹水表 *DN*15 安装	组	2
030804003001	台式洗脸盆安装，冷热水龙头，配成套铜镀铬下水配件	组	2
03080476	洗脸盆安装	10 组	0.2
030804012001	带低水箱坐式大便器安装（含成套水箱冲洗配件）	组	2
03080493	坐式大便器安装	10 组	0.2
030804017001	塑料地漏 *DN*50 安装	个	2
03080522	地漏 *DN*50 安装	10 个	0.2
010101006001	管沟挖填土方，三类土，夯填	m	4
03020542	人工挖、填管沟土方	$10m^3$	0.24

7 消火栓给水系统

【学习目标】

了解消火栓给水系统的组成，熟悉消火栓给水系统的施工、识图，掌握消火栓给水系统的清单列项与定额套价，能根据施工图编制工程计价书。

【学习要求】

能力目标	知识要点	相关知识
能熟练识读消火栓给水系统施工图	常用消火栓给水系统图例，消火栓系统图、平面图的识读方法	消火栓管道安装及系统组件安装的施工工艺及基本技术要求
能编制消火栓系统工程量清单并进行定额套价及工程量计算	清单列项及清单工程量的计算、定额套价及定额工程量的计算	

7.1 系 统 简 介

7.1.1 系统组成

系统组成如图7-1所示。包括消火栓设备（水枪、水龙带、消火栓、消火栓箱及消防报警按钮）、消防管道、消防水池和水箱、消防水泵结合器、消防水泵、水源等。

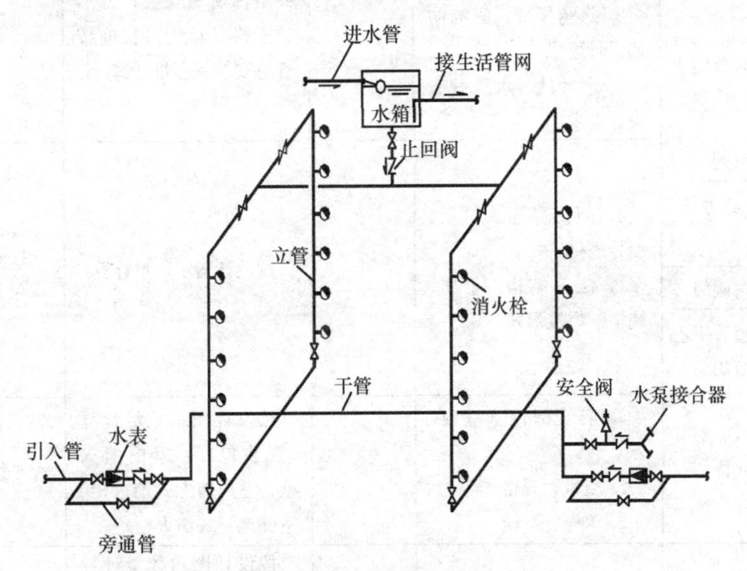

图7-1 消火栓系统组成示意图

7.1.2 系统管网安装的基本技术要求

(1) 系统管材应采用镀锌钢管，$DN<100$mm时用螺纹连接，当管子与设备、法兰阀

门连接时应采用法兰连接；$DN\geqslant100$mm时管道均采用法兰连接或沟槽式连接（卡套式），管子与法兰的焊接处应进行防腐处理。

（2）管道的安装要求横平竖直，支架的安装要求同室内给水系统管道。

（3）当管道穿越楼板或墙体时，应设套管。穿墙套管长度不得小于墙体厚度，穿楼板套管应高出楼板面50mm，套管与穿管之间间隙应用阻燃材料（可用麻丝）填塞。

（4）管道施工完毕后应做红色标志（一般刷大红油漆两遍）。

（5）埋地敷设的管道应做防腐处理（一般刷沥青漆两遍）。

（6）消防栓箱有明装、暗装或半暗装，当采用暗装或半暗装时应预留孔洞。消火栓栓口应朝外，栓口中心距安装地面的高度为1.1m。

7.2　系统列项与计价

7.2.1　消火栓系统清单的设置及工程量计算规则

工程量清单项目设置及工程量计算规则应按表7-1的规定执行，本表摘自《建设工程工程量清单计价规范》GB 50500—2008附录中表C.7.1。

消火栓系统工程量清单项目的设置　　**表7-1**

项目编码	项目名称	项目特征	计量单位	工程量计算规则	工程内容
030701003	消火栓镀锌钢管	1. 安装部位（室内、外） 2. 材质 3. 型号、规格 4. 连接方式 5. 除锈标准、刷油防腐设计要求 6. 水冲洗、水压试验设计要求		按设计图示管道中心线长度以延长米计算，不扣除阀门、管件及各种组件所占长度；方形补偿器以其所占长度按管道安装工程量计算	1. 管道及管件安装 2. 套管（包括防水套管）制作、安装 3. 管道除锈、刷油、防腐 4. 管网水冲洗 5. 无缝钢管镀锌 6. 水压试验
030701004	消火栓钢管				
030701005	螺纹阀门	1. 阀门类型、材质、型号规格 2. 法兰结构、材质、规格、焊接形式	个	按设计图示数量计算	1. 法兰安装 2. 阀门安装
030701006	螺纹法兰阀门				
030701007	法兰阀门				
030701008	带短管甲乙的法兰阀				
030701018	消火栓	1. 安装部位（室内、外） 2. 型号、规格 3. 单栓、双栓	套	按设计图示数量计算（安装包括：室内消火栓、室外地上式消火栓、室外地下式消火栓）	安装
030701019	消防水泵接合器	1. 安装部位 2. 型号、规格		按设计图示数量计算（包括消防接口本体、止回阀、安全阀、闸阀、弯管底座、放水阀、标牌）	

7.2.2 工程量清单的项目特征描述

（1）消火栓管道的描述参照本书的6.3.2。

（2）阀门的描述参照本书的6.6.2。

（3）消火栓的安装部位应描述是室内的还是室外的；室外消火栓还应描述地上式、地下式，并应描述室外消火栓的型号和规格。室内消火栓应描述消火栓箱体的材质，以及箱内配套的消防设施。

（4）消防水泵接合器应描述其安装部位（地上、地下、墙壁），并应描述其规格、型号。

7.2.3 工程量清单的计价

（1）室内消火栓给水管

1）管道的安装

①工程量计算规则：同室内给水镀锌钢管。

②定额套价：套用第八册室内镀锌钢管安装相应子目。

③注意事项：管网水冲洗及试压，已经包括在管道安装定额中。

④沟槽管件

A. 工程量计算规则：按成品考虑，以“个”或“付”计量。

B. 定额套价：管件安装已含在管道安装内，仅计算管件的主材单价，其他费用则不计。

C. 使用说明：沟槽管件根据第八册定额附录的管件含量表计算管道的组合价，组合价计算参照6.3.3中室内给水管组合价计算。

2）管道套管制作安装

①工程量计算规则：分穿墙套管、穿楼板套管、刚性防水和柔性防水套管，按“个”计算。

②定额套价及使用说明：第八册第一章相应定额子目。

3）管道除锈、刷油

①工程量计算规则：按展开面积计算，$S=3.14\times D\times L$。

②定额套价：套用第十一册中的管道刷油。

（2）管道支架

1）管道支架制作安装

①工程量计算规则：一般采用型钢支架制作安装，按重量“100kg”计算。

②定额套价：执行第八册第一章的管道支吊架制作、安装定额。

2）管道支架刷油

①工程量计算规则：按重量计算，工程量同管道支架制作安装工程量。

②定额套价：套用第十一册中的一般钢结构刷油。通常做法是刷两遍红丹漆和两遍调合漆。

（3）阀门、法兰安装

参照本书6.6.3中的阀门、法兰安装。

（4）室内消火栓安装

1）工程量计算规则：以公称直径$DN65$为准，分单出口和双出口，不分明装、暗装。

2）定额套价：套用第八册第七章室内消火栓安装。

3）使用说明：

①成套的室内消火栓SN包括消火栓箱、消火栓、水枪、水龙带、水龙带接扣、挂架、消火栓按钮。

②试验消火栓安装：计算规则及定额套用同室内消火栓。

（5）室外消火栓安装

1）工程量计算规则：分地上式、地下式两类，以压力和埋深分档，以“套”计量。

2）定额套价：套用第八册第七章。

3）使用说明：成套室外消火栓地上式SS包括消火栓、法兰接管、弯管底座；成套室外消火栓地下式SX包括消火栓、法兰接管、弯管底座或消火栓三通。

（6）消防水泵接合器安装

1）工程量计算规则：分地上式、地下式、墙壁式三类，以规格分档，以“套”计量。

2）定额套价：套用第八册第七章。

3）使用说明：成套的消防水泵接合器地上式SQ包括消防接口本体、止回阀、安全阀、闸阀、弯管底座、放水阀；成套的消防水泵接合器地下式SQX包括消防接口本体、止回阀、安全阀、闸阀、弯管底座、放水阀；成套的消防水泵接合器墙壁式SQB包括消防接口本体、止回阀、安全阀、闸阀、弯管底座、放水阀、标牌。

7.3　消火栓系统计价编制实例

【例7-1】 图7-2为某学校实训楼消火栓系统图和底层消火栓局部平面图。管道为镀锌钢管，大于等于*DN*100的管道采用沟槽连接，小于*DN*100的管道采用螺纹连接，管道刷调合漆两遍，管道支架刷红丹防锈漆两遍，调合漆两遍；消火栓支管按*DN*65；消火栓箱采用单栓单出口铝合金白玻箱体。试就此图进行定额预算列项和工程量清单列项。

【解】 1. 定额计价，如表7-2所示。

定额计价　　**表7-2**

定额编号	定额名称	单位
03080032	镀锌钢管*DN*100（沟槽连接）	10m
03080006	镀锌钢管*DN*65（螺纹连接）	10m
03110057	管道刷油调合漆第一遍	$10m^2$
03110058	管道刷油调合漆第二遍	$10m^2$
03080227	过楼板钢套管制作、安装*DN*150	个
03080319	蝶阀*DN*100，沟槽连接	个
03080714	室内单栓消火栓箱*DN*65	套
03020542	人工挖管沟土方	m^3
03080251	管道支吊架制作安装	100kg
03110001	手工除轻锈	100kg
03110114	管道支吊架刷红丹漆第一遍	100kg
03110115	管道支吊架刷红丹漆第二遍	100kg
03110123	管道支吊架刷调合漆第一遍	100kg
03110124	管道支吊架刷调合漆第二遍	100kg

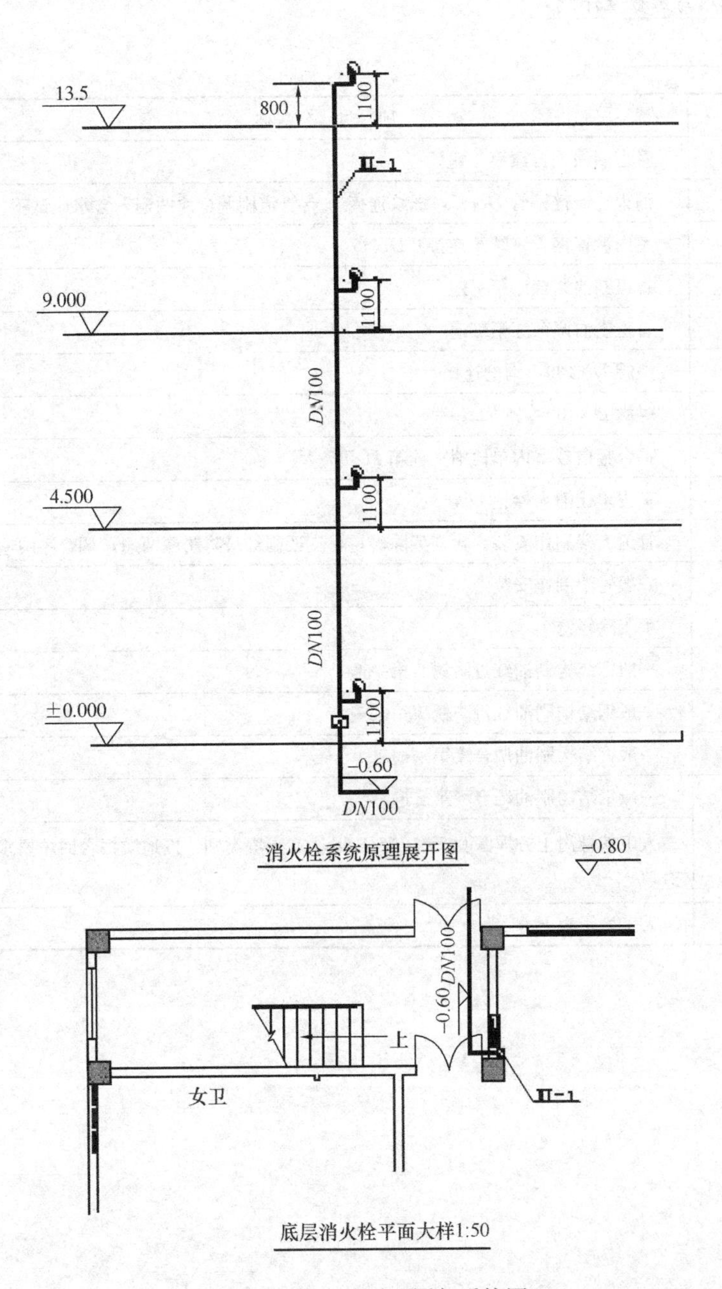

图 7-2 消火栓平面图与系统图

2. 工程量清单计价，如表 7-3 所示。

工程量清单计价 **表 7-3**

项目编号	项目名称	单位
030701003001	消火栓镀锌钢管 *DN*100，沟槽连接，含过楼板套管，含管道刷调合漆两遍，含水压试验	m
03080033	消火栓镀锌钢管 *DN*100	10m
03080227	过楼板钢套管制作、安装 *DN*150	个
03110057	管道刷油调合漆第一遍	$10m^2$

续表

项目编号	项　目　名　称	单　位
03110058	管道刷油调合漆第二遍	$10m^2$
030701003002	消火栓镀锌钢管 *DN*65，螺纹连接，含管道刷调合漆两遍，含水压试验	m
03080006	室内镀锌钢管（螺纹连接）*DN*65	10m
03110057	管道刷油调合漆第一遍	$10m^2$
03110058	管道刷油调合漆第二遍	$10m^2$
030701007001	蝶阀 *DN*100，沟槽连接	个
03080319	蝶阀 *DN*100	个
030701018001	铝合金白玻室内单栓消火栓箱 *DN*65	套
03080714	室内单栓消火栓箱 *DN*65	套
030802001001	管道支架制作安装，含支架除轻锈，支架刷红丹防锈漆两遍，调合漆两遍	kg
03080251	一般管架制作安装	100kg
03110001	手工除轻锈	100kg
03110114	一般钢结构刷油红丹防锈漆第一遍	100kg
03110115	一般钢结构刷油红丹防锈漆第二遍	100kg
03110123	一般钢结构刷油调合漆第一遍	100kg
03110124	一般钢结构刷油调合漆第二遍	100kg
010101006001	人工挖管沟土方埋深 0.7m，管径 *DN*100 土壤类别：按地质报告回填要求：夯填	m
03020542	人工挖管沟土方	m^3

8 自动喷水灭火系统

【学习目标】

了解自动喷水灭火系统的组成，熟悉自动喷水灭火系统的施工、识图，掌握自动喷水灭火系统的清单列项与定额套价，能根据施工图编制工程计价书。

【学习要求】

能力目标	知识要点	相关知识
能熟练识读自动喷水灭火系统施工图	常用自动喷水灭火系统图例，自动喷水灭火系统图、平面图的识读方法	自动喷水灭火系统管道及系统组件安装的施工工艺及基本技术要求
能编制自动喷水灭火系统工程量清单并进行定额套价及工程量计算	清单列项及清单工程量的计算，定额套价及定额工程量的计算	

8.1 系统简介

8.1.1 系统组成

如图 8-1 所示，系统由水源、自动喷淋泵、供水管网、湿式报警装置、闭式喷头、信号蝶阀、水流开关、末端试水装置、自动喷淋消防水泵结合器组成。

8.1.2 工作原理

当喷头的保护区域内发生火灾时，火焰或热气流上升，使布置在吊顶下的喷头周围温度升高，当温度升高至预定限度时，易熔锁片熔化或玻璃球爆炸，管中的压力水冲开阀片，自动喷射在布水盘上，溅成花篮状水幕淋下，扑灭火焰。同时水流指示器发出信号给消防控制中心，湿式报警阀动作，水力警铃发出声音报警。

8.1.3 系统管网安装的基本技术要求

(1) 系统管材应采用镀锌钢管，$DN<100$mm 时用螺纹连接，当管子与设备、法兰阀门连接时应采用法兰连接；$DN\geqslant100$mm 时管道均采用法兰连接或沟槽式连接（卡套式），管子与法兰的焊接处应进行防腐处理。

(2) 管道的安装要求横平竖直，支架的安装要求同室内给水系统管道。

(3) 当管道穿越楼板或墙体时应设套管，穿墙套管长度不得小于墙体厚度，穿楼板套管应高出楼板面 50mm，套管与穿管之间间隙应用阻燃材料（可用麻丝）填塞。

(4) 管道施工完毕后应做红色标志（一般刷大红油漆两遍）。

(5) 埋地敷设的管道应做防腐处理（一般刷沥青漆两遍）。

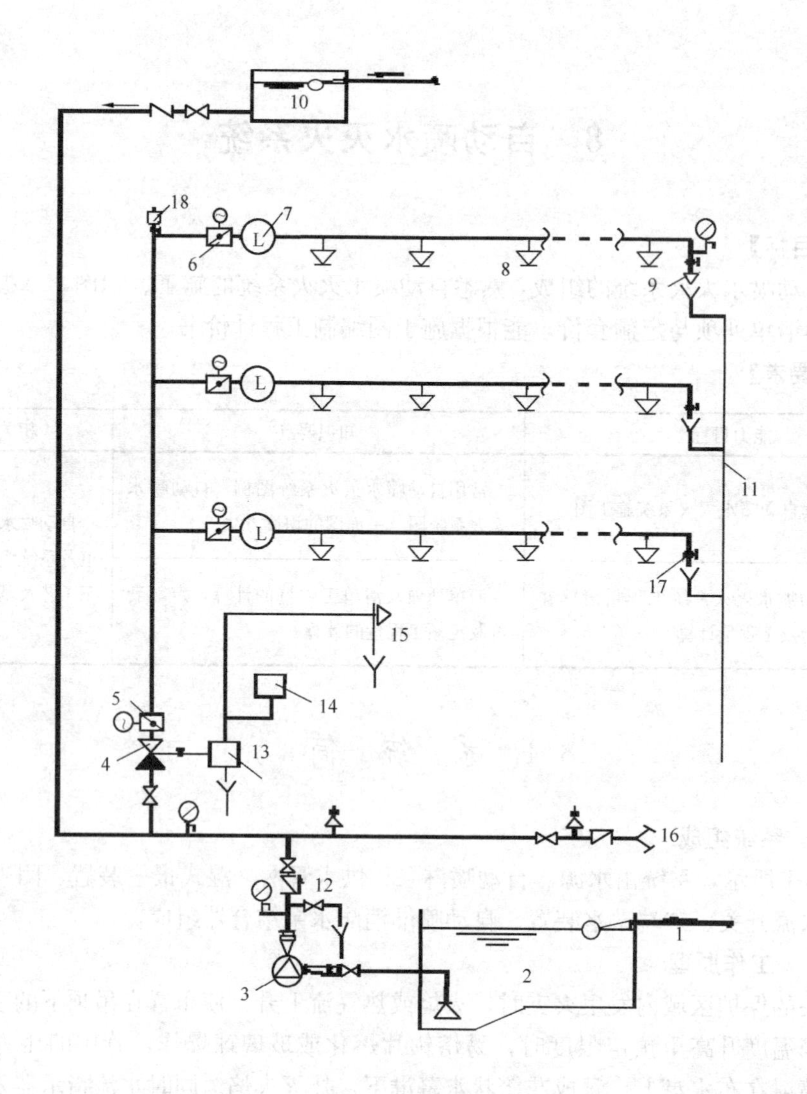

图 8-1　消防喷淋给水组成示意图

1—消防水池进水管；2—消防水池；3—喷淋水泵；4—湿式报警阀；5—系统检修阀（信号阀）；6—信号控制阀；7—水流指示器；8—闭式喷头；9—末端试水装置；10—屋顶水箱；11—试水排水管；12—试验放水阀；13—延迟器；14—压力开关；15—水力警铃；16—水泵接合器；17—试水阀；18—自动排气阀

8.2　系统列项与计价

8.2.1　喷淋系统清单的设置及工程量计算规则

工程量清单项目设置及工程量计算规则，应按表 8-1 的规定执行，表 8-1 摘自《建设工程工程量清单计价规范》GB 50500—2008 附录中表 C.7.1。

喷淋系统工程量清单项目的设置 **表 8-1**

项目编码	项目名称	项目特征	计量单位	工程量计算规则	工程内容
030701001	水喷淋镀锌钢管	1. 安装部位（室内、外） 2. 材质 3. 型号、规格 4. 连接方式 5. 除锈标准、刷油防腐设计要求 6. 水冲洗、水压试验设计要求		按设计图示管道中心线长度以延长米计算，不扣除阀门、管件及各种组件所占长度；方形补偿器以其所占长度按管道安装工程量计算	1. 管道及管件安装 2. 套管（包括防水套管）制作、安装 3. 管道除锈、刷油、防腐 4. 管网水冲洗 5. 无缝钢管镀锌 6. 水压试验
030701002	水喷淋镀锌无缝钢管				
030701005	螺纹阀门	1. 阀门类型、材质、型号规格 2. 法兰结构、材质、规格、焊接形式	个	按设计图示数量计算	1. 法兰安装 2. 阀门安装
030701006	螺纹法兰阀门				
030701007	法兰阀门				
030701008	带短管甲乙的法兰阀				
0307010011	水喷头	1. 有吊顶、无吊顶 2. 材质 3. 型号、规格	个	按设计图示数量计算	1. 安装 2. 密封性试验
030701012	报警装置	1. 名称、型号 2. 规格	组	按设计图示数量计算。(包括：湿式报警装置、干湿两用报警装置、电动雨淋报警装置、预作用报警装置)	安装
030701013	温感式水幕装置	1. 型号、规格 2. 连接方式	组	按设计图示数量计算。(包括给水三通至喷头、阀门间的管道、管件、阀门、喷头等的全部安装内容)	安装
030701014	水流指示器		个	按设计图示数量计算	安装
030701015	减压孔板	规格	个	按设计图示数量计算	安装
030701016	末端试水装置		组	按设计图示数量计算(包括连接管、压力表、控制阀及排水管等)	安装
030701019	消防水泵接合器	1. 安装部位 2. 型号、规格	组	按设计图示数量计算(包括消防接口本体、止回阀、安全阀、闸阀、弯管底座、放水阀、标牌)	安装

8.2.2　工程量清单的项目特征描述

（1）喷淋管道的描述参照本书的6.3.2。

（2）阀门的描述参照本书的6.6.2。

（3）消防水泵接合器应描述其安装部位（地上、地下、墙壁），并应描述其规格、型号。

（4）报警装置应描述清楚是湿式报警、干湿式报警、电动雨淋报警、预作用报警等，并应把其型号、规格描述上。

（5）喷头应描述清楚有无吊顶，喷头的材质、规格型号。

（6）水流指示器应描述清楚其规格、型号、连接方式，并应描述包含水流指示器的检查接线。

（7）减压孔板应描述清楚其材质、规格。

（8）末端试水装置应描述清楚其规格。

8.2.3　工程量清单的计价

（1）喷淋给水管

1）管道的安装

①工程量计算规则：同室内给水镀锌钢管。

②定额套价：套用第八册室内镀锌钢管安装相应子目。

③注意事项：管网水冲洗及试压，已经包括在管道安装定额中。

④管件、法兰及沟槽配件

A. 工程量计算规则：按成品考虑，以“个”或“付”计量。

B. 定额套价：管件安装已含在管道安装内，仅计算管件的主材单价，其他费用则不计。

C. 使用说明：沟槽管件根据第八册定额附录的管件含量表计算管道的组合价，组合价计算参照6.3.3中室内给水管组合价计算。

2）管道套管制作安装

①工程量计算规则：分穿墙套管、穿楼板套管、刚性防水和柔性防水套管，按“个”计算。

②定额套价及使用说明：第八册第一章相应定额子目。

3）管道除锈、刷油

①工程量计算规则：按展开面积计算，$S=3.14\times D\times L$。

②定额套价：套用第十一册中的管道刷油。

（2）管道支架

1）管道支架制作安装

①工程量计算规则：一般采用型钢支架制作安装，按重量“100kg”计算。

②定额套价：执行第八册第一章的管道支吊架制作、安装定额。

2）管道支架刷油

①工程量计算规则：按重量计算，工程量同管道支架制作安装工程量。

②定额套价：套用第十一册中的一般钢结构刷油。通常做法是刷两遍红丹漆和两遍调合漆。

（3）阀门、法兰安装

1）阀门、法兰的安装参照本书6.6.3。

2）安全信号阀清单子目参照法兰阀门的清单子目，定额参照法兰阀门定额子目，并应将安全信号阀的检查接线打包在安全信号阀的清单中。

（4）消防水泵接合器计价参照本书的7.1.5。

（5）湿式报警装置安装

1）工程量计算规则：按公称直径分档，以“组”计量。

2）定额套价：套用第八册第七章中的相应定额。

3）注意事项：

①成套的报警装置包括湿式阀、蝶阀、装配管、压力表、试验阀、泄水试验管、延时器、水力警铃等的安装。

②应将报警装置的检查接线工作内容列入报警装置的清单子目中。

（6）喷淋头的安装

1）工程量计算规则：

①不分型号规格和类型，按有吊顶和无吊顶分档，以“个”计量。

②不同型号规格和类型的喷头，其主材价不一样，应分开计算。

2）定额套价：套用第八册第七章中的相应定额。

（7）水流指示器

1）工程量计算规则：按公称直径及连接方式分档，以“个”计量。

2）定额套价：套用第八册第七章中的相应定额。

3）注意事项：应将水流指示器的检查接线工作内容列入在水流指示器安装的清单子目中。

（8）末端试水装置

1）工程量计算规则：按公称直径分档，以“组”计量。

2）定额套价：套用第八册第七章中的相应定额。

3）注意事项：定额中包括试水阀、压力表和泄水管的安装。

（9）减压孔板

1）工程量计算规则：按公称直径分档，以“个”计量。

2）定额套价：套用第八册第七章中的相应定额。

8.3 自动喷淋系统计价编制实例

【例8-1】 图8-2和图8-3是某工程的消防喷淋给水图。给水管采用镀锌钢管，公称直径≤*DN*80的管道采用螺纹连接，公称直径≥*DN*100的管道采用沟槽连接，管道刷两遍红色调合漆，支吊架刷红丹漆和灰色调合漆各两遍。试就此图进行定额预算列项和工程量清单列项。

【解】 1. 定额计价，如表8-2所示。

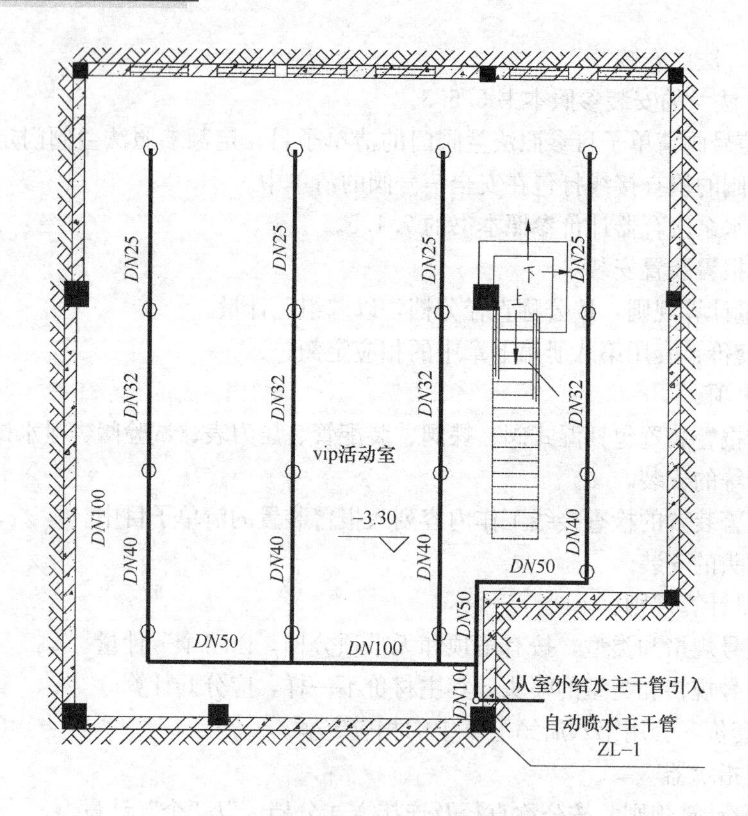

图 8-2　某工程消防自动喷淋给水平面图

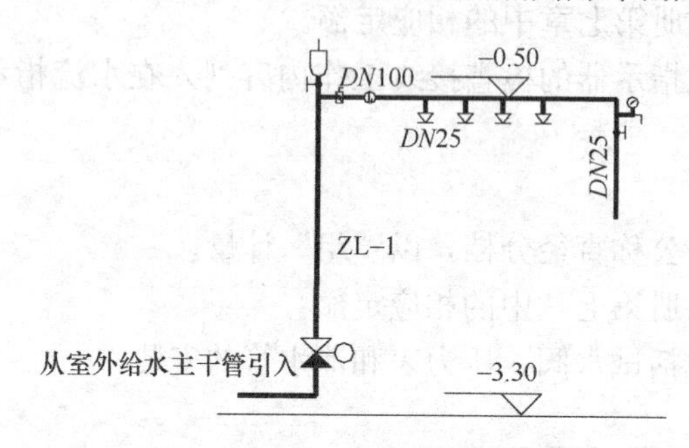

自动喷淋给水系统图

注：自动喷水给水管靠梁下安装，喷头靠吊顶下配合装修安装，吊顶高2.50m。

图 8-3　某工程消防自动喷淋给水系统图

定　额　计　价　　　　表 8-2

定额编号	定　额　名　称	单　位
03080032	镀锌钢管 DN100（沟槽连接）	10m
03080005	镀锌钢管 DN50（螺纹连接）	10m
03080004	镀锌钢管 DN40（螺纹连接）	10m
03080003	镀锌钢管 DN32（螺纹连接）	10m
03080002	镀锌钢管 DN25（螺纹连接）	10m
03080689	湿式报警阀 DN100 安装	组

续表

定额编号	定 额 名 称	单 位
03020336	一般小型电器检查接线	台
03080686	喷头 *DN*15 安装（有吊顶）	10 个
03080703	水流指示器 *DN*100 安装	个
03080711	末端试水装置 *DN*25 安装	组
03080334	信号蝶阀 *DN*100 安装	个
03080363	自动排气阀 *DN*20 安装	个
03110057	管道刷红色调合漆第一遍	$10m^2$
03110058	管道刷红色调合漆第二遍	$10m^2$
03080251	管道支吊架制作安装	100kg
03110001	支架手工除轻锈	100kg
03110114	管道支吊架刷红丹漆第一遍	100kg
03110115	管道支吊架刷红丹漆第二遍	100kg
03110123	管道支吊架刷灰色调合漆第一遍	100kg
03110124	管道支吊架刷灰色调合漆第二遍	100kg

2. 工程量清单计价，如表 8-3 所示。

工程量清单 **表 8-3**

项目编码	项 目 名 称	单 位
030701001001	镀锌钢管 *DN*100，沟槽连接，水压试验，水冲洗，管道刷红色调合漆两遍	m
03080032	镀锌钢管 *DN*100（沟槽连接）	10m
03110057	管道刷红色调合漆第一遍	$10m^2$
03110058	管道刷红色调合漆第二遍	$10m^2$
030701001002	镀锌钢管 *DN*50，螺纹连接，水压试验，水冲洗，管道刷红色调合漆两遍	m
03080005	镀锌钢管 *DN*50（螺纹连接）	10m
03110057	管道刷红色调合漆第一遍	$10m^2$
03110058	管道刷红色调合漆第二遍	$10m^2$
030701001003	镀锌钢管 *DN*40，螺纹连接，水压试验，水冲洗，管道刷红色调合漆两遍	m
03080004	镀锌钢管 *DN*40（螺纹连接）	10m
03110057	管道刷红色调合漆第一遍	$10m^2$
03110058	管道刷红色调合漆第二遍	$10m^2$
030701001004	镀锌钢管 *DN*32，螺纹连接，水压试验，水冲洗，管道刷红色调合漆两遍	m
03080003	镀锌钢管 *DN*32（螺纹连接）	10m
03110057	管道刷红色调合漆第一遍	$10m^2$
03110058	管道刷红色调合漆第二遍	$10m^2$
030701001005	镀锌钢管 *DN*25，螺纹连接，水压试验，水冲洗，管道刷红色调合漆两遍	m

续表

项目编码	项 目 名 称	单　位
03080002	镀锌钢管 *DN*25（螺纹连接）	10m
03110057	管道刷红色调合漆第一遍	$10m^2$
03110058	管道刷红色调合漆第二遍	$10m^2$
030701012001	湿式报警阀 *DN*100，法兰连接，含接线	组
03080689	湿式报警阀 *DN*100 安装	组
03020336	一般小型电器检查接线	台
030701011001	喷头 *DN*15 安装（有吊顶）	个
03080686	喷头 *DN*15 安装（有吊顶）	个
030701014001	水流指示器 *DN*100，法兰连接，含接线	个
03080703	水流指示器 *DN*100 安装	个
03020336	一般小型电器检查接线	台
030701016001	末端试水装置 *DN*25 安装	组
03080711	末端试水装置 *DN*25 安装	组
030701007001	信号蝶阀 *DN*100，法兰连接，含接线	个
03080334	信号蝶阀 *DN*100 安装	个
03020336	一般小型电器检查接线	台
030803005001	自动排气阀 *DN*20，螺纹连接	个
03080363	自动排气阀 *DN*20 安装	个
030704001001	管道支吊架制作安装，手工除轻锈，刷红丹漆和灰色调合漆各两遍	kg
03080251	管道支吊架制作安装	100kg
03110001	支架手工除轻锈	100kg
03110114	管道支吊架刷红丹漆第一遍	100kg
03110115	管道支吊架刷红丹漆第二遍	100kg
03110123	管道支吊架刷灰色调合漆第一遍	100kg
03110124	管道支吊架刷灰色调合漆第二遍	100kg

9 气体、泡沫及干粉灭火系统

【学习目标】

了解气体、泡沫系统的组成，熟悉系统的施工、识图，掌握系统的清单列项与定额套价，能根据施工图编制工程计价书。

【学习要求】

能力目标	知识要点	相关知识
能熟练识读系统施工图	常用气体、泡沫系统图例，系统图、平面图的识读方法	气体、泡沫系统安装的施工工艺及基本技术要求
能编制气体、泡沫系统工程量清单并进行定额套价及工程量计算	清单列项及清单工程量的计算、定额套价及定额工程量的计算	

9.1 气体灭火系统

9.1.1 气体灭火系统简介

在消防领域应用最广泛的灭火剂就是水。但对于扑灭可燃气体、可燃液体、电器火灾以及计算机房、重要文物档案库、通信广播机房、微波机房等不宜用水灭火的，气体消防作为最有效最干净的灭火手段，日益受到重视。其中，《建筑设计防火规范》GB 50016—2006 和《高层民用建筑设计防火规范》GB 50045—2005 已明确规定了应设置气体灭火系统的场所。

传统的灭火气体有：一是卤代烷 1211 及 1301，二是二氧化碳。这些气体在我国气体消防行业的应用历史中占有非常重要的地位，目前系统的装备量约占气体灭火系统总装备量的 80%以上。但是卤代烷灭火剂是破坏大气臭氧层的主要因素，为了保护人类共同的生存环境，造福子孙后代，我国政府于 1989 及 1991 年分别签署了《关于保护臭氧层的维也纳公约》、《关于破坏臭氧层物质的蒙特利尔议定书》，并决定于 2005 年停产 1211，2010 年停产 1301。另外，二氧化碳虽然其应用历史较长，且技术已经规范化，但其最低设计浓度高于对人体的致死浓度，故在保护经常有人的场所时须慎重采用。

现在气体灭火的发展方向是开发不污染被保护对象、不破坏大气臭氧层、温室效应小、对人体无害的灭火剂，即“洁净气体”灭火剂和相应的灭火系统，这是当前发展的主流。七氟丙烷（HFC-227ea、FM-200）是无色、无味、不导电、无二次污染的气体，具有清洁、低毒、电绝缘性好，灭火效率高的特点，特别是它对臭氧层无破坏，在大气中的残留时间比较短，其环保性能明显优于卤代烷，是目前为止研究开发比较成功的一种洁净气体灭火剂，被认为是替代卤代烷 1301、1211 的最理想产品之一。

9.1.2 气体灭火系统使用场所

主要用于电子计算机房、数据处理中心、电信通信设施、过程控制中心、昂贵的医疗设施、贵重的工业设备、图书馆、博物馆及艺术馆、洁净室、消声室、应急电力设施、易燃液体存储区等，也可用于生产作业火灾危险场所，如喷漆生产线、电器老化间、轧制机、印刷机、油开关、油浸变压器、浸渍槽、熔化槽、大型发电机、烘干设备、水泥生产流程中的煤粉仓，以及船舶机舱、货舱等。

9.1.3　气体灭火系统的组成

如图9-1所示，气体自动灭火系统由储存瓶组、储存瓶组架、液流单向阀、集流管、选择阀、三通、异径三通、弯头、异径弯头、法兰、安全阀、压力信号发送器、管网、喷嘴、药剂、火灾探测器、气体灭火控制器、声光报警器、警铃、放气指示灯、紧急启动/停止按钮等组成。

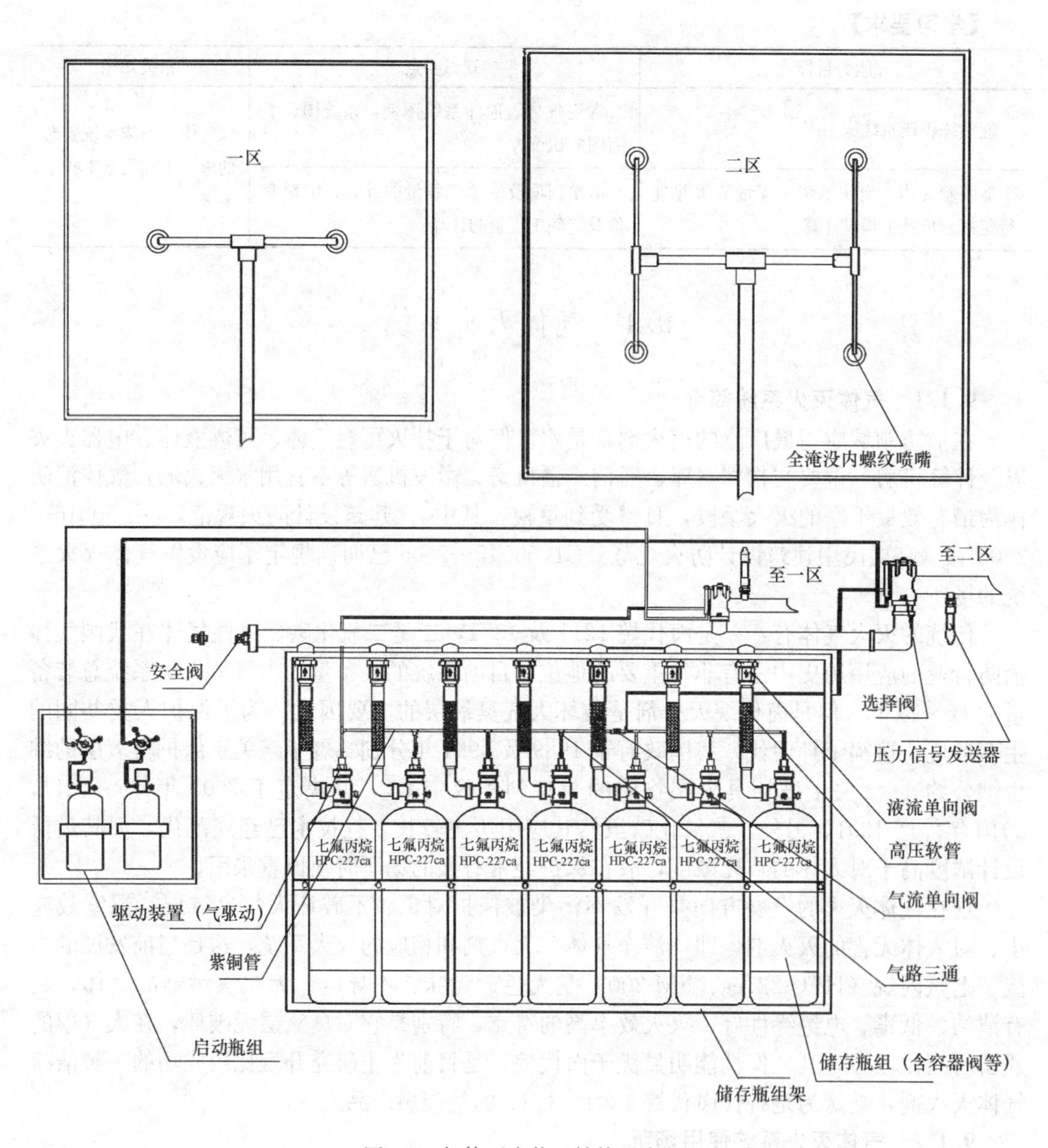

图9-1　气体灭火装置结构示意图

9.1.4 气体灭火系统清单的设置及工程量计算规则

工程量清单项目设置及工程量计算规则，应按表 9-1 的规定执行，本表摘自《建设工程工程量清单计价规范》GB 50500—2008 附录中表 C.7.2。

气体灭火系统工程量清单项目的设置 **表 9-1**

<table>
<tr><th>项目编码</th><th>项目名称</th><th>项目特征</th><th>计量单位</th><th>工程量计算规则</th><th>工程内容</th></tr>
<tr><td>030702001</td><td>无缝钢管</td><td rowspan="5">1. 卤代烷灭火系统、二氧化碳灭火系统
2. 材质
3. 规格
4. 连接方式
5. 除锈标准，刷油防腐及无缝钢管镀锌设计要求
6. 压力试验、吹扫设计要求</td><td rowspan="4">m</td><td rowspan="5">按设计图示管道中心线长度以延长米计算，不扣除阀门、管件及各种组件所占长度</td><td rowspan="4">1. 管道安装
2. 管件安装
3. 套管制作、安装（包括防水套管）
4. 钢管除锈、刷油、防腐
5. 管道压力试验
6. 管道系统吹扫
7. 无缝钢管镀锌</td></tr>
<tr><td>030702002</td><td>不锈钢管</td></tr>
<tr><td>030702003</td><td>铜管</td></tr>
<tr><td>030702004</td><td>气体驱动装置管道</td></tr>
<tr><td>030702005</td><td>选择阀</td><td>个</td><td>1. 安装
2. 压力试验</td></tr>
<tr><td>030702006</td><td>气体喷头</td><td>型号、规格</td><td>个</td><td>按设计图示数量计算</td><td rowspan="3">安装</td></tr>
<tr><td>030702007</td><td>贮存装置</td><td rowspan="2">规格</td><td rowspan="2">套</td><td>按设计图示数量计算（包括灭火剂存储器、驱动气瓶、支框架、集流阀、容器阀、单向阀、高压软管和安全阀等贮存装置和阀驱动装置）</td></tr>
<tr><td>030702008</td><td>二氧化碳称重检漏装置</td><td>按设计图示数量计算（包括泄露开关、配重、支架等）</td></tr>
</table>

9.1.5 工程量清单的项目特征描述

（1）管道的特征描述：管道的材质，如无缝钢管（冷轧、热轧、钢号要求）、不锈钢管（1Cr18Ni9、1Cr18Ni9Ti、Cr18Ni3MoTi）、纯铜管（T1、T2、T3）、黄铜管（H59～H96）；管道的规格应描述直径或外径（外径应按外径乘以管的壁厚表示）；连接方式应描述螺纹连接、焊接、法兰连接等；除锈标准是指除轻锈、中锈、重锈；压力试验是指液压、气压等试压方法；吹扫是指水冲洗、空气吹扫、蒸汽吹扫；防腐刷油是指采用的油漆种类及刷油遍数。

（2）选择阀的特征描述：材质是铜质还是不锈钢，规格指公称直径，连接方式指螺纹连接、法兰连接。

（3）气体喷头的特征描述：型号指全淹型（EQT 型）、槽边型、局部应用架空型（EJT 型）；喷头规格指喷头代号，从 2～24。

（4）贮存装置特征描述指储存容量，以“L”为计量单位。

9.1.6　工程量清单的计价

(1) 气体灭火系统的管道

1) 管道的安装

①常用管材：无缝钢管、铜管。

②工程量计算规则：按"m"计算，不扣除阀门、管件的长度。

③定额套价：套用第六册第一章中的管道安装相应子目。

2) 管件

①工程量计算规则：以"件"计量，按设计图计算。

②定额套价：套用第六册第二章中的钢制管件安装相应子目。

③使用说明：管道安装定额中未包括管件的安装费及材料费，故要计算管件工程量。

3) 管道系统强度试验、严密性试验和吹扫

①工程量计算规则：按管道长度"m"计算。

②定额套价：执行第六册第六章相应定额。

4) 管道套管制作安装

①工程量计算规则：按"个"计算。

②定额套价及使用说明：第八册第一章相应定额子目。

5) 管道除锈、刷油

①工程量计算规则：按展开面积计算，$S=3.14\times D\times L$。

②定额套价：套用第十一册中的管道刷油。

(2) 管道支架

1) 管道支架制作安装

①工程量计算规则：一般采用型钢支架制作安装，按重量"100kg"计算。

②定额套价：执行第六册第八章的管道支吊架制作、安装定额。

2) 管道支架刷油

①工程量计算规则：按重量计算，工程量同管道支架制作安装工程量。

②定额套价：套用第十一册中的一般钢结构刷油。通常做法是刷两遍红丹漆和两遍调合漆。

(3) 选择阀安装

1) 工程量计算规则：按不同规格和连接方式以"个"计量。

2) 定额套价：套用第八册第八章中的系统组件安装相应子目。

(4) 喷头安装

1) 工程量计算规则：按不同规格以"个"计量单位。

2) 定额套价：套用第八册第八章中的系统组件安装相应子目。

3) 注意事项：喷头安装定额中包括管件安装及配合水压试验安装拆除丝堵的工作内容。

(5) 储存装置安装

1) 工程量计算规则：按储存容器和驱动气瓶的规格(L)以"套"计量单位。

2) 定额套价：套用第八册第八章中的系统组件安装相应子目。

3) 注意事项：储存装置安装中包括灭火剂储存容器和驱动气瓶的安装固定和支框架、

系统组件（集流管、容器阀、单向阀、高压软管）、安全阀等储存装置和阀驱动装置的安装及氮气增压。

（6）二氧化碳称重检漏装置安装

1）工程量计算规则：以“套”为计量单位。

2）定额套价：套用第八册第八章中的系统组件安装相应子目。

3）注意事项：

①二氧化碳称重检漏装置安装时，不需增压，执行定额时应扣除高纯氮气，其余不变。

②二氧化碳称重检漏装置包括泄漏报警开关、配重及支架。

（7）系统组件试验

1）工程量计算规则：以“个”计量。

2）定额套价：套用第八册第八章中的系统组件试验相应子目。

3）使用说明：系统组件包括选择阀、单向阀（含气、液）及高压软管，系统组件试验包括水压强度试验和气压严密性试验。

9.2 泡沫灭火系统

9.2.1 泡沫灭火系统简介

泡沫灭火系统主要由消防水泵、泡沫灭火剂储存装置、泡沫比例混合装置、泡沫发生装置及管道等组成，如图 9-2 所示。它是通过泡沫比例混合器将泡沫灭火剂与水按比例混合成泡沫混合液，再经泡沫发生装置制成泡沫并施放到着火对象上实施灭火的系统。泡沫体积与其混合液体积之比称为泡沫的倍数，按照系统发泡沫的倍数不同，泡沫系统分为低倍数泡沫灭火系统、中倍数泡沫灭火系统、高倍数泡沫灭火系统。

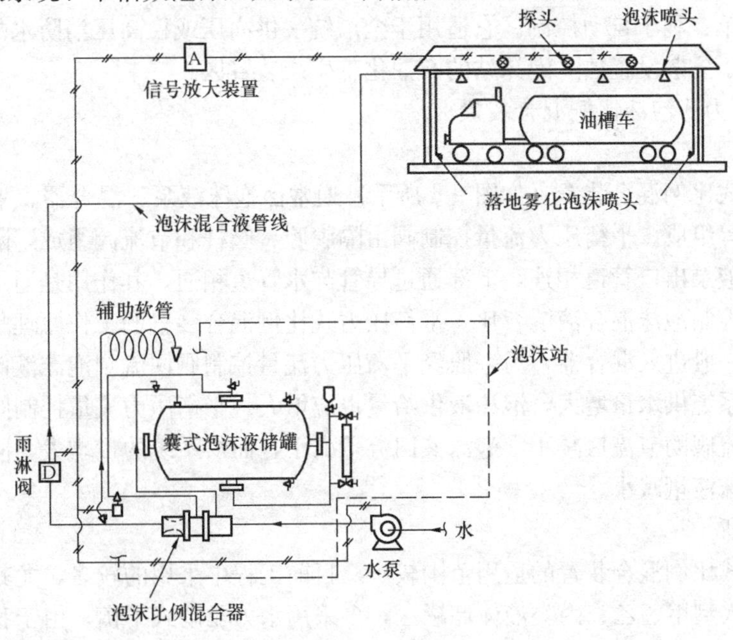

图 9-2 泡沫灭火系统组成示意图

9.2.2　泡沫灭火系统使用场所

泡沫灭火系统广泛用于生产、加工、储存、运输、使用甲、乙、丙类液体的场所和甲、乙、丙类液体储罐区及石油化工装置区等场所。

9.2.3　泡沫灭火系统各装置构成及作用

(1) 泡沫比例混合装置

泡沫比例混合装置的作用是将泡沫液与水按比例混合成泡沫混合液。按其工作原理可分为压力储罐式、平衡压力式、环泵式和管线式四种。

1) 压力储罐式泡沫比例混合器

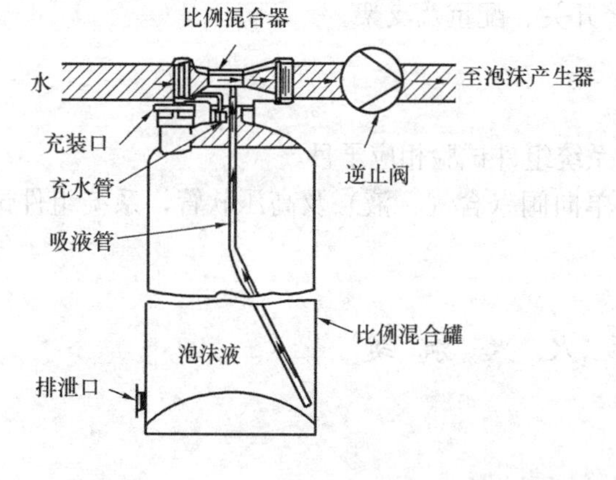

图9-3　压力储罐式泡沫比例混合装置

①工作原理

压力储罐式泡沫比例混合装置（如图9-3所示）主要由比例混合器与泡沫液压力储罐及管路构成，从比例混合器向泡沫液压力储罐内分别引入两根管路，用文丘里管、孔板或文丘里管与孔板组合，在其比例混合器内的两极管路之间制造流体动压差，系统工作时压力高的管路向泡沫液储罐内充水，压力低的管路将泡沫液引进比例混合器，即用水置换泡沫液的方式实现泡沫液与水混合，其泡沫混合液的混合比靠更换孔板来调整。

②适用场所

压力储罐式泡沫比例混合装置是工厂生产的由比例混合器与泡沫液储罐组成一体的独立装置，安装时不需要再调整其混合比等，其产品样本中画出了安装图，所以设计与安装方便、配置简单、利于自动控制。它适用于全厂统一供高压或稳高压消防水的石油化工企业，尤其适用于分散设置独立泡沫站的石油化工生产装置区。

2) 平衡压力式泡沫比例混合装置

①工作原理

平衡压力式比例混合装置（如图9-4所示）通常由泡沫液泵、混合器、平衡压力流量控制阀及管道等组成。平衡压力流量控制阀由隔膜腔、阀杆和节流阀组成，隔膜腔下部通过导管与泡沫液泵出口管道相连，上部通过导管与水管道相通，其作用是通过控制泡沫液的回流量达到控制泡沫混合液混合比。平衡压力式比例混合装置的工作原理是，泡沫液泵供给的泡沫液一股进入混合器，另一股经平衡压力流量控制阀回流到泡沫液储罐，当水压升高时，说明系统供水量增大，泡沫液供给量也应增大，平衡压力流量控制阀的隔膜带动阀杆向下，节流阀的节流口减小，泡沫液回流量减小，而供系统的量增大，同理水压降低时供系统的泡沫液量减小。

②适用场所

平衡压力式比例混合装置的适用范围较广，目前工程中采用的较多，尤其设置若干个独立泡沫站的大型甲、乙、丙类液体储罐区，多采用水力驱动式平衡，由于我国还未开发水力驱动泵，水力驱动式平衡压力比例混合装置靠进口来满足，造价较高。平衡压力式比

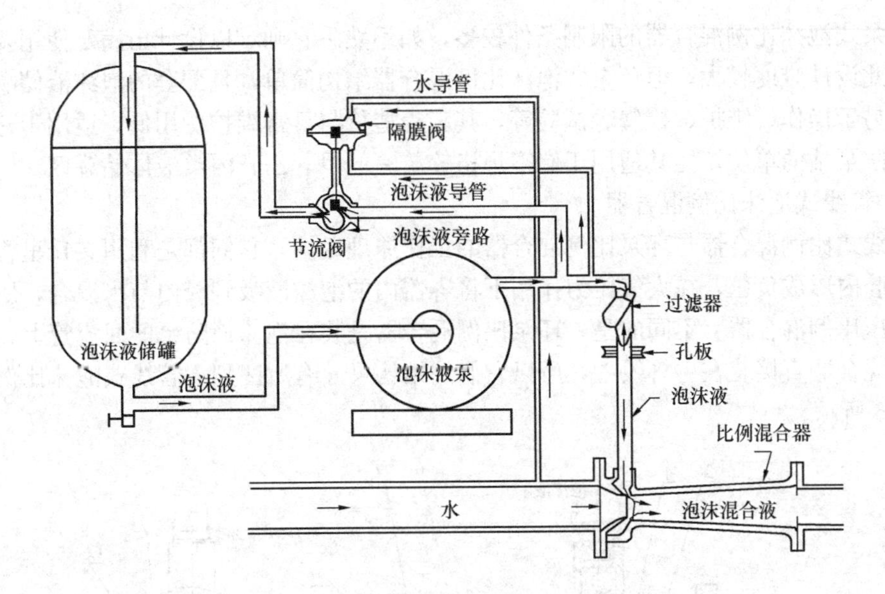

图 9-4 平衡压力式比例混合装置

例混合装置的调试工作需由专业人员在安装现场进行。

3）环泵式泡沫比例混合器

①工作原理

环泵式泡沫比例混合器是利用文丘里管原理的第一代产品，它安装在泵的旁路上，进口接泵的出口、出口接泵的进口，泵工作时大股液流流向系统终端，小股液流回流到泵的进口。当回流的小股液流经过其比例混合器时，在其腔内形成一定的负压，泡沫液储罐内的泡沫液在大气压力作用下被吸到腔内与水混合，再流到泵进口与水进一步混合后抽到泵的出口，如此循环往复一定时间后其泡沫混合液的混合比达到产生灭火泡沫要求的正常值，如图 9-5 所示。根据其工作原理，消防泵进出口压力、泡沫液储罐液面与比例混合器的高差是影响其泡沫混合液混合比的两方面因素。消防泵进口压力由泵轴心与水池、水罐等储水设施液面的高差决定，进口压力愈小，在一定范围内混合比愈大，反之混合比愈小，零或负压较理想；进口压力一定时出口压力愈高，在一定范围内混合比愈高，反之愈小；在重力的作用下，泡沫液储罐液面愈高混合比愈高，反之愈小。

②适用场所

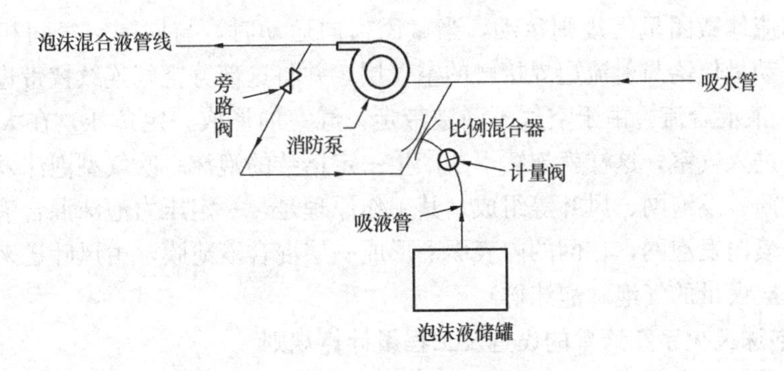

图 9-5 环泵式泡沫比例混合器

环泵式泡沫比例混合器的限制条件较多，如不熟悉它则难以设计出满足使用要求的系统，因此设计难度较大。但环泵式泡沫比例混合器结构简单，且配套的泡沫液储罐为常压储罐，易于操作、维护、检修、试验等，其工程造价与日常维护费用低，适用于建有独立泡沫消防泵站的单位，尤其适用于储罐规格较单一的甲、乙、丙类液体储罐区。

4）管线式泡沫比例混合器

管线式比例混合器与环泵比例混合器的工作原理相同，它们都是利用文丘里管的原理在混合腔内形成负压，在大气压力作用下将容器内的泡沫液吸到腔内与水混合，所以它们又称负压比例混合器。不同的是，环泵比例混合器是装在泡沫消防泵的回流管上，而管线式比例混合器直接装在主管线上，所以它们的结构尺寸有所区别。管线式泡沫比例混合器如图 9-6 所示。

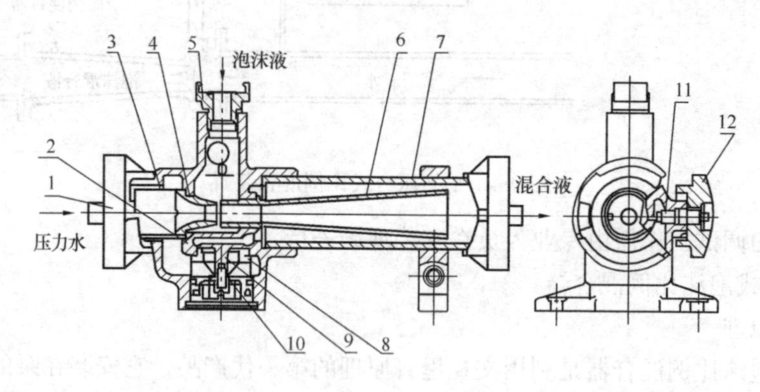

图 9-6　管线式泡沫比例混合器

1—管牙接口；2—混合器本体；3—过滤网；4—喷嘴；5—吸液管接口；6—扩散管；7—外接管；8—底阀座；9—底阀芯；10—橡胶膜片；11—调节阀芯；12—调节手柄

（2）泡沫发生装置

将空气混入并发生一定倍数空气泡沫的设备称为泡沫发生装置。泡沫发生装置分为吸气型和吹气型。低倍泡沫发生装置和部分中倍泡沫发生装置是吸气型的，高倍和部分中倍泡沫发生装置是吹气型的。吸气型泡沫发生装置由液室、气室、变截面喷嘴或孔板、混合扩散管等部分组成。其工作原理是基于紊流理论，当一股压力泡沫混合液流经喷嘴或孔板时，由于通流截面的急剧缩小，液流的压力位能迅速转变为动能而使液流成为一束高速射流。射流中的流体微团呈无规则运动，当微团横向运动时，与周围空气间相互摩擦、碰撞、参混，将动量传给与射流边界接触的空气层，并将这部分空气连续挟带进入混合扩散管，形成气一 液混合流。由于空气不断被带走，气室内形成一定负压，在大气压作用下外部空气不断进入气室，这样就连续不断产生一定倍数的泡沫。吹气型泡沫发生装置主要由喷嘴、发泡筒、发泡网、风叶等组成。其工作原理是，一定压力泡沫混合液通过喷嘴以雾化形式均匀喷向发泡网，在网的内表面上形成一层混合液薄膜，由风叶送来的气流将混合液薄膜吹胀成大量的气泡（泡沫群）。

9.2.4　泡沫灭火系统清单的设置及工程量计算规则

工程量清单项目设置及工程量计算规则，应按表 9-1 的规定执行，本表摘自《建设工程工程量清单计价规范》GB 50500—2008 附录中表 C.7.3。

泡沫灭火系统工程量清单项目的设置　　表 9-2

<table>
<tr><th>项目编码</th><th>项目名称</th><th>项目特征</th><th>计量单位</th><th>工程量计算规则</th><th>工程内容</th></tr>
<tr><td>030703001</td><td>碳钢管</td><td rowspan="3">1. 材质
2. 型号、规格
3. 焊接方式
4. 除锈标准、刷油防腐设计要求
5. 压力试验、吹扫的设计要求</td><td rowspan="3">m</td><td rowspan="3">按设计图示管道中心线长度以延长米计算，不扣除阀门、管件及各种组件所占长度</td><td rowspan="3">1. 管道安装
2. 管件安装
3. 套管制作、安装
4. 钢管除锈、刷油、防腐
5. 管道压力试验
6. 管道系统吹扫</td></tr>
<tr><td>030703002</td><td>不锈钢管</td></tr>
<tr><td>030703003</td><td>铜管</td></tr>
<tr><td>030703004</td><td>法兰</td><td rowspan="2">1. 材质
2. 型号、规格
3. 连接方式</td><td>副</td><td rowspan="5">按设计图示数量计算</td><td>法兰安装</td></tr>
<tr><td>030703005</td><td>法兰阀门</td><td>个</td><td>阀门安装</td></tr>
<tr><td>030703006</td><td>泡沫发生器</td><td>1. 水轮机式、电动机式
2. 型号、规格
3. 支架材质、规格
4. 除锈标准、刷油设计要求
5. 灌浆材料</td><td rowspan="3">台</td><td>1. 安装
2. 设备支架制作、安装
3. 设备支架除锈、刷油
4. 二次灌浆</td></tr>
<tr><td>030703007</td><td>泡沫比例混合器</td><td>1. 类型
2. 型号、规格
3. 支架材质、规格
4. 除锈标准、刷油设计要求
5. 灌浆材料</td><td>1. 安装
2. 设备支架制作、安装
3. 设备支架除锈、刷油
4. 二次灌浆</td></tr>
<tr><td>030703008</td><td>泡沫液贮罐</td><td>1. 质量
2. 灌浆材料</td><td>1. 安装
2. 二次灌浆</td></tr>
</table>

9.2.5 工程量清单的项目特征描述

(1) 管道的特征描述：管道的材质，如无缝钢管（冷轧、热轧、钢号要求）、不锈钢管（1Cr18Ni9、1Cr18Ni9Ti、Cr18Ni3MoTi）、纯铜管（T1、T2、T3）、黄铜管（H59～H96）；管道的规格应描述直径或外径（外径应按外径乘以管的壁厚表示）；焊接方式应描述电弧焊和气焊等；除锈标准是指除轻锈、中锈、重锈；压力试验是指液压、气压等试压方法；吹扫是指水冲洗、空气吹扫、蒸汽吹扫；防腐刷油是指采用的油漆种类及刷油遍数。

(2) 泡沫发生器的型号、规格描述有：水轮机式（PFS3 型、PF4 型、PFS4 型、PFS10 型、PFT4 型）、电动机式（PF20 型、BGP-200 型）。

(3) 泡沫比例混合器的型号、规格描述有：压力储罐式（PHY32/30 型、PHY48/55 型、PHY72/110 型）、平衡压力式（PFP20 型、PHP40 型、PHP80 型）、环泵负压式

(PH32型、PH48型、PH64型)、管线式负压(PHF型)。

9.2.6　工程量清单的计价

(1) 气体灭火系统的管道

1) 管道的安装

①常用管材：无缝钢管、铜管、碳钢管。

②工程量计算规则：按"m"计算，不扣除阀门、管件的长度。

③定额套价：套用第六册第一章中的管道安装相应子目。

2) 管件

①工程量计算规则：以"件"计量，按设计图计算。

②定额套价：套用第六册第二章中的钢制管件安装相应子目。

③使用说明：管道安装定额中未包括管件的安装费及材料费，故要计算管件工程量。

3) 管道系统强度试验、严密性试验和吹扫

①工程量计算规则：按管道长度"m"计算。

②定额套价：执行第六册第六章相应定额。

4) 管道套管制作安装

①工程量计算规则：按"个"计算。

②定额套价及使用说明：套用第八册第一章相应定额子目。

5) 管道除锈、刷油

①工程量计算规则：按展开面积计算，$S=3.14\times D\times L$。

②定额套价：套用第十一册中的管道刷油。

(2) 管道支架

1) 管道支架制作安装

①工程量计算规则：一般采用型钢支架制作安装，按重量"100kg"计算。

②定额套价：执行第六册第八章的管道支吊架制作、安装定额。

2) 管道支架刷油

①工程量计算规则：按重量计算，工程量同管道支架制作安装工程量。

②定额套价：套用第十一册中的一般钢结构刷油。通常做法是刷两遍红丹漆和两遍调合漆。

(3) 泡沫发生器安装

1) 工程量计算规则：按"台"计算。

2) 定额套价：执行第八册第九章泡沫灭火系统安装相应定额。

3) 注意事项：

①泡沫发生器安装中包括整体安装、焊法兰、单体调试及配合管道试压时隔离本体所消耗的人工和材料。但不包括支架的制作、安装和二次灌浆的工作内容。地脚螺栓按本体带有螺帽考虑。

②油罐上安装的泡沫发生器及化学泡沫，应执行第五册《静置设备与工艺金属结构制作安装工程》相应定额。

(4) 泡沫比例混合器安装

1) 工程量计算规则：按"台"计算。

2）定额套价：执行第八册第九章泡沫灭火系统安装相应定额。

9.3 干粉灭火器

9.3.1 干粉灭火器的简介

干粉灭火器内充装的是干粉灭火剂。干粉灭火剂是用于灭火的干燥且易于流动的微细粉末，由具有灭火效能的无机盐和少量的添加剂经干燥、粉碎、混合而成微细固体粉末组成。如碳酸氢钠干粉、改性钠盐干粉、钾盐干粉、磷酸二氢铵干粉、磷酸氢二铵干粉、磷酸干粉和氨基干粉灭火剂等。它是一种在消防中得到广泛应用的灭火剂，且主要用于灭火器中。除扑救金属火灾的专用干粉化学灭火剂外，干粉灭火剂一般分为BC干粉和ABC干粉灭火剂两大类。干粉灭火剂主要通过在加压气体作用下喷出的粉雾与火焰接触、混合时发生的物理、化学作用灭火。另外，还有部分稀释氧和冷却的作用。

干粉灭火器最常用的开启方法为压把法。将灭火器提到距火源适当位置后，先上下颠倒几次，使筒内的干粉松动，然后让喷嘴对准燃烧最猛烈处，拔去保险销，压下压把，灭火剂便会喷出灭火。开启干粉灭火器时，左手握住其中部，将喷嘴对准火焰根部，右手拔掉保险卡，旋转开启旋钮，打开贮气瓶，滞时1～4秒，干粉便会喷出灭火。

9.3.2 干粉灭火器的工程量清单的设置

《建设工程工程量清单计价规范》GB 50500—2008中没有设置干粉灭火器的清单子目，广西增设干粉灭火器清单子目，编号为桂030701021。

9.3.3 工程量清单的计价

干粉灭火器为成品灭火装置，一般设置在楼梯或走廊内，常用的有推车式和手提式两种。因安装简单，未编制有相应定额，直接计算其主材费即可，即做补充定额B-，其他费用则不用再计算。

10 通风空调工程

【学习目标】

了解通风空调工程的用途、系统组成，熟悉空调工程的施工、识图，掌握通风空调工程的清单列项与定额套价，能根据施工图编制工程计价书。

【学习要求】

能力目标	知识要点	相关知识
熟悉通风空调工程中消耗量定额的内容	消耗量定额中各分项的工作内容	通风空调工程的基础知识、工作原理、施工工艺、施工图的识读
能编制通风空调工程量清单并进行定额套价及工程量计算	清单列项及清单工程量的计算、定额套价及工程量计算规则	

10.1 通风空调工程概述

10.1.1 通风工程概述

(1) 通风工程作用

通风工程是送风、排风、除尘、气力输送以及防、排烟系统工程的统称。通风工程在民用建筑里主要用于一般的通风换气和火灾防排烟。

(2) 通风工程的组成

机械送风系统一般由进风口、风道、送风机、送风口、阀门等组成；机械排风系统一般由吸风口、净化设备、风管、阀门、排风机、排风口、风帽等组成。

1) 风机

风机按工作原理可分为离心式风机和轴流式风机；按其输送的气体不同又分为一般性通风机、高温通风机（防排烟风机）、防爆通风机、防腐通风机、耐磨通风机等。连接方式有咬口、焊接和法兰连接三种。

2) 风管

风管是通风与空调系统的主要部件，其断面形式有矩形和圆形两种。常见的风管材料有普通薄钢板风管、镀锌薄钢板风管、塑料制品风管、玻璃钢风管、铝板风管、不锈钢风管等。

3) 进、排风装置

进风装置用来采集洁净空气，即送风，如新风口、进风塔、进风窗口。排风装置是将排风系统汇集的污浊空气排至室外，如排风口、排风塔、排风帽等。

4) 室内送排风口

室内送排风口是通风和空调系统中的末端装置，常见的有散流器、百叶送排风口、空气分布器、条缝型送风口等。

5）阀门

阀门是通风与空调系统中调节风量或防止系统火灾的附件。常见的有闸板阀、蝶阀、多叶调节阀、止回阀、排烟阀、防火阀。

10.1.2　空调工程概述

空调工程是为保持人们生产和生活所需要的空气温度、湿度、气流速度、洁净度的通风系统，是通风的更高级形式。

（1）空调工程分类

1）按功能要求不同分类

①舒适性空调：使空调房间满足人们生活的要求，以人体的舒适要求来控制房间的空气参数。舒适性空调按照使用场所不同又分为家用空调和商用空调。

A. 家用空调根据使用场所和制冷量的不同可分为家用空调器和家用中央空调。

家用空调器有窗式空调和分体空调，适合于建筑面积小，需要制冷量不是很大的房间。家用中央空调不仅适合于50～200m^{2}的普通家庭住宅，更适合于建筑面积为200～500m^{2}的休闲别墅类住宅，在现代高档别墅群中有广泛的使用。

B. 商用中央空调是大型的中央空调。

②工艺性空调：又称恒温恒湿空调，使室内空气温度、湿度、气流速度、洁净度等参数控制在一定范围内，以满足生产工艺的要求。

2）按处理设备设置的集中程度分类

①集中式空调系统

这种空调将空气处理设备（如加热器或冷却器、喷水室、过滤器、风机、水泵等）集中设置在专用机房内，主要用于公共建筑内如影剧院、体育馆、大会堂、展览馆、商场、舞厅、会议室等场合，便于集中管理。缺点是集中式空调系统由于所有空气都在空调机房的空调箱内集中处理，常占用较多建筑面积和空间，风道过粗、过长和机房面积大及各房间调节灵活性差。

②半集中式空调系统

半集中式空调系统就是将各种非独立式的空气处理设备分散在被调房间内，对室内空气进行就地处理或对来自集中处理设备的空气进行补充处理，而将生产冷、热水的冷水机组或热水器和输送冷、热水的水泵等设备集中设置在中央机房内。风机盘管加独立新风系统就是典型的半集中式空调系统，适用于空调房间较多，且各房间要求单独调节的场合，如宾馆、写字楼、办公室等处。

工程上常将集中式空调系统和半集中式空调系统统称为中央空调系统。系统可以是单一的集中式系统，或者是单一的风机盘管加新风系统，或者是既有集中式系统，又有风机盘管加新风系统的混合体系。

③局部式空调系统

空调机组把空气处理设备、风机以及冷热源都安装在一个箱体内或在室内（蒸发器）和室外（制冷机组），形成了窗机和分体式空调器，只要接上电源就能对房间内进行空气调节，因而使用灵活，同时安装简单。

（2）空调工程的组成

如图10-1所示，中央空调主要包括：

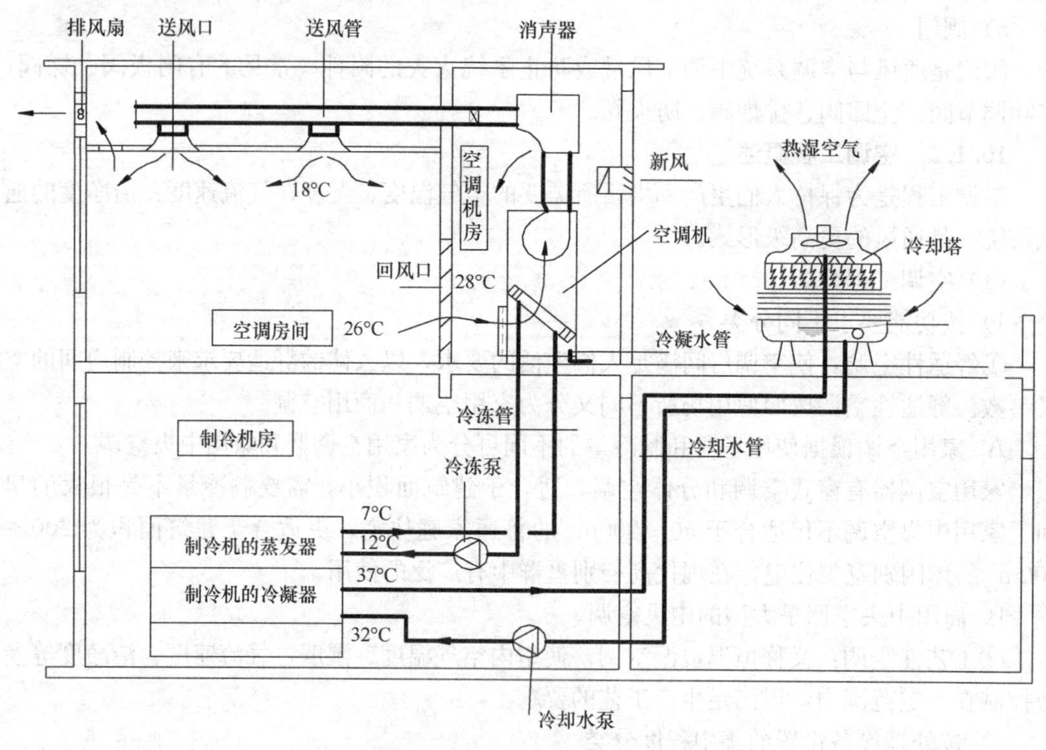

图10-1　中央空调组成示意图

1）空气处理设备

由空气过滤器、空气冷却器、空气加热器、空气加湿器、空气消声器及风机等组成。其作用是将空气过滤和进行热湿处理（降温去湿或升温加湿），使之达到符合要求的送风状态点后，由风机送入空调房间。

2）空气输送设备

包括通风机、风管、风阀、送风口、回风口等。主要作用是把经过处理达到符合要求状态点的空气送入各个空调房间，并从房间内抽回或排除相应量的室内空气，同时合理地布置空调房间内送风口和回风口，保证工作区内形成合理的气流组织，使空调房间工作状态均匀分布，达到所需要的空气温度、湿度、流速和洁净度。

3）冷源机组

冷源是用来生产冷水，提供“冷能”以冷却送风空气，目前常用的有蒸气压缩式冷水机组和溴化锂吸收式冷水机组。

4）水系统

水系统有冷（热）水系统、冷却水系统和冷凝水排放系统。

5）风道系统

中央空调风道系统将经过处理的空气，通过送风管不断送往各空调房间，同时通过回风管和新风管收集室内回风和新风，返回空气处理装置，形成空气循环；并利用排风装置逐步换气，以满足室内空气品质的要求，所以该系统应设置送风、回风、新风管道和排风装置。若直接在空调机房墙上开设新、回风口采集新、回风，则只需设送风管道。

6）自动控制系统

为了提高空调系统运行质量，确保安全，节约能耗与人员及降低工人劳动强度，使空调有良好的效果，对于中央空调系统及对空调精度要求较高或室内负荷变化较大的空调系统，均应采用自动控制运行调节。

(3) 中央空调常用术语

1）制冷量：空调器进行制冷运行时，单位时间内低压侧制冷剂在蒸发器中吸收的热量，常用单位为 W 或 kW。

2）热泵制热量：空调器进行热泵制热运行时（热泵辅助电加热器应同时运行），单位时间内送入密闭空间、房间或区域内的热量。

3）性能系数：制冷（热）循环中产生的制冷（热）量与制冷（热）所耗电功率之比为性能系数；制冷时称为能效比，用 EER 表示；制热时称为性能系数，用 COP 表示。

4）制冷剂：制冷剂即制冷工质，是制冷系统中完成制冷循环的工作介质。制冷剂在蒸发器内吸取被冷却对象的热量而蒸发，在冷凝器内将热量传递给周围空气或水而被冷凝成液体。制冷机借助于制冷剂的状态变化达到制冷的目的。

5）载冷剂：载冷剂是指在间接制冷系统中用以传送冷量的中间介质。载冷剂在蒸发器中被制冷剂冷却后，送到冷却设备冷却，吸收被冷却物体或环境的热量，再返回蒸发器被制冷剂重新冷却，如此不断循环，以达到连续制冷的目的。

6）风机盘管：中央空调系统中常用的换热设备，由肋片管和风机等组成，载冷剂流经风机盘管（管内）时与管处空气换热，使空气降温。风机盘管属于空气冷却设备。

7）水冷冷水机组：水冷冷水机组属于中央空调系统中的制冷机组部分，其载冷剂为水，称为冷水机组，而冷凝器的冷却为利用常温水的换热降温来实现，故称为水冷机组。与水冷机相对的称为风冷机组，风冷机组的冷凝器由与室外空气的强制通风换热达到冷却目的。

8）冷却塔：借助空气使水得到冷却的专用设备，一般安装在楼房的顶部。在制冷、电力、化工等许多行业中，从冷凝器等设备中排出热的冷却水，都是经过冷却塔冷却后循环使用的。

9）VRV 系统：是 Variable Refrigerant Volume 系统的简称，即制冷剂流量可变式系统。其形式为一组室外机，由功能机、恒速机和变频机组成。通过并联室外机系统，将制冷管集中进入一个管道系统，可以方便地根据室内机容量匹配，最多一组室外机可连接 30 台室内机。室内机有天花板嵌入式、挂壁式、落地式等。形式不同的室内单机可连接到一个制冷回路上，并可进行单独控制。

10）模块机：在 VRV 系统的基础上发展而来，在 1985 年由澳大利亚捷丰集团发明并申请专利。它将传统的氟利昂管路改变为水路系统，将室内外机合并为制冷机组，室内机改为风机盘管。利用载冷剂水的换热来实现制冷过程，模块机由于能够根据冷负荷要求自动调节启动机组数量，实现灵活组合而得名。

11）活塞式冷水机组：是把实现制冷循环所需的活塞式制冷压缩机、辅助设备及附件紧凑地组装在一起的专供空调用冷目的使用的整体式制冷装置。活塞式冷水机组单机制冷从 60～900kW，适用于中、小工程。

12）螺杆式冷水机组：是提供冷冻水的大中型制冷设备。螺杆式冷水机组是由螺杆制冷压缩机组、冷凝器、蒸发器以及自控元件和仪表等组成的一个完整制冷系统。它具有结构紧凑、体积小、重量轻、占地面积小、操作维护方便、运转平稳等优点，因而获得了广泛的应用。其单机制冷量从150～2200kW，适用于大、中型工程。

10.2 通风空调设备安装

10.2.1 清单列项及工程量计算

(1) 通风空调设备安装工程量清单项目设置应根据《建设工程工程量清单计价规范》GB 50500—2008附录中表C.9.1通风及空调设备及部件制作安装，具体内容详见表10-1的规定执行。

通风及空调设备及部件制作安装 **表10-1**

项目编码	项目名称	项目特征	计量单位	工程量计算规则	工程内容
030901002	通风机	1. 形式 2. 规格 3. 支架材质、规格 4. 除锈、刷油设计要求	台	按设计图示数量计算	1. 本体安装 2. 减振台座制作、安装 3. 设备支架制作、安装 4. 软管接口制作、安装 5. 支架台座除锈 6. 支架台座刷油
030901003	除尘设备	1. 规格 2. 质量 3. 支架材质、规格 4. 除锈、刷油设计要求	台	按设计图示数量计算	1. 本体安装 2. 设备支架制作、安装 3. 支架除锈 4. 支架刷油
030901004	空调器	1. 形式 2. 质量 3. 安装位置	台	按设计图示数量计算，其中分段组装式空调器按设计图纸所示质量以“kg”为计量单位	安装
030901005	风机盘管	1. 形式 2. 安装位置 3. 支架材质、规格 4. 除锈、刷油设计要求	台	按设计图示数量计算	1. 本体安装 2. 软管接口制作、安装 3. 支架制作、安装及除锈、刷油

说明：制冷设备（活塞式机组、螺杆式机组、离心式机组、热泵）、冷却塔、冷冻水泵、冷却水泵应根据《建设工程工程量清单计价规范》GB 50500—2008附录中表C.1机械设备相应的项目编制清单项目，具体内容详见表10-2的规定执行。

(2) 工程量清单项目名称及特征描述

通风空调设备安装工程量清单项目特征的描述要注意以下方面：

1) 通风机形式应描述离心式、轴流式、屋顶式、空气幕、卫生间通风器安装等；

2) 空调器安装应描述安装位置、制冷量；

3) 风机盘管安装应描述安装位置；

4) 制冷设备安装应描述制冷量。

制冷设备安装　　表 10-2

项目编码	项目名称	项目特征	计量单位	工程量计算规则	工程内容
030109001	离心式泵	1. 名称 2. 型号 3. 质量 4. 输送介质 5. 压力 6. 材质	台	按设计图示数量计算直联式泵的质量，包括本体、电机及底座的总质量；非直联式的不包括电动机质量；深井泵的质量包括本体、电动机、底座及设备扬水管的总质量	1. 本体安装 2. 泵拆装检查 3. 电动机安装 4. 二次灌浆
030110001	活塞式压缩机	1. 名称、型号 2. 质量 3. 结构形式	台	按设计图示数量计算。设备质量包括同一底座上主机、电动机、仪表盘及附件、底座等的总质量，但立式及L型压缩机、螺杆式压缩机、离心式压缩机不包括电动机等动力机械的质量	1. 本体安装 2. 拆装检查 3. 二次灌浆
030110002	回转式螺杆压缩机				
030110003	离心式压缩机（电动机驱动）				
030113016	玻璃钢冷却塔	1. 名称 2. 型号 3. 质量 4. 冷却面积	台	按设计图示数量计算	1. 本体安装 2. 保温、刷漆

（3）清单工程量计算

按设计图示数量以“台”计算。

10.2.2 工程量清单的计价

（1）通风机安装

1）工作内容：开箱检查设备、附件、底座螺栓、吊装、找平、找正、垫垫、灌浆、螺栓固定、装梯子。

2）计算规则：设备安装以“台”为单位计量。

3）定额套用：套用第九册第八章相应定额子目。

4）工程量计算方法：定额以通风机的机号来划分步距，所以需根据图纸设备表列出的通风机的名称、规格型号，判断其机号，以方便套定额。

5）使用说明：

①通风机安装定额中已包括了电动机的安装。

②设备安装项目的基价中不包括设备费和应配备的地脚螺栓、减震台座的价值，需另行计算。

③风机减震台座执行设备支架项目，定额中不包括减震器用量，应按设计图纸按实计算，减震器安装执行第一册《机械设备安装工程》相应子目。

④箱体式通风机安装按相应定额子目乘以系数1.2；混流式通风风机、消防高温排烟风机的安装套用轴流式通风机安装相应定额子目，人工乘以系数1.1。

⑤轴流式通风机如果安装在墙体里，人工、材料乘以系数0.7。

⑥吊式安装设备的定额内已经包括了支吊架制作、安装、刷油。

⑦定额中离心式通风机、轴流式通风机及屋顶式通风机的5＃～20＃代表的是风机的机号，以风机外轮（mm）的百分数表示。

（2）空调末端设备（包括空调器、风机盘管、空气幕）安装

1）计算规则：空调器按不同制冷量和安装方式以“台”为计量单位；分段组装式空调器按重量以“100kg”为计量单位。风机盘管安装按不同安装方式以“台”为计量单位。空气幕安装按设计不同型号以“台”为计量单位。

2）定额套用：套用第九册第八章相应定额子目。

3）使用说明：

①空调器、风机盘管、空气幕安装，定额已经包括安装前的试压、试电工作。

②窗式空调器、分体式空调器（5000W 以内）安装定额中包括随设备带来的支架安装。

③吊式安装设备的定额内已经包括了支吊架制作、安装、刷油。

（3）空调制冷设备机组安装

1）计算规则：制冷机组、恒温恒湿机安装按不同制冷量以“台”为计量单位。

2）定额套用：套用第九册第八章相应定额子目。

3）使用说明：

①设备安装项目的基价中不包括设备费和应配备的地脚螺栓、减震台座的价值，须另行计算。

②减震台座执行设备支架项目，定额中不包括减震器用量，应按设计图纸按实计算，减震器安装执行第一册《机械设备安装工程》相应子目。

（4）玻璃钢冷却塔安装

1）计算规则：玻璃钢冷却塔安装按不同设备处理水量以“台”为计量单位。

2）定额套用：套用第九册第八章相应定额子目。

3）使用说明：

①设备安装项目的基价中不包括设备费和应配备的地脚螺栓、减震台座的价值，须另行计算。

②减震台座执行设备支架项目，定额中不包括减震器用量，应按设计图纸按实计算，减震器安装执行第一册《机械设备安装工程》相应子目。

10.3　通风管道制作安装

10.3.1　风管的分类

（1）风管按工作压力可分为三个类别：

1）低压系统：$P \leqslant 500$Pa。

2）中压系统：$500\text{Pa} < P \leqslant 1500$Pa。

3）高压系统：$P > 1500$Pa。

（2）风管按截面形状分为圆形风管和矩形风管

1）圆形风道的强度大、阻力小、耗材少，但占用空间大、不易与建筑配合。对于高流速、小管径的除尘和高速空调系统，或是需要暗装时可选用圆形风管。

2）矩形风道容易布置，便于加工。低流速、大断面的风道多采用矩形。

（3）风管按材质分，有薄钢板风管、硬聚氯乙烯塑料板风管、玻璃钢风管、胶合板风管、纤维板风管、铝板风管、不锈钢板风管等，也可以利用建筑物混凝土或砖砌的风道作为风管，其中用得最多的是镀锌薄钢板。

10.3.2 清单列项及工程量计算

（1）工程量清单项目设置及工程量计算规则，应按表10-3的规定执行。

通风管道制作安装 **表10-3**

<table>
<tr><th>项目编码</th><th>项目名称</th><th>项目特征</th><th>计量单位</th><th>工程量计算规则</th><th>工程内容</th></tr>
<tr><td>030902001</td><td>碳钢通风管道制作安装</td><td>1. 材质
2. 形状
3. 周长或直径
4. 板材厚度
5. 接口形式
6. 风管附件、支架设计要求
7. 除锈标准、刷油防腐、绝热及保护层设计要求</td><td rowspan="2">m²</td><td rowspan="2">1. 按设计图示以展开面积计算，不扣除检查孔、测定孔、送风口、吸风口等所占面积；风管长度一律以设计图示中心线长度为准（主管与支管以其中心线交点划分），包括弯头、三通、变径管、天圆地方等管件的长度，但不包括部件所占的长度。风管展开面积不包括风管、管口重叠部分面积。直径和周长按图示尺寸为准展开。
2. 渐缩管：圆形风管按平均直径，矩形风管按平均周长</td><td rowspan="2">1. 风管、管件、法兰、零件、支吊架制作、安装
2. 弯头导流叶片制作、安装
3. 过跨风管落地支架制作、安装
4. 风管检查孔制作
5. 温度、风量测定孔制作
6. 风管保温及保护层
7. 风管、法兰、法兰加固框、支吊架、保护层除锈、刷油</td></tr>
<tr><td>030902006</td><td>玻璃钢通风管道</td><td>1. 形状
2. 厚度
3. 周长或直径</td></tr>
<tr><td>030902007</td><td>复合型风管制作安装</td><td>1. 材质
2. 形状（圆形、矩形）
3. 周长或直径
4. 支（吊）架材质、规格
5. 除锈、刷油设计要求</td><td>m²</td><td>1. 按设计图示以展开面积计算，不扣除检查孔、测定孔、送风口、吸风口等所占面积；风管长度一律以设计图示中心线长度为准（主管与支管以其中心线交点划分），包括弯头、三通、变径管、天圆地方等管件的长度，但不包括部件所占的长度。风管展开面积不包括风管、管口重叠部分面积。直径和周长按图示尺寸为准展开。
2. 渐缩管：圆形风管按平均直径，矩形风管按平均周长</td><td>1. 制作、安装
2. 托、吊支架制作、安装、除锈、刷油</td></tr>
<tr><td>030902008</td><td>柔性软风管</td><td>1. 材质
2. 规格
3. 保温套管设计要求</td><td>m</td><td>按设计图示中心线长度计算，包括弯头、三通、变径管、天圆地方等管件的长度，但不包括部件所占的长度</td><td>1. 安装
2. 风管接头安装</td></tr>
</table>

（2）工程量清单项目名称及特征描述

1）应描述风管的材质，如镀锌薄钢板风管、玻璃钢风管、复合风管等；

2）应描述风管的形状，如圆形、矩形、渐缩管；

3）应描述风管板材的厚度；

4）应描述风管的接口形式，如咬口、铆接、焊接等；

5）有保温要求的风管应描述保温层材质、厚度及保护层的设计要求。

（3）清单项目工程量计算

1）以施工图图示风管中心线长度为准，按风管不同断面形状（圆、方、矩）的展开面积计算。

2）风管展开面积不扣除检查孔、测定孔、送风口、吸风口等所占面积，咬口重叠部分也不增加。

3）风管长度计算，一律以施工图所示中心线长度为准，包括弯头、三通、变径管、天圆地方等配件长度。风管长度不包括部件所占长度，其部件长度值按表 10-4 计取。

风管部件长度值　　**表 10-4**

部件名称	蝶阀	止回阀	密闭式对开多叶调节阀	圆形风管防火阀	矩形风管防火阀
部件长度（mm）	150	300	210	240	240

4）风管展开面积计算公式

矩形直风管展开面积：$S_{矩} = 2 \times (A + B) \times L$

圆形直风管展开面积：$S_{圆} = \pi DH$

矩形异径管展开面积：$S_{异} = (A + B + a + b) \times L$

圆形异径管展开面积：$S_{异} = 1/2(D_1 + D_2) \times \pi H$

矩形弯头展开面积：$S_{90^\circ} = (A + B) \times \pi R$

圆形弯头展开面积：$S_{90^\circ} = \pi^2 RD/2$

天圆地方管展开面积：$S_{天} = (\pi D/2 + A + B) \times H$

10.3.3　工程量清单的计价

（1）镀锌薄钢板风管制作安装

1）工作内容

①风管制作：放样、下料、卷圆、折方、轧口、咬口，制作直管、管件、法兰、吊托支架，钻孔、铆接、上法兰、组对。

②风管安装：找标高、打支架墙洞、配合预留孔洞、埋设吊托支架，组装、风管就位、找平、找正，制垫、垫垫、上螺栓、紧固。

2）计算规则

风管定额工程量计算同清单工程量。

3）定额套用：第九册第一章薄钢板通风管道制作安装定额子目。

4）使用说明：

①风管制作与安装定额包括弯头、三通、变径管、天圆地方等管件及法兰、加固框和吊架、托架、支架的制作与安装，但不包括过跨风管的落地支架制安。

②通风管制作安装，按材质、风管形状、直径大小和板料厚度而不论制作方法（咬口、焊口），分别套用定额。

③整个通风系统设计采用渐缩管均匀送风的，圆形管按断面平均直径，矩形管按断面平均周长套用相应规格子目，其人工乘以系数 2.50。

④空气幕送风管制作安装，按矩形风管断面平均周长套用相应风管规格子目，其人工乘以系数 3.0，其余不变。

⑤风管制作安装定额根据规范要求增加吊托支架、法兰、加固框等型钢的刷油防腐工作内容，实际应用时不再套用钢结构刷油防腐定额。

（2）玻璃钢风管安装

1）工作内容：找标高、打支架墙洞、配合预留孔洞、支吊架制作与安装、风管配合修补、粘接、组装就位、找平、找正、制垫、垫垫、上螺栓、紧固。

2）计算规则：管道的计算规则、计算方法和步骤同镀锌铁皮风管。

3）定额套用：第九册第十三章玻璃钢通风管道定额子目。

4）使用说明：风管的制作按成品来考虑，其价值按实际价格来计，风管的安装按定额套用。

（3）复合风管的制作安装

1）工作内容：放样、切割、开槽、成型、粘合、制作管件、钻孔、组合、就位、制垫、垫垫、连接、找平、找正、固定。

2）计算规则：管道的计算规则、计算方法和步骤同镀锌铁皮风管。

3）定额套用：第九册第十四章复合风管定额子目。

4）使用说明：定额中风管的规格表示的直径为内径，周长为内周长。

（4）帆布软接头

1）计算规则：以展开面积计算，单位为 m^2。

2）定额套用：套用第九册第一章的帆布（皮革）软接头定额。

3）计算方法：按接头图示尺寸的长度及大小计算，如果没有图示尺寸，则接头长度按 0.2m 考虑。

（5）风管导流叶片

1）计算规则：以展开面积计算，单位为 m^2。

2）定额套用：套用第九册第一章的导流叶片定额子目。

3）计算方法：按图示叶片的面积计算。

①单叶片计算公式：$S = 2\pi r\theta b$

②双叶片计算公式：$S = 2\pi(r_1\theta_1 + r_2\theta_2)b$

式中，b—导流叶片宽度；θ—弧度，θ＝角度×0.01745；角度—中心线夹角；r—弯曲半径。

（6）风管检查孔制作与安装

1）计算规则：以“100kg”计量。

2）定额套用：套用第九册第一章相应定额子目。

3）工程量计算方法：可查标准图 T604，或查阅第九册定额中的附录《国际通风部件标准质量表》。

（7）温度和风量测定孔

1）计算规则：以“个”计量。

2）定额套用：套用第九册第一章中相应定额子目。

（8）风道

以砖、石、砼、木、石膏板等制作安装的通风管道称为“风道”，一般由土建施工，不用列项。

（9）风管保温

1）常用的材料：铝箔玻璃棉保温管、橡塑保温板。

2）计算规则：按体积计算其工程量，单位为 m^3。

3）定额套用：第十一册第九章定额。

4）工程量计算方法：

①先计算风管长度。

②按下列公式计算保温体积：

矩形风管 $V = 2\delta L(A + B + 2\delta)$，圆形风管 $V = 3.14\delta L(D + \delta)$

式中，L—风管长度；δ—保温层厚度。

5）使用说明：

①铝箔玻璃棉保温管施工方法为塑料保温钉固定。

②橡塑保温板采用的施工方法为胶水粘贴，表面需粘胶带时另行计算。

10.4　风管部件制作安装

10.4.1　基础知识

（1）风管配件：是指风管系统中的弯管、三通、四通、各类变径及异形管、导流叶片和法兰等。

（2）风管部件：是指通风、空调风管系统中的各类风口、阀门、消声器、静压箱、罩类、风帽、检查孔和测定孔等。

10.4.2　清单列项及工程量计算规则

通风管道部件制作安装工程量清单项目设置及工程量计算规则，应按表 10-5 的规定执行。

通风管道部件制作安装　　**表 10-5**

项目编码	项目名称	项目特征	计量单位	工程量计算规则	工程内容
030903001	碳钢调节阀制作安装	1. 类型 2. 规格 3. 周长 4. 质量 5. 除锈标准、刷油设计要求	个	1. 按设计图示数量计算（包括：空气加热器上通阀、空气加热器弯通阀、圆形瓣式启动阀、风管蝶阀、风管止回阀、密闭式斜插板阀、矩形风管三通调节阀、对开多叶调节阀、风管防止阀、各型风罩调节阀制作安装等）。 2. 若调节阀为成品时，制作不再计算	1. 安装 2. 制作 3. 除锈、刷油
030903002	柔性软风管阀门	1. 材质 2. 规格		按设计图示数量计算	安装
030903003	铝蝶阀	规格			
030903004	不锈钢蝶阀				安装
030903005	塑料风管阀门制作安装	1. 类型 2. 形状 3. 质量		按设计图示数量计算（包括：塑料蝶阀、塑料插板阀、各型风罩塑料调节阀）	
030903006	玻璃钢蝶阀	1. 类型 2. 直径或周长		按设计图示数量计算	

续表

项目编码	项目名称	项目特征	计量单位	工程量计算规则	工程内容
030903007	碳钢风口、散流器制作安装(百叶窗)	1. 类型 2. 规格 3. 形式 4. 质量 5. 除锈标准、刷油设计要求	个	1. 按设计图示数量计算（包括：百叶风口、矩形送风口、矩形空气分布器、风管插板风口、旋转吹风口、圆形散流器、方形散流器、流线型散流器、送吸风口、活动篦式风口、网式风口、钢百叶窗等）。 2. 百叶窗按设计图示以框内面积计算。 3. 风管插板风口制作已包括安装内容。 4. 若风口、分布器、散流器、百叶窗为成品时，制作不再计算	1. 风口制作、安装 2. 散流器制作、安装 3. 百叶窗安装 4. 除锈、刷油
030903008	不锈钢风口、散流器制作安装(百叶窗)			1. 按设计图示数量计算（包括：风口、分布器、散流器、百叶窗）。 2. 若风口、分布器、散流器、百叶窗为成品时，制作不再计算	制作、安装
030903009	塑料风口、散流器制作安装(百叶窗)				
030903010	玻璃钢风口	1. 类型 2. 规格		按设计图示数量计算（包括：玻璃钢百叶风口、玻璃钢矩形送风口）	风口安装
030903011	铝及铝合金风口、散流器制作安装	1. 类型 2. 规格 3. 质量		按设计图示数量计算	1. 制作 2. 安装
030903012	碳钢风帽制作安装	1. 类型 2. 规格 3. 形式 4. 质量 5. 风帽附件设计要求 6. 除锈标准、刷油设计要求		1. 按设计图示数量计算。 2. 若风帽为成品时，制作不再计算	1. 风帽制作、安装 2. 筒形风帽滴水盘制作、安装 3. 风帽筝绳制作、安装 4. 风帽泛水制作、安装 5. 除锈、刷油
030903013	不锈钢风帽制作安装				
030903014	塑料风帽制作安装				
030903015	铝板伞形风帽制作安装			1. 按设计图示数量计算。 2. 若伞形风帽为成品时，制作不再计算	1. 板伞形风帽制作、安装 2. 风帽筝绳制作、安装 3. 风帽泛水制作、安装
030903016	玻璃钢风帽安装	1. 类型 2. 规格 3. 风帽附件设计要求		按设计图示数量计算（包括：圆伞形风帽、锥型风帽、筒形风帽）	1. 玻璃钢风帽安装 2. 筒形风帽滴水盘安装 3. 风帽筝绳安装 风帽泛水 4. 风帽泛水安装

续表

项目编码	项目名称	项目特征	计量单位	工程量计算规则	工程内容
030903017	碳钢罩类制作安装	1. 类型 2. 除锈、刷油设计要求	kg	按设计图示数量计算（包括：皮带防护罩、电动机防雨罩、侧吸罩、中小型零件焊接台排气罩、整体分组式槽边侧吸罩、吹吸式槽边通风罩、条缝槽边抽风罩、泥心烘炉排气罩、升降式回转排气罩、上下吸式圆形回转罩、升降式排气罩、手锻炉排气罩）	1. 制作、安装 2. 除锈、刷油
030903018	塑料罩类制作安装	1. 类型 2. 形式	kg	按设计图示数量计算（包括：塑料槽边侧吸罩、塑料槽边风罩、塑料条缝槽边抽风罩）	制作、安装
030903019	柔性接口及伸缩节制作安装	1. 材质 2. 规格 3. 法兰接口设计要求	m^2	按设计图示数量计算	制作、安装
030903020	消声器制作安装	类型	kg	按设计图示数量计算（包括：片式消声器、矿棉管式消声器、聚酯泡沫管式消声器、卡普隆纤维管式消声器、弧形声流式消声器、阻抗复合式消声器、微穿孔板消声器、消声弯头）	制作、安装
030903021	静压箱制作安装	1. 材质 2. 规格 3. 形式 4. 除锈标准、刷油防腐设计要求	m^2	按设计图示数量计算	1. 制作、安装 2. 支架制作、安装 3. 除锈、刷油、防腐
桂030903022	消声器安装	1. 材质 2. 规格、型号	个	按设计图示数量计算	安装
桂030903023	静压箱安装	1. 材质 2. 规格、型号	个	按设计图示数量计算	安装

10.4.3 工程量清单的计价

(1) 调节阀的计算

1) 计算规则：调节阀的安装区分不同规格尺寸，以“个”为计量单位。

2) 定额套用：套用第九册第二章相应定额子目。

3) 使用说明：

①定额取消所有调节阀制作定额，调节阀一律按成品购买考虑，只计取安装费。

②蝶阀周长＞1600mm的，套用对开多叶调节阀相对应的定额；对开多叶调节阀周长≤1600mm的，套用蝶阀相对应的定额。

(2) 风口的计算

1）计算规则：风口的安装区分不同规格尺寸，以“个”为计量单位。

2）定额套用：套用第九册第三章相应定额子目。

3）使用说明：

①风口按成品购买考虑，只计取安装费。

②百叶风口安装包括单、双层百叶风口、格栅百叶风口、可开格栅百叶风口、自垂百叶风口、防雨百叶风口、插板式风口。

③各类风口安装不包括在吊顶板上开孔的工作内容，但含有配合装饰施工队伍在吊顶板上开孔的人工费用。

④百叶窗安装区分不同面积，以“个”为计量单位。

（3）风帽、罩类的计算

1）计算规则：其制作安装不分别列出，以“100kg”为单位计量，其安装以“个”为单位计量。

2）定额套用：套用第九册第四、第五章相应定额子目。

3）工程量计算方法：符合国家标准型号可查阅国家通风标准图或是查阅安装定额第九册《通风空调工程》的附表二《国标通风部件标准质量表》；非标的按成品质量计算。

（4）消声器制作安装工程量的计算

1）工作内容：放样、下料、钻孔、制作内外套管、木框架、法兰、铆焊、粘贴，填充消声材料，组合成型。

2）计算规则：

①制作安装以“100kg”为单位计量。

②成品消声器、消声弯头按法兰截面积，以“个”为计量单位。

3）定额套用：

①现场制作的消声器套用第九册第六章的消声器制作安装定额。

②成品购买的消声器套用第九册第六章的消声器安装定额。

4）工程量计算方法：

①符合国家标准型号的可查阅国家通风标准图或是查阅安装定额第九册《通风空调工程》的附表二《国标通风部件标准质量表》。

②非国家标准型号的消声器制作重量按以下方法计算：

A. 以下消声器可按四个面的外表面积计算（即周长乘以长度）：矿棉管式消声器密度为26.74kg/m^2，聚酯泡沫管式消声器为14.21/m^2，卡普隆管式消声器为20.56kg/m^2。

B. 以下消声器可按消声器体积计算：阻抗复合式消声器密度为120.35kg/m^3，弧型声流式消声器为286.85kg/m^3。

③定额中的成品片式消声器、微孔板式消声器、管式消声器、阻抗复合式消声器安装定额子目是按消声器长度为1m/个设置的，如消声器的长度为2m/个，则定额人工乘以系数1.1。

（5）静压箱制作安装

1）计算规则：成品静压箱的安装，以“只”为单位计量。

2）定额套用：成品静压箱套用第九册第六章的静压箱安装定额。

10.5　空调水系统

10.5.1　基础知识

空调水系统管道包括冷冻水、冷却水和冷凝水。

(1) 冷冻水循环系统：中央空调设备的冷冻水回水经集水器、除污器、循环水泵进入冷水机组蒸发器内，吸收了制冷剂蒸发的冷量，使其温度降低成为冷水，进入分水器后再送入空调设备的表冷器或冷却盘管内，与被处理的空气进行热交换后，再回到冷水机组内进行循环再处理。

(2) 冷却水循环系统：冷水流过需要降温的冷凝器，使其降温，而冷水温度上升，升温冷水流过冷却设备（如冷却塔）使水温回降，用泵送回生产设备再次使用，称循环冷却水系统。循环冷却水系统的冷水的用量大大降低，可节约95%以上。

(3) 冷凝水：气态水（水蒸气）由于温度降低而凝结成的液态水就是冷凝水。冷凝水是从室内机蒸发器下面的集水盘流出的。它的流量一般与空气的含湿量、露点温度、室温等有关。

10.5.2　清单列项及工程量计算

(1) 空调水管道安装清单项目设置，应按表10-6的规定执行。

给排水、采暖管道　　表10-6

项目编码	项目名称	项目特征	计量单位	工程量计算规则	工程内容
030801001	镀锌钢管	1. 安装部位（室内、外） 2. 输送介质（给水、排水、热媒气、燃气、雨水） 3. 材质 4. 型号、规格 5. 连接方式 6. 套管形式、材质、规格 7. 接口材料 8. 除锈标准、刷油防腐、绝热及保护层设计要求	m	按设计图示管道中心线长度以延长米计算，不扣除阀门、管件（包括减压器、疏水器、水表、伸缩器等组成安装）及各种井类所占的长度；方形补偿器以其所占长度按管道安装工程量计算	1. 管道、管件及弯管的制作、安装 2. 管件安装（指铜管管件、不锈钢管管件） 3. 套管（包括防水套管）制作、安装 4. 管道除锈、刷油、防腐 5. 管道绝热及保护层安装、除锈、刷油 6. 给水管道消毒、冲洗 7. 水压及泄漏试验
030801002	钢管				

(2) 管道支架制作安装清单项目设置，应按表10-7的规定执行。

管道支架制作安装　　表10-7

项目编码	项目名称	项目特征	计量单位	工程量计算规则	工程内容
030802001	管道支架制作安装	1. 形式 2. 除锈标准、刷油设计要求	kg	按设计图示质量计算	1. 制作、安装 2. 除锈、刷油

(3) 常用的管道附件清单项目设置，应按表10-8的规定执行。

管道附件 **表 10-8**

项目编码	项目名称	项目特征	计量单位	工程量计算规则	工程内容
030803001	螺纹阀门	1. 类型 2. 材质 3. 型号、规格	个	按设计图示数量计算（包括：浮球阀、手动排气阀、液压式水位控制阀、不锈钢阀门、煤气减压阀、液相自动转换阀、过滤阀等）	安装
030803002	螺纹法兰阀门				
030803003	焊接法兰阀门				
030803005	排气阀				
030803006	安全阀				
030803007	减压器	1. 材质 2. 型号、规格 3. 连接方式	组	按设计图示数量计算	
030803009	法兰		副		
030803013	伸缩器	1. 类型 2. 材质 3. 型号、规格 4. 连接方式	个	1. 按设计图示数量计算 2. 方型伸缩器的两臂，按臂长的两倍合并在管道安装长度内计算	
桂 030803019	橡胶软接头	1. 材质 2. 型号、规格 3. 连接方式		按设计图示数量计算	

（4）常用的仪表清单项目设置，应按表 10-9 的规定执行。

过程检测仪表 **表 10-9**

项目编码	项目名称	项目特征	计量单位	工程量计算规则	工程内容
031001001	温度仪表	1. 名称 2. 类型 3. 规格 4. 取源部件的种类及安装位置 5. 套管的设计要求 6. 挠性管的设计要求 7. 支架刷油的设计要求	支	按设计图示数量计算	1. 取源部件制作安装 2. 套管安装 3. 挠性管安装 4. 本体安装 5. 单体校验调整 6. 支架制作、安装、刷油
031001002	压力仪表	1. 名称 2. 类型 3. 取源部件的种类及安装位置 4. 压力表制作刷油的设计要求 5. 挠性管的设计要求 6. 脱脂的设计要求 7. 支架刷油的设计要求	台		1. 取源部件安装 2. 压力表制作、刷油、安装 3. 挠性管安装 4. 本体安装 5. 单体校验调整 6. 脱脂 7. 支架制作、安装、刷油

10.5.3　工程量清单的计价

（1）管道安装

1）常用管材：一般采用热镀锌钢管。

2）连接方式：$DN<80$时采用螺纹（丝扣）连接，$DN\geqslant 80$时采用焊接连接。

3）计算规则：同室内给排水管道。

4）定额套用：空调机房内管道和室内管道均套用第八册第一章相应定额子目。

5）使用说明：

①空调水系统包括冷冻水、冷却水和冷凝水。

②空调水系统管道一般采用热镀锌钢管，$DN<80$时采用螺纹（丝扣）连接，$DN\geqslant 80$时采用焊接连接。

（2）管道支架制作安装

1）计算规则：支架制作安装以“100kg”为单位计量。

2）定额套用：套用第八册第一章中相应子目。

3）使用说明：

①冷却水系统管道支架套用一般管道支架定额，冷冻水、冷凝水管道支架套用木垫式管道支架定额。

②管道支架重量不包括木垫的重量。

（3）管道保温

1）常用的材料：铝箔玻璃棉保温套管、橡塑保温管（板）。

2）计算规则：按“m^3”计量。

3）定额套用：套用第十一册第九章定额。

4）工程量计算方法：

①先计算需要保温的管道长度，计算管道长度时不扣除法兰、阀门、管件所占长度。

②根据管道长度和保温层厚度按公式计算保温层的体积。

③保温计算公式$V=3.14\times L(D+1.033\delta)\times 1.033\delta$，式中；$L$—水管长度；$D$—管道外径；$\delta$—保温层厚度；3.3%—保温层偏差。

5）使用说明：需要保温的管道有冷冻水管、冷凝水管。

（4）套管：计算规则和方法同生活给水管。

（5）阀门

1）空调水系统中常用阀门有：铜闸阀、电动二通阀、自动排气阀、浮球阀、蝶阀、闸阀、电动蝶阀、比例积分阀等。

2）计算规则：按“个”计算。

3）定额套用：

①铜闸阀、自动排气阀、浮球阀、蝶阀、闸阀套用第八册第二章中相应子目。

②电动蝶阀、电动二通阀、比例积分阀套用第七册第四章中相应子目。

（6）可曲挠橡胶接头

1）计算规则：按“个”计算。

2）定额套用：套用第八册第二章中相应子目。

3）使用说明：管道与设备连接处一般都要安装可曲挠橡胶接头，用以避震。

(7) 仪表安装

1) 常用仪表有：压力表、温度计、压力开关。

2) 计算规则：按“个”计算。

3) 定额套用：套用第十册中相应子目。

4) 使用说明：空调设备一般都要安装各种仪表，用于监测温度、压力等数据。

(8) 过滤器

1) 计算规则：按“个”计算。

2) 定额套用：套用第八册相应的阀门安装子目。

(9) 电子水处理仪

1) 计算规则：按“个”计算。

2) 定额套用：套用第八册第二章中相应子目。

3) 使用说明：电子水处理仪的检查接线工作需要套用第二册的一般小型电气检查接线定额。

(10) 膨胀水箱制作安装

1) 计算规则：按“个”计算。

2) 定额套用：套用第八册第五章中相应子目。

3) 使用说明：空调冷冻水系统中必须设置膨胀水箱，用来补水、稳压和排气。

(11) 空调冷冻机房管道

定额列项、定额套价与生活水泵房相同。

10.6 空调系统的测定与调整

1. 通风工程检测、调试清单项目设置，应按表 10-10 的规定执行。

通风工程检测、调试 **表 10-10**

项目编码	项目名称	项目特征	计量单位	工程量计算规则	工程内容
030904001	通风工程检测、调试	系统	系统	按由通风设备、管道及部件等组成的通风系统计算	1. 管道漏光试验 2. 漏风试验 3. 通风管道风量测定 4. 风压测定 5. 温度测定 6. 各系统风口、阀门调整

2. 工程量清单的计价

工程量清单计价套用定额时应注意：空调系统调试没有相应的定额子目套用，其系统调整费按系统工程人工费的 8%计算，其中人工工资占 25%，材料费占 75%。该计算基数即为分部分项工程量清单中的空调风、空调水系统全部人工费合计。空调系统调试费放入技术措施项目清单中计取。

10.7 空调风系统清单列项与计价实例

图 10-2 和表 10-11 是某空调风平面图和主要设备材料表，风管采用复合型材料制作，

δ=20mm，风管支架、法兰刷红丹漆两遍。吊顶式空气处理机，安装高度为箱底距顶板 1.5m，风管安装底标高为 H+4.000，吊顶安装标高为 H+3.500。所有空调风阀、消声器、静压箱及各种风口均为成品。现按清单计价格式列项和计算工程量，将结果填入表 10-12 中。

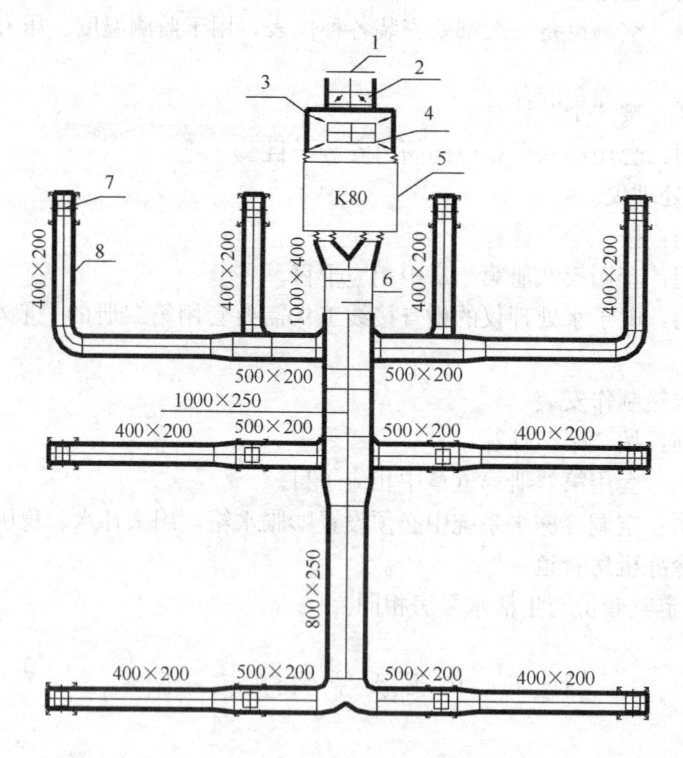

图 10-2　空调风平面图

主要设备材料表　　表 10-11

序号	名　称	规格型号	单位
1	防水百叶风口	FK-54　1000×300	个
2	对开多叶调节阀	FT　1000×300	个
3	静压箱	1600×1000×500(H)	个
4	侧壁格栅式风口	FK-4　1200×500	套
5	吊顶式空气处理机	DBFP×8I　L=8000m³/h，常压 284Pa，Q=61.5kW　N=1.0×2kW	套
6	折板式消声器	1000×400　L=1000	个
7	方形散流器	300×300　配调节阀	个
8	双面铝箔聚苯乙烯复合风管	保温厚度　δ=20mm	m²

某空调风系统工程量清单计价　　表 10-12

序号	项目编号	项目名称及项目名称描述	单位	工程量
1	030901004001	吊式空气处理机安装 Q=61.5kW	台	1
	03090230	吊式空调器安装 Q=61.5kW	台	1
	03090041	帆布(皮革)软接头	m²	1.48

续表

序号	项目编号	项目名称及项目名称描述	单位	工程量
2	030902007001	复合型风管制作安装，δ=20mm，周长2000mm以下	m^2	62.40
	03090395	复合型矩形风管周长2000mm以下	$10m^2$	6.24
3	030902007002	复合型风管制作安装，δ=20mm，周长4000mm以下	m^2	36.94
	03090396	复合型矩形风管周长4000mm以下	$10m^2$	3.69
4	030903001001	对开多叶调节阀安装800×200	个	1
	03090052	对开多叶调节阀安装800×200	个	1
5	030903011001	铝合金防水百叶风口安装1000×300	个	1
	03090083	防水百叶风口安装1000×300	个	1
6	030903011002	铝合金侧壁隔栅式百叶风口安装1200×500	个	1
	03090084	百叶风口安装1200×500	个	1
7	030903011003	铝合金方形散流器安装300×300，配风口调节阀	个	12
	03090108	方形散流器安装300×300	个	12
8	桂0903022001	折板式消声器安装1000×400	个	1
	03090168	折板式消声器安装1000×400	个	1
9	桂0903023001	消声静压箱1200×1000×400安装	个	1
	03090169	消声静压箱1200×1000×400安装	个	1

工程量计算式：

（1）帆布（皮革）软接头：

$$S_1=2\times(1.6+0.5)\times0.2=0.84m^2$$

$$S_2=2\times(0.4+0.4)\times0.2\times2=0.64m^2$$

合计：$1.48m^2$

（2）复合型矩形风管周长2000mm以下：

$$S_{400\times200}=2\times(0.4+0.2)\times(2.73+3.13+3.47\times2)\times2=30.72m^2$$

$$S_{500\times200}=2\times(0.5+0.2)\times2.4\times3\times2=20.16m^2$$

$$S_{弯90^\circ}=(A+B)\times\pi R=(0.4+0.2)\times3.14\times0.6\times2\text{个}=2.26m^2$$

$$S_{异}=(0.5+0.2+0.4+0.2)\times0.48=0.62m^2$$

$$S_{300\times300}=2\times(0.3+0.3)\times0.6\times12=8.64m^2$$

合计：$62.40m^2$

（3）复合型矩形风管周长4000mm以下：

$$S_{1000\times400}=2\times(1+0.4)\times2\times1.14=6.38m^2$$

$$S_{1000\times250}=2\times(1+0.25)\times2\times1.89=9.45m^2$$

$$S_{800\times250}=2\times(0.8+0.25)\times2\times4.03=16.93m^2$$

$$S_{异}=(0.4+0.4+0.5+0.4)\times0.58\times2=1.97m^2$$

$$S_{异}=(1.0+0.4+1.0+0.25)\times0.40=1.06m^2$$

$$S_{异}=(1.0+0.25+0.8+0.25)\times0.50=1.15m^2$$

合计：$36.94m^2$

11 建筑变配电系统

【学习目标】

了解变配电系统的组成、工作原理，熟悉变配电系统的施工、识图，掌握变配电系统的清单列项与定额套价，能根据施工图编制工程计价书。

【学习要求】

能力目标	知识要点	相关知识
掌握 10kV 变配电工程的识图方法	10kV 变配电工程的组成、常用变配电设备图例	变配电系统的工作原理、常用的变配电设备型号的表示方法、施工工艺等
能编制 10kV 变配电工程的工程量清单并进行定额套价及工程量计算	变配电工程的清单列项及清单工程量的计算、定额套价及工程量计算规则	

11.1 系 统 简 介

说明：广西安装工程现行定额及建设工程工程量清单计价规范 GB－2008 中电气设备安装工程适用于 10kV 以下变配电设备及线路的安装工程。本章中介绍列项与工程量计算的范围是 10kV 以下的变配电设备。

11.1.1 变配电工程概述

（1）供配电系统：指接受电源输入的电能，并进行检测、计量、变压等，然后向用户和用电设备分配电能的系统，如图 11-1 所示。

（2）变配电工程：指为建筑物供应电能、变换电压和分配电能的电气工程。由于变配电工程的中间枢纽（核心）是变配电所，变配电工程有时也称为变配电所工程。

（3）变电所：是担负从电力系统接受电能，然后变换电压、分配电能任务的场所。

（4）配电所：是担负从电力系统接受电能，然后分配电能任务的场所。

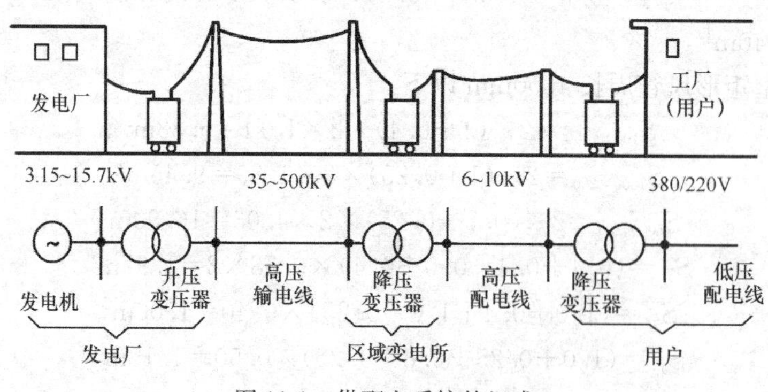

图 11-1　供配电系统的组成

变电所与配电所的区别是看其内部有无装设电力变压器。

11.1.2 6～10kV 及以下变配电工程中常用的电气设备

(1) 一次设备：指担负变换、输送和分配电能任务的电气设备。

常用的高压一次设备有：电力变压器、高压熔断器、高压隔离开关、高压负荷开关、高压断路器、高压开关柜等。

常用的低压一次设备有：低压熔断器、低压刀开关、低压自动开关、低压配电箱等。

一次设备的特点是：设备的电压高或电流大、设备的功率大。

(2) 二次设备：指用于控制、指示、测量和保护一次设备运行的电气设备。

常用的二次设备有：继电器、接触器、低压熔断器、电流表、电压表等。

二次设备的特点是：设备的电压相对于一次设备来说要低、电流要小，设备的功率也小。二次设备一般安装在高、低压开关柜中。

11.1.3 10kV 建筑变配电系统组成

一般中型建筑或建筑群多采用 6～10kV 电源进线，经高压配电所将电能分配给各分变电所，由分变电所将 6～10kV 电压降至 380/220V，供低压用电设备使用。如图 11-2 所示。

高压配电装置基本概念：

1）断路器：能够关合、承载和开断正常回路条件下的电流，并能关合在规定的时间内承载和开断异常回路条件（包括短路条件）下的电流的开关装置。

2）负荷开关：是介于断路器和隔离开关之间的一种开关电器，具有简单的灭弧装置，能切断额定负荷电流和一定的过载电流，但不能切断短路电流。

3）隔离开关：在分闸位置能够按照规定的要求提供电气隔离断口的机械开关装置。隔离开关的主要特点是无灭弧能力，只能在没有负荷电流的情况下分、合电路。

4）互感器：电流互感器和电压互感器的统称。将高电压变成低电压、大电流变成小电流，用于测量或保护系统。

5）避雷器：能释放雷电或兼能释放电力系统操作过电压能量，保护电工设备免受瞬时过电压危害，又能截断续流，不致引起系统接地短路的电气装置。

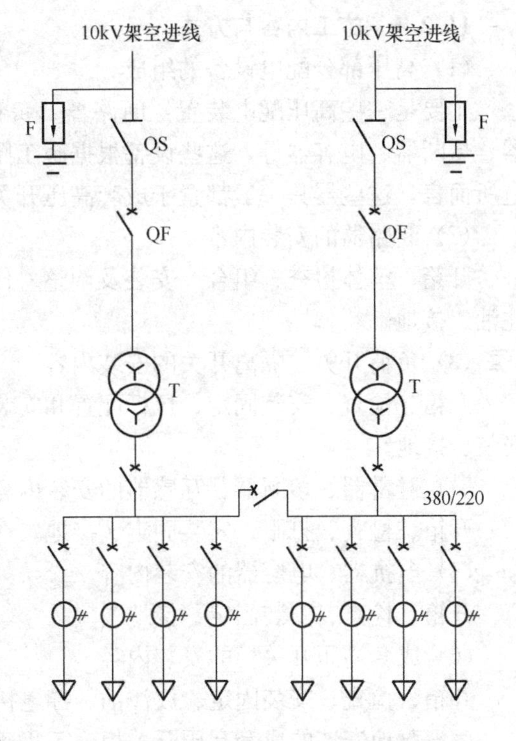

图 11-2 10kV 变配电系统的组成示意图

6）熔断器：也被称为保险丝，它是一种安装在电路中，保证电路安全运行的电气元件。熔断器其实就是一种短路保护器，广泛用于配电系统和控制系统，主要进行短路保护或严重过载保护。

7）电容器：任意两块金属导体，中间用绝缘介质隔开，即构成一个电容器。用于改善供电功率因数、提高电网效率。

8）电抗器：能在电路中起到阻抗作用的装置。用于限制短路电流、无功补偿和移相等的电感性高压电器。

9）高压配电柜：又可称为高压开关柜，是指用于电力系统发电、输电、配电、电能转换和消耗中起通断、控制或保护等作用，电压等级在3.6kV～550kV的电气产品，主要包括高压断路器、高压隔离开关与接地开关、高压负荷开关、高压自动重合与分段器，高压操作机构、高压防爆配电装置和高压开关柜等几大类。

10）箱式变电站：是一种高压开关设备、配电变压器和低压配电装置，按一定接线方案排成一体的工厂预制户内、户外紧凑式配电设备，即将高压受电、变压器降压、低压配电等功能有机地组合在一起，安装在一个防潮、防锈、防尘、防鼠、防火、防盗、隔热、全封闭、可移动的钢结构箱体内，机电一体化，全封闭运行，特别适用于城网建设与改造，是一种新型的变电站。

11.2　高压配电设备安装

11.2.1　施工内容与方式

（1）高压部分配电设备的组成

主要是一些高压配电装置：断路器、负荷开关、隔离开关、互感器、电抗器、避雷器、熔断器、电容器等，这些设备根据施工图的要求，可能单个安装，但对于建筑室内变电所而言，这些器具一般都置于成套高压开关柜内。

（2）断路器的安装内容

开箱、解体检查、组合、安装及调整、传动装置安装调整、动作检查、消弧室干燥、注油、接地。

（3）负荷开关、隔离开关的安装内容

开箱、检查、安装固定、拉杆配置和安装、操作机构联锁装置和信号装置接头检查、安装、接地。

（4）避雷器、熔断器、互感器的安装内容

开箱、检查、打眼、安装固定、接地。

（5）电抗器、电容器的安装内容

开箱、检查、安装固定、接地。

（6）成套高压开关柜的安装内容

开箱、检查、安装固定、放注油、导电接触面的检查调整、附件的拆装、接地。

（7）落地安装的成套高压开关柜施工程序

设备开箱检查→二次搬运→基础型钢制作安装→开关柜安装固定→接地→柜（盘）母线配制→柜（盘）二次回路接线→试验调整→送电运行验收。

11.2.2　清单列项及工程量计算

（1）高压配电设备安装工程量清单项目设置及工程量计算应按《建设工程工程量清单计价规范》GB 50500—2008附录中表C.2.2配电装置安装，具体内容详见表11-1的规定。

常用高压配电设备安装 表 11-1

项目编码	项目名称	项目特征	计量单位	工程量计算规则	工程内容
030202017	高压成套配电柜	1. 名称、型号 2. 规格 3. 母线设置方式 4. 回路	台	按设计图示数量计算	1. 基础槽钢制作、安装 2. 柜体安装 3. 支持绝缘子、穿墙套管耐压试验及安装 4. 穿通板制作、安装 5. 母线桥安装 6. 刷油漆
030202018	组合型成套箱式变电站	1. 名称、型号 2. 容量（kV·A）	台	按设计图示数量计算	1. 基础浇筑 2. 箱体安装 3. 进箱母线安装 4. 油漆
030202019	环网柜	1. 名称、型号 2. 容量（kV·A）	台	按设计图示数量计算	1. 基础浇筑 2. 箱体安装 3. 进箱母线安装 4. 油漆
桂 030204032	基础型钢	1. 材质 2. 规格	m	按设计图示长度计算	1. 制作 2. 安装

清单项目设置说明：

1）根据施工图上发生的项目，可按照单个安装的高压配电装置或成套安装的高压开关柜分别列项。由于变配电房内的断路器、隔离开关、互感器、电容器等配电装置一般都置于成套高压开关柜内，因此此类配电设备在列清单项目时，不需单列，均按成套高压开关柜列项即可。

2）建筑变配电系统的高压、变压、低压和母线四个环节，根据容量的大小也可以组合成箱式变电所，简称“箱变”。组合箱式变电所，按变压器容量及是否带高压开关柜分项，以“台”为单位计量，套用第二册第三章“组合型成套箱式变电站安装”定额。

3）为方便操作，高、低压配电柜内的连接各配电柜的母线及基础槽钢可单列清单，不含在相应柜体清单中，但要在该工程编制说明或相应清单中注明。

（2）工程量清单项目名称及特征描述

高压成套配电柜的特征描述中，应按 08《计价规范》要求明确配电柜的名称、型号、规格、母线设置方式及回路数。

（3）清单项目工程量的计算

隔离开关、负荷开关、熔断器、避雷器、干式电抗器的安装以“组”为计量单位，每组按三相计算。

11.2.3 工程量清单的计价

（1）单个安装的配电装置

1）单个安装的断路器、电流互感器、电压互感器、油浸电抗器、电力电容器及电容器柜的安装，以“台（组）”为计量单位，套用安装定额的第二册。

计算时应注意：

①10kV 以下电流互感器不分规格型号均套用同一个定额项目。

②互感器安装定额是按单相考虑的，不包括抽芯及绝缘油过滤。

③电力电容器安装仅指本体安装，与本体连接的导线及安装均不包括在内，应按导线连接形式套用相应定额，其主材另按设计规格、数量计算。

④电容器安装分为移相电容器及串联电容器和集合式电容器两种，电容器柜安装按成套式安装考虑，不包括柜内电容器的安装。

2）单个安装的隔离开关、负荷开关、熔断器、避雷器、干式电抗器的安装，以“组”为计量单位，每组按三相计算，套用第二册的“配电装置”安装定额。

计算时应注意：

①隔离开关、负荷开关的操作机构已包括在开关安装定额内，不得另列项计算。若采用半高型、高型布置的隔离开关，均套用“安装高度超过6m以上”定额。

②高压熔断器安装方式有墙上与支架上安装。墙上安装按打眼埋螺栓考虑；支架上安装按支架已埋设好考虑。

3）单个安装的交流滤波装置的安装以“台”为计量单位。每套滤波装置包括三台组架安装（电抗器组架、放电组架、连线组架）；不包括设备本身及铜母线的安装，其工程量应按本册相应定额另行计算。

4）单个安装的高压设备安装定额内均不包括绝缘台的安装，其工程量应按施工图设计执行相应定额。

（2）成套安装的配电装置

变配电房内的配电设备一般都置于成套高压开关柜内。其定额列项包括基础型钢制作安装、成套高压开关柜、高压穿通板制作安装。

1）基础型钢制作安装

基础槽钢、角钢安装以“10m”为单位计算，套用第二册第四章“基础槽钢、角钢制作安装”定额，槽钢、角钢本身价格另行计算。

如有多台同型号的柜、屏安装在同一公共型钢基础上（如图11-3所示），则基础型钢长度为：

$$L = N2A + 2B$$

式中　N——表示柜、屏台数；

A——表示单台柜、屏宽度；

B——表示柜、屏深度。

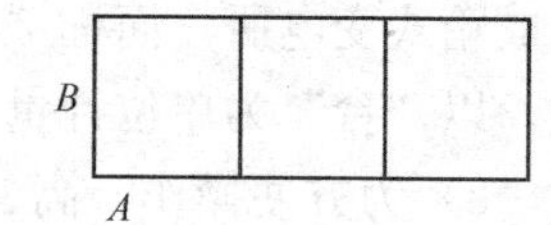

图11-3

【例11-1】　设有高压开关柜GFC—10A计10台，安装在同一型钢基础上，柜宽800mm，进深1250mm，则基础型钢长度为：

$$L=10\times2\times0.8+2\times1.25=18.50\text{m}$$

2）成套高压开关柜安装

成套高压开关柜安装，以“台”为单位计算，根据柜内配置形式的不同，分别从施工图上数出，套用第二册第二章定额。

计算时应注意：

①定额中均未包括柜顶主母线及主母线与上刀闸引下线的配置安装，需另套相应定额计算。

②定额中高压柜与基础型钢采用焊接固定，柜间用螺栓连接；柜内设备按厂家已安装好、连接母线已配置、油漆已刷好来考虑。

③设备安装用的地脚螺栓按土建预埋考虑，也不包括二次灌浆。

3）高压穿通板制作安装

以“块”为单位计算，套用第二册第四章“电木板或环氧树脂”定额，穿通板的数量等于穿墙的处数。

穿通板计算时应注意：

高压穿通板只发生在高压配电室与变压器室是用防火墙分开，且高压母线穿墙的情况下。穿通板固定所需角钢框架已包括在穿通板制作安装定额内，不需另行计算。“电木板或环氧树脂”穿通板材料属于未计价材料，需另计主材价格。

11.3 变压器安装

11.3.1 施工内容与方式

（1）常用的变压器设备

变压部分的主要设备是变压器，根据电力变压器设备的结构形式，常用的有干式变压器、油浸式变压器，如图11-4所示。

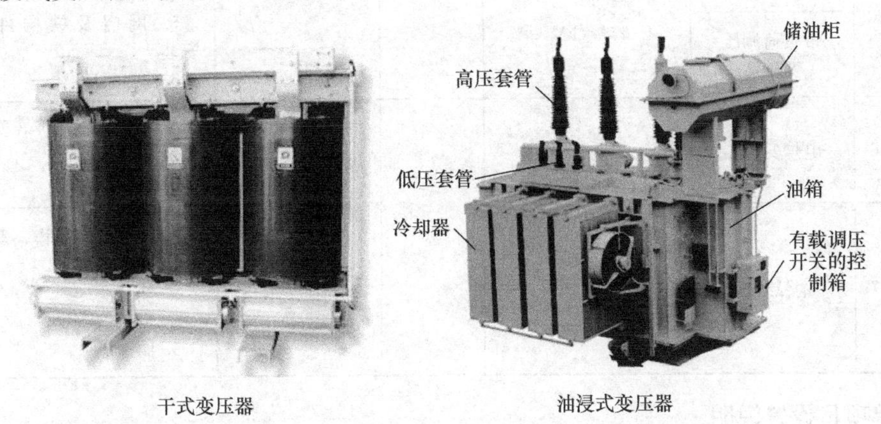

图11-4 常用变压器

（2）变压器安装

干式变压器安装内容：开箱检查、本体就位、垫铁及止轮器制作、安装、附件安装、接地、补漆、配合电气试验。

油浸式变压器安装内容：开箱检查、本体就位、器身检查、套管、油枕及散热器清洗、油柱试验、风扇油泵电机解体检查接线、附件安装、垫铁及止轮器制作、安装、补充注油及安装后整体密封试验、接地、补漆、配合电气试验。

（3）电力变压器安装的施工程序

设备开箱检查→二次搬运→基础型钢制作安装→变压器安装固定→接线→接地→试验调整→送电运行验收。

11.3.2 清单列项及工程量计算规则

（1）工程量清单项目设置及工程量计算应按《建筑工程工程量清单计价规范》GB 50500—2008附表中表C.2.1变压器安装（编码：030201），具体内容详见表11-2的规定。

变压器安装 **表11-2**

<table>
<tr><th>项目编码</th><th>项目名称</th><th>项目特征</th><th>计量单位</th><th>工程量计算规则</th><th>工程内容</th></tr>
<tr><td>030201001</td><td>油浸电力变压器</td><td rowspan="2">1. 名称
2. 型号
3. 容量(kV·A)</td><td rowspan="5">台</td><td rowspan="5">按设计图示数量计算</td><td>1. 基础型钢制作、安装
2. 本体安装
3. 油过滤
4. 干燥
5. 网门及铁构件制作、安装
6. 刷(喷)油漆</td></tr>
<tr><td>030201002</td><td>干式变压器</td><td>1. 基础型钢制作、安装
2. 本体安装
3. 干燥
4. 端子箱(汇控箱)安装
5. 刷(喷)油漆</td></tr>
<tr><td>030201003</td><td>整流变压器</td><td rowspan="3">1. 名称
2. 型号
3. 规格
4. 容量(kV·A)</td><td rowspan="3">1. 基础型钢制作、安装
2. 本体安装
3. 油过滤
4. 干燥
5. 网门及铁构件制作、安装
6. 刷(喷)油漆</td></tr>
<tr><td>030201004</td><td>自耦式变压器</td></tr>
<tr><td>030201005</td><td>带负荷调压变压器</td></tr>
<tr><td>030201006</td><td>电炉变压器</td><td rowspan="2">1. 名称
2. 型号
3. 容量(kV·A)</td><td rowspan="2">台</td><td rowspan="2">按设计图示数量计算</td><td>1. 基础型钢制作、安装
2. 本体安装
3. 刷油漆</td></tr>
<tr><td>030201007</td><td>消弧线圈</td><td>1. 基础型钢制作、安装
2. 本体安装
3. 油过滤
4. 干燥
5. 刷油漆</td></tr>
</table>

清单项目设置说明：

变压器干燥和油过滤工作要等到变压器到货后，通过试验，才能确认是否需要做，因此招标时通常无法确认。在这种情况下，可将干燥和过滤工作以补充清单形式另列一项，以“台”为计量单位，让投标人报价，待结算时按实际情况确定是否计价。

(2) 工程量清单项目名称及特征描述

编制变压器清单时，除了要描述名称、规格、容量外，还应根据设计图明确：

1) 是否需要设网门；

2) 变压器中性点是否需要接地；

3) 是否需要二次喷漆。

(3) 清单工程量计算

变压器安装清单工程量按照设计图示数量以“台”计算。

11.3.3 工程量清单的计价

(1) 定额列项

定额列项包括基础制作与安装、变压器安装、变压器干燥、变压器二次喷漆。

(2) 各项工程量计算规则

1）基础型钢制作与安装同高压开关柜部分。

2）变压器安装

对于10kV以下的变压器安装，应区分变压器的结构形式（干式变压器与油浸式变压器），按容量不同列项，分别以“台”为单位从图上直接数出，套用第二册第一章定额。

如果是油浸式电力变压器安装，还可能发生以下项目：

①变压器油耐压试验

以“每一试样”为计量单位，套用第二册第十一章“绝缘油试验”定额，按实际发生的量计取。

②变压器油过滤

油过滤量＝变压器铭牌油量×（1＋1.8%），以“t（吨）”为计量单位，套用第二册第一章“变压器油过滤”定额。变压器油过滤不论过滤多少次，直到过滤合格为止。

计算时应注意：

A. 变压器油耐压试验一般委托电力部门试验，预算时不算。

B. 变压器油是按设备带来考虑的，但施工中变压器油的过滤损耗及操作损耗已包含在有关定额中。

C. 变压器安装过程中放注油、油过滤所使用的油罐，已摊入油过滤定额中。

D. 不同类型变压器执行定额时的要求：

a. 自耦变压器、带负荷调压变压器安装执行相应油浸电力变压器安装定额。

b. 电炉变压器安装按同容量电力变压器定额乘以系数2.0计算。

c. 整流变压器按同电压、同容量变压器定额乘以系数1.6计算。

d. 油浸式电抗器按同电压、同容量的变压器计算。

E. 变压器铁梯的制作安装，另执行铁构件制作安装定额。

F. 干式变压器如果有保护罩时，其定额人工和机械乘以系数1.2。

G. 变压器的器身检查，4000kVA以上的变压器需“吊芯检查时”，定额机械台班应乘以系数2.0。

3）变压器干燥

按变压器容量不同分别列项，以“台”为单位计量，套用第二册第一章定额。

计算时应注意：

①只有按规范要求判断变压器受潮需要干燥时，经甲方、监理签证确认，并做相关记录后，才能计取此项费用。一般预算时不计，结算时按实计算。

②变压器干燥棚的搭拆工作，若发生时可按实计算。

4）变压器二次喷漆

变压器在运输途中或安装过程中造成表面脱漆者，需进行二次喷漆。以“m^2”为计量单位，套用第二册第四章定额，数量按实计算。

11.4 低压配电设备安装

11.4.1 施工内容与方式

（1）低压部分由低压配电装置构成，主要是一些低压开关柜的安装，其安装程序与要求同成套高压开关柜。

即施工程序：设备开箱检查→二次搬运→基础型钢制作安装→开关柜安装固定→接地→柜（盘）母线配制→柜（盘）二次回路接线→试验调整→送电运行验收。

低压开关柜的安装内容有：开箱、检查、安装、电器、表计及继电器等附件的拆装、送交试验、盘内整理及一次校线、接线。

（2）低压配电设备的基本概念

1）开关柜：是一种成套开关设备和控制设备，作为动力中心和主配电装置。主要用作对电力线路、主要用电设备的控制、监视、测量与保护。常设置在变电站、配电室等处。

2）配电箱：通俗地讲，分配电能的箱体就叫配电箱。主要用作对用电设备的控制、配电，对线路的过载、短路、漏电起保护作用。配电箱安装在各种场所，如学校、机关、医院、工厂、车间、家庭等，有照明配电箱、动力配电箱等。

3）控制箱：小型控制分配箱，内部包含电源开关/保险装置/继电器（或者接触器），可以用于指定的设备控制，例如电动机等控制。

4）控制柜（屏）：实际是控制箱的大型化，可以提供较大功率或者较多通道的控制输出，也可以实现较复杂的控制。

11.4.2 工程量清单的计价

（1）工程量清单项目设置及工程量计算应按《建设工程工程量清单计价规范》GB 50500—2008 附表中表 C.2.4 控制设备及低压电器安装（编码：030204），具体内容详见表 11-3 的规定。

常用低压配电设备安装 **表 11-3**

项目编码	项目名称	项目特征	计量单位	工程量计算规则	工程内容
030204001	控制屏	1. 名称、型号 2. 规格	台	按设计图示数量计算	1. 基础槽钢制作、安装 2. 屏安装 3. 端子板安装 4. 焊、压接线端子 5. 盘柜配线 6. 小母线安装 7. 屏边安装
030204002	继电、信号屏				
030204003	模拟屏				
030204004	低压开关柜				1. 基础槽钢制作、安装 2. 柜安装 3. 端子板安装 4. 焊、压接线端子 5. 盘柜配线 6. 屏边安装
030204005	配电（电源）屏				
030204006	弱电控制返回屏				1. 基础槽钢制作、安装 2. 屏安装 3. 端子板安装 4. 焊、压接线端子 5. 盘柜配线 6. 小母线安装 7. 屏边安装

续表

项目编码	项目名称	项目特征	计量单位	工程量计算规则	工程内容
030204007	箱式配电室	1. 名称、型号 2. 规格 3. 质量	套	按设计图示数量计算	1. 基础槽钢制作、安装 2. 本体安装
030204008	硅整流柜	1. 名称、型号 2. 容量（A）	台		1. 基础槽钢制作、安装 2. 盘柜安装
030204009	可控硅柜	1. 名称、型号 2. 容量（kW）			
030204010	低压电容器柜	1. 名称、型号 2. 规格			1. 基础槽钢制作、安装 2. 屏（柜）安装 3. 端子板安装 4. 焊、压接线端子 5. 盘柜配线 6. 小母线安装 7. 屏边安装
030204011	自动调节励磁屏				
030204012	励磁灭磁屏				
030204013	蓄电池屏（柜）				
030204014	直流馈电屏				
030204015	事故照明切换屏				

（2）工程量清单项目名称及特征描述

各种柜、屏、盘、箱，应按08《计价规范》要求，结合施工图注明名称、型号和规格。

（3）清单项目工程量计算

各种控制设备均按设计图的数量以台或套计算。

11.4.3 工程量清单的计价

（1）定额列项

低压配电设备定额列项包含基础型钢制作、基础型钢安装、成套低压开关柜安装、低压穿通板制作安装。

（2）各项工程量计算规则

1）基础型钢制作与安装同高压开关柜部分。

2）成套低压开关柜安装

成套低压开关柜安装，根据柜内配置形式的不同，以“台”为单位计量，分别从施工图上数出，套用第二册第四章定额。

计算时应注意：

①当电源线截面（一般是电线 BV、BLV，且截面＞$10mm^2$者）与柜屏连接不合适时，要设接线端子。

“焊铜、压铝接线端子”是指多股单根导线与设备连接时需要加接线端子。其内容包括：削线头、套绝缘管、焊接头、包缠绝缘带。

接线端子的数量等于与其连接的开关的极数。按导线截面与材质不同分项，以“10个”为单位计量，套用第二册第四章定额。

②低压部分若是集装箱式配电室（组装式配电室），以“10 t（吨）”为单位计量，套用第二册第四章定额，其重量从说明书或铭牌上查找。

③低压部分若是落地式控制台，则以“台”为单位计量，套用第二册第四章“控制台安装”定额。

④低压部分若是落地式成套配电箱，如 XL21 动力箱等，则以“台”为单位计量，套用第二册第四章“落地式成套配电箱”定额。

⑤对于单个安装的低压电器，按品种、规格不同分别列项，套用第二册第四章定额。

3）导线从变压器低压侧入户，要求设穿通板制作安装。低压穿通板一般采用塑料板，以“块”为单位计算，套用第二册第四章定额，穿通板的数量等于穿墙的处数。

计算时应注意：

穿通板固定所需角钢框架以及穿通板本身材料均已包括在穿通板制作安装定额内，不需另行计算。

11.5　母　线　安　装

11.5.1　母线的基本概念

（1）母线

供电工程中，当干线电流较大时（通常 400A 以上）考虑采用母线。它连接于建筑变配电系统的高压、变压、低压部分之间，用于汇集、分配和传送电能。母线可以分为硬母线和软母线两种，如图 11-5 所示。硬母线又称汇流排，软母线包括组合母线。母线按材质分为铜母线（TMY）、铝母线（LMY）和钢母线（GMY）三种。按形状可以分为带形、槽形、管形和组合形软母线四种。按安装方式分，带形母线有每相一片、二片、三片、四片，组合母线有 2 根、3 根、10 根、14 根、18 根和 26 根六种。

矩形母线安装不包括支持绝缘子安装和母线伸缩接头制作安装。

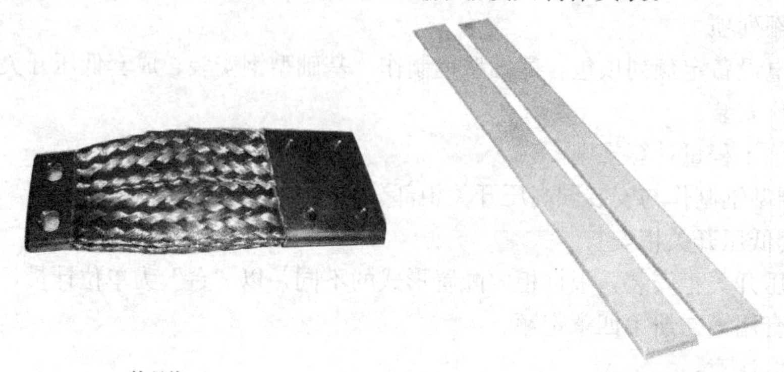

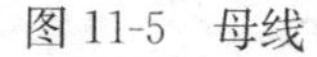
图 11-5　母线

图 11-6　共箱母线

1）重型母线：指单位长度重量较大的母线（截面积一般在 2000mm^2 以上），材质有铜和铝。

2）共箱母线：是由每相多片矩形母线或槽型母线装设在支柱绝缘子上，外用金属型材和薄钢板制成罩箱来保护多相导体的一种电力传输设备。用于传输 1000～3000A 大电流，如图 11-6 所示。

3）低压封闭式插接母线槽，多用于电压 660V 以下，电流 1000A 以下，用电设备密集

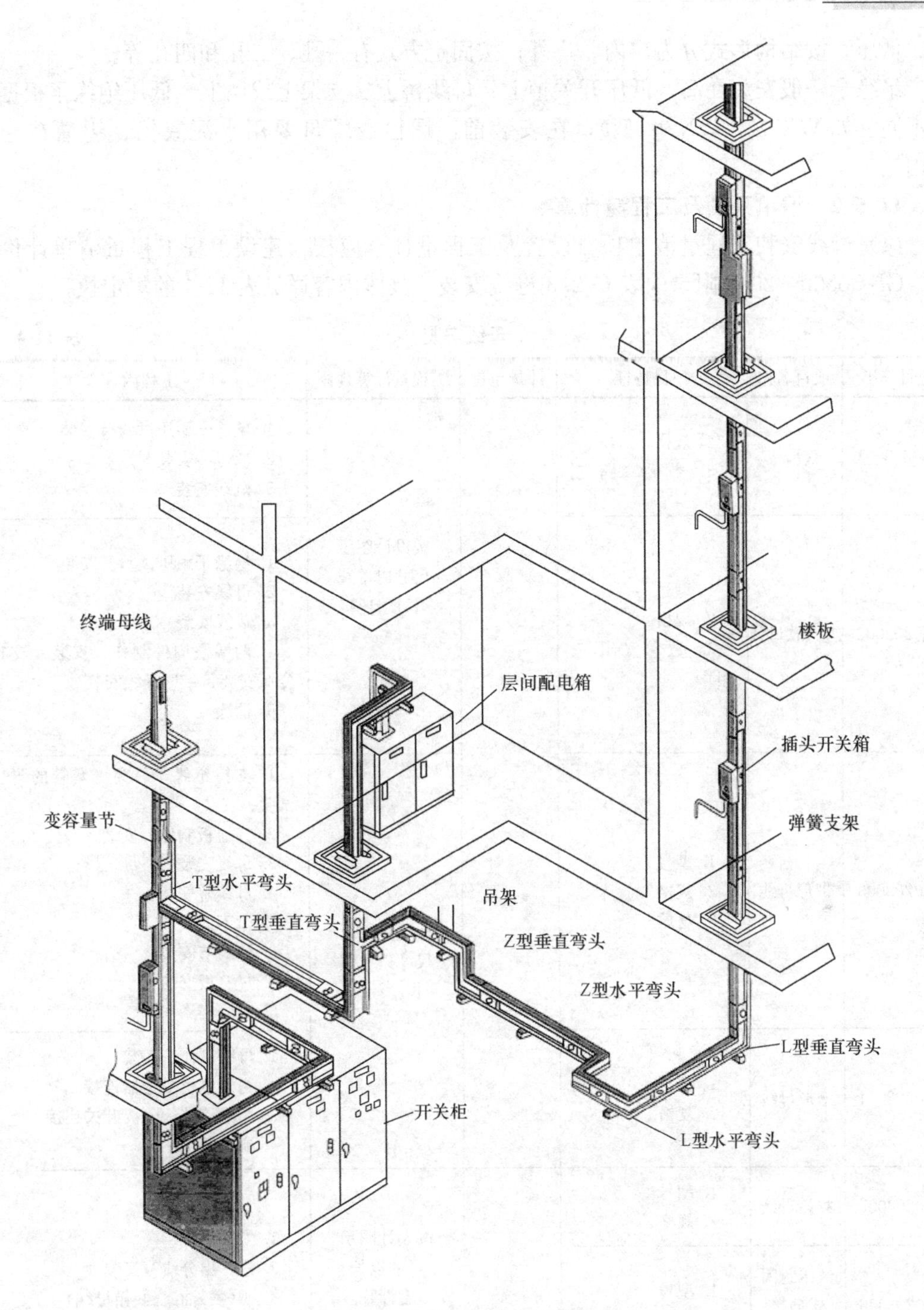

图 11-7 低压封闭式插接母线槽

的场所。每段母线上设有若干个插接箱，可以方便地进行各种分接，如图 11-7 所示。

(2) 母线的安装

先安装支持绝缘子，在支持绝缘子上安装固定母线的专用金具，然后将母线固定在金具上。

绝缘子是作为绝缘和固定母线、滑触线和导线之用。支柱绝缘子按电压等级划分为高压、低压；按结构形式分为户内、户外；按固定方式有一孔、二孔和四孔等。

绝缘子一般安装在高、低压开关柜上、母线桥上、支架上或墙上。低压绝缘子根据型号不同（如 WX-01、WX-02 型），在安装前，螺栓或螺母要用水泥或铅、锡灌在绝缘子内。

11.5.2　清单列项及工程量计算

（1）母线安装工程量清单项目设置及工程量计算应按《建设工程工程量清单计价规范》GB 50500—2008 附录中表 C.2.3 母线安装，具体内容详见表 11-4 的规定执行。

母线安装　　**表 11-4**

<table>
<tr><th>项目编码</th><th>项目名称</th><th>项目特征</th><th>计量单位</th><th>工程量计算规则</th><th>工程内容</th></tr>
<tr><td>030203001</td><td>软母线</td><td>1. 型号
2. 规格
3. 数量（跨/三相）</td><td rowspan="4">m</td><td rowspan="2">按设计图示尺寸以单线长度计算</td><td>1. 绝缘子耐压试验及安装
2. 软母线安装
3. 跳线安装</td></tr>
<tr><td>030203002</td><td>组合软母线</td><td>1. 型号
2. 规格
3. 数量（组/三相）</td><td>1. 绝缘子耐压试验及安装
2. 母线安装
3. 跳线安装
4. 两端铁构件制作、安装及支持瓷瓶安装、带形母线安装
5. 油漆</td></tr>
<tr><td>030203003</td><td>带形母线</td><td>1. 型号
2. 规格
3. 材质</td><td rowspan="2">按设计图示尺寸以单线长度计算</td><td>1. 支持绝缘子、穿墙套管的耐压试验、安装
2. 穿通板制作、安装
3. 母线安装
4. 母线桥安装
5. 引下线安装
6. 伸缩节安装
7. 过渡板安装
8. 刷分相漆</td></tr>
<tr><td>030203004</td><td>槽形母线</td><td>1. 型号
2. 规格</td><td>1. 母线制作、安装
2. 与发电机变压器连接
3. 与断路器、隔离开关连接
4. 刷分相漆</td></tr>
<tr><td>030203005</td><td>共箱母线</td><td>1. 型号
2. 规格</td><td rowspan="2">m</td><td rowspan="2">按设计图示尺寸以长度计算</td><td rowspan="2">1. 安装
2. 进、出分线箱安装
3. 刷（喷）油漆（共箱母线）</td></tr>
<tr><td>030203006</td><td>低压封闭式插接母线槽</td><td>1. 型号
2. 容量(A)</td></tr>
<tr><td>030203007</td><td>重型母线</td><td>1. 型号
2. 容量(A)</td><td>t</td><td>按设计图示尺寸以质量计算</td><td>1. 母线制作、安装
2. 伸缩器及导板制作、安装
3. 支承绝缘子安装
4. 铁构件制作、安装</td></tr>
</table>

工程量清单项目设置说明：

民用建筑中常用带形母线、槽形母线和低压封闭插接式母线槽，重型母线槽可以承受很大的电流，一般用于大型的变电站或作为工厂大负荷电流的主干线。

（2）项目名称及特征描述

母线安装，应按08规范的要求，注明材质、型号、规格和容量，同时还要根据施工图，明确是否有穿墙套管、过渡板、伸缩节和分线箱等。

（3）清单项目工程量的计算

1）软母线、组合软母线、带形母线、槽形母线安装均按设计图示尺寸以单线长度（m）计算。

2）共箱母线、低压封闭式插接母线槽，按设计图示尺寸以长度（m）计算。

3）重型母线按照设计图示尺寸以质量（t）计算。

4）计算母线清单工程量时以设计图示净尺寸为准，不考虑预留量。

11.5.3 工程量清单的计价

（1）定额列项

母线安装定额列项包含母线安装、绝缘子安装、绝缘子试验。

（2）各项工程量计算与定额套价

1）硬母线（带型、槽型、共箱、重型母线）安装

变电所内的高、低压侧常采用硬母线（TMY），定额上称带形母线。母线如果是随设备带来的，应该属于设备，由设备供应方安装。

硬母线安装的工作内容是：平直、下料、煨弯、母线安装、接头、刷分相漆。

硬母线安装工程量计算式：母线长度 $Lm=\Sigma$（母线设计单片延长米+母线预留长度）

其中2.3%为硬母线材料损耗率，执行第二册第三章定额。硬母线安装预留长度按表11-5规定计算。

硬母线安装预留长度表 **表11-5**

序号	项　目	预留长度（m）	说　明
1	带形、槽形母线终端	0.3	从最后一个支持点算起
2	带形、槽形母线与分支线连接	0.5	分支线预留
3	带形母线与设备连接	0.5	从设备端子接口算起
4	多片重型母线与设备连接	1.0	从设备端子接口算起
5	槽形母线与设备连接	0.5	从设备端子接口算起

计算时应注意：

① 母线原材料长度按6.5m考虑，煨弯加工采用万能母线机，主母线连接采用氩弧焊焊接，引下线采用螺栓连接。

② 带形母线安装及带形母线引下线安装包括铜排、铝排，分别按不同截面和片数以“m/单相”为计量单位。母线和固定母线的金具均按设计量加损耗量计算。

③ 钢带形母线安装，按同规格的铜母线定额执行，不得换算。

④ 带形母线伸缩节头和铜过渡板安装均按成品现场安装考虑，以“个”为单位计量。

⑤ 槽型母线安装采用手工平直、下料、弯头配制及安装，弯头及中间接头采用氩弧焊焊接工艺，需要拆卸的部位按螺栓连接考虑。

⑥ 槽型母线与设备连接，区分为与变压器、发电机、断路器、隔离开关的连接。发电机按6个头连接考虑，与变压器、断路器、隔离开关按3个头连接考虑。

⑦ 槽形母线安装以“m/单相”为单位计量。槽形母线与设备连接分别以连接不同的设备用“台”或“组”为计量单位。槽形母线及固定槽形母线的金具按设计用量加损耗量计算；保护壳的大小尺寸以“m”为单位计量，长度按设计共箱母线的轴线长度计算。

⑧ 带形母线、槽形母线安装均不包括支持瓷瓶安装和钢构件配置安装，其工程量应分别按设计成品数量执行相应定额。

⑨ 共箱母线安装。共箱母线搬运采用机械搬运，吊装户外采用汽车起重机，户内采用链式起重机人工吊装，对高架式布置和悬挂式布置进行了综合考虑。子目的划分以箱体尺寸和导线截面双重指标设定。

⑩ 重型母线安装包括铜母线、铝母线，分别按截面大小以母线的成品重量“t”为单位计量。重型母线伸缩器分别以不同截面积按“个”为单位计量，导板制作安装分材质及阳极、阴极以“束”为单位计量。重型铝线接触面积加工指铸造件需加工接触面时，可以按其接触面大小，分别以“片/单相”为单位计量。

2）软母线安装

软母线指直接由耐张绝缘子串悬挂部分，软母线安装的工作内容是：检查下料、压接、组装、悬挂、调整弛度、紧固、配合绝缘子测试。

按软母线截面大小分别以“跨/三相”为单位计量，导线跨距按30m一跨考虑，设计跨距不同时，不得调整。软母线安装是按地面组合，卷扬机起吊挂线方式施工考虑。导线、绝缘子、线夹、弛度调节金具等均按施工图设计用量定额规定的损耗率计算，执行第二册第三章定额。

计算时应注意：

① 软母线安装定额是按单串绝缘子考虑的，如设计为双串绝缘子，其定额人工乘以系数1.08计算。

② 组合软母线安装，按三相为一组计算。跨距（包括水平悬挂部分和两端引下部分之和）按45m以内计算。

③ 组合软母线安装，按三相为一组计算。跨距（包括水平悬挂部分和两端引下部分之和）是以45m以内考虑，跨度的长与短不得调整。导线、绝缘子、线夹、金具按施工图设计用量加定额规定的损耗率计算。

④ 组合软母线安装不包括两端铁构件制作、安装和支持瓷瓶、带型母线的安装，发生时应执行本册相应定额。

⑤ 导线、绝缘子、线夹、金具按施工图设计用量加定额规定的损耗率计算。

⑥ 软母线引下线，指由T形线夹或并沟线夹从软母线引向设备的连接线，以“组”为单位计量，每三相为一组；软母线经终端耐张线夹引下（不经T形线夹或并沟线夹引下）与设备连接的部分执行引下线定额，不得换算。

⑦ 两跨软母线间的跳引线安装，是指两跨软母线之间用跳线线夹、端子压接管或并

槽线夹连接的引流线安装，以“组”为计量单位，每三相为一组。不论两端的耐张线夹是螺栓式或压接式，均执行软母线跳线定额，不得换算。

⑧ 设备连接线安装指两设备间的连接部分，有用软导线、带形或管形导线等连接方式。这里专指用软导线连接的，其他连接方式应另套相应的定额。不论引下线、跳线、设备连接线，均应分别按导线截面，三相为一组计算工程量。

⑨ 软母线安装预留长度按表 11-6 计算：

软母线安装预留长度表（m） **表 11-6**

项目	耐张	跳线	引下线、设备连接线
预留长度	2.5	0.8	0.6

3）低压（380V 以下）封闭式插接母线槽安装

封闭式母线是一种以组装插接方式引接电源的新型电器配线装置，用于额定电压 380V，额定电流 2500A 及以下的三相四线配电系统中。封闭母线是由封闭外壳、母线本体，进线盒、出线盒、插座盒、安装附件等组成。

封闭式插接母线槽安装不分铜导体和铝导体，一律按其电流大小划分定额子目。其安装内容是：开箱、检查、接头清洗处理、绝缘测试、吊装就位、线槽连接、固定、接地。

低压封闭式插接母线槽安装，分别按导体的额定电流大小以“10m”为单位计量，长度按设计母线的轴线长度计算，分线箱以“台”为单位计量，分别以电流大小按设计数量计算。按制造厂供应的成品考虑，定额只包含现场安装，执行第二册第三章“低压封闭式插接母线槽安装”定额。

工程量＝水平长＋垂直长（水平长用比例尺量，垂直长用标高减）

计算时应注意：

① 封闭式插接母线槽在竖井内安装时，人工和机械乘以系数 2.0。

② 每 10m 母线槽按含有 3 个直线段和 1 个弯头考虑。每段母线槽之间的接地跨接线已含在定额内，不应另行计算。

③ 接地线规格如设计与定额不符时可以换算。

4）绝缘子安装

绝缘子安装的工作内容是：开箱、检查、清扫、绝缘摇测、组合安装、固定、接地、刷漆。

变电所内的绝缘子一般为支持绝缘子，按形式、安装地点、孔数不同，以“10 个”为单位计量，套用第二册第三章定额。

计算时应注意：

绝缘子安装定额不包括支架、铁构件的制作、安装，发生时执行本册相应定额。

5）绝缘子试验

绝缘子测试的工作内容是：准备、取样、耐压试验、电缆临时固定、试验、电缆故障测试。

以“10 个测试件”为单位计量，套用第二册第十一章定额。

11.6 自备电源安装

11.6.1 施工内容与方式

当用电负荷不允许中断供电时，一旦供电部门的电源发生故障，就需启动自备电源。

应急备用电源的形式有：蓄电池、柴油发电机组。

蓄电池安装程序：设备开箱检查→蓄电池支架安装→蓄电池安装→绝缘子、圆母线安装→蓄电池充放电→备用电源自投装置安装→备用电源自投装置调试。

柴油发电机组安装程序：机组的混凝土机座制作与安装→机组安装→发电机的检查接线→发电机的调试。

11.6.2 清单列项及工程量计算规则

（1）自备电源安装的清单项目包含柴油发电机安装、发电机检查接线及调试、蓄电池安装，工程量清单项目设置及工程量计算应按《建设工程工程量清单计价规范》GB 50500—2008附录中表C.1.13其他机械、表C.2.6电机检查接线及调试、表C.2.5蓄电池安装，具体内容详见表11-7的规定。

自备电源安装 **表11-7**

项目编码	项目名称	项目特征	计量单位	工程量计算规则	工程内容
030113007	柴油发电机组	1. 名称 2. 型号 3. 质量	台	按设计图示数量计算	1. 安装 2. 二次灌浆
030206001	发电机	1. 型号 2. 容量（kW）	台	按设计图示数量计算	1. 检查接线（包括接地） 2. 干燥 3. 调试
030205001	蓄电池	1. 名称、型号 2. 容量 3. 结构	个	按设计图示数量计算	1. 防震支架制作、安装 2. 本体安装 3. 充放电

工程量清单项目设置说明：

1）柴油发电机组的清单项目包含柴油发电机组安装和发电机检查接线及调试两项清单项目。

2）清单列项时，从管口到电机接线盒之间的保护软管，应包含在电机检查接线项目中，不应再另列子目。

（2）工程量清单项目名称及特征描述

电机干燥和电机解体检查工作要等到电机到货后，通过试验，才能确认是否需要做，因此招标时通常无法确认。在这种情况下，可在该项清单名称中注明不含电机干燥及电机解体检查，待结算时按实际情况计价。

11.6.3 工程量清单的计价

（1）定额列项

蓄电池安装定额列项内容包括蓄电池支架安装、绝缘子与圆母线安装、蓄电池安装、蓄电池充放电。

柴油发电机组安装定额列项内容包括机组的混凝土机座制作与安装、机组安装、发电机检查接线、发电机调试。

（2）各项工程量计算与定额套价

1）蓄电池

① 蓄电池支架安装

支架安装区分单层、双层及单排、双排，分别以长度“m”为单位计算工程量，套用第二册第五章定额。内容包括：检查、搬运、刷耐酸漆、装玻璃垫、瓷柱和支架。

支架安装是依据国家标准图集 D211 编制的，未包括支架制作及干燥处理，应另按成品价格计算。

② 蓄电池安装

其工作内容包括：开箱、检查、清洗、组合安装、焊接、注电解液和盖玻璃板（指开口式）。

铅酸蓄电池和碱性蓄电池安装，分别按容量大小以单体蓄电池“个”为单位计量，按施工图设计的数量计算工程量，220V 以下各种容量蓄电池安装，套用第二册第五章定额。定额内已包括了电解液的材料消耗，执行时不得调整。

如果蓄电池是安装在专门的屏（柜）内的，还需计蓄电池屏（柜）的安装，以“台”为单位计量，套用第二册第四章“蓄电池屏（柜安装）”定额。

计算时应注意：

A. 安装定额第二册和第四册“通讯设备”中均编有“蓄电池”安装项目，套用定额时要注意：电气工程的蓄电池执行第二册定额项目，通信工程的蓄电池执行第四册定额项目。

B. 免维护蓄电池安装分不同电压（V）/容量（A. h）以“组件”为计量单位。其具体计算如下：

某项工程设计一组蓄电池为 220V/500（Ah），由 12V 的组件 18 个组成，这样就应该套用 12V/500（Ah）的定额 18 组件。

C. 蓄电池安装定额适用于 220V 以下各种容量的碱性和酸性固定型蓄电池及其防震支架安装、蓄电池充放电，但不包括蓄电池抽头连接用电缆及电缆保护管的安装。车用蓄电池固定时可按本定额“密闭式”蓄电池相应定额套用。

D. 蓄电池定额的容器、电极板、隔板、连接铅条、焊接条、紧固螺栓、螺母、垫圈均按设备带有考虑。

③ 绝缘子、圆母线安装

绝缘子安装工程量以“个”为单位计算，绝缘子另行计价，固定绝缘子用的支架按第六章“铁构件制作安装”定额相应项目另列项计算。

蓄电池用的圆母线按材质一般有圆铜、圆钢两种，每种按直径又各分为 Φ10mm、Φ20mm 以下两种规格，分别列项（水平长度、垂直长度、预留长度三者相加之和）以“10 延长米”为单位计算。蓄电池之间的连接线随设备配套供应，已包括在定额内，不另计算。但母线应另列项计算其本身价值。

④ 蓄电池充放电

蓄电池安装后，经检查合格（220V 蓄电池组绝缘电阻不应小于 0. 2MΩ），应对补充合格的电解液进行充电，使充电容量达到或接近产品技术要求，进行首次放电。无论放电次数多少，不改变定额水平，均按不同容量以“组”为单位计算。

其工作内容包括：直流回路检查、初放电、放电、再充电、测量、记录技术数据等。

计算时应注意：蓄电池充放电电量已计入定额，不得另计。

2）柴油发电机组

① 机组安装（机械部分）

按设备重量分项，以“台”为单位计量，套用第一册《机械设备安装工程》定额。

② 机组的混凝土机座见土建预算

地脚螺栓孔灌浆、设备底座与基础间灌浆，套用第一册定额。

③ 发电机的检查接线

工作内容包括：配合解体检查，研磨和调整电刷，测量空气间隙，接地，电机干燥，绝缘测量及空载试运转。

均按发电机容量（kW 以内）划分定额项目，工程量以“台”为单位计算，套用第二册第六章定额。

④ 发电机的调试

均按发电机容量（kW 以内）划分定额项目，工程量以“系统”为单位计算，套用第二册第十一章定额，不得另计算电机的干燥。

11.7 变配电设备系统调试

11.7.1 变配电设备系统调试

变配电设备系统调试包含高压侧 10kV 配电装置系统调试、电力变压器系统调试、低压侧 0.4kV 配电装置系统调试、避雷器调试、电容器调试、母线调试、自动投入装置调试等内容。

11.7.2 清单列项与工程量计算规则

（1）工程量清单项目设置及工程量计算应按《建设工程工程量清单计价规范》GB 50500—2008 附录中表 C.3.11 电气调整试验执行，具体内容详见表 11-8 的规定。

电气调整试验　　**表 11-8**

<table>
<tr><th>项目编码</th><th>项目名称</th><th>项目特征</th><th>计量单位</th><th>工程量计算规则</th><th>工程内容</th></tr>
<tr><td>030211001</td><td>电力变压器系统</td><td>1. 型号
2. 容量（kVA）</td><td rowspan="3">系统</td><td rowspan="3">按设计图示数量计算</td><td>系统调试</td></tr>
<tr><td>030211002</td><td>送配电装置系统</td><td>1. 型号
2. 电压等级（kV）</td><td>系统调试</td></tr>
<tr><td>030211003</td><td>特殊保护装置</td><td>类型</td><td>调试</td></tr>
<tr><td>030211004</td><td>自动投入装置</td><td rowspan="2">类型</td><td>套</td><td>按设计图示数量计算</td><td rowspan="4">调试</td></tr>
<tr><td>030211005</td><td>中央信号装置、事故照明切换装置、不间断电源</td><td>系统</td><td>按设计图示系统计算</td></tr>
<tr><td>030211006</td><td>母线</td><td rowspan="2">电压等级</td><td>段</td><td rowspan="2">按设计图示数量计算</td></tr>
<tr><td>030211007</td><td>避雷器、电容器</td><td>组</td></tr>
</table>

（2）使用说明

本表摘自《建设工程工程量清单计价规范》GB 50500—2008附录中表C.3.11电气调整试验。

11.7.3 工程量清单的计价

（1）高压配电设备调试

高压配电设备安装完毕，为保证供用电的顺利进行，必须调试，调试的内容有：高压侧10kV送配电装置系统调试、避雷器调试、电容器调试等。

1）高压侧10kV送配电装置系统调试的工程量，均按一个系统一侧配一台断路器计，若两侧配有断路器时，则按两个系统计，以“系统”为计量单位，套用第二册第十一章“10kV以下交流供电调试”定额。

2）避雷器调试的工程量等于施工图上避雷器的“组数”（按三相为一组），直接从图上数出，以“组”为计量单位，套用第二册第十一章“10kV以下避雷器调试”定额。

3）电容器调试的工程量等于施工图上电容器的“组数”（按三相为一组），直接从图上数出，以“组”为计量单位，套用第二册第十一章“10kV以下电容器调试”定额。

电气调试工程量计算时应注意：

① 电气调试定额均已包括所调试系统内所有设备的本体调试工作，一般情况下不作调整。但由于控制技术发展很快，新的调试项目和调试内容不断增加，凡属于新增加的调试内容可以另外计算。

② 电气调试定额，已包括调试用的材料费用和仪表使用费，但不包括试验设备、仪器仪表的场外转移费用。定额也不包括更新仪表和特殊仪表使用费。

③ 电气调试定额，不包括设备的烘干处理、电缆故障查寻、电动机抽芯检查，以及由于设备元件缺陷造成的更换、修理和修改。也未考虑由于设备元件质量低劣对调试工作的影响，遇此情况，可以另行计算。

④ 电气调试定额仅限于电气设备本身的调试，不包括电气设备带动的机械设备的试运转工作，发生时应另行计算。

⑤ 电气调试定额均包括熟悉资料、核对设备、填写试验记录、整理和编写试验报告等内容。

（2）变压器调试

变压器调试按容量划分项目，以“系统”为计量单位，套用第二册第十一章定额。

计算时应注意：

1）变压器系统调试，以每个电压侧有一台断路器为准。多于一个断路器的，按相应电压等级送配电设备系统调试的相应定额另行计算。

2）变压器调试定额已综合考虑了电压的因素，使用定额时不再区分电压的不同。

3）干式变压器调试执行相应容量变压器调试定额，乘以系数0.8。

4）电力变压器如有“带负荷调压装置”，调试定额乘以系数1.12。

5）三绕组变压器、整流变压器、电炉变压器调试按同容量的电力变压器调试定额乘以系数1.2。

（3）低压配电设备调试

低压侧调试的内容有：1kV以内配电装置系统调试、避雷器调试、电容器调试等。

1）低压侧0.4kV配电装置系统调试

一般的住宅、学校、办公楼、旅馆、商场等民用电气工程配电室内带有调试元件的盘箱柜（箱内有断路器、TV、二次回路、仪表等），应计调试费用。

调试系统数量的确定，是以建筑物主配电室内按每个低压配电屏、柜计算一个系统，其后各级供电回路不再重复计算，每户房间的配电箱不得计算调试费用。

2）避雷器调试与电容器调试同高压部分。

（4）母线调试

1）母线系统调试工作内容：包括母线耐压试验，接触电阻测量，电压互感器、母线绝缘监视装置，电测量仪表及一、二次回路的调试，接地电阻测试。但定额不包括特殊保护装置（如母线差动等）的调试以及35kV以上母线、设备耐压试验。

2）母线系统调试定额列项按母线电压1kV、10kV以下两个子项分别以“段”为单位计算，套用第二册第十一章“母线系统调试”定额。

计算时应注意：

① 1kV以下的母线系统适用于低压配电装置母线及电磁站母线，不适用于动力配电箱母线，动力配电箱至电动机的母线已综合考虑在电动机调试定额内。

② 3kV～10kV母线系统调试定额含一组电压互感器，1kV以下母线系统调试定额不含电压互感器，适用于低压配电装置的各种母线（包括软母线）系统调试。

（5）备用电源自投装置调试

以“系统”为单位计量，套用第二册第十一章定额。

11.8 变配电工程计价编制实例

图11-8～图11-10是某工程的10kV变配电系统图和平面布置图，现按照定额计价模式和清单计价模式分别列项和套定额，并分别计算其工程量，将结果填入表11-9和表11-10中。

1.采用定额计价格式如表11-9所示。

某变配电工程定额计价　　表11-9

定额编号	项目名称	单位	数量
03020088	高压断路器柜AH1安装（单母线）	台	1
03020089	高压互感器柜AH2安装（单母线）	台	1
03020088	高压断路器柜AH3安装（单母线）	台	1
03021043	10kV高压断路器调试	系统	1
03021079	高压避雷器调试	组	1
03020123	高压母线安装50×6	10m/单相	0.798
03021077	高压母线调试	段	1
03020011	带罩干式变压器安装800kVA	台	1
03021036	干式变压器调试800kVA	系统	1

续表

定额编号	项 目 名 称	单位	数量
03020124	低压母线安装 TMY-80×8	10m/单相	0.266
03020125	低压母线安装 TMY-100×10	10m/单相	0.798
03020236	低压开关柜 1AA 安装	台	2
03020236	低压开关柜 3AA 安装	台	2
03020247	低压电容器柜 2AA 安装	台	1
03021041	1kV 低压配电系统调试	系统	1
03021078	低压避雷器调试	组	1
03021080	低压电容器调试	组	1
03021076	低压母线调试	段	1
03020369	10＃基础槽钢制作安装	10m	1.12

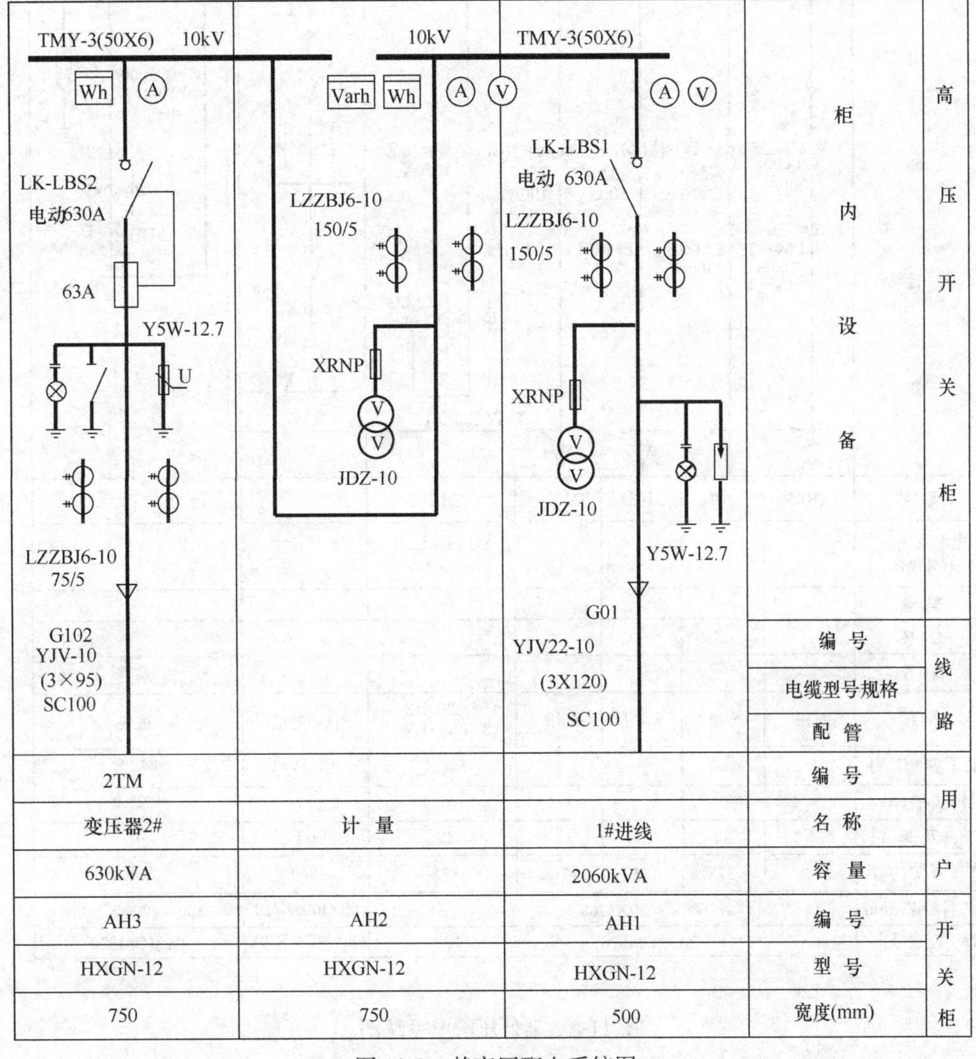

图 11-8 某高压配电系统图

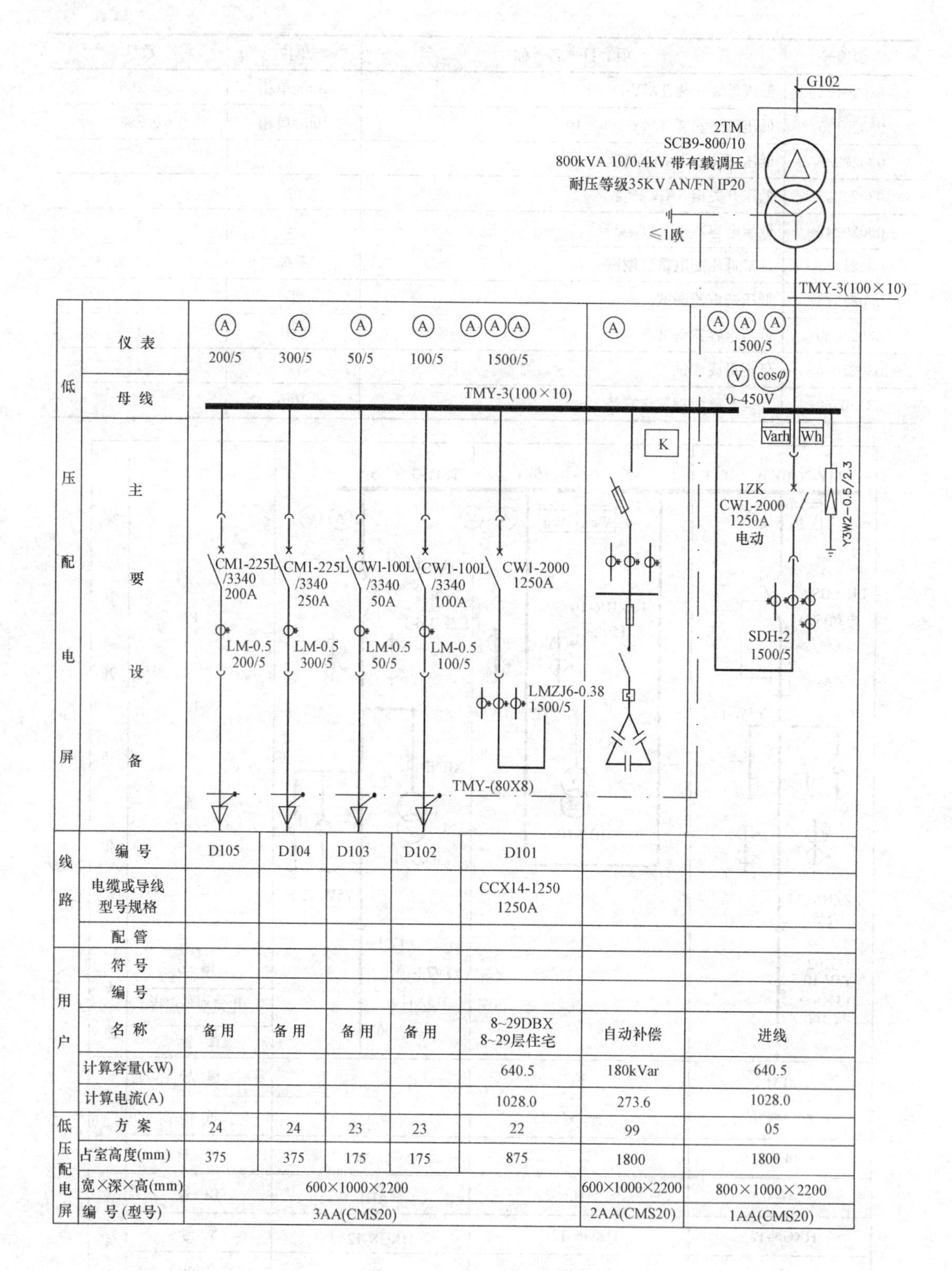

图 11-9　某低压配电系统图

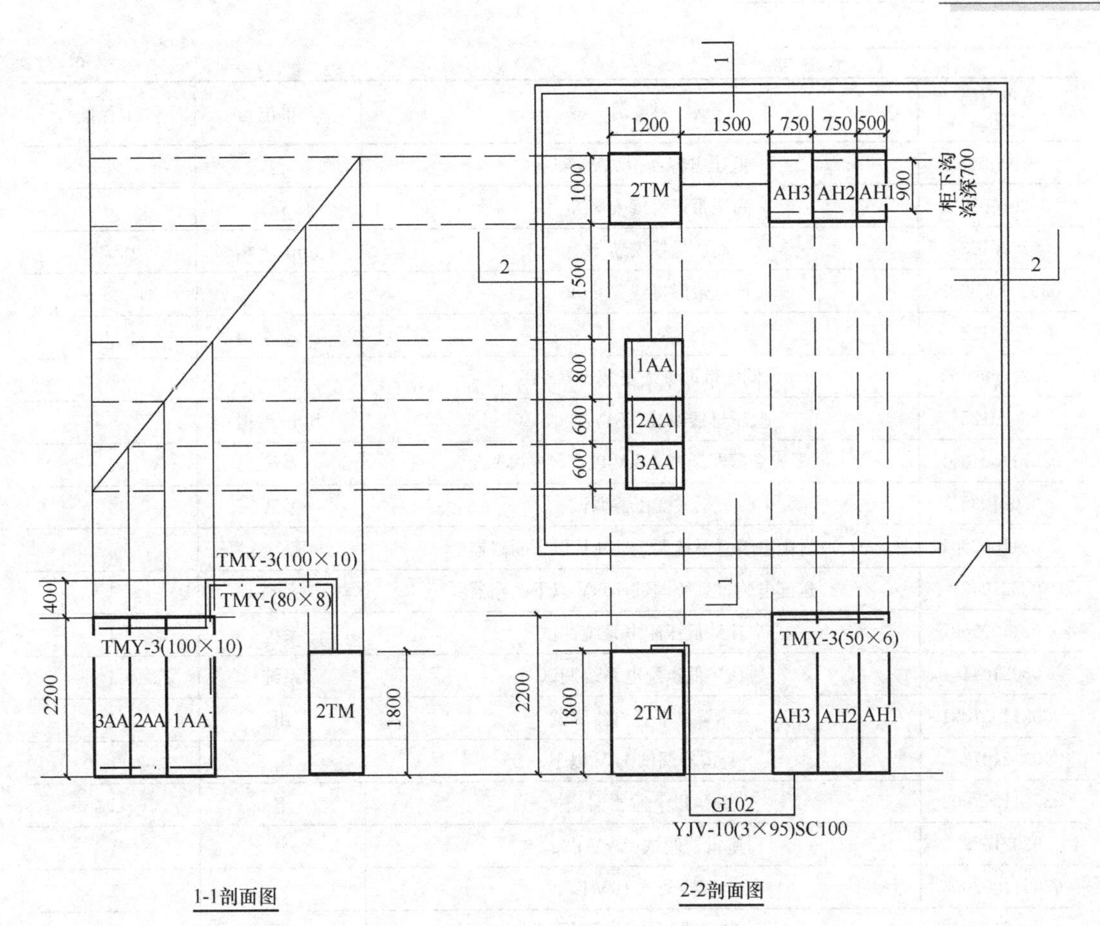

图 11-10 某变配电系统平面布置与剖面图

2. 采用清单计价格式如表 11-10 所示。

某变配电工程工程量清单计价 **表 11-10**

清单编码（定额编号）	项 目 名 称	单位	工程量
030202017001	高压成套配电柜，进线柜 AH1	台	1
03020088	高压断路器柜安装（单母线）	台	1
030202017002	高压成套配电柜，计量柜 AH2	台	1
03020089	高压互感器柜安装（单母线）	台	1
030202017003	高压成套配电柜，出线柜 AH3	台	1
03020088	高压断路器柜安装（单母线）	台	1
030201002001	干式变压器安装 800kVA	台	1
03020011	带罩干式变压器安装 800kVA	台	1
030204004001	低压开关柜安装，进线柜 1AA	台	1
03020236	低压开关柜 1AA 安装	台	1
030204004002	低压开关柜安装，出线柜 3AA	台	1
03020236	低压开关柜 3AA 安装	台	1
030204010001	低压开关柜安装，电容柜 2AA	台	1

续表

清单编码（定额编号）	项 目 名 称	单位	工程量
03020247	低压电容器柜2AA安装	台	1
030203003001	高压带形母线安装50×6	m	6
03020123	高压母线安装50×6	10m/单相	0.798
030203003002	低压带形母线安装80×8	m	2
03020124	低压母线安装TMY-80×8	10m/单相	0.266
030203003003	低压带形母线安装100×10	m	6
03020125	低压母线安装TMY-100×10	10m/单相	0.798
030211001001	干式变压器调试10kV以下，800kVA	系统	1
03021036	干式变压器调试	系统	1
030211002001	送配电装置系统调试10kV以下断路器	系统	1
03021043	送配电装置系统调试10kV以下断路器	系统	1
030211002002	1kV低压配电系统调试	系统	1
03021041	1kV低压配电系统调试	系统	1
030211007001	1kV以下避雷器调试	组	1
03021078	避雷器调试1kV以下	组	1
030211007002	10kV以下避雷器调试	组	1
03021079	避雷器调试10kV以下	组	1
030211007003	电容器调试1kV以下	组	1
03021080	电容器调试1kV以下	组	1
030211006001	母线调试10kV以下	段	1
03021077	母线调试10kV以下	段	1
030211006002	母线调试1kV以下	段	1
03021076	母线调试1kV以下	段	1
桂030204032001	10＃基础槽钢制作安装	m	11.2
03020369	10＃基础槽钢制作安装	10m	1.12

12 建筑电气照明配电系统

【学习目标】

了解建筑电气照明系统的组成，熟悉照明系统的施工、识图，掌握照明系统的清单列项与定额套价，能根据施工图编制工程计价书。

【学习要求】

能力目标	知识要点	相关知识
能熟练识读电气照明系统施工图	常用电气工程图例，电气照明系统图、平面图的识读方法	电缆敷设、管线敷设、常用照明配电箱安装、照明器具安装的施工工艺及基本技术要求
能编制建筑照明系统工程量清单并进行定额套价及工程量计算	清单列项及清单工程量的计算、定额套价及定额工程量的计算	

12.1 系 统 简 介

12.1.1 建筑电气照明配电系统组成

一栋单体建筑的照明配电系统由以下环节组成：进户线 →总配电箱 →干线 →分配电箱 →支线 →照明器具，如图 12-1 所示。

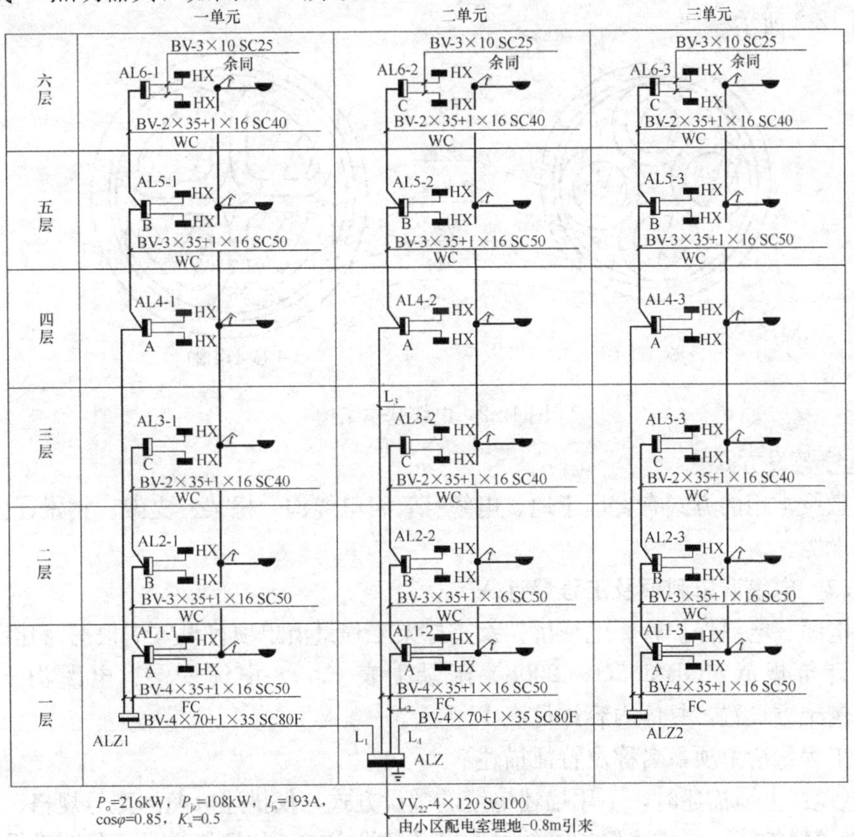

图 12-1 照明配电系统的组成

按照定额章节划分，可归纳成以下环节：进户→配电箱→管线→照明器具→调试。

12.1.2　建筑电气照明配电系统进户方式

单体建筑的照明配电系统的进户通常有两种方式：架空线进户、电缆进户。

由于架空线进户会影响建筑物的立面美观，也存在不安全因素，所以应尽量采用电缆埋地进户的方式。电缆进户敷设方式通常有：直埋于地、电缆穿管、电缆沟、桥架、支架等。

一栋单体建筑一般是一处进户，当建筑物长度超过60m或用电设备特别分散时，可考虑两处或两处以上进户。

12.2　电　缆　敷　设

12.2.1　电缆基础知识

1. 电缆分类

电缆按用途不同可分为电力电缆、控制电缆、电话电缆、同轴射频电缆等；按工作电压可分为低压电缆、高压电缆；按芯数可分为单芯、三芯、四芯、五芯和多芯等。

2. 电力电缆的构造

电缆是一种特殊的导线，它是将一根或数根绝缘导线组合成线芯，外面再加上密闭的包扎层加以保护。电缆线路的基本结构一般是由导电线芯、绝缘层和保护层三个部分组成，如图12-2所示。

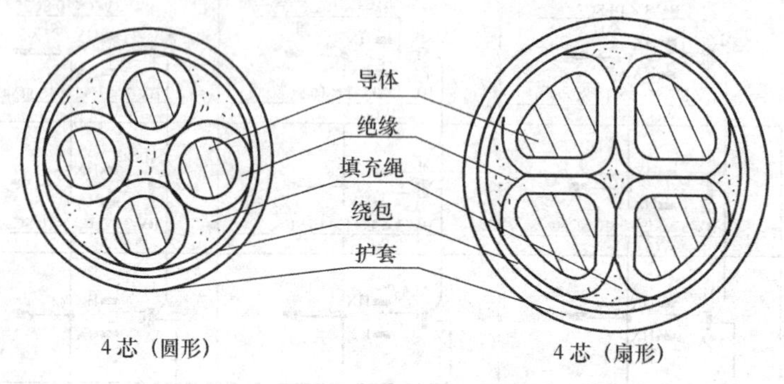

图12-2　电缆基本结构

3. 电缆敷设方式

电缆敷设常用的方式有直埋于地、电缆穿管、电缆沟、桥架、支架、钢索、排管、电缆隧道敷设等。

12.2.2　电缆清单列项及工程量计算

（1）电缆、电缆保护管、电缆桥架及支撑架工程量清单项目设置应根据《建设工程工程量清单计价规范》GB 50500—2008）附录中表C.2.8电缆安装；电缆沟土方按表A.1.1管沟土方设置，具体内容详见表12-1。

（2）工程量清单项目名称及特征描述

1）电缆：电缆描述时，不用描述电缆的敷设方式，仅描述电缆的型号规格。

2）电缆保护管：要描述保护管的材质以及敷设方式，如埋地敷设还是明敷设等。

电缆安装清单项目　　表 12-1

项目编码	项目名称	项目特征	计量单位	工程量计算规则	工程内容
030208001	电力电缆	1. 型号 2. 规格 3. 敷设方式	m	按设计图示长度计算	1. 揭（盖）盖板 2. 电缆敷设 3. 电缆头制作、安装 4. 过路保护管敷设 5. 防火堵洞 6. 电缆防护 7. 电缆防火隔板 8. 电缆防火涂料
030208002	控制电缆				
030208003	电缆保护管	1. 材质 2. 规格	m	按设计图示长度计算	保护管敷设
030208004	电缆桥架	1. 型号、规格 2. 材质 3. 类型			1. 制作、除锈、刷油 2. 安装
030208005	电缆支架	1. 材质 2. 规格	t	按设计图示质量计算	1. 制作、除锈、刷油 2. 安装
010101006	管沟土方	1. 土壤类别 2. 管外径 3. 挖沟平均深度 4. 弃土石运距 5. 回填要求	m	按设计图示以管道中心线长度计算	1. 排地表水 2. 土方开挖 3. 挡土板支拆 4. 运输 5. 回填

3）电缆桥架：要描述桥架类型、材质及具体规格尺寸。

4）电缆支架：要描述是成品还是用型钢现场制作。

5）电缆沟：要描述电缆的根数，有电缆保护管的要标明管径，埋设的平均深度。如果为直埋电缆，需要铺砂盖砖的，要在清单项目中描述清楚。

（3）清单工程量计算

1）电缆按图示尺寸以长度计算，电缆敷设中所有预留量，均考虑在综合单价中，不作为清单工程量计算。

2）电缆沟按照图示尺寸以管道中心线长度计算。

12.2.3　工程量清单的计价

（1）电缆直埋

电缆直埋适用铠装电缆，如 VV22、YJV22 等。

1）施工程序

测位划线→挖方→铺砂→敷设电力电缆→铺砂盖砖→回填→清理现场→电缆头制作安装。

2）定额列项

土石方、铺砂盖砖、电力电缆敷设、电力电缆终端头制作与安装。

3）各项工程量计算与定额套价

① 电缆沟挖填方

一～两根电缆的电缆沟挖方断面见图12-3，上沟宽600mm，下沟宽400mm，沟深900mm，每米沟长的土方量为0.45m³。

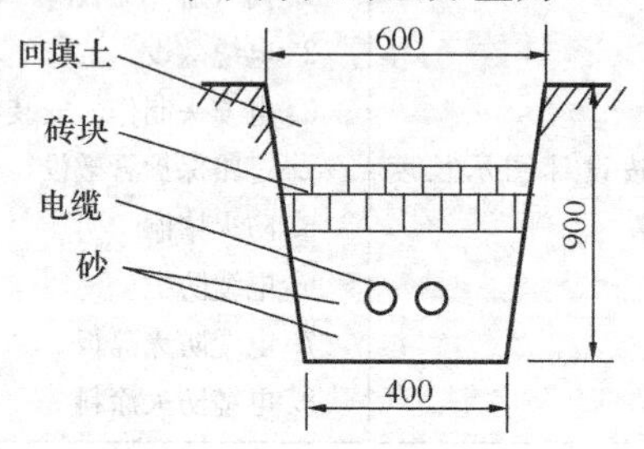

图12-3 一～两根电缆直埋电缆沟断面图

当直埋的电缆根数超过2根时，每增加1根电缆，沟底宽增加0.17m，也即增加土石方量0.153m³/m。即当4根直埋时，电缆沟挖填方的每米土方量应该等于（0.45+2×0.153）m³。

当挖混凝土、柏油等路面的电缆沟时，根据开挖路面的厚度不同列项，按开挖路面面积（m²）计算，套用第二册第八章定额。

计算时应注意：

A. 电缆沟挖填方定额的工作内容是：测位、划线、挖电缆沟、回填土、夯实、开挖路面、清理现场，在套定额后，不能再计算回填与清理现场的量。

B. 电缆沟挖填方定额亦适用于电气管沟等的挖填方工作。

C. 当直埋电缆穿过道路、水沟、基础时必须穿管保护，电缆保护管长度应按以下方式计算：横穿道路，按路基宽度两端各增加2m；垂直敷设时管口距地面增加2m；穿过建筑外墙时，按基础外缘以外增加1m；穿过排水沟，按沟壁外缘以外增加1m。

② 电缆沟铺砂盖砖

电缆沟铺砂、盖砖及移动盖板，按照电缆“1～2根”和“每增一根”列项，分别以沟长度“100m”为单位计算。电缆沟盖板揭、盖定额，按每揭或每盖1次分别以“延长米”计算，如又揭又盖，则按两次计算，套用第二册第八章定额。

③ 电力电缆敷设

电力电缆敷设，按导电芯材质（铜、铝）、截面（单芯截面）的不同划分定额项目，以100m为单位计量，按单根以延长米计算，比如一个沟内（或架上）敷设3根各长100m的电缆，则应按300m计算，以此类推，套用第二册第八章定额。

$$电缆工程量\ L=（水平长+垂直长+预留长）\times（1+2.5\%）$$

式中 2.5%——电缆曲折弯余系数。

计算时应注意：

A. 电力电缆敷设定额未考虑因波形敷设增加长度、弛度增加长度、电缆绕梁（柱）增加长度以及电缆与设备连接、电缆接头等必要的预留长度。该长度是电缆敷设长度的组成部分，所以其定额总长度应由敷设路径上的水平长度加上垂直敷设长度，再加上预留长度而得，预留长见表12-2（工程量清单总长度只能计敷设路径上的水平长度加上垂直敷设长度）。

B. 电缆定额的应用：本章的电缆敷设定额适用于10kV以下的电力电缆和控制电缆敷设。定额是按平原地区和厂内电缆工程的施工条件编制的，未考虑在积水区、水底、井下等特殊条件下的电缆敷设，厂外电缆敷设工程按本册第十章有关定额另计工地运输。

C. 竖直通道电力电缆敷设定额主要适用于9层及其以上高层建筑竖井、火炬、高塔

（电视塔）等的电缆敷设工程，定额是按电缆垂直敷设的安装条件综合考虑的，计算工程量时应按竖井内电缆的长度及穿越竖井的电缆长度之和计算。

电缆敷设增加附加长度表 **表 12-2**

序号	项　目	预留长度（附加）	说　明
1	电缆敷设长度、波形弯度、交叉	2.5%	按电缆全长计算
2	电缆进入变电所	2.0m	规范规定最小值
3	电缆进入沟内或吊架以上（下）时		按实际计算
4	电力电缆终端头	1.5m	检修余量最小值
5	电缆中间接头盒	两端各留 2.0m	检修余量最小值
6	电缆进控制、保护屏及模拟盘等	高+宽	按盘面尺寸
7	高压开关柜及低压配电盘、柜	2.0m	高低压柜盘下有电缆沟的可采用，无电缆沟则根据实际情况计算
8	电缆至电动机	0.5m	从电机接线盒起算
9	电缆绕过梁柱等增加长度	按实计算	按被绕物的断面情况计算增加长度
10	挂墙配电箱	按半周长计	

D. 电力电缆敷设套定额的截面指的是单芯截面，比如 YJV-4×95mm^2，套电缆敷设定额单价时，应该是交联铜芯电缆 95mm^2，而不是套用 400mm^2 电缆敷设的定额子目。

E. 电力电缆敷设定额是按三芯或三芯加地（四芯）来考虑的。如实际敷设的电缆超过四芯，其安装消耗量定额基价要相应增加，五芯电力电缆敷设定额乘以系数 1.3，六芯电力电缆敷设定额乘以系数 1.6，每增加一芯定额增加 30%，以此类推。10mm^2 以下电缆敷设按 35mm^2 的电缆敷设定额乘以系数 0.5，单芯电力电缆敷设按同截面的电缆敷设定额乘以系数 0.67。截面 800mm^2～1000mm^2 的单芯电力电缆敷设按 400mm^2 电力电缆敷设定额乘以系数 1.25 执行。

F. 电力电缆在一般山地、丘陵地区敷设时，其定额人工乘以系数 1.3。该地段所需的施工材料如固定桩、夹具等按实另计。

G. 电缆穿过防火墙、防火门等设施时，需进行防火处理。

电缆防火堵洞以“处”为单位计量，每处按 0.25m^2 以内考虑，套用第二册第八章定额。防火涂料以“10kg”为计量单位；防火隔板安装以“m^2”为计量单位；阻燃槽盒安装和电缆防腐、缠石棉绳、刷漆、缠麻层、剥皮均以“10m”为计量单位。

④ 电力电缆终端头、中间接头制作安装

户内浇注式电力电缆终端头、户内干包电力电缆终端头、电力电缆中间头制作安装区分 1kV 以下和 10kV 以下，分别按电缆截面积的不同，均以“个”为单位计算，套用第二册第八章定额。

户外电力电缆终端头制作安装，区分为浇注式 0.5～10kV、干包式 1kV 以下和 10kV 以下三个分项工程定额，每个分项又按电缆截面划分为 35mm^2、120mm^2，240mm^2 三个子项工程，均分别以“个”为计量单位套用单价。其工作内容包括：定位、量尺寸、锯断、焊接地线，缠涂绝缘层、压接线柱、装终端盒或手套、配料浇注、安装固定。塑料手套、塑料雨罩、电缆终端盒、抱箍、螺栓应另计价计算。

控制电缆头制作安装按“终端头”和“中间头”芯数六、十四、二十四、三十七以内分别以“个”为单位计算。保护盒及套管另行计价。

计算时注意：

A. 一根电缆有两个终端头，中间电缆头根据设计规定确定，设计没有规定的，按实际情况计算（或按平均250m一个接头考虑，预算时不列，结算时按签证考虑)。

B. 户内浇注式电力电缆终端头制作安装内容包括：定位、量尺寸、锯断、焊接地线，弯绝缘管、缠涂绝缘层、压接线端子、装外壳、配料浇注、安装固定。电缆终端盒价值另计。

C. 干包电缆头适用于塑料绝缘电缆和橡皮绝缘电缆。

D. 电缆中间头制作安装不包括保护盒与铅套管的价值在内，应按设计需要量另行计算。

E. 电力电缆头定额均按铜芯电缆考虑的，铝芯电力电缆头按同截面电缆头定额乘以系数0.7，双屏蔽电缆头制作安装人工乘以系数1.05。单芯电缆头按同截面电缆头定额乘以系数0.33。对于1kV以下、小于10mm^{2}的电缆一般不计终端头。电缆头制作安装定额工作内容增加了接线的工作工料含量，因此接线不能再计算端子板外部接线，也不能再计算焊压接线端子。

F. 电缆隔热层、保护层的制作安装，电缆的冬季施工加温工作不包括在定额内，应按有关定额相应项目另行计算。

⑤ 电缆测试

电缆测试已经包含在有关定额子目内，当需要单独试验电缆单体时，才能使用电缆测试定额计价，套用第十一章“电缆试验”定额，计量单位为“根次”，一根电缆的测试工程量一般计为“1根次”。

(2) 电缆穿管埋地敷设

1) 施工程序

测位划线→挖方→铺设管道→管内穿电缆→回填→清理现场→电缆头制作安装。

2) 定额列项

土石方、埋管、电缆敷设、电力电缆终端头制作与安装。

3) 各项工程量计算与定额套价

① 保护管沟土石方挖填

电缆保护管埋地敷设土方量，凡有施工图注明的，按施工图计算；无施工图的，一般按沟深0.9m、沟宽按最外边的保护管两侧边缘外各增加0.3m工作面计算。

其计算公式为：

$$V=(D+2\times 0.3)hL$$

式中 D——保护管外径（m）；

h——沟深（m）；

L——沟长（m）；

0.3——工作面尺寸（m）。

以“m^3”为单位计量，套用第二册第八章“电缆沟挖填”定额。

② 电缆保护管

工作内容包括：沟底夯实、锯管、接口、敷设、刷漆、堵管口。

电缆保护管敷设应按管道材质（铸铁管、石棉水泥管、混凝土管及钢管）、口径大小的不同，分别以“10m”为单位计算，套用第二册第八章定额。对于埋地镀锌钢管应套用“镀锌钢管埋地敷设”定额。

电缆保护管敷设工程量：管长＝水平长＋垂直长

计算时注意：

A. 电缆保护管外径＞电缆外径两级。

B. 钢管敷设管径 ϕ100mm 以下者，套用第二册第十二章“配管、配线”的钢管定额。

C. 各种管材及附件应按施工图设计另外计算。

③ 电缆敷设的算量与套定额方法同前述。

④ 电缆头制安的算量与套定额方法同前述。

（3）电缆沟敷设

1）施工程序

测位划线→挖方→砌筑沟、抹灰→预埋角钢支架→电缆敷设→清理现场→电缆头制安→电缆测试→盖盖板。

2）列项

土石方、支架（铁构件）制作与安装、电缆敷设、电力电缆终端头制作与安装（砌筑沟、抹灰、盖板见土建预算）。

3）各项工程量计算与定额套价

① 土石方的算量与套定额方法同前述。

② 电缆沟砌砖、混凝土以“m^3”为计量单位，沟壁、顶抹砂浆以“m^2”为计量单位，沟盖板制作以“m^3”为计量单位，工程量计算方法见土建预算。

③ 支架的制作与安装，按第二册第四章的一般铁构件的制作与安装计算。

④ 电缆敷设的算量与套定额方法同前述。

⑤ 电缆头制安的算量与套定额方法同前述。

（4）电缆沿桥架敷设

1）施工程序

测位划线 →敷设桥架 →敷设电缆 →清理现场 →电缆头制安。

2）列项

电缆敷设及电缆头制安、电缆测试计算方法同前述，在此只介绍电缆桥架安装的计算。

电缆桥架安装工作内容包括：运输，组对，吊装固定，弯头或三、四通修改、制作组对，切割口防腐，桥架开孔，上管件，隔板安装，盖板安装，接地、附件安装等。

3）电缆桥架安装工程量计算与定额套价

① 电缆桥架安装，以“10m”为单位计量，不扣除弯头、三通、四通等所占长度。套用第二册第八章定额。

电缆桥架长=水平长+垂直长

② 组合桥架以每片长度 2m 作为一个基型片，已综合了宽为 100mm、150mm、200mm 三种规格，工程量计算以"片"为单位计量。

③ 桥架支撑架定额适用于立柱、托臂及其他各种支撑架的安装。本定额已综合考虑了采用螺栓、焊接和膨胀螺栓三种固定方式。实际施工中，不论采用何种固定方式，定额均不作调整。

④ 玻璃钢梯式桥架和铝合金梯式桥架定额均按不带盖考虑。如这两种桥架带盖，则分别执行玻璃钢槽式桥架定额和铝合金槽式桥架定额。

⑤ 不锈钢桥架按本章钢制桥架定额乘以系数 1.1。

⑥ 钢制桥架主结构设计厚度大于 3mm 时，定额人工、机械乘以系数 1.2。

⑦ 桥架、托臂、立柱、隔板、盖板为外购件成品。连接用螺栓和连接件随桥架成套购买，计算重量可按桥架总重的 7%计算。

（5）电缆支架、钢索上敷设

1）施工程序

测位划线 →敷设支架（钢索拉设、钢索拉紧装置安装）→敷设电缆 →清理现场 →电缆头制安 →电缆测试。

2）定额列项

支架制作与安装（钢索拉设、钢索拉紧装置安装）、电缆敷设、电缆头制安。

3）各项工程量计算与定额套价

电缆敷设及电缆头制安、电缆测试计算方法同前述，在此只介绍电缆支架（钢索）安装的计算。

① 电缆支架工程量计算

电缆支架、吊架、槽架制作安装以"100kg"为单位计算，套用"铁件制作安装"定额，即第二册第六章的有关定额。

② 电缆在钢索上敷设的计算

电缆在钢索上敷设时，钢索的计算长度以两端固定点距离为准，不扣除拉紧装置的长度。

A. 钢索架设，按材质、规格分项，以"100m"为单位计算水平长，套用第二册第十二章的定额。

B. 钢索拉紧装置制安，以"套"为单位计算，套用第二册第十二章的"钢索拉紧装置"定额，每一个终端计一套。

12.2.4　电缆敷设计价编制实例

图 12-4、图 12-5 是某住宅楼照明配电系统图与底层局部照明平面图，其进户装置采用电缆穿管埋地形式。试对比进户装置的定额预算编制格式与工程量清单计价编制格式的区别。

【解】 在进行清单与清单计价书的编制时，要注意工程量清单量指的是实体的量，一般由招标方编制，而工程量清单计价的量除了考虑实体的量以外，还需考虑施工损耗量，一般由投标方编制。定额计价与清单计价格式分别见表 12-3 和表 12-4。

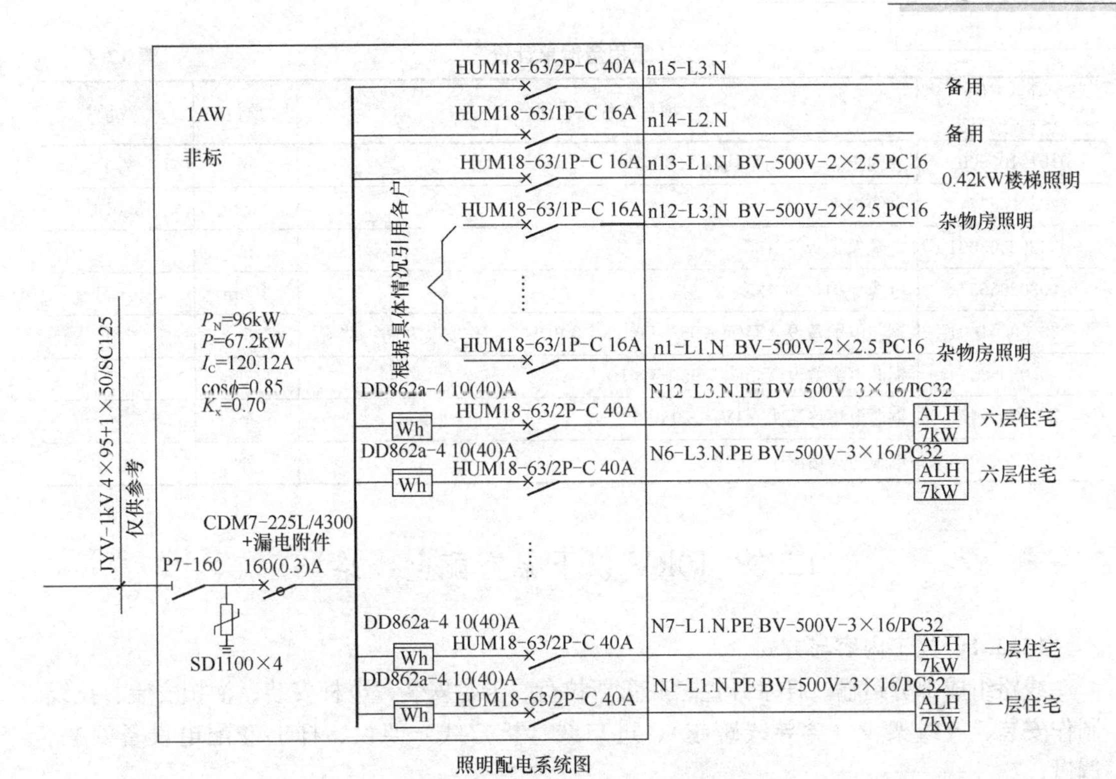

图 12-4 某住宅楼照明配电系统图

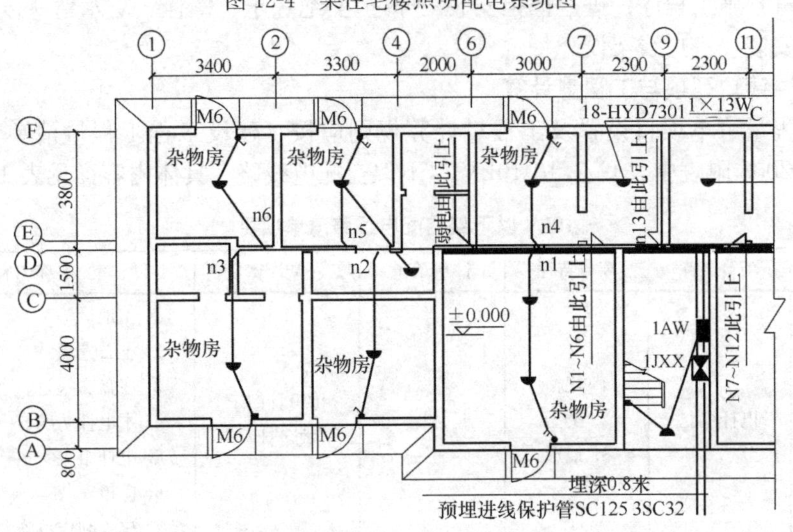

图 12-5 某住宅楼底层局部照明平面图

定额计价 **表 12-3**

清单编号	定额名称	单位	数量
03020542	电缆沟土方量	m^3	3.074
03020563	电缆保护管 SC125	100m	0.071
03020665 换	铜芯电缆敷设 YJV-4×95+1×50	100m	0.129
03020708 换	铜芯电缆终端头 YJV-4×95+1×50	个	1
03020640	电缆防火堵洞（保护管）	处	1

工程量清单计价　　表12-4

清单编码（定额编号）	项目名称及描述	单位	数量
010101006001	管沟土方，管沟平均深0.8m	m	7.1
03020542	电缆沟土方	m^3	3.074
030208003001	电缆保护管SC125	m	7.1
03020563	电缆保护管SC125	100m	0.071
030208001001	铜芯电缆敷设YJV-4×95+1×50，含电缆头制作安装及防火堵洞	m	7.1
03020665	铜芯电缆敷设YJV-4×95+1×50	100m	0.129
03020708换	铜芯电缆终端头YJV-4×95+1×50	个	1
03020640	电缆防火堵洞（保护管）	处	1

12.3　10kV以下架空配电线路

12.3.1　施工内容与方式

线路组成部分运输、杆基开挖、底盘、拉盘、卡盘安装、电杆安装、横担安装、拉线制作安装、导线架设（含导线跨越）、进户线（接户线）架设、杆上变配电设备安装、调试。

架空线进户施工程序：进户横担安装→横担上绝缘子、螺栓、防水弯头安装→进户套管制作与安装→进户线架设。

12.3.2　清单列项与工程量计算

（1）工程量清单项目设置及工程量计算规则应按《建设工程工程量清单计价规范》GB 50500—2008附表中表C.2.10 10kV以下架空配电线路，具体内容详见表12-5。

10kV以下架空配电线路清单项目　　表12-5

项目编码	项目名称	项目特征	计量单位	工程量计算规则	工程内容
030210001	电杆组立	1. 规格 2. 类型 3. 地形	根	按设计图示数量计算	1. 工地运输 2. 土石挖填 3. 底盘、拉盘、卡盘安装 4. 木电杆防腐 5. 电杆组立 6. 横担安装 7. 拉线制作、安装
030210002	导线架设	1. 型号 2. 规格 3. 地形	km	按设计图示尺寸以长度计算	1. 导线架设 2. 导线跨越及进户线架设 3. 进户横担安装 4. 绝缘子、穿墙绝缘套管安装

（2）工程量清单项目名称及特征描述

1）材质、规格及土质、地貌情况。

2）电杆组立中的材质指的是电杆的材质，如混凝土杆、木杆、金属杆等；规格指杆长；类型指单杆、接腿杆、撑杆等。

(3) 清单工程量计算

电杆组立按设计图示数量以根计算，导线架设按设计图示尺寸以长度计算。

12.3.3 工程量清单的计价

(1) 电杆、导线、金具等线路器材工地运输

工地运输是指定额内主要材料从集中材料堆放点或工地仓库运至杆位上的工地运输，分人力运输和汽车运输两种运输方式。

工作内容是：线路器材外观检查、绑扎及抬运、卸至指定地点、返回、装车、支垫、绑扎、运至指定地点、人力卸车。

人力运输按平均运距200m以内和200m以上划分子目，汽车运输分为装卸和运输。以"10t.km"为计量单位，套用第二册第十章的定额。

运输量应根据施工图设计将各类器材分类汇总，按定额规定的运输量和包装系数计算。线路器材等运输工程量以"t/km"为计量单位。运输量计算公式如下：

工程运输量＝施工图设计用量×（1＋损耗率）

预算运输重量＝工程运输量＋包装物重量（不需要包装的可不计算包装物重量）

运输重量可按表12-6的规定进行计算。

运输重量表 **表12-6**

材料名称		单位	运输重量（kg）	备注
混凝土制品	人工浇制	m^3	2600	包括钢筋
	离心浇制	m^3	2860	包括钢筋
线材	导线	kg	$W\times1.15$	有线盘
	钢绞线	kg	$W\times1.07$	线盘
木杆材料		根	500	包括木横担
金属、绝缘子		kg	$W\times1.07$	
螺栓		kg	$W\times1.01$	

注 (1) W为理论重量；(2) 未列入者均按净重计算。

10kV以下架空输电线路安装定额是以在平原地区施工为准，如在其他地形条件下施工时，其人工和机械按表12-7所列地形类别予以调整。

调整系数表 **表12-7**

地形类别	丘陵（市区）	一般山地、沼泽地带
调整系数	1.20	1.60

地形划分的特征：

1) 平地：地形比较平坦、地面比较干燥的地带。

2) 丘陵：地形有起伏的矮岗、土丘等地带。

3) 一般山地：指一般山岭或沟谷地带、高原台地等。

4) 泥沼地带：指经常积水的田地或泥水淤积的地带。

(2) 杆基土石方

1）土质分类

实际工程中，全线地形分几种类型时，可按各种类型长度所占百分比求出综合系数进行计算。

① 普通土，指种植土、黏砂土、黄土和盐碱土等，主要利用锹、铲即可挖掘的土质。

② 坚土，指土质坚硬难挖的红土、板状黏土、重块土、高岭土，必须用铁镐、条锄挖松，再用锹、铲挖掘的土质。

③ 松砂石，指碎石、卵石和土的混合体，各种不坚实砾岩、页岩、风化岩，节理和裂缝较多的岩石等（不需用爆破方法开采的），需要镐、撬棍、大锤、楔子等工具配合才能挖掘的土质。

④ 岩石，一般指坚实的粗花岗岩、白云岩、片麻岩、石英岩、大理岩、石灰岩、石灰质胶结的密实砂岩的石质，不能用一般挖掘工具进行开挖的，必须采用打眼、爆破或打凿才能开挖的土质。

⑤ 泥水，指坑的周围经常积水，坑的土质松散，如淤泥和沼泽地等，挖掘时因水渗入和浸润而成泥浆，容易坍塌，需用挡土板和适量排水才能施工的土质。

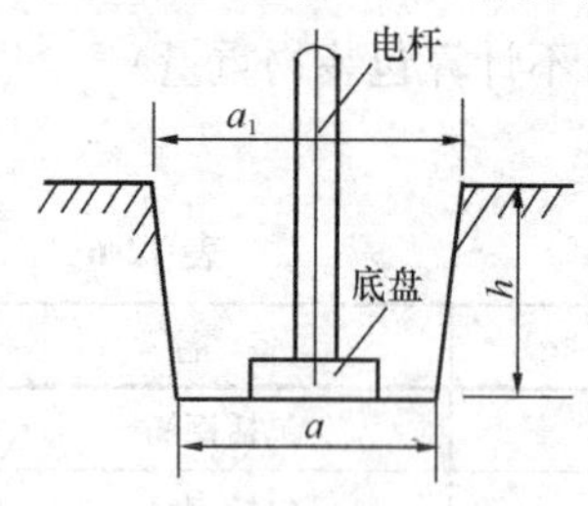

图 12-6　电杆杆坑断面图

⑥ 流砂，指坑的土质为砂质或分层砂质，挖掘过程中砂层有上涌现象，容易坍塌，挖掘时需排水和采用挡土板才能施工的土质。

2）杆坑土石方量

如图 12-6 所示，按杆基施工图尺寸以“m^3”计量，套用第二册第十章的定额。

杆坑的土石方量计算公式为：

$$V=(h/6)\times[a\times b+(a+a_1)\times(b-b_1)+a_1\times b_1]$$

a 、b=底拉盘底宽＋ 2×每边操作裕度

a_1、b_1= a（b）＋ $2h$×放坡系数

式中　V——土（石）方体积（m^3）；

h——坑深（m）；

a 、b——坑底宽（m）。

计算时要注意：

① 不论是开挖电杆坑或拉线盘坑，只是区分不同土质执行同一定额。土石方工程已综合考虑了线路复测、分坑、挖方和土方的回填夯实工作。

② 各类土质的放坡系数按表 12-8 计算。

各类土质的放坡系数　　**表 12-8**

土质	普通土、水坑	坚土	松砂石	泥水、流砂、岩石
放坡系数	1∶0.3	1∶0.25	1∶0.2	不放坡

③ 施工操作裕度按底拉盘底宽每边增加 0.1m。

④ 冻土厚度大于 300mm 时，冻土层的挖方量按坚土定额乘以系数 2.5。其他土层仍按图纸执行定额。

⑤ 杆坑土质按一个坑的主要土质而定，如一个坑大部分为普通土，少量为坚土，则

该坑应全部按普通土计算。

⑥ 带卡盘的电杆坑，如原计算的尺寸不能满足卡盘安装时，因卡盘超长而增加的土（石）方量另计。

3）无底盘、卡盘的电杆坑土石方量

其挖方体积为：$V=0.8\times0.8\times h$

式中　h——坑深（m）。

4）电杆坑的马路上土石方量

按每坑 0.2m^3 计算。

（3）杆体、横担安装

1）杆体安装

电杆组立，区别杆塔形式和高度，按设计数量以“根”为单位计量，套用第二册第十章的定额。

混凝土杆组立人工水平按人力、半机械化、机械化综合取定。立木电杆每根考虑一个地横木，规格为 Φ200×1200，其材料按主要材料考虑。

2）横担安装

① 10kV 以下横担安装

定额包括定位、装横担、装支架、支撑、上抱箍、装瓷瓶等工作。其中横担、支撑、杆顶座、绝缘子、连接体及螺栓为未计价材料。

导线排列形式不同影响横担的组装形式，有三角形排列、扁三角排列、水平排列、垂直排列。

按施工图设计规定，按 10kV 以下、1kV 以下、进户线横担及材料形式的不同分项，以“组”或“根”为计量单位，套用第二册第十章的“横担安装”定额。

横担安装是单杆考虑的，若双杆横担安装，基价乘以系数 2.0。

② 进户线横担安装

以“根”计量，以进线数分档。

按横担埋设方式、导线数量不同分项，以“根”为单位计量，套用第二册第十章定额。进户横担的数量一般同进户的处数。

计算时应注意：

进户线横担安装已经包含横担上绝缘子、螺栓、防水弯头安装，但未包括横担、绝缘子、螺栓、防水弯头的主材价格，应按设计要求的数量另加损耗，列补充项计算主材价。

(4) 拉线制作与安装

拉线形式有普通拉线、水平拉线、弓形拉线三种，均按拉线截面（即 35mm^2、70mm^2、120mm^2 以内）不同划分项目，分别以“根”为单位计算，套用第二册第十章的定额。

拉线长度按设计全根长度计算，若设计无规定时可按表 12-9 计算。

计算时要注意：

定额中拉线、金具、抱箍均属于未计价材料。

(5) 导线架设及导线跨越架设

导线架设区分裸铝绞线、钢芯铝绞线、绝缘铝芯线，均按导线截面区分规格，以

“km/单线”为单位计算。

拉线长度表（单位：m/根）　　表 12-9

项　目		普通拉线	弓形拉线
杆高（m）	8	11.47	9.33
	9	12.61	10.10
	10	13.74	10.92
	11	15.10	11.82
	12	16.14	12.62
	13	18.69	13.42
	14	19.68	15.12
水平拉线		26.47	

工作内容包括：挂卸滑车、放线、连接、架线、紧线、绑扎等。导线和金具价格另行计算。

1）导线架设长度计算

导线长度按线路总长度和预留长度之和计算。计算主材消耗量时应另增加规定的损耗率。10kV 以下、1kV 以下导线长度按下式计算：

导线总长＝导线单根长度×根数

导线单根长度＝图纸所示线路长度＋转角预留长度＋分支预留长度＋导线弛度（线路长度的1%）（km）

或：导线单根长度＝线路长度×（1＋1%）＋∑预留长度（km）

导线架设定额以导线材质、截面的不同划分项目，以“km/单线”为单位计量，套用第二册第十章的定额。导线预留长度按表 12-10 的规定计算。

导线架设预留长度表　　表 12-10

项目名称		预留长度（m）
高压	转　角	2.5
	分支、终端	2.0
低压	分支、终端	0.5
	交叉跳线转角	1.5
与设备连线		0.5
进户线		2.5

2）导线跨越及进户线架设

① 导线跨越按导线架设区段内跨越障碍物，如电力线、通信线、公路、铁路、河流，以“处”为单位计算，套用第二册第十章的定额。

导线跨越系指一个跨越档内跨越一种障碍物。如在同一跨越档内，有两种以上跨越物时，则每一跨越物视为“一处”，分别套用定额。如果每个跨越间距等于或小于 50m 时，则按“一处”计算；大于 50m 或小于 100m 时，按“两处”计算，依此类推。有多种（或多次）跨越物时，应根据跨越物种类分别执行定额。单线广播线不计算跨越物。

② 进户线（接户线）架设

工作内容包括：放线、紧线、瓷瓶绑扎、压接包头。

按导线截面的不同区分规格，以单线“100m/单线”为单位计算工程量，套用第二册

第十章的定额。但导线、绝缘子、横担本身价值应另行计算。

3）进户套管安装

一般采用钢管，根据管径大小不同套用定额第二册第十二章配管定额，或以“个”为单位做补充项目，只计进户管主材。

12.4　配电箱安装

12.4.1　施工内容与方式

根据设计要求，建筑电气照明配电系统的配电装置可能是配电柜的形式，也可能是小型配电箱的形式。配电柜落地安装，配电箱一般挂墙明装或嵌墙暗装。

12.4.2　清单列项及工程量计算规则

（1）工程量清单项目设置及工程量计算应按《建设工程工程量清单计价规范》GB 50500—2008附表中表C.2.4控制设备及低压电器安装（编码：030204），具体内容详见表12-11。

控制设备及低压电器安装　　**表12-11**

项目编码	项目名称	项目特征	计量单位	工程量计算规则	工程内容
030204016	控制台	1. 名称、型号 2. 规格	台	按设计图示数量计算	1. 基础槽钢制作、安装 2. 台（箱）安装 3. 端子板安装 4. 焊、压接线端子 5. 盘柜配线 6. 小母线安装
030204017	控制箱				1. 基础型钢制作、安装 2. 箱体安装
030204018	配电箱				

（2）工程量清单项目名称及特征描述

各种柜、箱应按计价规范要求，结合施工图，注明名称、型号和规格。

（3）清单工程量计算

各种柜、箱均按设计图的数量以台或套计算。

12.4.3　工程量清单的计价

成套型动力、照明控制箱安装工程量直接从施工图上按型号、规格、安装方式分别计算。

（1）落地式，如XL型

以“台”为单位计量，套用定额第二册第四章的“落地式成套配电箱安装”定额。

（2）悬挂嵌入式

以“台”为单位计量，按箱投影到墙上的半周长分项，套用定额第二册第四章的“悬挂嵌入式成套配电箱安装”定额。

计算时应注意：

1）进出配电箱的电线，当导线截面 $S \geqslant 10mm^2$ 时，需计焊（压）接线端子。

2）配电箱的主材价一般从厂家询价获得，也可按下列公式估算：

配电箱的主材价＝（1.2～1.4）∑箱内设备价＋空箱价

1.2～1.4 系数的计取值，取决于箱内设备的品质，通常品牌产品取高值，一般厂家产品取低值。

12.4.4 配电箱安装计价编制实例

某住宅楼照明配电箱系统图、设计说明见图 12-7，试对比配电装置的定额预算编制格式与工程量清单计价编制格式的区别。

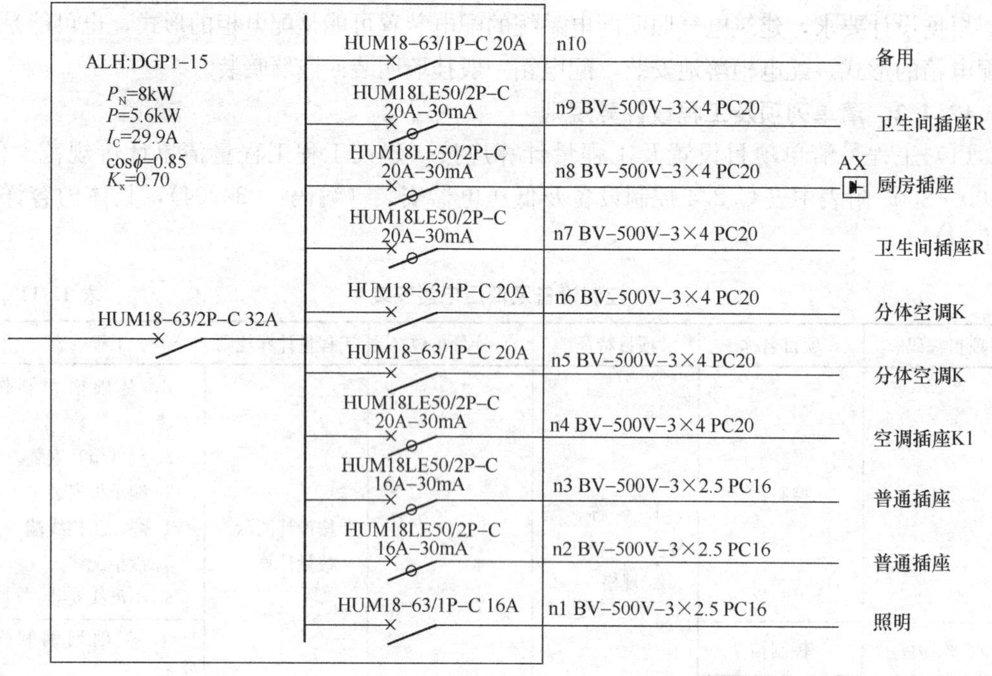

图 12-7 某住宅楼照明配电箱系统图

说明：

1. 电度表箱（1AW1）底距地 1.0 米明装，用户配电箱（ALH）底距地 1.5 米嵌墙暗装，厨房插座箱 AX、洗衣机插座 X 距地 1.4 米暗装，跷板开关安装高度为 1.3 米；分体空调插座 K、卫生间排气扇插座 P、抽油烟机插座 Y 及电热水器插座 R 均为距地 2.3 米暗装，柜式空调插座 K1 及一般插座均为距地 0.3 米暗装。
2. 所有线路均采用铜芯导线穿管暗敷，图中未注明的线路均为 BV-500-2.5mm² 型导线穿 PVC 阻燃型塑料电线套管，其根数与穿管管径匹配如下：2～3 根/PC16，4～5 根/PC20，6 根及 6 根以上分管敷设。

【解】 配电装置定额预算计价与工程量清单计价对比表分别见表 12-12 和表 12-13。

定额计价 **表 12-12**

定额编号	定额名称	单位	数量
03020271	照明配电箱 1AW 安装（半周长 1.5m）	台	1
03020345	焊铜接线端子 16mm²	10 个	4.8
03020269	照明配电箱 ALH 安装（半周长 0.5m）	台	12
03020275	插座箱 AX 安装（半周长 0.5m）	台	12

工程量清单计价 **表 12-13**

清单编码（定额编号）	项目名称及描述	单位	数量
030204018001	照明配电箱 1AW（半周长 1.5m）	台	1
03020271	照明配电箱 1AW（半周长 1.5m）	台	1
03020345	焊铜接线端子 16 mm^2	10 个	4.8
030204018002	照明配电箱 ALH 安装（半周长 0.5m）	台	12
03020269	照明配电箱 ALH 安装	台	12
030204018003	插座箱 AX 安装	台	12
03020275	插座箱 AX 安装	台	12

12.5 管 线 敷 设

12.5.1 施工内容与方式

（1）室内照明线路敷设方法

一般有明敷和暗敷两种。

明敷设是将导线直接或穿管、穿线槽敷设在墙壁、顶棚表面、桁架及支架等处。室内照明线路的明敷设常采用线槽及穿管明配的配线方法。

暗敷亦称穿管暗配，是把线管敷设于墙壁、地坪或楼板内，然后在管内穿线。线管敷设一般从配电箱开始，逐段配至用电设备处，或者可从用电设备端开始，逐段配至配电箱处。

（2）暗敷钢管的施工程序

熟悉图纸 →选管 →切断 →套丝 →煨弯 →按使用场所刷防腐漆 →进行部分管与盒的连接 →配合土建施工逐层逐段预埋管 →管与管和管与盒（箱）连接 →接地跨接线焊接。

在现浇混凝土构件内敷设线管，可用钢丝将线管绑扎在钢筋上，也可以用钉子将线管钉在木模板上，将管子用垫块垫起，用钢线绑牢。当电线管路遇到建筑物伸缩缝、沉降缝时，应装设补偿盒。

12.5.2 清单列项及工程量计算规则

（1）工程量清单项目设置及工程量计算应按《建设工程工程量清单计价规范》GB 50500—2008 附表中表 C.2.4 控制设备及低压电器安装（编码：030204），具体内容详见表 12-14 的规定。

（2）工程量清单项目名称及项目特征描述

1）金属软管敷设不单独设置清单项目，在相关设备安装或电机检查接线清单项目的综合单价中考虑。

2）将接线盒、灯头盒、开关盒和插座盒的安装内容综合在灯具、开关及插座中，更能体现实际工程项目。因此，一般情况将灯头盒、开关盒和插座盒综合在灯具、开关及插座的综合单价中。

（3）清单工程量计算

1）电气配管按设计图示尺寸延长米计算。

2）电气配线按设计图示尺寸延长米计算，不计预留量。

配管、配线　　　　**表 12-14**

<table>
<tr><th>项目编码</th><th>项目名称</th><th>项目特征</th><th>计量单位</th><th>工程计算规则</th><th>工程内容</th></tr>
<tr><td>030212001</td><td>电气配管</td><td>1. 名称
2. 材质
3. 规格
4. 配置形式及部位</td><td>m</td><td>按设计图示尺寸以延长米计算，不扣除管路中间的接线箱（盒）、灯头盒、开关盒所占长度</td><td>1. 刨沟槽
2. 钢索架设（拉紧装置安装）
3. 支架制作、安装
4. 电线管路敷设
5. 接线盒（箱）、灯头盒、开关盒、插座盒安装
6. 防腐油漆
7. 接线</td></tr>
<tr><td>030212002</td><td>线槽</td><td>1. 材质
2. 规格</td><td rowspan="2">m</td><td>按设计图示尺寸以延长米计算</td><td>1. 安装
2. 油漆</td></tr>
<tr><td>030212003</td><td>电气配线</td><td>1. 配线形式
2. 导线型号、材质、规格
3. 敷设部位或线制</td><td>按设计图示尺寸以单线延长米计算</td><td>1. 支持体（夹板、绝缘子、槽板等）安装
2. 支架制作、安装
3. 钢索架设（拉紧装置安装）
4. 配线
5. 管内穿线</td></tr>
</table>

12.5.3　工程量清单的计价

（1）配管

1）一般规定

各种配管工程应区别不同敷设方式（明、暗敷设）、敷设位置及管子材质、规格，以“延长米”为单位计算，不扣除管路中间的接线箱（盒）、灯头盒、开关盒所占的长度。

电线管、钢管配管工作内容包括：测位、划线、打眼，埋螺栓，锯管、套丝、煨弯，配管，接地，刷漆。防爆钢管还包括试压。

2）配管工程量的计算要领

① 顺序计算方法：从起点到终点。从配电箱起按各个回路进行计算，即从配电箱→用电设备。

② 分片划块计算方法：计算工程量时，按建筑平面形状特点及系统图的组成特点分片划块计算，然后分类汇总。

③ 分层计算方法：在一个分项工程中，如遇有多层或高层建筑物，可采用由底层至顶层分层计算的方法进行计算。

计算时应注意：

A. 配管工程不包括接线箱、盒、支架制作安装。钢索架设及拉紧装置制作安装、插接式母线槽支架制作、槽架制作及配管支架应另行计算后套用第二册第六章的"铁构件制作安装"工程相应定额项目。

B. 电线管需要在混凝土地面刨沟敷设时，应另套定额有关项目。

C. 钢管敷设、防爆钢管敷设中的接地跨接线定额综合了焊接和采用专用接地卡子两种方式。

D. 刚性阻燃管暗配定额是按切割墙体考虑的，其余暗配管均按配合土建预留、预埋考虑，如果设计或工艺要求切割墙体时，另套墙体剔槽定额。

E. 有防腐要求的配管，按第十一册计算。

3）配管工程量的计算方法

按管材质、敷设地点、管径不同分项，以"100m"为计量单位，先干管、后支管，按楼层、供电系统各回路逐条列式计算，套用第二册第十二章的定额。PVC管、PC管一般采用粘结连接方式，应套用刚性阻燃管定额。

管长=水平长+垂直长

① 水平方向敷设的线管工程量计算

以施工平面布置图的线管走向和敷设部位为依据，以各配件安装平面位置的中心点为基准点，用比例尺测水平长度，或者借用建筑物平面图所标墙、柱轴线尺寸和实际到达位置进行线管长度的计算。

注意：管线工程量原则上是按照图示设计走向计算，但如果施工图走向严重偏离实际走向图，则要结合实际走向来计算（如管线敷设中穿过竖井、楼梯、卫生间时不应按直线量取）。

② 垂直方向敷设的线管工程量计算

垂直方向的管一般沿墙、柱引上或引下，其工程量计算与楼层高度、板厚及与箱、柜、盘、板、开关等设备安装高度有关，以标高差计算垂直长度。

4）套定额时注意事项

① 电线管与钢管的区别：电线管是指螺纹连接的薄壁钢管，钢管是指螺纹连接的国标焊接钢管（又称水煤气管）。

② 刚性阻燃管与半硬质阻燃管的区别：刚性阻燃管为刚性PVC管，也叫PVC冷弯电线管，分轻型、中型和重型，管材长度一般4m/根，管道弯曲时需要用专用弹簧，用胶水粘接；半硬质阻燃管由聚氯乙烯树脂加入增塑剂、稳定剂和阻燃剂等挤出成型而得，管道弯曲自如，无需加热和弯管弹簧，用胶水粘接，成捆供应，每捆100m。

③PC管与PVC管区别：PC是聚碳酸酯，称为"透明金属"，具有优良的综合性能，冲击韧性和延伸性好；PVC管是聚氯乙烯管，材质较PC管脆。套定额时，PC管套刚性阻燃管。

（2）配管接线箱、盒安装工程量计算

1）接线箱安装工程量

区分明装、暗装，按接线箱半周长区别规格分别以"个"为单位计算。接线箱本身价值需另行计算。电缆π接箱、等电位箱等另外套相应的定额。

2）接线盒安装工程量

区分明装、暗装及钢索上接线盒，分别以“个”为单位计算。接线盒价值另行计算。

明装接线盒包括接线盒、开关盒安装两个子项；暗装接线盒包括普通接线盒和防爆接线盒安装两个子项。接线盒安装亦适用于插座底盒的安装。

计算时应注意：

①接线盒安装发生在管线分支处或管线转弯处时按要求计算接线盒工程量。

②线管敷设超过下列长度时，中间应加接线盒：

管子长度每超过30m无弯时；

管子长度每超过20m中间有一个弯时；

管子长度每超过15m中间有两个弯时；

管子长度每超过8m中间有三个弯时。

两接线盒间对于暗配管其直角弯曲不得超过三个，明配管不得超过四个。

在进行工程量清单计价的计算时，接线盒要按08规范的工作内容要求计入相应编码的电器安装价格内。

3）定额中开关、插座及灯具已包括接线盒的安装及材料费用。如果工程中开关、插座及灯具只穿线到盒子后盖空白面板即交工的，则开关、插座及灯具的接线盒按以上方法计算。

（3）管内穿线工程量计算

1）一般规定

管内穿线应区分照明线路和动力线路，以及不同导线的截面大小按“单线延长米”计算。其内容包括穿引线、扫管、涂滑石粉、穿线、编号、接焊包头等。导线价值另行计算。

按线用途、截面、材质（铜、铝芯）分项，以“100m单线”为计量单位，套用第二册第十二章定额。

计算时应注意：

① 照明与动力线路的分支接头线的长度已分别综合在定额内，编制预算时不再计算接头工程量。

② 照明线路只编制了截面4mm^{2}以下的，截面4mm^{2}以上照明线路按动力线路定额计算。

2）管内穿线工程量计算方法

管内穿线长度=（配管长度+导线预留长度）×同截面导线根数

计算时要注意：

① 导线进入开关箱、柜及设备的预留长度见表12-15。

② 灯具、照明开关、暗开关、插座、按钮等预留线、线路分支接头线，已分别综合在相应定额内，不得另行计算。但是，工程中开关、插座只穿线到盒子后盖空白面板即交工的，结算时穿线可按插座盒预留0.45m，开关盒预留0.3m计算工程量。

③ 配线进入开关箱、柜、板的预留线，按下表规定的预留长度，分别计入相应的工程量。

④ 管内穿线的清单工程量计算只能计实体长，不能计导线预留长度。

导线预留长度（m） **表 12-15**

序号	项　　目	每一根线预留长度	说　　明
1	各种开关、柜、板	宽＋高	盘面尺寸
2	单独安装（无箱、盘）的铁壳开关、闸刀开关、启动器线槽进出线盒等	0.3m	从安装对象中心起
3	由地面管子出口引至动力接线箱	1.0m	从管口计算
4	电源与管内导线连接（管内穿线与软、硬母线接点）	1.5m	从管口计算
5	出户线	1.5m	从管口计算

（4）明敷设线路工程量计算

明敷设线路常采用线槽配线的方式。

1）线槽及槽架工程量计算方法

①线槽安装工程量，区分为金属线槽（MR）和塑料线槽（PR）。按照线槽不同的宽×高以“10m”为计量单位计算，执行相关定额。金属线槽宽＜100mm 使用加强塑料线槽定额，金属线槽安装定额亦适用于线槽在地面内暗敷设。

②线槽配线工程量，应区别导线截面，以单根线路延长米“100m 单线”为计量单位计算，当照明线超过 $4mm^2$ 时，套用第二册动力线定额。其工作内容包括：清扫线槽、放线、编号、对号、接焊包头。导线价值应另行计算。

③槽架安装按其宽（mm）×深（mm）区分不同规格，分别以“m”为单位计算。工作内容包括：定位、打眼、支架安装、本体固定。但槽架本身价值应根据设计用量另行计算。

2）塑料护套线明敷设工程量

应区别导线截面、导线芯数（二芯、三芯）、敷设位置（木结构；砖、混凝土结构；沿钢索、砖和混凝土结构粘接），以单线路“延长米”为计量单位。

（5）其他分项工程量计算

1）钢索架设工程量

应区别圆钢、钢索直径（$\phi6$、$\phi9$），按图示墙（柱）内缘距离，以“延长米”为计量单位，不扣除拉紧装置所占长度。拉紧装置的制作安装及钢索应另行计算。

2）母线拉紧装置制作

按母线截面 $500mm^2$、$1200mm^2$ 区分规格，以“套”计算。钢索拉紧装置制作按花篮螺栓直径 12mm、16mm、20mm 区分规格，以“套”计算。它们的工作内容包括：下料、钻眼、煨弯、组装，测位、打眼、埋螺栓、连接、固定及刷漆。

3）车间带形母线安装工程量

应区别母线材质（铝 LMY、钢 TMY）、母线截面、安装位置（沿屋架、梁、柱、墙，跨屋架、梁、柱），以“m”为计量单位计算。该项安装子目包括：电车绝缘子的安装及价值、母线支架安装和母线刷分相色漆、母线的木制夹具和夹板的制作与安装及其价值。

计算时要注意：

①变配电带型母线安装与车间带形母线安装不同，除刷色相漆外，上述安装子目包括的内容均不包括配电高压母线。

②母线价值及母线伸缩器制作安装和支架制作应另行计算。

③带型母线钢支架的制作，一般都按标准图制作，支架个数根据图纸和工程实际来计算，以“kg”为计量单位。

④带型母线伸缩器制作安装，一般都按标准图加工制作，以“个”为计量单位。用定额第二册第三章相应子目。

4）动力配管混凝土地面刨沟、墙体剔槽工程量

按管子直径区分规格，以“延长米”为单位计算。内容包括：测位、划线、刨沟、清理、填补等。

12.5.4　管线工程量计算实例

某住宅楼照明系统图如图 12-4 所示，其干线 N1～N6 的走向图见图 12-8，户内配电箱系统图与照明平面图见图 12-7、图 12-5，试计算该系统管线工程量长度，并进行定额列项和清单列项。

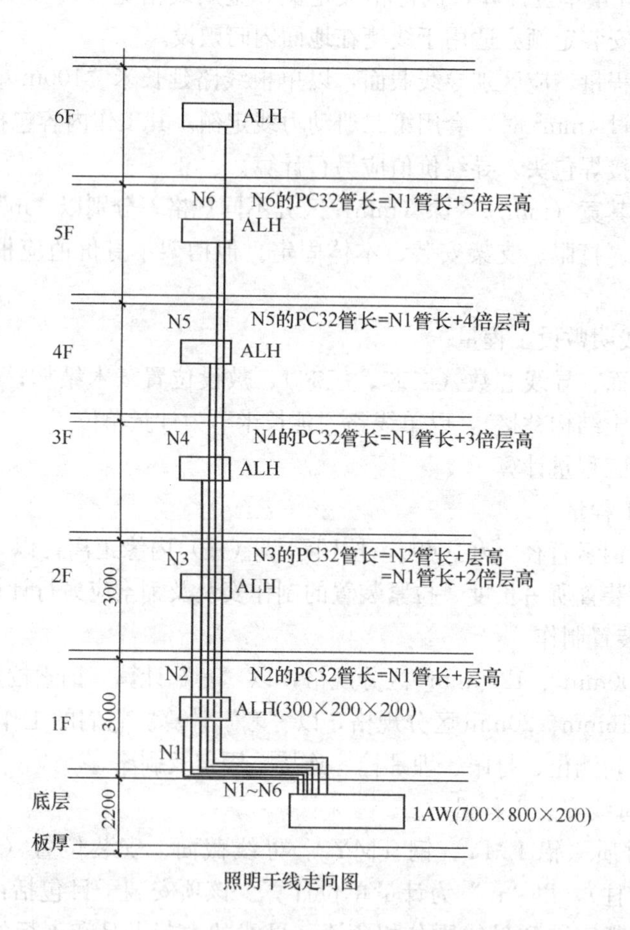

图 12-8　某住宅楼照明配电干线走向图（局部）

【解】　经分析计算，干线的管长度计算见表 12-16。

照明系统干线管长度计算表 表 12-16

定额编号	项目名称	单位	数量	工程量计算式	备注
03021323	刚性阻燃管砖混结构暗配 PC32 N1～N12 回路	m	175.2	N1 回路：1AW→一层 ALH PC32 管长＝垂直向上长度↑＋水平长度→＋垂直向上长度↑ ＝↑（底层层高 2.2－板厚 0.1－1AW 安装高 1.0－1AW 箱高 0.8）＋→（2.6＋2.6）＋↑（板厚 0.1＋ALH 安装高 1.5）＝7.1m N2 回路：1AW→二层 ALH PC32 管长＝N1 管长＋一层层高＝7.1＋3.0＝10.1m N3 回路管长 13.1m N4 回路管长 16.1m N5 回路管长 19.1m N6 回路管长 22.1m （N7～N12 的管长计算同 N1～N6）	

干线中的线定额计价长度计算见表 12-17。

干线线长度计算表 表 12-17

定额编号	项目名称	单位	数量	工程量计算式	备注
03021376	管内穿照明铜芯导线 $16m^2$	m	597.6	N1 回路线长：管长×导线根数＋预留长度＝7.1×3＋3×（0.7＋0.8）（1AW 预留）＋3×（0.3＋0.2）（一层 ALH 预留）＝27.3m N2 回路线长 36.3m N3 回路线长 45.3m N4 回路线长 54.3m N5 回路线长 63.3m N6 回路线长 72.3m （N7～N12 的线长计算同 N1～N6）	

管线定额预算计价与工程量清单计价对比表见表 12-18、表 12-19。注意，导线工程清单量指的是实体量，工程量清单计价的量要考虑预留量。

定额计价　　表12-18

定额编号	定额名称	单位	数量
03021323	刚性阻燃管砖混结构暗配PC32	100m	1.75
03021321	刚性阻燃管砖混结构暗配PC20	100m	9.5
03021320	刚性阻燃管砖混结构暗配PC16	100m	19
03021376	管内穿铜芯照明导线16mm²	100m	5.98
03021355	管内穿铜芯照明导线4mm²	100m	25.5
03021354	管内穿铜芯照明导线2.5mm²	100m	57.1

工程量清单计价　　表12-19

清单编码（定额编号）	项目名称及描述	单位	数量
030212001001	电气暗配管PC32	m	175.2
03021323	刚性阻燃管砖混结构暗配PC32	100m	1.75
030212001002	电气暗配管PC20	m	950
03021321	刚性阻燃管砖混结构暗配PC20	100m	9.5
030212001003	电气暗配管PC16	m	1900
03021320	刚性阻燃管砖混结构暗配PC16	100m	19
030212003001	管内穿照明线BV－16	m	525.6
03021376	管内穿铜芯照明导线16mm²	100m	5.98
030212003002	管内穿照明线BV－4	m	2430
03021355	管内穿铜芯照明导线4mm²	100m	25.5
030212003003	管内穿照明线BV－2.5	m	5650
03021354	管内穿铜芯照明导线2.5mm²	100m	57.1

12.6　照明器具安装

照明器具安装主要有灯具、灯具开关、插座、安全变压器、电铃、风扇等器具的安装。

12.6.1　清单列项及工程量计算规则

（1）工程量清单项目设置及工程量计算应按《建设工程工程量清单计价规范》GB 50500—2008附表中表C.2.4控制设备及低压电器安装（编码：030204），具体内容详见表12-20。

照明器具安装 **表 12-20**

项目编码	项目名称	项目特征	计量单位	工程量计算规则	工程内容
030213001	普通吸顶灯及其他灯具	1. 名称、型号 2. 规格	套	按设计图示数量计算	1. 支架制作、安装 2. 组装 3. 油漆
030213002	工厂灯	1. 名称、安装 2. 规格 3. 安装形式及高度			1. 支架制作、安装 2. 安装 3. 油漆
030213003	装饰灯	1. 名称 2. 型号 3. 规格 4. 安装高度			1. 支架制作、安装 2. 安装
030213004	荧光灯	1. 名称 2. 型号 3. 规格 4. 安装形式			安装
030213005	医疗专用灯	1. 名称 2. 型号 3. 规格	套	按设计图示数量计算	安装
030213006	一般路灯	1. 名称 2. 型号 3. 灯杆材质及高度 4. 灯架形式及臂长 5. 灯杆形式（单、双）			1. 基础制作、安装 2. 立灯杆 3. 杆座 4. 灯架 5. 引下线支架制作、安装 6. 焊压接线端子 7. 铁构件制作、安装 8. 除锈、刷油 9. 灯杆编号 10. 接地
030213007	广场灯安装	1. 灯杆的材质及高度 2. 灯架的型号 3. 灯头数量 4. 基础形式及规格			1. 基础浇筑（包括土石方） 2. 立灯杆 3. 杆座安装 4. 灯架安装 5. 引下线支架制作、安装 6. 焊压接线端子 7. 铁构件制作、安装 8. 除锈、刷油 9. 灯杆编号 10. 接地

续表

项目编码	项目名称	项目特征	计量单位	工程量计算规则	工程内容
030213008	高杆灯	1. 灯杆高度 2. 灯架形式（成套或组装、固定或升降） 3. 灯头数量 4. 基础形式及规格	套	按设计图示数量计算	1. 基础浇筑（包括土石方） 2. 立杆 3. 灯架安装 4. 引下线支架制作、安装 5. 焊压接线端子 6. 铁构件制作、安装 7. 除锈、刷油 8. 灯杆编号 9. 升降结构接线调试 10. 接地
030213009	桥栏杆灯	1. 名称 2. 型号 3. 规格 4. 安装形式	套	按设计图示数量计算	1. 支架铁构件制作、安装、油漆 2. 灯具安装
030213010	地道涵洞灯				
030204031	小电器	1. 名称、名称 2. 型号 3. 规格	个（套）	按设计图示数量计算	1. 安装 2. 焊压端子

说明：

1）普通吸顶灯及其他灯具包括：圆球吸顶灯、半圆球吸顶灯、方形吸顶灯、软线吊灯、吊链灯、防水吊灯、壁灯等。

2）工厂灯包括：工厂罩灯、防水灯、防尘灯、碘钨灯、投光灯、混光灯、高度标志灯、密闭灯等。

3）装饰灯包括：吊式艺术装饰灯、吸顶式艺术装饰灯、荧光艺术装饰灯、几何型组合艺术装饰灯、标志灯、诱导装饰灯、水下艺术装饰灯、点光源艺术灯、歌舞厅灯具、草坪灯具等。

4）医疗专用灯包括：病房指示灯、病房暗脚灯、紫外线杀菌灯、无影灯等。

5）小电器包括：按钮、照明用开关、插座、电笛、电铃、电风扇、水位电气信号装置、测量表计、继电器、电磁锁、屏上辅助设备、辅助电压互感器、小型安全变压器等。

（2）工程量清单项目名称特征描述

1）照明器具的安装子目比较特别，应按08规范要求明确名称、型号和规格外，还要描述各种价格因素。

2）市政路灯要说明杆高、灯杆材质、灯架形式及臂长。

12.6.2　工程量清单的计价

（1）灯具安装

按灯具形式、安装方式、型号规格不同直接从施工图上计算数量。以“10套”为单位计量，套用第二册第十三章的定额。

1）普通灯具安装的工程量计算

应区别灯具的种类、型号、规格、以“套”为计量单位。普通灯具安装定额适用范围见定额第二册第十三章的说明。计算时应注意：软线吊灯和链吊灯均不包括吊线盒价值，必须另计。

2）装饰灯具的安装

装饰灯具安装的工程量计算，应使用与广西2008年版定额第二册第十三章中装饰灯具安装配套的灯具彩图。为了减少因产品规格、型号不统一而发生争议，定额采用灯具彩色图片与子目对照方法编制，以便认定，给定额使用带来极大方便。施工图设计的艺术装饰吊灯的头数与定额规定不相同时，可以按照插入法进行换算。

各类装饰灯具安装的工程量计算规则如下：

①吊式艺术装饰灯具的工程量，应根据装饰灯具示意图集所示，区别不同装饰物以及灯体直径和灯体垂吊长度，以“套”为计量单位。灯体直径为装饰物的最大外缘直径，灯体垂吊长度为灯座底部到灯梢之间的总长度。

②吸顶式艺术装饰灯具安装的工程量，应根据装饰灯具示意图集所示，区别不同装饰物、吸盘的几何形状、灯体直径、灯体周长和灯体垂吊长度，以“套”为计量单位。

圆形吸顶式艺术装饰灯具的灯体直径为吸盘最大外缘直径。矩形吸顶式艺术装饰灯具的灯体半周长为矩形吸盘的半周长。吸顶式艺术装饰灯具的灯体垂吊长度为吸盘到灯梢之间的总长度。

③荧光艺术装饰灯具安装工程量，应根据装饰灯具示意图集所示，区别不同安装形式和计量单位计算工程量。

A. 组合荧光灯光带安装的工程量，应根据装饰灯具示意图集所示，区别安装形式、灯管数量，以“延长米”为计量单位，灯具的设计数量与定额不符时，可以按设计用量加损耗量调整主材。

B. 内藏组合式灯安装的工程量，应根据装饰灯具示意图集所示，区别灯具组合形式，以“延长米”为计量单位，灯具的设计用量与定额不符时，可根据设计用量加损耗量调整主材。

C. 发光棚安装的工程量，应根据装饰灯具示意图集所示，以“m^2”为计量单位，发光棚灯具按设计用量加损耗量计算。

④立体广告灯箱、荧光灯光沿的工程量，应根据装饰灯具示意图集所示，以“延长米”为计量单位，灯具设计用量与定额不符时，可根据设计用量加损耗调整主材。

⑤其余灯具安装的工程量，应根据装饰灯具示意图集所示，区别不同安装形式及灯具的不同形式，以“套”为计量单位。

⑥ 歌舞厅灯具安装的工程量，应根据装饰灯具示意图集所示，区别不同灯具形式，分别以“套”、“延长米”、“台”为计量单位。

3）荧光灯具安装工程量

应区别灯具的安装形式、灯具种类、灯管数量，以“套”为计量单位计算。

计算时应注意：荧光灯具安装包括组装型和成套型两类。一般采用成套型灯具。

4）工厂灯及防水防尘灯安装的工程量

工厂灯及防水防尘灯安装包括的灯具类型大致可分为两类：一类是工厂罩灯及防水防尘灯，另一类是工厂其他常用灯具。

①工厂灯及防水防尘灯安装工程，应区别不同安装形式，以“套”为计量单位。

②工厂其他灯具安装工程量，应区别不同灯具类型、安装形式、安装高度，以“套”、“个”、“延长米”为计量单位。

5）医院灯具安装工程量

医院灯具安装分四种类别，即病房指示灯、病房暗脚灯、紫外线杀菌灯和无影灯（吊管灯），均应区别灯具种类分别以“套”为单位计算。

6）路灯安装工程量

立金属杆，按杆高，以“根”为计量单位。

路灯安装工程量应区别不同臂长，不同灯数，以“套”为计量单位。

计算时应注意

①灯具安装定额中各型灯具的引线，支架制作安装，各种灯架元器件的配线，除注明者外，均已综合考虑在定额内，使用时不作换算。

②路灯、投光灯、碘钨灯、氙灯、烟囱和水塔指示灯，定额内均已考虑了一般工程的高空作业因素。其他器具安装高度如超过5m以上20m以下，则应按册说明中规定的超高系数另行计算。

③利用摇表测量绝缘及一般灯具的试亮工作（但不包括调试工作）已包括在定额内，计算工程量时不再重复计算。

④本章仅列高度在6m以内的金属灯柱安装项目，其他不同材质、不同高度的灯柱（杆）安装可执行第十章相应定额。灯柱穿线执行定额第十二章配管、配线定额相应子目。

⑤灯具安装定额只包括灯具和灯管（泡）的安装，未包括灯具的价值。灯具的主材价值计算，以各地灯具预算价或市场价为准。计算时应留意，灯具预算价格已包括灯具和灯泡（管）时，不分别计算，直接套用成套灯具的主材单价即可。若灯具预算价格中不包括灯泡（管）时，应另计算灯泡（管）的未计价材料价值。

⑥普通艺术花灯、嵌入式荧光灯见补充定额。

⑦对于暗敷设的线路，每套灯具都要配一个灯头盒，该灯头盒的安装费已包含在灯具安装定额中。

（2）开关、插座安装

按产品形式、安装方式、规格从施工图上数出，以“10套”为单位计量，套用第二册第十三章的开关插座定额。

1）开关、按钮安装工程量

应区别开关、按钮安装方式，开关、按钮种类，开关极数以及单控与双控形式，以“套”为单位计量。

计算时应注意：

①开关及按钮安装，包括拉线开关、扳把开关明装、暗装，扳式暗装开关区分单联、

双联、三联、四联分别计算。

②开关、按钮安装工程中，开关、按钮本身价格应分别另行计价。

③对于暗敷设的线路，每个开关都要配一个开关盒。该开关盒的安装费已包含在开关安装定额中。

本项中的"一般按钮"应与前面所述的动力、照明系统内的控制设备用的"普通按钮"安装相区别。

2）插座安装工程量

应区别电源相数、额定电流、插座安装形式、插座插孔个数，以"套"为计量单位。

计算时应注意：

①插座安装包括普通插座和防爆插座两类，普通插座分明装和暗装两项，每项又分单相、单相三孔、三相四孔，均以插座的电流15A以下、30A以下区分规格套用定额。

②对于暗敷设的线路，每个插座都要配一个插座盒，该盒子的安装费已包含在插座安装定额中，不用另行计算。

3）安全变压器、电铃、风扇等器具的安装工程量

按产品形式、安装方式、规格从施工图上数出，以"台"为计量单位，套用定额第二册第十三章的内容。

①安全变压器安装，以容量千伏安（kVA）区分规格，以"台"为单位计算。工作内容包括：开箱清扫、检查，测位、划线、打眼，支架安装（未包括支架制作），固定变压器，接线、接地。

②电铃安装，区分为两大项目六个子项，一项是按电铃直径大小（即100mm，200mm，300mm以内）分为三个子项；另一项是以电铃号牌箱规格（号以内）分为10号、20号、30号以内三个子项，它们均分别以"套"为单位计算工程量。电铃的价格另计。

③风扇安装，区分吊扇和壁扇，以"台"为单位计算安装工程量。安装内容包括：测位、划线、打眼，固定吊钩，安装调速开关，接焊包头、接地等。

④门铃安装工程量计算，应区别门铃安装形式，以"个"为计量单位计算。

⑤盘管风机三速开关、请勿打扰灯、须刨插座、钥匙取电器、自动干手装置、卫生洁具自动感应器等的安装，均以"套"为计量单位计取工程量。

⑥红外线浴霸安装的工程量，区分光源个数以"套"为计量单位计算工程量。

计算时应注意：

A. 风扇安装已包含调速开关的安装费用，不得另计。

B. 风扇安装（内含单相电机）不用计算电机检查接线及电机调试费用。

C. 对于暗敷设的线路，每套吊扇都要配一个灯头盒，壁扇、排气扇配接线盒，该接线盒的安装要另列项计价。

12.6.3 照明器具编制实例

试对比例图12-4～图12-8中照明器具定额计价与工程量清单计价的区别。

【解】 照明器具定额预算计价与工程量清单计价对比表分别见表12-21和表12-22。

定 额 计 价 　　表 12-21

定额编号	定额名称	单位	数量
03021804	成套型双管荧光灯，吸顶式安装 2×36W	10套	2.4
03021640	六头艺术花灯吸顶式安装 6×13W	10套	1.2
03021592	半圆球吸顶灯安装（灯罩直径 250mm）1×13W	10套	6.0
03021593	半圆球吸顶灯安装（灯罩直径 300mm）1×13W	10套	2.6
03021603	普通吸顶灯 1×32W	10套	6.0
03021919	板式双联单控暗开关	10套	3.0
03021918	板式单联单控暗开关	10套	13.9
03021918	节能开关	10套	0.7
03021942	单相暗插座 5 孔 10A	10套	22.8
03021941	单相暗插座 3 孔 10A	10套	4.8
03021941	单相暗插座 3 孔 16A 防溅	10套	2.4
03021941	单相暗插座 3 孔 16A	10套	6.0

工程量清单计价 　　表 12-22

清单编码（定额编号）	项目名称及描述	单位	数量
030213004001	成套型双管荧光灯，吸顶式安装 2×36W	套	24
03021804	成套型双管荧光灯，吸顶式安装 2×36W	10套	2.4
030213003001	六头艺术花灯	套	12
03021640	六头艺术花灯	10套	1.2
030213001001	半圆球吸顶灯 250mm	套	60
03021592	半圆球吸顶灯 250mm	10套	6.0
030213001002	半圆球吸顶灯 300mm	套	26
03021593	半圆球吸顶灯 300mm	10套	2.6
030213001003	普通吸顶灯 1×32W	套	26
03021603	普通吸顶灯 1×32W	10套	2.6
030204031001	小电器，板式双联单控暗开关	套	30
03021919	板式双联单控暗开关	10套	3.0
030204031002	小电器，板式单联单控暗开关	套	139
03021918	板式单联单控暗开关	10套	13.9
030204031003	小电器，节能开关	套	7
03021918	节能开关	10套	0.7
030204031004	小电器，单相暗插座 5 孔 10A	套	228
03021942	单相暗插座 5 孔 10A	10套	22.8
030204031005	小电器，单相暗插座 3 孔 10A	套	48
03021941	单相暗插座 3 孔 10A	10套	4.8
030204031006	小电器，单相暗插座 3 孔 16A 防溅	套	24
03021941	单相暗插座 3 孔 16A 防溅	10套	2.4
030204031007	小电器，单相暗插座 3 孔 16A	套	60
03021941	单相暗插座 3 孔 16A	10套	6.0

13 建筑动力配电系统

【学习目标】

了解动力配电线路的形式，熟悉动力线路的识图方法、施工工艺，掌握动力配电的清单列项与定额套价，能根据施工图编制工程计价书。

【学习要求】

能力目标	知识要点	相关知识
熟悉电气设备安装工程中消耗量定额的内容	消耗量定额中各分项的工作内容	常用设备的类型、安装基础知识、施工工艺、施工图的识读
能编制水泵、风机等常用动力设备配电工程量清单并进行定额套价及工程量计算	清单列项及清单工程量的计算、定额套价及工程量计算规则	

13.1 系 统 简 介

13.1.1 动力工程的基本概念

(1) 动力工程

指以电动机为动力的设备、相应的配电控制箱和电气线路的安装与敷设。

(2) 动力配电设备

指控制各种动力受电设备的开关、动力配电箱或动力配电柜。

(3) 动力受电设备

指各种加工机床、加热炉、起重设备、电机和电焊机等用电设备。动力受电设备一般需要对称的380V三相交流电源（电焊机等少数设备可以使用两相380V或单相220V电源）供电，这是与使用单相220V电源的照明受电设备所不同的地方。

(4) 动力配电线路

指连接动力配电设备和动力受电设备的电力线路。

计取动力受电设备的连接导线时应注意：使用对称380V三相电源的动力受电设备，一般不需要中性线或零线。

13.1.2 建筑动力配电线路

由于动力线路具有线路电流大等特点，决定了它除了与照明线路具有相同的管子配线和电缆配线外，还具有其他的特殊配线方式，如硬母线配线、插接式母线配线、普通绝缘导线瓷绝缘子配线、起重机（吊车、行车）滑触线配线。建筑动力配电系统对于电机功率比较小的一般采用配管配线的方式，对于功率大一点的电机一般采用电缆配线。

13.2　系统列项与工程量计算

13.2.1　清单列项及工程量计算规则

(1) 电机安装工程量清单项目设置及工程量计算可按表13-1的规定执行。

动力配电系统清单项目　　表13-1

项目编码	项目名称	项目特征	计量单位	工程量计算规则	工程内容
030204018	配电箱	1. 名称、型号 2. 规格	台	按设计图示数量计算	1. 基础型钢制作、安装 2. 箱体安装 3. 焊压接线端子
030206001	发电机	1. 型号 2. 容量（kW）	台	按设计图示数量计算	1. 检查接线（包括接地） 2. 干燥 3. 调试
030206003	普通小型直流电动机	1. 名称、型号 2. 容量（kW） 3. 类型			1. 检查接线（包括接地） 2. 干燥 3. 系统调试
030206005	普通交流同步电动机	1. 名称、型号 2. 容量（kW） 3. 启动方式			
030206006	低压交流异步电动机	1. 名称、型号、类别 2. 控制保护方式	台	按设计图示数量计算	1. 检查接线 2. 干燥 3. 系统调试
030206009	微型电机、电加热器	1. 名称、型号 2. 规格			

(2) 工程量清单项目名称及特征描述

1) 建筑动力配电系统清单列项同建筑照明系统配管配线。

2) 清单列项时，从管口到电机接线盒之间的保护软管，应包含在电机检查接线项目中，不应再另列子目。

3) 电机的检查接线项目中，应描述电机的名称、型号、规格、容量和重量。

4) 电机干燥和电机解体检查工作要等到电机到货后，通过检查才能确认是否需要做，因此招标时通常无法确认，在这种情况下可在该项清单名称中注明不含电机干燥及电机解体检查，待结算时按实计价。

(3) 电机检查接线及调试按设计图数量以台或组计算。

13.2.2　工程量清单的计价

(1) 电机安装

1) 电机类型的划分

本定额中的“电机”是指发电机和电动机的统称，如小型电机检查接线定额，适用于同功率的小型发电机和小型电动机的检查接线。定额中的电机功率是指电机的额定功率。

①电机定额的界线划分

与机械同底座的电机和装在机械设备上的电机安装，执行第一册“机械设备安装工程”的电机安装定额。

电机的检查接线和干燥执行本册相应定额子目。

②电机类型划分为

小型电机——单台电机重量在3t以下；

中型电机——单台电机重量在3t以上至30t以下；

大型电机——单台电机重量在30t以上；

微型电机——驱动微型电机、控制微型电机、电源微型电机。

计算时应注意：大中型电机不分交、直流电机，一律按电机重量执行相应定额。其他小型电机凡功率在0.75kW以下的均执行微型电机相应定额，但一般民用小型交流电风扇安装另执行第二册定额第十三章的风扇安装定额。

2）电机检查接线

按《电气装置安装工程旋转电机施工及验收规范》(GB 50170—2006）规定，电动机出厂保管期间，应进行检查。安装时均应计算“电机检查接线”费用。按电机类型、功率分项，以“台”为单位计量，套用第二册第六章定额。

其工作内容包括：配合解体检查，研磨和调整电刷，测量空气间隙，接地，电机干燥，绝缘测量及空载试运转。

①发电机、调相机、电动机、风机盘管、户用锅炉电气装置的电气检查接线，其工程量均按电动机容量（kW以内）以“台”为单位计算，直流发电机组和多台一串的机组，按单台电机分别执行定额。

②电机检查接线，小型电机按电机类别和功率大小执行相应定额，大、中型电机不分类别一律按电机重量执行相应定额。

③电机检查接线工程量的计算，应按施工图纸要求，按需要检查接线的电机，如水泵电机、风机电机、压缩机电机、磨煤机电机等的数量计算。

计算时应注意：

A. 带有连接插头的小型电机，则不计算检查接线工程量。

B. 各类电机的检查接线定额均不包括控制装置的安装和接线。

④各种电机的检查接线，按规范要求均需配有相应的金属软管，如设计有规定的按设计规格和数量计算，如设计要求用包塑金属软管、阻燃金属软管或采用铝合金软管接头等，均按设计计算。设计没有规定时，平均每台电机配相应规格的金属软管1.25m和与之配套的金属软管专用活接头。电机的电源线为导线时，应执行第二册定额第四章的压(焊）接线端子定额。

⑤套用电机检查接线定额时，应考虑同时套用“电机调试”项目。

⑥电机的接地线材料，第二册定额使用镀锌扁钢（—25×4）编制的，如采用铜接地线时，主材（导线和接头）应更换，但安装人工和机械不变。

⑦电机解体检查定额，应根据需要选用。如不需要解体时，可只执行电机检查接线定额。

3）电机干燥

电机安装前应测试电机绝缘，如绝缘电阻较低，不合格者，必须进行干燥。按功率或重量分项，以“台”为单位计量，套用第二册第六章“电机干燥”定额。

计算时应注意：

①本定额的电机检查接线定额，除发电机和调相机外，均不包括电机干燥，发生时其工程量应按电机干燥定额另行计算。

②电机干燥定额是按一次干燥所需的工、料、机消耗量考虑的，实际执行中不论干燥的时间长短，所需的人工及电度数均不作调整。

③在特别潮湿的地方，电机需要进行多次干燥，应按实际干燥次数计算。在气候干燥、电机绝缘性能良好、符合技术标准而不需要干燥时，则不计算干燥费用。

④实际包干的工程，可参照以下比例，由有关各方协商而定：低压小型电机3kW以下按25%的比例考虑干燥；低压小型电机3kW以上至220kW按30%～50%考虑干燥；大中型电机按100%考虑一次干燥。

（2）起重设备电气装置安装定额与工程量计算

起重设备电气装置定额包括“普通桥式起重机电气安装”、“双小车、双钩梁起重机电气安装”、“门型、单梁起重机及电葫芦电气安装”和“滑触线安装”、“移动软电缆安装”等项目。

1）起重机电气装置安装

起重机的安装一般由生产厂家承担。

2）滑触线安装

滑触线包括“角钢及扁钢”和“圆钢及轻轨”两种类型。套用第二册第七章定额。

①滑触线安装以“m/单相”为计量单位，滑触线本身的工程量计算应按施工图设计用量乘以定额规定消耗指标后再加预留长度总和来计算，其计算式如下：

滑触线工程量＝设计用量×1.05（定额规定消耗指标）＋预留长度，其附加和预留长度按表13-2规定计算。

滑触线安装附加和预留长度表（m/根）　　　　**表13-2**

序号	项目	预留长度	说明
1	圆钢、铜母线与设备连接	0.2	从设备接线端子接口起算
2	圆钢、铜滑触线终端	0.5	从最后一个固定点起算
3	角钢滑触线终端	1.0	从最后一个支持点起算
4	扁钢滑触线终端	1.3	从最后一个固定点起算
5	扁钢母线分支	0.5	分支线预留
6	扁钢母线与设备连接	0.5	从设备接线端子接口起算
7	轻轨滑触线终端	0.8	从最后一个支持点起算
8	安全节能及其他滑触线终端	0.5	从最后一个固定点起算

②安全节能滑触线安装，按载流量以“m/单相”为计量单位。

计算时应注意：

A. 组合为一根的滑触线，按单相滑触线定额乘以系数2.0，其固定支架执行第二册定额一般铁构件制作、安装子目。

B. 未包括滑触线的导轨、支架、集电器及其附件等装置性材料。

③圆钢、扁钢滑触线安装，其拉紧装置应另套相应项目。

④滑触线支架分固定方式、架式以“10 副”为计量单位，指示灯、拉紧装置、挂式滑触线支持器以“套”或“10 套”为计量单位。

计算时应注意：

A. 支架制作和安装时，支架制作以“t”为单位，而安装是以每“10 副”为单位计量。这种计量单位的不统一，在编制预算时，应根据标准图集规定的每“10 副”或每“副”的重量进行换算，计算出“副”或“t”的价值。

B. 基础铁件及螺栓，按土建预埋考虑，如土建预埋未考虑预埋铁件，则按一般铁构件制作，安装定额另行计算。

C. 线及支架安装是按 10m 以下高度考虑的，滑触线及支架的油漆，按刷一遍考虑，如需刷第二遍时，另套用第十一册定额相应项目另行计算。角钢、扁钢、圆钢、工字钢滑触线已考虑刷相色漆。

⑤滑触线的辅助母线安装，执行车间带型母线安装定额。滑触线伸缩器和座式电车绝缘子支持器的安装，已分别包括在“滑触线安装”和“滑触线支架安装”定额内，不另行计算。

3）移动软电缆安装

移动软电缆安装按敷设方式区分为沿钢索、沿轨道两种形式（轨道是分扁钢滑轨和 2 号钢滑轨）。沿钢索安装以“根”为单位，电缆长度按 10m、20m、30m 以内分别计算。

沿轨道安装以每“100m”为单位，电缆截面积分别按 $16mm^2$、$35mm^2$、$70mm^2$、$120mm^2$ 以内区分规格进行计算。工作内容包括：配钢索、装拉紧装置、吊挂、滑轮及拖架、电缆敷设、接线。

计算时应注意：软电缆、滑轮、拖架需另行计算。沿钢索安装的钢索拉紧装置的价值已包括在定额内，不得另行计算。移动软电缆敷设未包括轨道安装及滑轮制作。

（3）电梯电气装置安装定额与工程量计算

一般作为一个单位工程承包给厂家做。

安装工程预算定额第二册“电气设备安装工程”中的“电梯电气装置”安装范围，因电梯类型的不同而不同，但一般来说，主要包括有：控制屏、继电器屏、可控硅励磁屏、选层器、楼层指示器、硒整流器、极限开关、厅外指层灯箱、召唤按钮箱、厅门连锁开关、上下限位开关、断带开关、自动选层开关、平层感应铁、轿内操纵盘、指层灯箱、电风扇、灯具、安全窗开关、端站开关、平层器、开关门行程开关、轿门连锁开关、安全钳开关、超载显示器、电阻箱、限位开关碰铁。

上述各种器件一般都随同电梯机体配套供货，不需另行计价，当电梯安装说明书或样本注明不包括某种器件时，可另行计价。各种类型电梯安装内容中所指的“电气设备安装”，是指上述各种器件的安装。电梯机件本身安装，按照安装工程预算定额第一册“机械设备安装工程”的相应项目执行。

1）各种自动、半自动客、货电梯的电气装置安装工程量

应区分电梯类别、操纵方式、层数、站数，以“部”为计量单位计算。套用第二册第

十四章定额。

其内容包括：开箱、检查、清点，电气设备安装，管线敷设，挂电缆、接线、接地、摇测绝缘。

计算时应注意：

①电气安装工程量计算规则适用于国产的各种客、货、医用和杂物电梯的电气装置安装，但不包括自动扶梯和观光梯安装。

②“电厂专用电梯电气安装”按配合锅炉容量（t/h）分别选套子目。

③电梯安装材料：电线管及线槽、金属软管、管子配件、紧固件、电缆、电线、接线箱（盒）、荧光灯及其他附件、备件等，均按设备自带考虑。

④电梯安装高度是按平均层高4m以内考虑的（包括上、下缓冲），如平均层高超过4m时，其超过部分可另按提升高度定额以“m”为计量单位计算。

⑤直流（自动、半自动）电梯、小型杂物电梯安装是按照每层一个厅门、一个轿厢门考虑的。增或减厅门、轿厢门时，另按增或减厅门相关定额子目计算。计算时增或减厅门分别以“个”为单位计算工程量。增或减自动轿厢门以“个”数计算。

工作内容包括：配管接线，装指层灯、召唤按钮、门锁开关等。

⑥电梯电气安装工程量计算规则是以室内地坪±0.00首层为基站，±0.00以下为地坑（下缓冲）考虑的，如遇有“区间电梯”（基站不在首层），下缓冲地坑设在中间层时，则基站以下部分楼层的垂直搬运应另行计算。

⑦一部或两部以上并列运行或群控电梯安装，按相应的定额分别乘以系数1.2计算。

⑧杂物电梯是以载重量在200kg以内，轿厢内不载人为准。载重量大于200kg的、轿厢内有司机操作的杂物电梯，执行客货电梯的相应项目。

2）电梯电气安装定额不包括的各项工作

电源线路及控制开关的安装；电动发电机组的安装；基础型钢和钢支架制作；接地极与接地干线敷设；电气调试；电梯的喷漆；轿厢内的空调、冷热风机、闭路电视、步话机、音响设备；群控集中监视系统以及模拟装置。应按有关定额或“电气设备安装工程”定额相应项目另列项计算。

13.3　动力配电计价编制实例

某建筑用电梯配电系统图与平面布置图见图13-1～图13-3，试对电梯系统进行列项与套价。

【解】　按照电能量传递的方向，电梯系统由电源端指向设备端的过程中，经过以下环节：

一层配电房AA2出线N101和N201两回路→沿桥架上墙至底层天棚板底→沿天棚板底水平敷设至电气竖井→沿电气竖井垂直引上→至屋顶机房电梯配电箱（13APE2）→13APE2出三回路分别至电梯控制箱、电梯井道照明、电梯井道插座。

系统安装完毕要进行相关调试。

上述各环节包含的定额安装项目有：

（1）沿桥架敷设

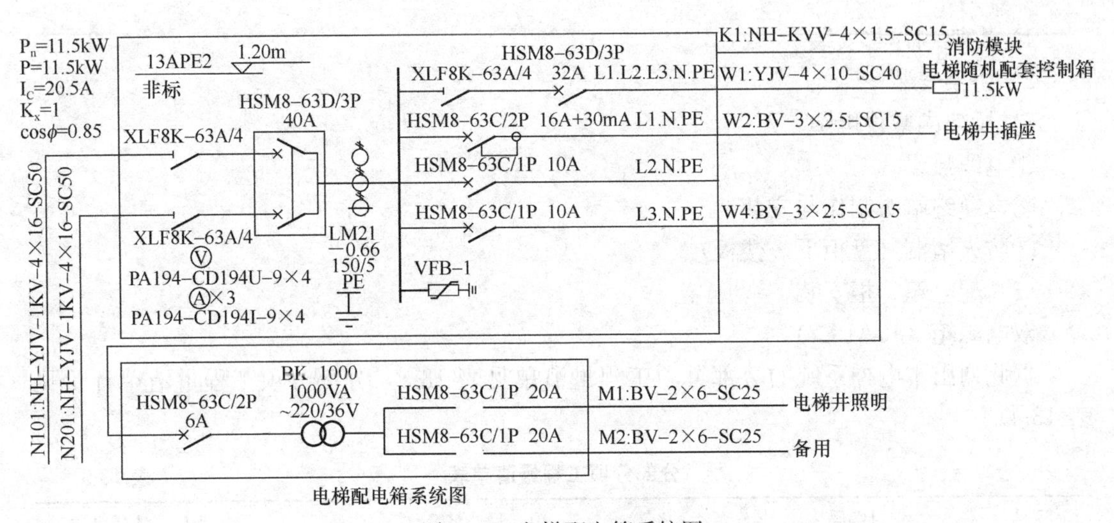

图 13-1 电梯配电箱系统图

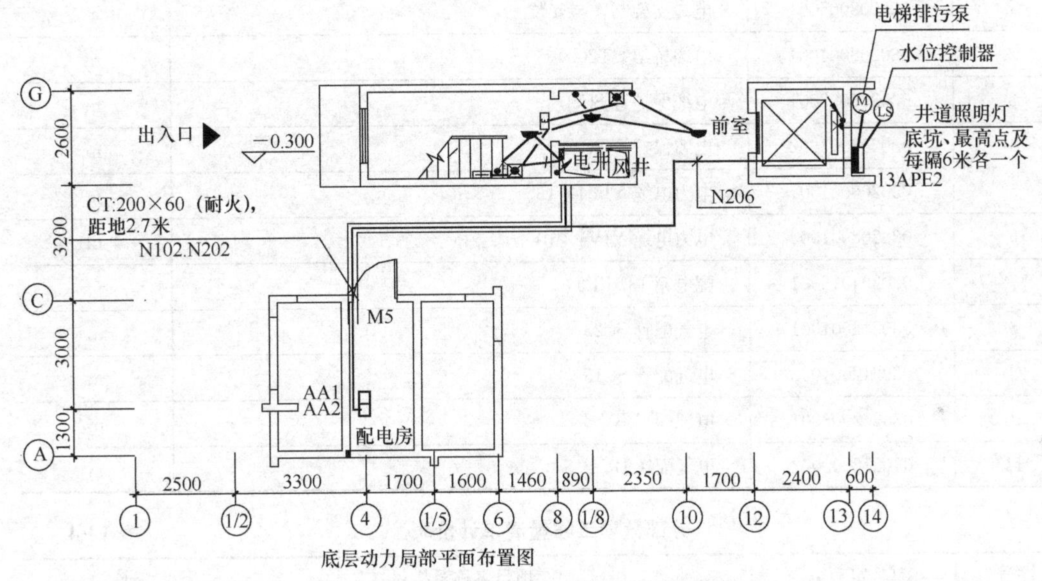

图 13-2 底层动力局部平面布置图

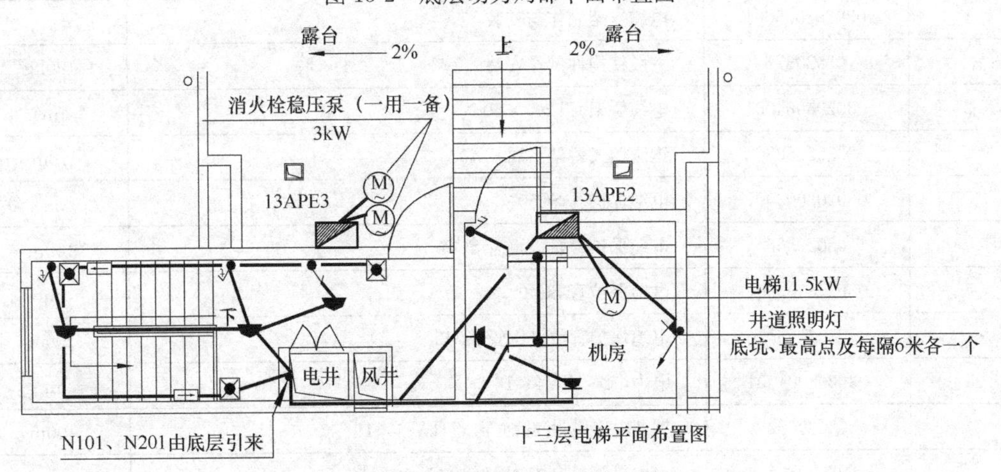

图 13-3 十三层电梯平面布置图

1）支架制作与安装

2）桥架安装

3）桥架内敷设电缆

①电缆敷设

②电缆终端头制作与安装

③防火堵洞（盘柜下、楼板）

（2）配电箱、柜安装

双电源箱（13APE2）

据此列出本电梯系统的分部分项工程量清单见表13-3，分部分项工程量清单计价见表13-4。

分部分项工程量清单表　　**表13-3**

序号	项目编码	项　目　名　称	计量单位
1	030208005001	电缆支架制作与安装	t
2	030208004001	电缆桥架 CT200×60	m
3	030208003001	电缆保护管 SC50	m
4	030208003002	电缆保护管 SC40	m
5	030208001001	电力电缆 YJV4×16	m
6	030208001002	电力电缆 YJV4×10	m
7	030204018001	配电箱 13APE2	台
8	030212001001	电气配管 SC25	m
9	030212001002	电气配管 SC15	m
10	030212003001	电气配线 BV-6	m
11	030212003002	电气配线 BV-2.5	m

分部分项工程量清单计价表　　**表13-4**

序号	清单/定额编码	项目名称及描述	计量单位
1	030208005001	电缆支架制作与安装	t
	03020371	一般铁构件制作安装	100kg
2	030208004001	电缆桥架 CT200×60	m
	03020588	钢制槽式桥架半周长400	10m
3	030208003001	电缆保护管 SC50	m
	03020560	电缆保护管敷设钢管 SC50	100m
4	030208003002	电缆保护管 SC40	m
	03020560	电缆保护管敷设钢管 SC40	100m
5	030208001001	电力电缆 YJV4×16	m
	03020662	铜芯电缆敷设 截面 YJV-1kV-4×16	100m
	03020735	户内热缩式电缆1kV终端头16mm²	个

续表

序号	清单/定额编码	项目名称及描述	计量单位
	03020638	电缆防火堵洞（盘柜下）	处
	03020638	电缆防火堵洞（楼板）	处
6	030208001002	电力电缆 YJV4×10	m
	03020661	铜芯电缆敷设 截面 YJV-1kV-4×10 穿 SC40	100m
	03020735	户内热缩式电缆 1kV 终端头 10mm^2	个
7	030204018001	配电箱 13APE2	台
	03020270	成套配电箱安装悬挂嵌入（半周长 1.0m）	台
8	030204018002	安全变压器配电箱	台
	03020269	成套配电箱安装悬挂嵌入（半周长 0.5m）（安全变压器配电箱）	台
9	030212001001	电气配管 SC25	m
	03021211	砖、混凝土结构明配 钢管 *DN*25（电梯照明）	100m
10	030212001002	电气配管 SC15	m
	03021209	砖、混凝土结构明配 钢管 *DN*15	100m
11	030212003001	电气配线 BV-6	m
	03021374	管内穿线动力线路铜芯 6mm^2（电梯照明）	100m
12	030212003002	电气配线 BV-2.5	m
	03021372	管内穿线动力线路铜芯 2.5mm^2（电梯插座）	100m

14 防雷及接地装置

【学习目标】

了解防雷及接地装置的组成、工作原理，熟悉变配电系统的施工、识图，掌握变配电系统的清单列项与定额套价，能根据施工图编制工程计价书。

【学习要求】

能力目标	知识要点	相关知识
熟悉防雷接地工程中消耗量定额的内容	消耗量定额中各分项的工作内容	防雷接地工作原理，系统组成、施工工艺、施工图的识读等
能编制防雷接地工程量清单并进行定额套价及工程量计算	清单列项及清单工程量的计算、定额套价及工程量计算规则	

14.1 系统简介

雷电是大气中的放电现象。由于放电时温度高达2000℃，空气受热急剧膨胀，随之发生爆炸的轰鸣声，这就是闪电与雷鸣。建筑物的防雷措施包括防直击雷、防雷电感应和防雷电波侵入的措施。

14.1.1 防雷系统的组成

建筑防雷接地装置由接地装置、接闪器、引下线三大部分组成，主要用于防直击雷和感应雷。电子设备的防雷是防雷电电磁脉冲（LEMP），通常采用等电位连结、装设浪涌过电压保护器等措施。

14.1.2 基本概念

（1）接地装置

接地装置是指埋设在地下的接地电极与由该接地电极到设备之间的连接导线的总称。接地装置是由埋入土中的金属接地体（角钢、扁钢、钢管等）和连接用的接地线构成。

按接地的目的，电气设备的接地可分为：工作接地、防雷接地、保护接地、仪控接地。

1）工作接地：是为了保证电力系统正常运行所需要的接地。例如中性点直接接地系统中的变压器中性点接地，其作用是稳定电网对地电位，从而可使对地绝缘降低。

2）防雷接地：是针对防雷保护的需要而设置的接地。例如避雷针（线）、避雷器的接地，目的是使雷电流顺利导入大地，以利于降低雷过电压，故又称过电压保护接地。

3）保护接地：也称安全接地，是为了人身安全而设置的接地，即电气设备外壳（包括电缆皮）必须接地，以防外壳带电危及人身安全。

4）仪控接地：发电厂的热力控制系统、数据采集系统、计算机监控系统、晶体管或微机型继电保护系统和远动通信系统等，为了稳定电位、防止干扰而设置的接地。也称为电子系统接地。

(2) 防雷装置

防雷装置是外部和内部雷电防护装置的统称。外部防雷装置，由接闪器、引下线和接地装置组成，主要用以防直击雷的防护装置；内部防雷装置，由等电位连接系统、共用接地系统、屏蔽系统、合理布线系统、浪涌保护器等组成，主要用于减小和防止雷电流在需防空间内所产生的电磁效应。

1) 接闪器

避雷针、避雷线、避雷网和避雷带都是接闪器，它们都是利用其高出被保护物的突出地位，把雷电引向自身，然后通过引下线和接地装置，把雷电流泄入大地，以此使被保护物免受雷击。接闪器所用材料应能满足机械强度和耐腐蚀的要求，还应有足够的热稳定性，以能承受雷电流的热破坏作用。

2) 引下线

防雷装置的引下线应满足机械强度、耐腐蚀和热稳定的要求。

3) 避雷器

避雷器并联在被保护设备或设施上，正常时装置与地绝缘，当出现雷击过电压时，装置与地由绝缘变成导通，并击穿放电，将雷电流或过电压引入大地，起到保护作用。过电压终止后，避雷器迅速恢复不通状态，恢复正常工作。避雷器主要用来保护电力设备和电力线路，也用作防止高电压侵入室内的安全措施。避雷器有保护间隙、管型避雷器、阀型避雷器和氧化锌避雷器。

4) 接地跨接线

是指接地母线遇有障碍（如建筑物伸缩缝、沉降缝等）需跨越时相连接的连接线，或利用金属构件、金属管道作为接地线时需要焊接的连接线。常见的接地跨接线有伸缩（沉降）缝、管道法兰、吊车钢轨接地跨接线等，计算工程量按“处”为单位。

5) 均压环

主要作用是均压，适用于电压形式为交流的，可将高压均匀分布在物体周围，保证在环形各部位之间没有电位差，从而达到均压的效果。在建筑设计中当高度超过滚球半径时(一类 30m，二类 45m，三类 60m)，每隔 6m 设一均压环。在设计上均压环可利用圈梁内两条主筋焊接成闭合圈，此闭合圈必须与所有的引下线连接。要求每隔 6m 设一均压环，其目的是便于将 6m 高度内上下两层的金属门、窗与均压环连接。

6) SLE 半导体少长针消雷装置

是在避雷针的基础上发展起来的，它的特点在于采用半导体电阻来抑制上行雷的发展，并有效地降低雷击主放电电流幅值和陡度，从而克服了避雷针或其他导体防直击雷设备的不足，即通过半导体材料达到以“限流”为纲的目的，同时采用少长针的形式增大中和电流，即兼有“中和”的作用，是目前世界上具有先进水平的防雷装置。

14.2 工程量清单列项及工程量计算

14.2.1 工程量清单项目设置

(1) 工程量清单项目设置及工程量计算应按 08 规范中表 C.2.9 防雷及接地装置（编

码030209）列项，内容详见表14-1的规定执行。

防雷及接地装置 表14-1

项目编码	项目名称	项目特征	计量单位	工程量计算规则	工程内容
030209001	接地装置	1. 接地母线材质、规格 2. 接地极材质、规格	项	按设计图示尺寸以长度计算	1. 接地极（板）制作、安装 2. 接地母线敷设 3. 换土或化学处理 4. 接地跨接线 5. 构架接地
030209002	避雷装置	1. 受雷体名称、材质、规格、技术要求（安装部位） 2. 引下线材质、规格、技术要求（引下形式） 3. 接地极材质、规格、技术要求 4. 接地母线材质、规格、技术要求 5. 均压环材质、规格、技术要求	项	按设计图示数量计算	1. 避雷针（网）制作、安装 2. 引下线敷设、断接卡子制作、安装 3. 拉线制作、安装 4. 接地极（板、桩）制作、安装 5. 极间连线 6. 油漆 7. 换土或化学接地装置 8. 钢铝窗接地 9. 均压环敷设 10. 柱主筋与圈梁焊接
030209003	半导体少长针消雷装置	1. 型号 2. 高度	套	按设计图示数量计算	安装
030211008	接地装置	类别	系统	按设计图示系统计算	接地电阻测试

（2）清单项目设置说明：

1）接地装置包括生产、生活用的安全接地、防静电接地、保护接地等一切接地装置的安装。工作内容包含了接地极（板）制作、安装、接地母线敷设、换土或化学处理、接地跨接线、构架接地，如实际工程中有以上工作内容，均不应另列清单子目。独立的接地装置（不含避雷系统）如计算机室、试验室等单独引线接地系统，应执行030209001“接地装置”项目编码。

2）避雷装置包括建筑物、构筑物、金属塔器等防雷装置，由受雷体、引下线、接地干线、接地极组成一个系统。一般来说，一项避雷装置中就包含了一般民用建筑中的避雷网、引下线、接地极、接地母线、换土处理、均压环、门窗接地、等电位箱等。

3）接地装置调试主要是指系统接地电阻的测试，应执行030211008“接地装置”项目编码。

（3）项目名称及特征描述

接地装置和避雷装置综合的工作内容很多，一定要根据工程的实际情况描述，把包括的内容逐项描述进去。

(4) 清单工程量的计算

接地装置、避雷装置按设计图示数量以“项”计算，半导体少长针消雷装置以“套”计算，接地装置调试以“系统”计算，建筑物防雷接地装置清单项目一般包括避雷装置和接地装置调试。

14.3 工程量清单的计价

防雷接地装置预算定额范围包括：建筑物、构筑物的防雷接地，变配电系统接地，设备接地，避雷针的接地装置。工程量的计算分以下几个部分：避雷针安装、避雷网安装、均压环的安装（为防止侧击雷）、避雷引下线敷设、接地极（板）制作安装、接地母线敷设、接地跨接线安装等。

14.3.1 接闪器部分

(1) 施工内容与方式

接闪器的形式有：避雷针、避雷带、避雷网、避雷线，通常敷设在建筑物容易遭受雷击的部位，如：屋檐、屋角、女儿墙、山墙及突出于屋面的高处。

(2) 定额列项与工程量计算

1) 避雷针安装

①避雷针安装工作内容包括：预埋铁件、螺栓或支架，安装固定、木杆刨槽、焊接、补漆等。

②除独立避雷针区分针高按“基”为单位计算外，其余部位避雷针的安装均以“根”为单位计算。

③避雷针规格划分如下：

A. 装在烟囱上的按安装高度 25m、50m、75m、100m、150m、250m 以内区分规格计算；

B. 装在建筑物上区分平屋面上针长、墙上针长 2m～14m 不等以内计算；

C. 装在金属容器上区分容器顶上针长、容器壁上针长 3m 以内、7m 以内计算；

D. 构筑物上安装区分木杆上、水泥杆上、金属构架上计算。

计算时应注意；

a. 构筑物上安装还包括避雷引下线安装的内容，但不包括木杆、水泥杆组成及杆坑挖填土方工作和杆底部引下线保护角铁的制作安装工作，应按相应定额另行计算。

b. 避雷针体的制作执行“一般构件制作”项目。

c. 避雷针拉线安装，以三根为一组，以“组”为单位计算。

d. 水塔避雷针安装按“平屋顶上”安装定额计算。

e. 半导体少长针消雷装置安装以“套”为单位计算。

f. 屋顶常见的避雷短针（如 $\phi12\times500$），如果现场制作，则套 03020804“圆钢避雷小针制作”定额，如果是购买成品则只计避雷短针的主材费。

2) 避雷网（带）安装

①避雷网（带）安装工程工作内容包括：平直、下料、测位、埋卡子、装、焊接、固定、刷漆。

②避雷网（带）安装工程按沿混凝土块敷设、沿折板支架敷设分类，安装工程量以“10m”为单位计算。混凝土块工程按“块”为单位计算。混凝土块支座间距1m一个，转弯处为0.5m一个。避雷网（带）安装工程量计算式如下：

避雷网（带）长度＝按施工图设计的尺寸长度（即水平长＋垂直长）×（1＋3.9%）

式中3.9%为避雷网转弯、避绕障碍物、搭接头等所占长度附加值。

14.3.2　引下线部分

(1) 施工内容与方式

引下线的形式有：沿建筑物外墙敷设的圆钢或扁钢，有利用钢筋混凝土中的钢筋作引下线的。

工作内容包括：平直、下料、测位、打眼、埋卡子、焊接、固定、刷漆。

(2) 定额列项与工程量计算

避雷针引下线是指从避雷针由上向下沿建筑物、构筑物和金属构件引下来的防雷线。引下线一般采用扁钢或圆钢制作，也可利用建（构）筑物本体结构件中的配筋、钢扶梯等作为引下线。

在建筑物、构筑物上的避雷针引下线工程量计算，按建（构）筑物的不同高度（25m，50m，100m，150m以下）区分规格，其长度按垂直规定长度另加3.9%附加长度（指转弯、避绕障碍物、搭接头所占长度）以“延长米”为单位计算。计算公式如下：

引下线长度＝按施工图设计引下线敷设的长度×（1＋3.9%）

计算时应注意：

1) 采用圆钢、扁钢做引下线的材料费需另行计算。支持卡子的制卡与埋设已包含在定额中，不得另计。断接卡子制作安装以“套”计算，按照设计规定装设的断接卡子数量计算。接地检查井内的断接卡子安装按每井一套计算。

2) 利用建（构）筑物结构主筋作引下线及均压环的安装，均用第二册第九章“防雷及接地装置”相应子目，并按下列方法计算工程量。

①利用建筑物内主筋作接地引下线时，以“10m”为单位计算，每一柱子内按焊接两根主筋考虑，直接取柱高作为其安装数量，如果焊接主筋数超过两根时，可按比例调整。

②均压环的安装，当用圈梁主筋作“均压环”时，均压环敷设长度按设计需要作均压接地的各层圈梁中心线长度，以延长米计算。具体焊接数量（层数）可根据图纸的说明计算，若无说明，则按有关设计规范规定的要求计算。

③单独用扁钢、圆钢明敷作“均压环”时，仍以“10m”延长米计量，套用第二册第九章“户内接地母线明敷”子目。

④钢、铝金属窗及玻璃幕墙要作接地时，按焊接接地点的数量，以“处”计量。计算方法：按设计规定接地的金属窗数进行计算，一窗接地算为一处。

⑤凡是利用土建结构主筋作为引下线或均压环的，不能再计算主材费，也不考虑附加长度。

14.3.3 接地装置部分

(1) 施工内容与方式

接地装置有钢管或角钢的垂直接地体，有扁钢做成水平接地体，也有混合式的或利用钢筋混凝土地梁、剪力墙钢筋做接地体的。

垂直接地体工作内容包括：尖端及加固帽加工、接地极打入地下及埋设、下料、加工、焊接。

水平接地体工作内容包括：挖地沟、接地线平直、下料、测位、打眼、埋卡子、煨弯、敷设、焊接、回填土夯实刷漆。

(2) 定额列项与工程量计算

1) 接地极（板）制作安装

接地极工作内容：下料、尖端加工、油漆、焊接并打入地下，包括钢管、角钢、圆钢、铜板、钢板接地极。

钢管、角钢、圆钢接地极以“根”为单位计算安装工程量，并区分普通土、坚土分别套用定额，其长度按设计长度计算，设计无规定时，每根长度按2.5m计算。若设计有管帽时，管帽另按加工件计算。

铜板、钢板接地极以“块”为单位计算工程量，区分不同材质套用定额。

计算时应注意：

① 接地极制作安装项目已包含制作和安装两项内容；

② 定额中不包括钢管、角钢、圆钢、钢板、镀锌扁钢、紫钢板、裸铜线价值，应另行计算。

2) 接地母线敷设

①户外接地母线工作内容包括了地沟的挖填土和夯实工作，执行本定额时不应再计算土方量。

②接地母线敷设工程量按施工图设计长度另加3.9%附加长度（指转弯、上下波动、避绕障碍物、搭接头所占长度），以“延长米”为单位来计算工程量，并按户外、户内接地母线分别套用定额。工程量计算式为：接地母线长度＝按施工图设计尺寸计算的长度×(1＋3.9%)。

③当利用基础钢筋作接地母线时，以“10m”为单位计算，每一柱子内按焊接两根主筋考虑，如果焊接主筋数超过两根时，可按比例调整，计算工程量时不考虑附加长度。

3) 接地跨接线安装

接地跨接线是指接地母线遇有障碍（如建筑物伸缩缝、沉降缝以及行车、抓斗吊等轨道接缝）需跨越时相连接的连接线，或利用金属构件、金属管道作为接地线时需要焊接的连接线。常见的跨接线有伸缩（沉降）缝、管道法兰、风管防静电、管件防静电、吊车钢轨接地跨接线等。引下线、均压环用柱子主筋、圈梁主筋相互焊接成网时，焊接处也视为接地跨接。金属管道敷设中通过箱、盘、盒等断开点焊接的连接线已包括在管道敷设定额中，不得算为跨接线。

接地跨线工作内容包括：下料、钻孔、煨弯、挖填土、固定、刷漆。其工程量计算，以“处”为单位计算，每跨越一次计算一处。

14.3.4　接地调试

建筑防雷接地装置施工完毕要进行接地电阻测量，亦即接地装置调试。套用第二册第十一章“接地网调试”定额。对于独立的接地装置，以6根以内接地极为1组计算，套用“独立接地装置调试”定额。对于一栋以水平地极敷设为主的单体建筑，一栋楼一般按一个系统计算调试费用。

14.4　防雷接地计价编制实例

某住宅楼防雷接地施工图见图14-1～图14-3，试对比该防雷接地装置的定额计价与工程量清单计价格式的区别。

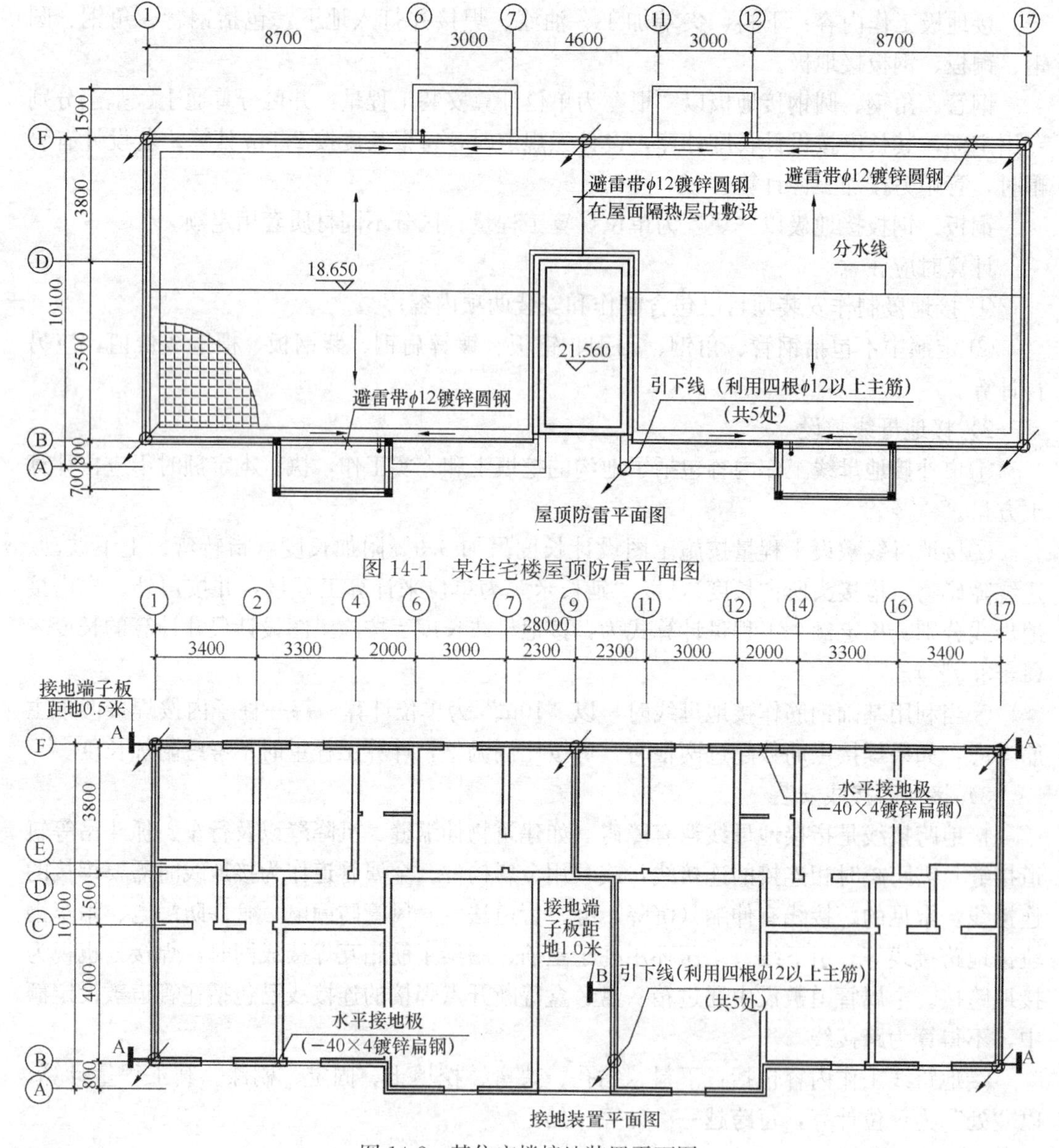

图14-1　某住宅楼屋顶防雷平面图

图14-2　某住宅楼接地装置平面图

防雷设计说明

1. 根据《建筑物防雷设计规范》(GB 50057—94)，本工程的防雷按第三类建筑物的防雷标准设防，天面沿女儿墙，屋檐等敷设避雷带作接闪器，天面上所有外露的金属物件均应就近与避雷带可靠焊连。
2. 按符号 ϕ 的位置利用钢筋混凝土柱内四根 ϕ12 以上的主筋自下而上焊连成电气通路作为引下线，其下端与水平地极可靠焊连，上端与避雷带可靠焊连在距地 1.6 米高处设断接卡，具体做法详图标图集 99D501—1 第 39 页。靠外墙的所有防雷引下线在室外地坪下 -0.8 焊出一根 ϕ10 镀锌圆钢伸出室外，距外墙皮的距离应大于 1m，供雷电流泄流及当接地电阻达不到要求时增加接地极时连接用。
3. 水平地极（符号 E ）系采用 -40×4 镀锌扁钢沿地基外侧焊连成闭合电气通路，埋深 1 米，并与柱基主筋焊连。
4. 符号 ⊣ 表示接地端子板（采用 100×100×8 镀锌钢板），其做法参见国标图集 99D501—1 第 2-21 页（用 -40×4 镀锌扁钢与就近的接地极可靠焊连），室内（外）距地面 0.5 米高（有注明者除外）。
5. 本工程要求进行总等电位连结，所有进出本建筑物的金属管道和电缆金属外皮均应就近与水平地极焊连，将各卫生间地面内钢筋网相互焊连并引出至适当位置设 LEB 端子板，供卫生间局部等电位连结用。LEB 端子设置地点现场考虑，距地 0.3 米安装。
6. 本工程防雷与电力接地共用接地装置，其接地电阻应不大于 1 欧姆，若实测达不到应另增设接地极。
7. 所有防雷接地装置的制作，安装均应按国标图集 99D501—1，02D501—2，03D501—3、4 相应部分的要求进行施工。

图 14-3 某住宅楼防雷设计说明

【解】 按照定额与清单规范编码的要求，该住宅楼防雷接地装置的定额计价与工程量清单计价编制格式见表 14-2 和表 14-3：

定 额 计 价 **表 14-2**

定额编号	定额名称	单位	数量
03020883	避雷网沿女儿墙敷设，利用 D12 镀锌圆钢	10m	12.59
03020879	避雷引下线敷设，利用建筑物结构柱内 4 根主筋引下	10m	26.25
03020819	接地测试板	块	5
03020825	户外接地母线镀锌扁钢 -40×4 敷设	10m	9.94
03020891	局部等电位连结端子箱安装 LEB	组	12
03020890	总电位连结端子箱安装 MEB	组	1
03021084	接地网调试	系统	1

工程量清单计价 **表 14-3**

项目编码（定额编号）	项目名称及描述	单位	数量
030209002001	避雷装置安装，包括：12 镀锌圆钢避雷带沿女儿墙敷设，利用柱内 4 根主筋做引下线，镀锌扁钢 -40×4 做接地母线，总电位连结端子箱安装 MEB，局部等电位连结端子箱安装 LEB，接地测试板安装	项	1
03020883	避雷网安装，12 镀锌圆钢	10m	12.59
03020879	避雷引下线敷设，利用建筑物结构柱内 4 根主筋引下	10m	26.25
03020819	接地测试板	块	5
03020825	户外接地母线敷设镀锌扁钢 -40×4	10m	9.94
03020891	局部等电位连结端子箱安装 LEB	组	12
03020890	总电位连结端子箱安装 MEB	组	1
030211008001	接地装置调试	系统	1
03021084	接地网调试	系统	1

15　建筑室内电视电话系统

【学习目标】

了解室内电视电话系统的组成，熟悉电视电话系统的施工、识图，掌握电视电话系统的清单列项与定额套价，能根据施工图编制工程计价书。

【学习要求】

能力目标	知识要点	相关知识
能熟练识读室内电视电话系统施工图	常用室内电视电话系统工程图例，给排水系统图、平面图的识读方法	电视电话系统施工工艺及基本技术要求
能编制室内电视电话系统工程量清单并进行定额套价及工程量计算	清单列项及清单工程量的计算、定额套价及定额工程量的计算	

15.1　系　统　简　介

15.1.1　室内电话系统

（1）电话交换系统主要由三部分组成，即电话交换设备、传输系统和用户终端设备，如图 15-1 所示。

图 15-1　电话交换系统的组成

1）用户终端设备

用户终端设备有很多种，常见的有电话机、电话传真机和电传等。

2）电话传输系统

电话传输系统负责在各交换点之间传递信息。在电话网中，传输系统分为“用户线”和“中继线”两种。

3）电话交换设备

电话交换设备是通信系统的核心。电话通信最初是两点之前通过原始的受话器和导线的连接由点的传导来进行，如果仅需要在两步电话机之间进行通话，用一对导线将两部电话机连接起来就可实现，但如果有成千上万部电话机之前需要相互通话，就需要电话交换机。

（2）室内电话系统由以下环节组成：进户→电话组线箱→电话管线→电话插座。本章主要讲解室内电话系统。

15.1.2 室内有线电视系统

（1）有线电视系统简介

有线电视（CATV）系统是通信网络系统的一个子系统，它由共同天线电视系统演变而来，是住宅建筑和大多数公用建筑必须设置的系统，CATV 系统一般采用同轴电缆光缆来传输信号。同轴电缆具有很好的屏蔽性能，光缆传输的是光波信号，更是具有极强的抗电磁干扰的能力，所以 CATV 系统传输的电视信号质量高，成像清晰，传输容量大，可为用户提供丰富的节目信号。

有线电视系统的组成：

有线电视（CATV）系统：由前端、信号传输分配网络和用户终端三部分组成，如图 15-2 所示。

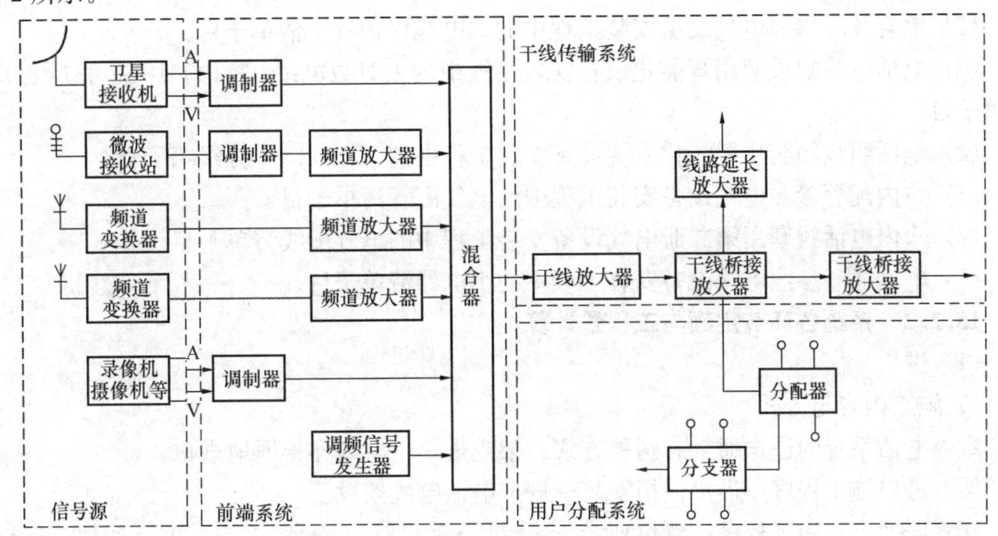

图 15-2 有线电视系统组成图

①前端系统。主要包括电视接收天线、频道放大器、频率变换器、自播节目设备、卫星接收设备、导频信号发生器、调节器、混合器以及连接线缆等部件。

②信号传输分配网络。分配网络分无源和有源两类。无源分配网络只有分配器分支器和传输电缆等无源器件，其可接的用户较少。有源分配网络增加了线路放大器，其可接的用户可以增多。线路放大器多采用全频道放大器，以补偿用户增多、线路增长后的信号损失。

分配器的功能是将一路输入信号的能量均等地分配给两个或多个输出的器件，一般有两分配器、三分配器、四分配器，如图 15-3 所示。

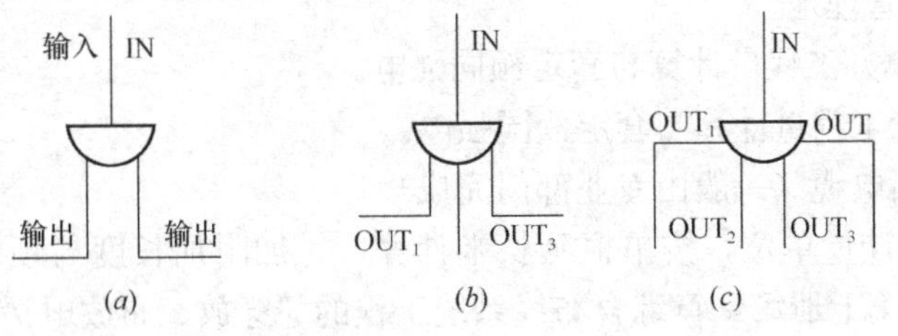

图 15-3 分配器

(a) 二分配器；(b) 三分配器；(c) 四分配器

③用户终端（电视插座）。有线电视系统的用户终端是供给电视机电视信号的连接器，又称为用户接线盒，分为明装和暗装两种。

（2）室内用户有线电视系统属于系统的分配网络，由以下环节组成：进户→电视前端箱→电视管线→电视插座。

15.2　室内电话系统计价

15.2.1　室内电话系统清单列项及工程量计算

室内电话系统常用工程量清单项目设置及工程量计算规则主要如下：

（1）挖填管沟土方参照08规范土建工程的010101006“管沟土方”。

（2）钢管预埋参照电气设备安装工程中的“电缆保护管”清单子目。

（3）电话电缆敷设套用智能化设备安装工程中的大对数电缆031103018或031103019清单子目。

（4）电话组线箱套用智能化系统设备安装工程中的031102057分线箱子目。

（5）户内配管参照电气设备安装工程中的电气配管清单子目。

（6）户内电话线套用第二册电气设备安装工程中的电气配线清单子目。

（7）电话插座参照电气设备安装工程中的小电器清单子目。

15.2.2　系统各环节定额与工程量计算

（1）进户

1）施工内容与方式

室内电话系统的进户通常有两种方式：架空进户、电缆穿管埋地进户。

架空进户施工程序：进户横担安装→进户电话电缆架设。

穿管埋地进户施工程序：测位划线→挖方→铺设管道→管内穿电缆→回填→清理现场。

由于架空线进户会影响建筑物的立面美观，也存在不安全因素，所以应尽量采用电缆埋地进户的方式。

2）定额列项与工程量计算

①架空进户

进户横担安装计算同强电。进户电话电缆架设，以“100m”为计量单位，按单根延长米计算，另加附加长度与预留长度。以电话对数分项，套用安装第七册第一章“穿放、布放电话线”定额。

②电话电缆穿管埋地

A. 电缆沟挖填方工程量计算与套定额同强电。

B. 电缆保护管工程量计算与套定额同强电。

C. 管内穿电话电缆（一般由专业部门完成）。

以“100m”为计量单位，按单根延长米计算，另加附加长度与预留长度。以电话对数分项，套用安装第七册第一章综合布线系统工程的“穿放、布放电话线”定额。

（2）电话组线箱

一般挂墙明装或嵌墙暗装。

按安装方式、电话线对数不同分项，以“台”为单位计量，数量直接从图上数出，套用安装第七册第一章综合布线系统工程“成套电话组线箱”定额。

(3) 电话管线

先敷设管然后管内穿电话线，或采用线槽明敷线。

1) 配管工程量计算与套定额同强电。

2) 管内穿放电话线

按电话线对数不同分项，以“100m”单位，按单根延长米计算，另加附加长度与预留长度。套用第七册第一章“穿放、布放电话线”定额。

如果管内穿的是五类线或超五类线（即双绞线），套用“穿放、布放双绞线”定额。

3) 线槽明敷

①线槽敷设工程量计算与套定额同强电。

②线槽内明布放电话线，按电话线对数不同分项，以“100m”单位，按单根延长米计算，另加附加长度与预留长度。套用第七册“线槽内明布放电话线”定额。

计算时注意：

A. 如果采用的是五类线或超五类线（即双绞线），套用“穿放、布放双绞线”定额。

B. 在已建天棚内敷设线缆，所有定额子目的综合工日用量按增加80%计列。

(4) 电话插座

电话插座的产品形式有单联、双联之分，安装方式有明装、暗装。

按产品形式分项，以“个”为单位直接从图上数出，套用第七册第一章综合布线系统工程的“电话出线口”定额。

计算时注意：

1) 注意主材的消耗量，主材是未计价材料。

2) 暗装插座应另计接线盒的量。

15.3　室内电视系统计价

15.3.1　室内电视系统清单列项及工程量计算

室内电视系统常用工程量清单项目设置及工程量计算规则主要如下：

(1) 挖填管沟土方参照土建工程的010101006“管沟土方”。

(2) 保护管预埋参照电气设备安装工程中的“电缆保护管”清单子目。

(3) 射频电缆敷设套用智能化设备安装工程中的射频同轴电缆031104005清单子目。

(4) 电视分配器箱套用智能化系统设备安装工程中的031102057分线箱子目。

(5) 用户分支器、分配器安装在电视分线箱内，它们均由有线电视台负责安装，水电施工队一般只负责安装一个空箱，这种情况下，清单套用智能化系统设备安装工程中的031102057分线箱子目。

(6) 特殊情况下，由施工队安装分支器、分配器时，清单规范中无合适的子目可用，应作补充子目。

15.3.2 系统各环节定额与工程量计算

(1) 进户

1) 施工内容与方式

室内有线电视系统的进户通常有两种方式：架空进户、电缆穿管埋地进户。

架空进户施工程序：进户横担安装→进户电视电缆架设。

穿管埋地进户施工程序：测位划线→挖方→铺设管道 →管内穿电缆 →回填→清理现场。

2) 定额列项与工程量计算

①架空进户

进户横担安装计算同强电。

室外架设电视电缆（射频传输电缆），根据电缆截面、敷设地点分项，以“100m”为单位，按延长米计算，另加附加长度与预留长度。套用第七册第五章有线电视系统设备安装工程定额。

②电视电缆穿管埋地

列项、计算与套定额同电话系统。

(2) 电视前端箱

一般挂墙明装或嵌墙暗装。

以“台”为单位，数量直接从图上数出，套用定额第七册第五章“电视设备箱”定额。

(3) 电视管线

先敷设管然后管内穿电视电缆，或采用明敷方式。

1) 配管工程量计算与套定额同强电。

2) 管/暗槽内穿放射频传输电缆。

根据电缆截面分项，以“100m”为单位，按延长米计算，另加附加长度与预留长度。套用第七册“敷设射频传输电缆”定额。

3) 明敷

①线槽、桥架、支架等安装工程量计算与套定额同强电。

②明布放电视射频传输电缆，根据电缆截面分项，以“100m”为单位，按延长米计算，另加附加长度与预留长度。套用第七册“敷设射频传输电缆”定额。

4) 制作射频电缆接头

以“10个”为单位计量，按制作地点列项，直接数出，套用第七册“制作射频电缆接头”定额。

(4) 分配网络设施安装

单独安装的放大器、用户分支器分配器、用户终端盒安装，以“10个”为单位计量，按安装方式不同，直接从图上数出，套用第七册第五章定额。

注意：暗装设施应另计开关盒。

(5) 调试

调试放大器（个）、用户终端（户），直接从图上数出，套用第七册“网络终端调试”定额。

15.4 建筑室内电视电话计价编制实例

工程名称：××××　　　　第1页　共1页

序号	项目编码	项目名称及项目特征描述	单位	工程量
1	031103015001	明装电话分线箱 XRH01-2（10对）350×130×110	个	13.00
	03070101	明装电话分线箱 XRH01-2（10对）350×130×110	台	13.00
2	031103015002	明装楼层弱电接线箱 300×200×110	个	13.00
	03071088	楼层弱电接线箱 300×200×110	台	13.00
	03071090	箱内配线架	套	13.00
3	031103015003	明装电视分线箱 300×200×110	个	13.00
	03071088	明装电视分线箱 300×200×110	台	13.00
	03070677	分支器	10个	1.30
4	桂031103035001	暗装电话插座	个	206.00
	03070107	电话插座	10个	20.60
5	桂031103036001	暗装电视插座	个	164.00
	03070681	电视插座	10个	16.40
6	031103023001	暗装信息插座	个	211.00
	03070020	信息插座	10个	21.10
7	桂031103037001	管内穿电话线 HJYV-2×2×0.5	m	8652.0
	03070087	管内穿电话线 HJYV-2×2×0.5	100m	88.26
8	031103018001	电话电缆管内敷设 HPVV-20×2×0.5	m	496.00
	03070089	电话电缆管内敷设 HPVV-20×2×0.5	100m	5.21
9	031103018002	电话电缆管内敷设 HPVV-200×2×0.5	m	89.00
	03070093	电话电缆管内敷设 HPVV-200×2×0.5	100m	0.91
10	031103017001	管内穿五类双绞线 PC101004	m	4268.0
	03070001	管内穿五类双绞线 PC101004	100m	44.66
11	031103018003	管内穿五类25对非屏蔽双绞电缆 PC0101025	m	468.00
	03070002	管内穿五类25对非屏蔽双绞电缆 PC0101025	100m	4.92
12	031103018004	管内穿五类50对非屏蔽双绞电缆 PC0101050	m	28.00
	03070003	管内穿五类50对非屏蔽双绞电缆 PC0101050	100m	0.30
13	桂031103038001	管内穿同轴电视电缆 SYWV-75-5	m	6647
	03070586	管内穿同轴电视电缆 SYWV-75-5	100m	68.60
14	桂031103038002	管内穿同轴电视电缆 SYWV-75-7	m	523.00
	03070586	管内穿同轴电视电缆 SYWV-75-7	100m	5.48
15	桂031103038003	管内穿同轴电视电缆 SYWV-75-9	m	106.00
	03070586	管内穿同轴电视电缆 SYWV-75-9	100m	1.12
16	031103002001	刚性阻燃管砖、混凝土结构暗配 $\phi20$（含凿沟槽及所凿沟槽恢复）	m	15321.00

续表

序号	项目编码	项目名称及项目特征描述	单位	工程量
	03021321	刚性阻燃管砖、混凝土结构暗配 ϕ20	100m	153.21
	03021536	电气配管凿砖槽 ϕ20	10m	268.80
	03021559	电气配管所凿沟槽恢复 ϕ20	10m	268.80
17	031103002002	刚性阻燃管砖、混凝土结构暗配 ϕ32	m	2684.0
	03021323	刚性阻燃管砖、混凝土结构暗配 ϕ32	100m	26.84
18	031103033001	电缆链路系统测试	链路	211.00
	03070024	双绞线缆测试双绞线 五类	链路	211.00

16 综合布线系统

【学习目标】

了解综合布线系统的组成，熟悉综合布线系统的施工、识图，掌握综合布线系统的清单列项与定额套价，能根据施工图编制工程计价书。

【学习要求】

能力目标	知识要点	相关知识
能熟练识读综合布线系统施工图	常用综合布线系统图例、平面图、系统图的识读方法	综合布线系统施工工艺及基本技术要求
能编制综合布线系统工程量清单并进行定额套价及工程量计算	清单列项及清单工程量的计算、定额套价及定额工程量的计算	

16.1 系统简介

16.1.1 综合布线系统简介

在信息社会中，一个现代化的大楼内，除了具有电话、传真、空调、消防、动力电线、照明电线外，计算机网络线路也是不可缺少的，综合布线就是建筑物或建筑群内的计算机网络信息传输线路。

综合布线系统由以下环节组成，工作区子系统、配线子系统、干线子系统、管理间子系统、设备间子系统、建筑群子系统，如图 16-1 所示。

根据一栋单体建筑网络信息传递方向顺序，综合布线系统可划分成：进户→设备子系统（设备间）→垂直主干线子系统→楼层管理间子系统→水平干线子系统→工作区子系统。

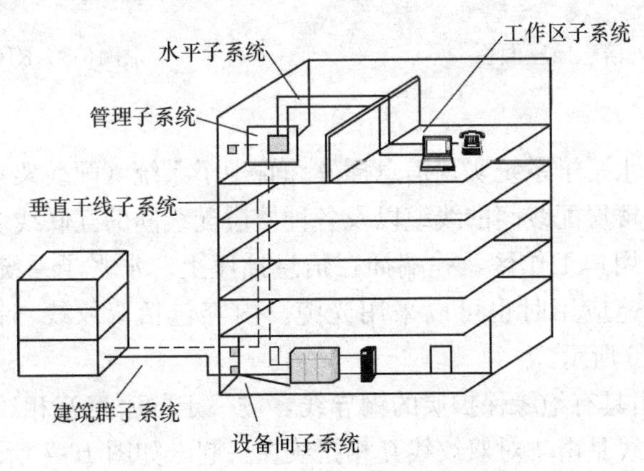

图 16-1 综合结构化布线系统

各子系统的功能介绍

（1）工作区子系统

工作区子系统由用户终端设备连接到信息插座的连线组成，包括信息模块、插座面板、各种适配器和接插软线（跳线），如图 16-2 所示。

1）信息插座：由符合国际标准的八芯模块化插头组成，规格通常有单口、双口、多口，其安装方式包括墙面、地面以及桌面等，如图 16-3、图 16-4 所示。

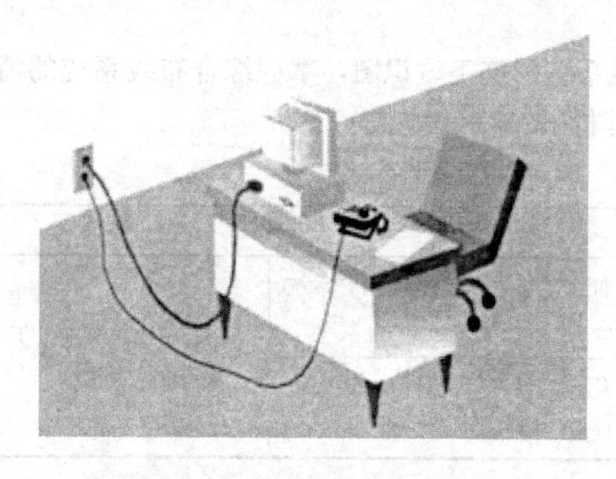

图 16-2　工作区子系统

图 16-3　信息插座模块化接头

2）工作区接插软线（跳线）：两端带有连接器的软电缆，如图 16-5 所示。常用的为 RJ45 接头（水晶头）跳线。

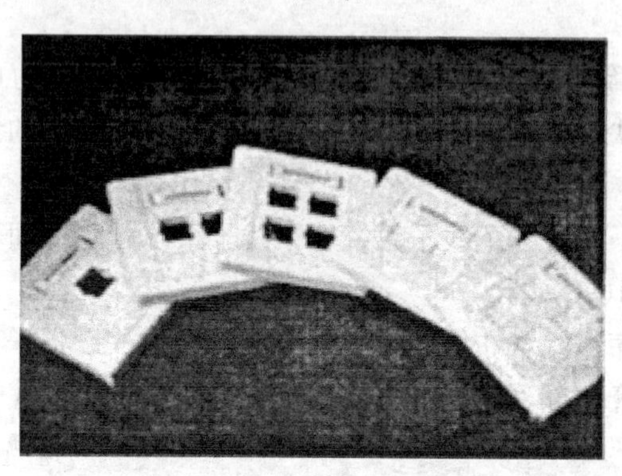

图 16-4　信息插座面板

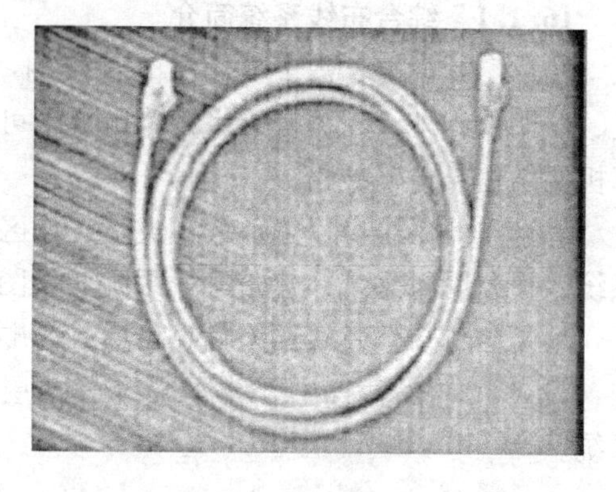

图 16-5　RJ45 跳线

（2）水平子系统

综合布线系统的水平子系统实现信息插座和管理子系统（配线架）的连接，由连接各工作区信息插座和各楼层配线间的线缆以及各种楼层配线间的互联线缆组成。其作用是将干线系统线路延伸到用户工作区，并端插在信息插座上。水平子系统一般采用 4 对双绞线，在需要宽带或高速应用时也可以采用光缆。内容包括双绞线（铜缆）、光缆、线槽（管）材等。如图 16-6 所示。

1）双绞线：是由具有绝缘保护层的铜导线，按一定的密度互相绞缠在一起形成的线对组成。常用的双绞线是由 4 对双绞线互相扭绞在一起（如图 16-7 所示），其外部包裹着金属层或塑料外皮层而组成。常用的线对数有 1 对、2 对、4 对、25 对、50 对、100 对、

200 对等，双绞线缆有屏蔽和非屏蔽之分，有类别之分，如三类、四类、五类、超五类、六类及六类以上。通常双绞线的最大单段长度为 100m。

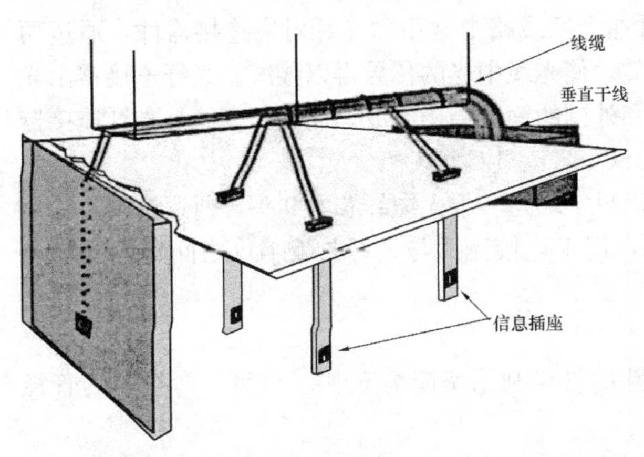

图 16-6　水平子系统示意图

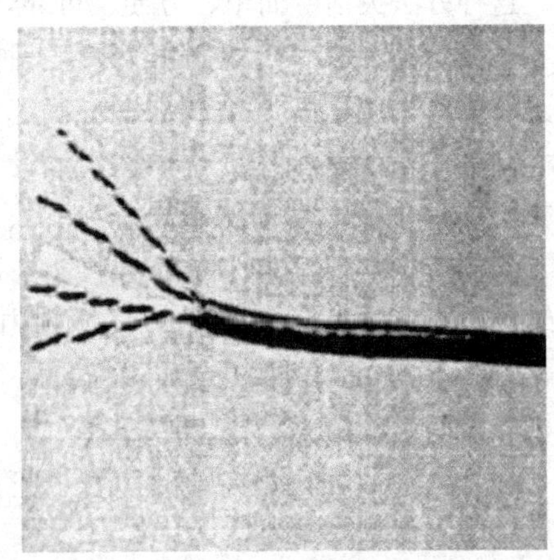

图 16-7　四对双绞线图

2）光缆、光纤：是由一束光导纤维组成，而光导纤维是一种能够传导光信号的极细而柔软的介质，通常是用塑料和玻璃来制造，光纤是光导纤维的简称如图 16-8 所示。

①光纤的种类：按光在光纤中的传输模式可分为单模光纤和多模光纤。单模光纤和多模光纤可以从纤芯的尺寸大小来简单区分，纤芯的直径只有传播光波波长几十倍的光纤是单模，特点是芯径小，包皮厚；当纤芯的直径是光波波长的几百倍时，就是多模光纤，特点是芯径大、包皮薄。多模光纤是光纤里传输的光模式多，管径愈粗其传输模式愈多。由于传输光模式多，故光传输损耗比单模光纤大，宜作较短距离传输。单模光纤传输的是单一模式，具有频带宽、容量大、损耗低的优点，故宜作长距离传输。单模光纤因芯线较细，故其连接工艺要求较高，价格也贵。而多模光纤因芯线较粗，连接较容易，价格也便宜。

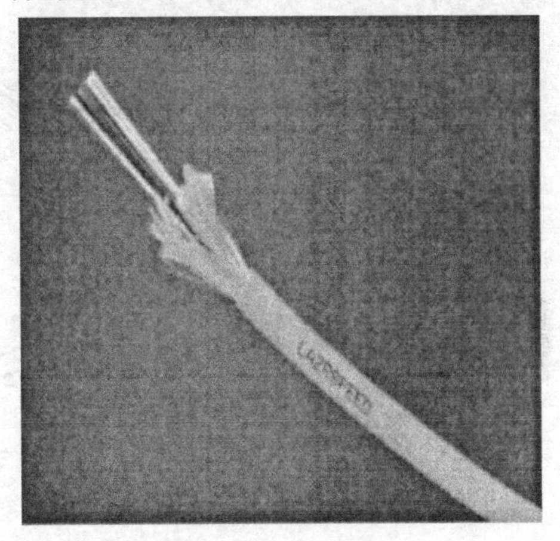

图 16-8　光纤

②光缆的种类：光缆按照敷设方式分为自承重架空光缆、管道光缆、直埋式光缆、铠装地埋光缆、海底光缆等；按照光芯结构分为中心束管式光缆、层绞式光缆、紧抱式光缆、带式光缆、非金属光缆和可分支光缆。

③光缆的连接：光缆的连接方法主要有永久性连接（熔接法）、应急连接（机械法）、活动连接（磨制法）。

永久性连接是用放电的方法将光纤的连接点溶化并连接在一起，一般用在长途接续、永久或半永久固定连接。其主要特点是连接衰减在所有的连接方法中最低，单连接时需要专用设备（熔接机）和专业人员进行操作，而且连接点需要专用容器保护起来。应急连接（冷熔）是用机械和化学的方法，将两根光纤固定并粘接在 ·起。这种方法的主要特点是连接迅速可靠，单连接点长期使用会不稳定，衰减也会大幅度增加，所以只能短时间内急用。活动连接是利用各种光纤连接器（插头或插座），将站点与站点或站点与光缆连接起来的一种方法。这种方法灵活、简单、方便、可靠，多用在建筑物内的计算机网络布线中。

④光纤连接器（光纤跳线）：是一种在光纤线路中常用的光纤对应连接器件，通过两个光纤末端的连接头在适配器中准确定位，使光线中光的传导得以接续。光纤连接器由光纤和光纤两端的插头组成，插头由插针和外围的锁紧结构组成。插针和套筒是光纤连接器的核心部件。按照套筒的不同分为 FC、SC、ST、LC 等。

⑤尾纤：尾纤只有一端有连接头，而另一端是一根光缆纤芯的断头，通过熔接与其他光缆纤芯相连，常出现在光纤终端盒内，用于连接光缆与光纤收发器（之间还用到耦合器、跳线等）。

3）管（槽）内穿线缆要求

①管内穿放大对数电缆时，直线管路的管径利用率应为 50%～60%，弯管路的管径利用率应为 40%～50%。

②管内穿放 4 对双绞线时，截面利用率应为 25%～30%。线槽的截面利用率不应超过 50%。

③PVC 管转弯时不得采取 90°直角，必须有 45°过渡段或一定的弯曲半径，保证线的弯曲半径不少于线本身直径的 6 倍，如图 16-9 所示。

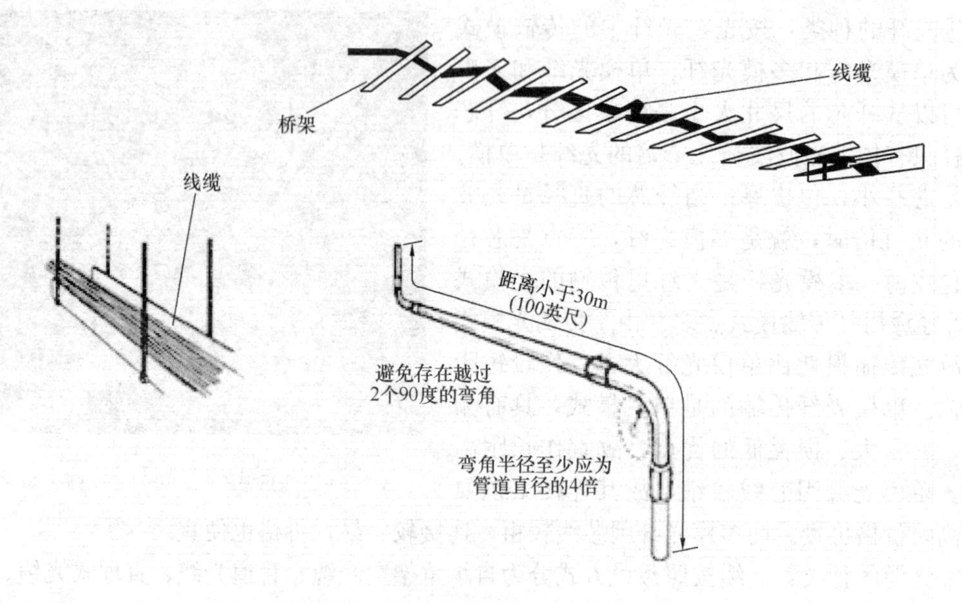

图 16-9　桥架式、线槽式、管式安装对比

4）用于水平和工作区布线的最大长度（标准定义）

水平电缆长度（c）	工作区跳线最大长度（e）	工作区跳线，跳线和设备电缆最大混合长度（a、b、e）
90 米（295 英尺）	5 米（16 英尺）	10 米（33 英尺）
85 米（279 英尺）	9 米（30 英尺）	14 米（46 英尺）
80 米（262 英尺）	13 米（44 英尺）	18 米（59 英尺）
75 米（246 英尺）	17 米（57 英尺）	22 米（72 英尺）
70 米（230 英尺）	22 米（71 英尺）	27 米（89 英尺）

(3) 垂直主干线子系统

垂直主干线子系统是实现计算机设备、程控交换机（PBX)、控制中心与各管理子系统间的连接，采用大对数双绞线电缆、光缆，两端分别端接到设备间和管理间的配线架上。数据传输部分一般采用1根六芯多模阻燃光纤，语音传输部分一般采用25对三类大对数电缆。

整个系统的主干线缆采用以线槽为依托，垂直分布于弱电井中，同时以星型结构引至各层分配线房。

(4) 管理子系统

管理子系统设置在楼层配线间与主配线间内，由交连、互连和输入/输出设备组成，其主要功能是将垂直干线子系统与水平干线子系统连接。主要器件有RJ45跳线、RJ45转110跳线、双绞线跳线、光纤跳线、光纤接续盒（LIU)、数据配线架和语音跳线架。

1) 跳线架：跳线架是由阻燃的模块塑料件组成，其上装有若干齿形条，用于端接线对，用788J1专用工具可将线对按线序依次“冲压”到跳线架上，完成语音主干线缆以及语音水平线缆的端接，常用的规格有100对、200对、400对等，如图16-10所示。

2) 配线架：配线架是一个标准的（19英寸）铝质架，其上面可以安装12～96各模块化的连接器，水平线缆端接在该连接器上，在该装置上可进行交连和互连的操作，常用于数据通信，如图16-11所示。

3) 跳线卡接：用专用工具将一对不带连接器的双绞线缆卡接在跳线模块上，常用于语音传送设备上，完成程控交换机、电话直线与语音终端之间的连接。

4) 跳块打接：跳块也叫连接块，它是一个小型的阻燃塑料段，内含熔锡的接线柱，

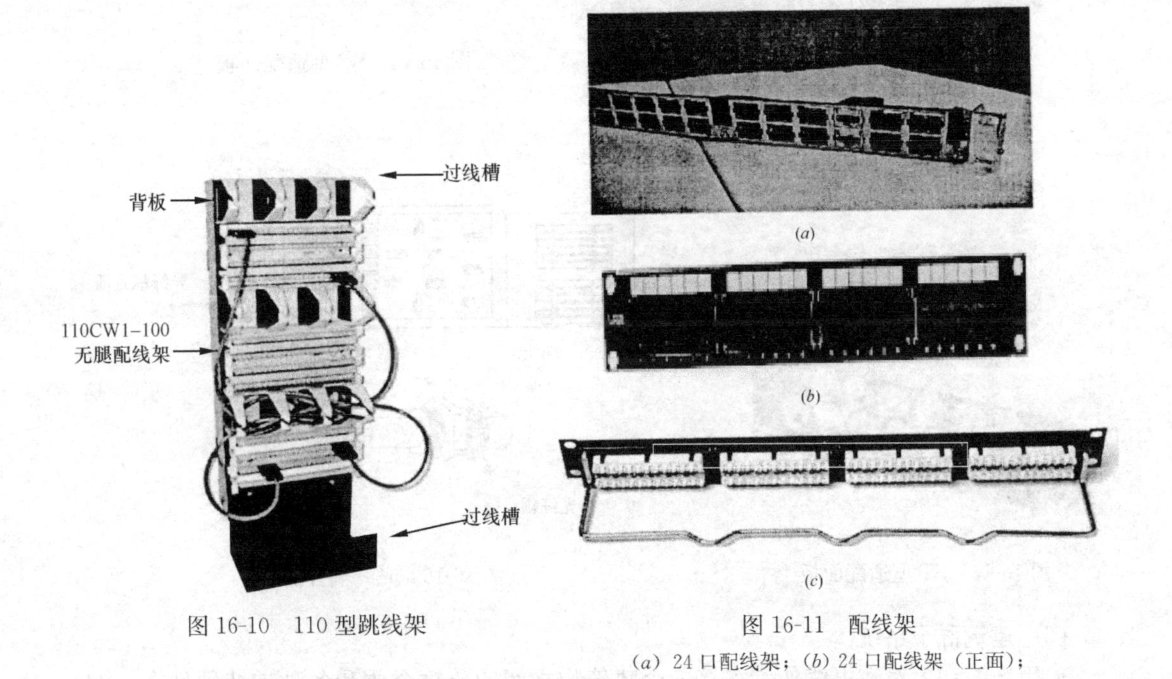

图16-10 110型跳线架

图16-11 配线架
(a) 24口配线架；(b) 24口配线架（正面）；
(c) 24口配线架（背面）

图 16-12 安装设备柜

可压到跳线架的模块上，然后在其上面进行跳线卡接的操作，用专用工具将跳块压接到跳线架模块上的操作叫做线打接。

(5) 设备间子系统

设备间是在每一幢大楼的适当地点设置进出线设备、网络和互连设备的场所，它是由主配线架和各公共设备组成。主要功能是将各种公共设备（如计算机、数字程控交换机、各种控制设备、网络互连设备）与主配线架连接起来。

1) 语音主要连接设备：110 型跳线架。

2) 数据主要连接设备：24 口、48 口数据配线架，12 口、24 口光纤盒。

3) 安装设备柜（图 16-12）。

4) 安装导线（包括跳线）。

5) 安装交换机、光纤收发器、光纤盒（含耦合器）（图 16-13～图 16-16）、光纤跳线等。

图 16-13 1U 高光纤盒

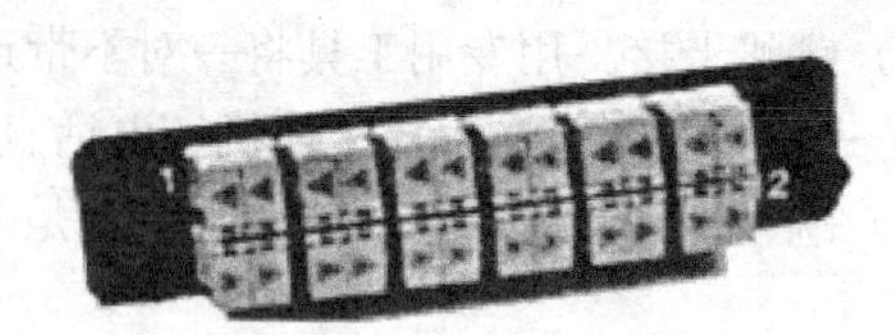

图 16-14 SC 型适配面板

图 16-15 ST 型适配面板

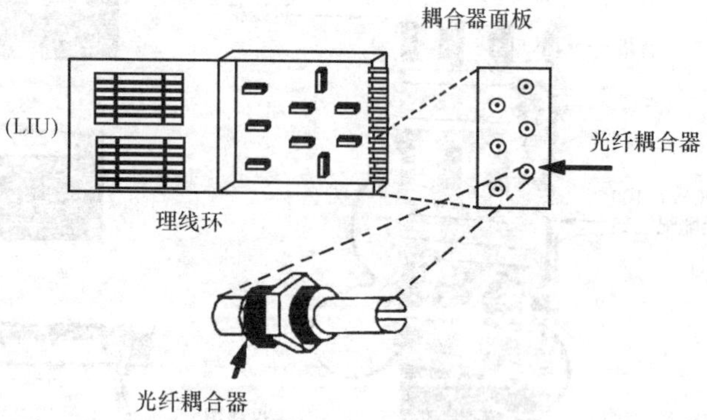

图 16-16 光纤耦合器

(6) 建筑群子系统

采用光缆和大对数电缆作为连接各个建筑物之间的传输介质和各种支持硬件在一起，

组成一个建筑群综合系统。

1）有线方式：架空（图 16-17）、直埋和地下管线中敷设（图 16-18）。

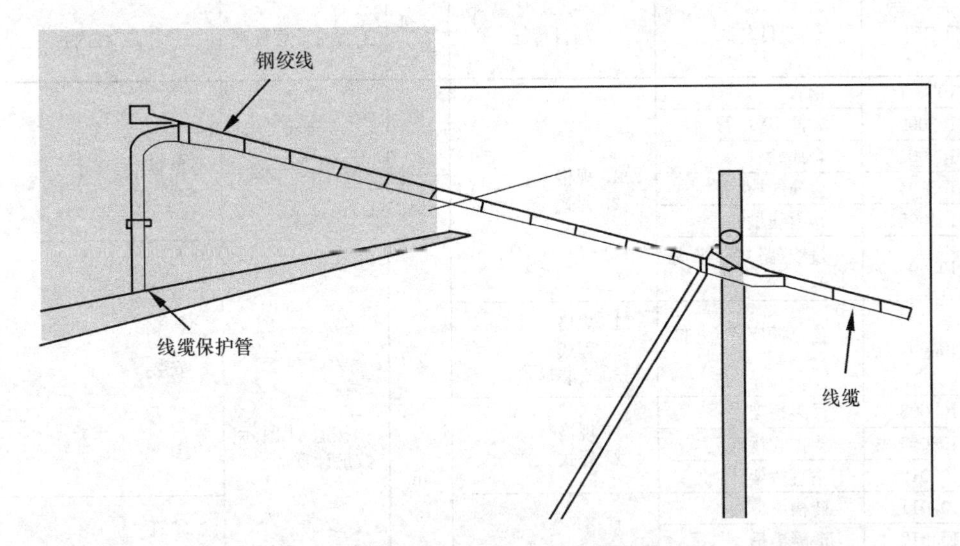

图 16-17　架空线缆敷设

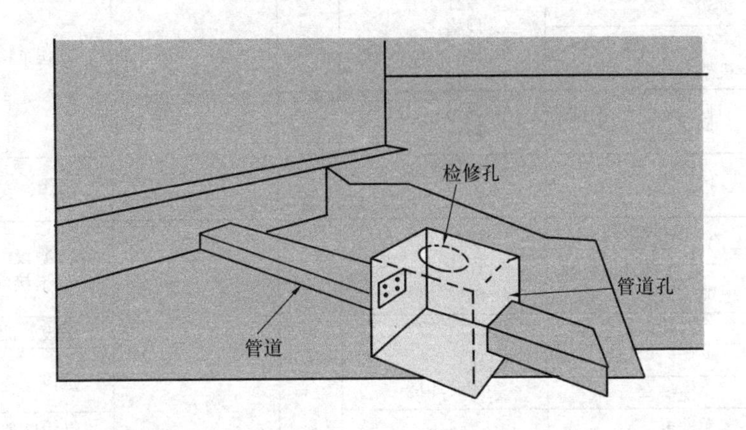

图 16-18　埋地管敷设

2）无线方式：微波和卫星通信方式。

（7）永久链路性能测试

链路是指综合布线的两接口间具有规定性能的传输通道。链路中不包括终端设备、工作区电缆、工作区光缆，设备电缆和设备光缆。链路也指基本连接，在综合布线铜缆系统中是指配线架到工作区信息插座之间的所有布线，它包括最长 90m 的水平双绞线缆以及两端的连接点。

16.2　综合布线系统计价

16.2.1　综合布线系统清单列项及工程量计算

（1）工程量清单项目设置及工程量计算规则，应按表 16-1 的规定执行，本表摘自

《建设工程工程量清单计价规范》GB 50500—2008附录中表C.11.3。

建筑与建筑群综合布线（编码：031103） 表16-1

项目编码	项目名称	项目特征	计量单位	工程量计算规则	工程内容
031103001	钢管	1. 规格 2. 程式	m	按设计图示数量计算	敷设
031103002	硬质PVC管				
031103003	金属软管		根		
031103004	金属线槽		m		
031103005	塑料线槽				
031103006	过线(路)盒(半周长)		个		安装
031103007	信息插座底盒(接线盒)	1. 规格 2. 程式 3. 安装地点			
031103008	吊装桥架	1. 规格 2. 程式	m		
031103009	支撑式桥架				
031103010	垂直桥架				
031103011	砖槽	规格			砌筑
031103012	混凝土槽				
031103013	落地式机柜、机架	1. 名称 2. 规格 3. 程式	架		安装
031103014	墙挂式机柜、机架				
031103015	接线箱	1. 规格 2. 型号	个		
031103016	抗震底座	1. 规格 2. 程式			制作、安装
031103017	4对对绞电缆	1. 规格 2. 程式 3. 敷设环境	m	按设计图示数量计算测试	1. 敷设、测试 2. 卡接(配线架侧)
031103018	大对数非屏蔽电缆				
031103019	大对数屏蔽电缆	1. 规格 2. 程式 3. 敷设环境			敷设、测试
031103020	光缆				敷设
031103021	光缆护套				
031103022	光纤束	1. 规格 2. 型号			气流吹放、测试
031103023	单口非屏蔽八位模块式信息插座		个		安装、卡接
031103024	单口屏蔽八位模块式信息插座				
031103025	双口非屏蔽八位模块式信息插座				
031103026	双口屏蔽八位模块式信息插座				
031103027	双口光纤信息插座				安装
031103028	四口光纤信息插座				
031103029	光纤连接盘		块		
031103030	光纤连接	1. 方法 2. 模式	芯		接续、测试

续表

<table>
<tr><th>项目编码</th><th>项目名称</th><th>项目特征</th><th>计量单位</th><th>工程量计算规则</th><th>工程内容</th></tr>
<tr><td>031103031</td><td>电缆跳线</td><td rowspan="2">1. 名称、型号
2. 规格</td><td rowspan="2">条</td><td rowspan="4">按设计图示数量计算测试</td><td rowspan="2">制作、测试</td></tr>
<tr><td>031103032</td><td>光纤跳线</td></tr>
<tr><td>031103033</td><td>电缆链路系统测试</td><td rowspan="2">1. 测试类别
2. 测试内容</td><td rowspan="2">链路</td><td rowspan="2">测试</td></tr>
<tr><td>031103034</td><td>光纤链路系统测试</td></tr>
</table>

(2) 其他相关问题，应按下列规定处理：

1) 建筑群子系统敷设架空管道、直埋、墙壁光（电）缆工程，应按 08 规范 C. 11. 2 相关项目编码列项。

2) 通信线路工程接地装置应按 08 规范 C. 11. 1 相关项目编码列项。

16. 2. 2 清单计价

综合布线系统各环节大多套用安装定额第七册。

(1) 进户

常用穿管埋地入户的方式。

1) 电缆沟挖填方，工程量计算与套定额同强电。

2) 进户保护管，工程量计算与套定额同强电。

3) 管内穿进户电缆（一般有专业部门敷设），形式有：

①光纤，带宽是 100MHz。

②双绞线缆，六类系统，带宽是 250MHz；超五类系统，带宽是 100MHz。

③同轴射频电缆，既可传模拟信号，又可传数字信号，带宽是 400MHz，在长途传输模拟信号时，约每隔几公里就需使用放大器。

若采用光缆进户，需列出以下项目：

A. 光纤尾纤，计量单位“根”，数量＝光纤芯数，套用第七册“布放尾纤”定额。

B. 光纤连接盘（接头）安装，计量单位“块（个）”，数量＝进户光缆根数，套用第七册“安装光纤连接盘”定额。

C. 光纤测试，两芯为 1 个链路。链路数量＝信息点数/48，套用第七册“光缆测试”定额。

若采用双绞线缆，还需计双绞线缆测试，计量单位“信息点”，数量等于信息插座数，套用第七册“双绞线缆测试”定额。

(2) 设备子系统（设备间）

设备间子系统也称设备子系统。设备间子系统由电缆、连接器和相关支撑硬件组成。它把各种公共系统设备的多种不同设备互联起来，其中包括邮电部门的光缆、同轴电缆、程控交换机等。

可能发生的项目及其工程量计算与套定额如下：（注：最终发生的项目以施工图为准）

1) 程控交换机安装与调试（语音系统），计量单位“部”，套用第七册第二章通信系统设备安装工程的“程控交换机安装、调试”定额。

2) 服务器安装与调试（数据系统），计量单位“台”，套用第七册第二章计算机网络系统设备安装工程定额。

3）局域网交换机安装与调试，计量单位“台”，套用第七册第三章计算机网络系统设备安装工程定额。

4）主控机（微机）安装，计量单位“台”，套用第七册第三章计算机网络系统设备安装工程“终端设备安装”定额。

以上设备均从系统图上数出。其他终端和附属设备安装见安装定额第七册第三章计算机网络系统设备安装工程。

5）集线器（堆叠式）、交换机设备安装调试，计量单位“台”，套用第七册第三章计算机网络系统设备安装工程定额。

6）配线架（光纤配线架、RJ45快接式配线架）安装打接（24口、48口等），计量单位“条”，套用第七册第一章综合布线系统工程定额。

7）跳线架安装打结（110配线架），计量单位“条”，套用第七册第一章综合布线系统工程“跳线架安装”定额。

配线间的配线架均放在机柜内，19寸42U标准机柜，高2000mm，宽600mm，厚600mm，主配线间一般为两台机柜，楼层配线间一般为一台机柜。

8）机柜安装，计量单位“台”，套用第七册第一章综合布线系统工程“安装机柜、机架”定额。

9）理线器（数量按材料表），做补充定额或套用“配线架”定额。

10）跳线制作，计量单位“条”，数量＝信息点数＋甲方要求预留量，套用第七册第一章综合布线系统工程“跳线制作”定额。

11）跳线卡接（对），计量单位“条”，双绞跳线数量＝信息点数＋甲方要求预留量，光纤跳线根数＝光纤芯数，套用第七册第一章综合布线系统工程定额。

以上设备均从系统图上数出。

设备间内电源、防雷接地系统的列项与工程量计算见定额第七册第七章。

（3）垂直主干线子系统

提供建筑物的干线电缆，负责连接管理间子系统到设备间子系统，一般使用光缆或选用大对数的非屏蔽双绞线，沿桥架敷设或穿管敷设。

1）大对数电缆

大对数电缆穿管或沿桥架敷设，管和桥架的计算与套定额同强电。

大对数电缆长度＝设计长＋预留长＋附加长，套用第七册第一章综合布线系统工程定额。

2）光纤

光纤穿管或沿桥架敷设，管和桥架的计算与套定额同强电。设计与施工中，光纤长度计算式如下：

光纤长度＝设计长＋预留长＋附加长（端接预留5m，附加长为10%），套用第七册第一章综合布线系统工程定额。

凡是穿过防火墙或楼板的线缆、管道，均需做防火堵洞。

（4）楼层管理间子系统

楼层管理间子系统连接于垂直干线子系统和水平干线子系统，其主要设备有配线架、

HUB（集线器或网络设备）、机柜、电源。

可能发生的项目及其工程量计算与套定额如下：（注：最终发生的项目以施工图为准）

1）配线架（光纤配线架、RJ45快接式配线架）安装打接（24口、48口等），计量单位“条”，套用第七册第一章综合布线系统工程定额。

2）跳线架安装打结（110配线架），计量单位“条”，套用第七册第一章综合布线系统工程“跳线架安装”定额。

3）理线器（数量按材料表），做补充定额或套用“配线架”定额。

4）跳线制作，计量单位“条”，数量＝信息点数＋甲方要求预留量，套用第七册第一章综合布线系统工程“跳线制作”定额。

5）跳线卡接（对），计量单位“条”，双绞跳线数量＝信息点数＋甲方要求预留量，光纤跳线根数＝光纤芯数，套用第七册第一章综合布线系统工程定额。

6）机柜安装，计量单位“台”，一般一间一台，套用第七册第一章综合布线系统工程“安装机柜、机架”定额。

以上设备均从系统图上数出。

（5）水平干线子系统

指从工作区的信息插座开始到管理间子系统的配线架止，结构一般为星型结构。水平干线子系统一般在一个楼层上，在综合布线系统中仅与信息插座、管理间连接。水平干线子系统用线一般为双绞线，用线必须走线槽或在天花板吊顶内布线，尽量不走地面线槽。

桥架、穿管、线槽敷设计算与套定额同强电。

1）线缆敷设，一般采用四对双绞线，计量单位“100m单线”，套用第七册第一章综合布线系统工程定额。

长度＝设计长＋预留长＋附加长（端接预留长5m，每个插座预留长0.3m，附加长为10%）。

2）采用光纤，计量单位“100m”，套用第七册第一章综合布线系统工程“敷设光缆”定额。

（6）工作区子系统

又称为服务区子系统，它是由RJ45跳线与信息插座所连接的设备（终端或工作站）组成。线路终端设备，由甲方确定，可能有传真机、电话机、电脑、连接用跳线等。

1）采用线缆敷设

①安装信息插座底盒，计量单位“个”，数量从施工图上直接数出，套用第七册第一章综合布线系统工程定额。

②信息插座安装，计量单位“个”，数量从施工图上直接数出，套用第七册第一章综合布线系统工程定额。

2）采用光纤敷设

①安装光纤信息插座，计量单位“个”，数量从施工图上直接数出，套用第七册第一章综合布线系统工程定额。

②暗装开关盒，计量单位“10个”，数量同插座数量，套用第二册电气设备安装工程定额。

3）适配器安装

计量单位"个"，数量从施工图上直接数出，套用第七册第一章综合布线系统工程"过路盒"定额。

(7) 网络调试，系统试运行

1) 网络调试，计量单位"系统"，按信息点数量划分定额子目，套用第七册第三章计算机网络系统设备安装工程定额。

2) 系统试运行，计量单位"系统"，按信息点数量划分定额子目，套用第七册第三章计算机网络系统设备安装工程定额。

17　火灾自动报警与消防联动系统

【学习目标】

了解火灾自动报警与消防联动系统的组成，熟悉火灾自动报警与消防联动系统的施工、识图，掌握火灾自动报警与消防联动系统的清单列项与定额套价，能根据施工图编制工程计价书。

【学习要求】

能力目标	知识要点	相关知识
能熟练识读火灾自动报警与消防联动系统施工图	常用火灾自动报警与消防联动系统工程图例，平面图的识读方法	火灾自动报警与消防联动系统施工工艺及基本技术要求
能编制火灾自动报警与消防联动系统工程量清单并进行定额套价及工程量计算	清单列项及清单工程量的计算、定额套价及定额工程量的计算	

17.1　系　统　介　绍

17.1.1　系统组成及工作原理

火灾是失去控制的燃烧现象。据统计，自 1992 年以来，我国每年火灾直接经济损失均在 12 亿元以上，其中建筑火灾的损失约占 80%，建筑火灾发生的次数约占总火灾次数的 75%。随着城市日益扩大，各种建筑越来越多，建筑布局及功能日益复杂，建筑中用火、用电和用气日益广泛，建筑火灾的危险性和危害性大大增加。

(1) 系统组成

火灾自动报警与消防联动系统，是人们为了及早发现和通报火情，并及时采取有效控制措施扑灭火灾而在建筑物中设置的一种自动消防设施，其原理框架图如图 17-1 所示：

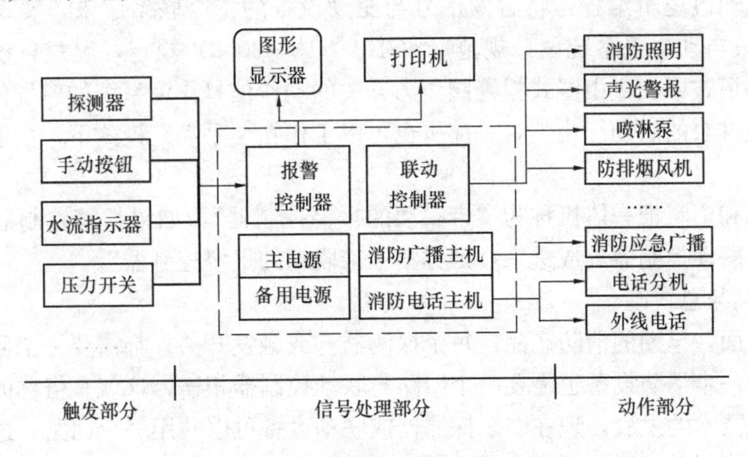

图 17-1　火灾自动报警与消防联动系统框架

从信号的传递过程看，火灾自动报警与消防联动系统大致可以分成 3 个部分：触发部分、信号处理部分、动作部分，其中整个系统的核心是报警控制器。

（2）工作原理

1）探测器

探测器是整个系统的"触角"，负责探测警戒范围内的火情，并向报警控制器发回火情信号。探测器按探测介质可以分为感烟探测器、感温探测器、感光探测器和可燃气体探测器，也有产品将几种功能集成在一个探测器中；按外形可分为点型探测器、线型探测器和红外光束探测器。点型探测器主要用于开阔的空间，如办公室、宾馆的房间和体育馆、地下室等；线型探测器又称感温电缆，外形与 BV 塑料铜芯线相似，截面结构为热敏绝缘物包裹两根隔离的导线芯。当温度达到预定值时，两根导线芯间的热敏绝缘物融化，电阻急剧下降而使导线接通。线型探测器主要应用于电缆隧道、电缆竖井、电缆沟、电缆夹层，各种建筑的闷顶内、地板下及重要设备隐蔽处等不适合点型探测器安装的场所。红外光束探测器由发射器和接收器成对组成，当烟雾弥漫在发射器和接收器之间时，接收器由于接受不到红外线而报警。

除自动探测外，规范还规定需配置手动报警装置，工程中常用手动报警按钮。另外，水流指示器、压力开关的动作也视为触发信号，传回报警控制器。

2）报警控制器与联动控制器

报警控制器接受各种触发开关（如火灾探测器、手动报警按钮、水流指示器、压力开关等）传回的火情信号，显示火情位置，甄别、判断是否真的发生了火情。如果火情确实，则通过联动控制器发出信号指令，驱使相应的消防设备做出动作，比如声光报警器发出尖利的警报声，伴以闪烁的红灯；非消防电源被切断、消防照明开启；常闭排烟阀打开、排烟风机启动；喷淋泵启动供水灭火；非消防电梯迫降首层；同时，各门禁系统被强制打开，消防应急广播按一定的顺序向各楼层报告火情，指挥人群疏散……在整个过程中，报警控制器对所有信号及指令均作记录、存储甚至打印，留底备查。

在早期的消防产品中，报警控制器和联动控制器是分离的，联动指令靠手按控制器的按钮发出。随着数字技术的发展，目前大多数厂家已可以将报警控制器和联动控制器整合在一起，称"报警联动一体机"。一体机不仅仅是将两个控制器组装在一个箱子里，更重要的是，可以通过逻辑编程，将触发信号与驱动设备的指令联系起来，实现"自动"灭火，如：《火灾自动报警系统设计规范》（GB 50116—2008）规定，湿式自动喷水灭火系统在自动控制模式下，应由湿式报警阀压力开关的动作信号作为系统的触发信号，由控制器联动控制喷淋泵的启动。当然，一体机也可以工作在"手动"模式下，由值守人员控制消防设备。

有些厂家和资料把一体机称为"带联动的报警控制器"，如果报警控制器仅仅起报警功能，没有将联动控制器集成进来，则称"不带联动的报警控制器"。

3）多线制与总线制

在布线方面，早期的消防产品，每个探测器（或触发开关）都需要一个回路与报警控制器相连，每一个消防设备也需要一个回路与联动控制器相连，这就是俗称的"多线制"。由于现场总线技术的发展，现在多个探测器或联动设备可以共用一个回路，这就是所谓的"总线制"。多线制和总线制的区别示意图如图 17-2 所示。

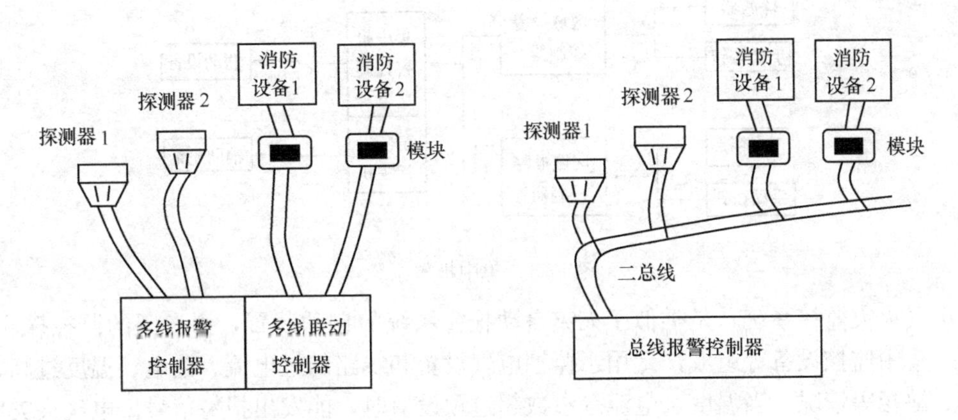

图 17-2 多线制与总线制的区别

总线制使系统连接导线大大减少，给安装、使用带来极大方便，因此目前大多数消防产品都使用总线制。总线制下，各器件需要进行编码，报警控制器依靠编码对器件进行识别。而多线制由于连接导线过多，且信号间不便进行逻辑运算，基本只用于手动直接驱动重要消防设备。

规范规定，消防水泵、防烟和排烟风机的控制设备除采用自动控制方式外，还应在消防控制室设置人工直接控制装置实现手动控制，所以总线制报警控制器依然保留了几路多线线路，称“多线盘”。

总线制中，每个回路所能挂接的编码器件数量因产品而异，大多在 240 个左右（设计时考虑一定余量，且不超过 200），而每个报警控制器所能带的回路数也是有限的，因而不同厂家、不同产品的总线报警控制器所能处理的地址编码数量是不一样的，这就是报警控制器的“容量”，以“点”为单位衡量，每一个地址编码算一个点。目前，许多厂家的报警控制器的容量是可以扩展的。

（3）报警系统的分类

规范规定，任一台火灾报警控制器（含一体机）的容量即所连接的火灾探测器和控制模块或信号模块的地址总数不应超过 3200 点（其中设备的点不应超过 1600 点）。根据所警戒的建筑物区域的大小及复杂程度，火灾自动报警与消防联动系统按规模可以分成三种形式：

1）区域报警系统。这是规模最小、最简单的系统，由火灾报警控制器、图形显示器、声光警报器、手动报警按钮、火灾探测器等组成，不强求带联动设备、应急广播和消防电话。此时的火灾报警控制器也称“区域报警控制器”，如图 17-3 所示。

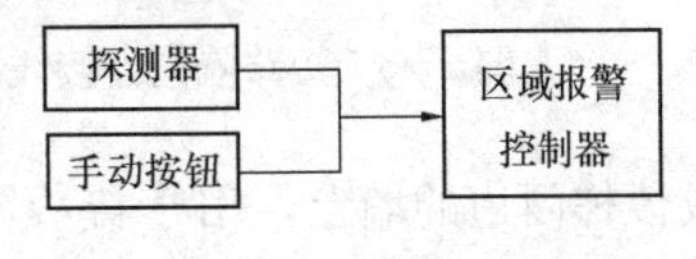

图 17-3 区域报警系统

2）集中报警系统。当系统规模较大时，可以将若干个区域报警系统联合起来，由另一台报警控制器来管理，组成二级网络，此时处于高端的报警控制器称“集中报警控制器”，要求带联动功能，系统中配置消防电话。如图 17-4 所示。

3）控制中心报警系统。与集中报警系统相比，控制中心报警系统需增设火灾应急广播和电气火灾监控系统。

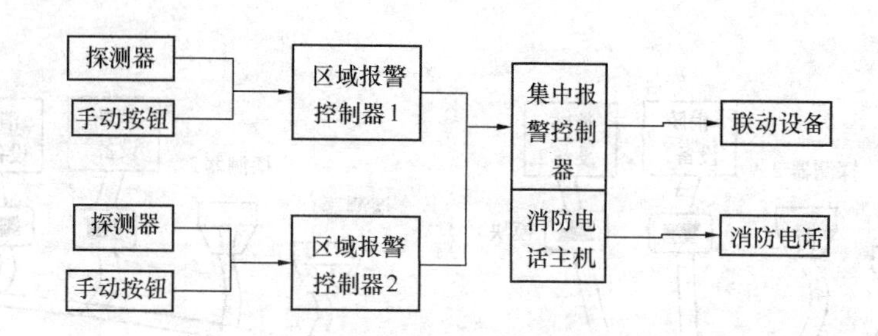

图 17-4　集中报警系统

电气火灾监控系统，是类似于火灾自动报警系统的自动装置，由专门的监控探测器、总线、集中监控设备等组成，专用于监控电气设备和线路的过电流、漏电、温度过高、欠电压、缺相等情况，当温度、电流等参数超过预设值时，能发出报警信号。电气火灾监控系统规模小、通信量小时，可以把监控探测器经编码模块接入火灾自动报警系统；当规模较大时，应自成系统，并与火灾自动报警系统交换数据。

17.1.2　火灾自动报警与消防联动系统几个关键器件的作用

（1）模块

模块的作用有：

1）信号转换和传输，即把开关量信号转换成数字信号，并传递给报警控制器。例如水流指示器、压力开关的动作是开关信号，需经模块转换成数字信号，报警控制器才能识别。

2）控制消防设备。通常情况下，消防设备（如风阀、卷帘门等）不具备识别数字信号的能力，模块就担当了“翻译”的角色，并且报警控制器传出来的指令都是信号级别的(24V，5～20mA)，不足以驱动消防设备，模块可以提供较大电流驱动一些小型消防设备，如广播切换模块，非消防电源脱扣模块等。

（2）短路隔离器

总线回路中，一旦某一点发生短路，整个报警控制器将无法正常工作。为了避免报警控制器陷入瘫痪，总线上每一个支路的起点处都要装设一个短路隔离器。所谓“短路隔离器”，是一种特殊的模块，当支路发生短路故障时，隔离器内部的继电器吸合，将隔离器所连接的支路完全断开，从而保证总线上其他支路器件的正常工作。接线示意图如图 17-5 所示。

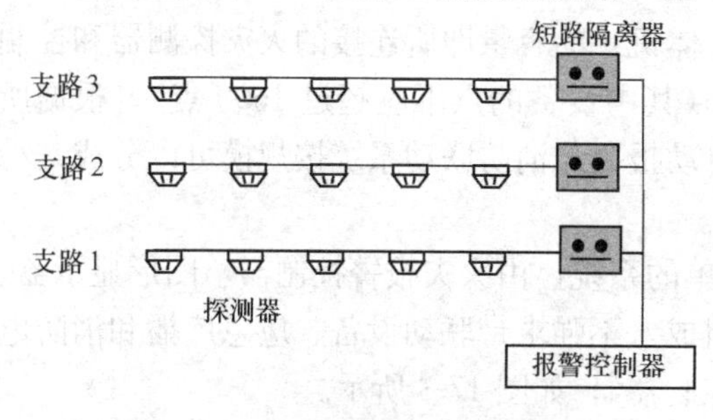

图 17-5　短路隔离器接线示意图

（3）火灾显示盘

一种警报装置，多装于楼层电梯门边或楼梯门边的墙上，用于接收探测器发出的火灾报警信号，显示火灾位置，发出声光警报。

（4）声光警报器

一种警报装置，当发生火情时能发出声或光报警，但没有显示屏，不能显示发生火灾的楼层和位置。

17.2　火灾自动报警与消防联动系统计价

火灾自动报警与消防联动系统，工程俗称“电消”，意即消防系统的弱电部分，不包括风机、风阀的安装接线和喷淋管、泵类的安装。

17.2.1　清单列项及工程量计算

火灾自动报警与消防联动系统的清单项目主要有探测器、按钮、模块、控制器、警报装置、重复显示器等，应根据工程具体配置，考虑消防器件的安装方式、线制、容量和输出方式等因素，从清单规范附表 C.7.5 和附表 C.7.6 中列取项目，内容见表 17-1 和表17-2。

火灾自动报警系统　　　　**表 17-1**

<table>
<tr><th>项目编码</th><th>项目名称</th><th>项目特征</th><th>计量单位</th><th>工程量计算规则</th><th>工程内容</th></tr>
<tr><td>030705001</td><td>点型探测器</td><td>1. 名称
2. 多线制
3. 总线制
4. 类型</td><td>只</td><td rowspan="10">按设计图示数量计算</td><td>1. 探头安装
2. 底座安装
3. 校接线
4. 探测器调试</td></tr>
<tr><td>030705002</td><td>线型探测器</td><td>安装方式</td><td>m</td><td>1. 探测器安装
2. 控制模块安装
3. 报警终端安装
4. 校接线
5. 系统调试</td></tr>
<tr><td>030705003</td><td>按钮</td><td>规格</td><td rowspan="2">只</td><td>1. 安装
2. 校接线
3. 调试</td></tr>
<tr><td>030705004</td><td>模块（接口）</td><td>1. 名称
2. 输出形式</td><td>1. 安装
2. 调试</td></tr>
<tr><td>030705005</td><td>报警控制器</td><td rowspan="3">1. 多线制
2. 总线制
3. 安装方式
4. 控制点数量</td><td rowspan="6">台</td><td rowspan="3">1. 本体安装
2. 消防报警备用电源
3. 校接线
4. 调试</td></tr>
<tr><td>030705006</td><td>联动控制器</td></tr>
<tr><td>030705007</td><td>报警联动一体机</td></tr>
<tr><td>030705008</td><td>重复显示器</td><td>1. 多线制
2. 总线制</td><td rowspan="3">1. 安装
2. 调试</td></tr>
<tr><td>030705009</td><td>警报装置</td><td>形式</td></tr>
<tr><td>030705010</td><td>远程控制器</td><td>控制回路</td></tr>
</table>

消防系统调试　　**表 17-2**

<table>
<tr><th>项目编码</th><th>项目名称</th><th>项目特征</th><th>计量单位</th><th>工程量计算规则</th><th>工程内容</th></tr>
<tr><td>030706001</td><td>自动报警系统装置调试</td><td rowspan="2">点数</td><td rowspan="2">系统</td><td>按设计图示数量计算（由探测器、报警按钮、报警控制器组成的报警系统；点数按多线制、总线制报警器的点数计算）</td><td rowspan="3">系统装置调试</td></tr>
<tr><td>030706002</td><td>水灭火系统控制装置调试</td><td>按设计图示数量计算（由消火栓、自动喷水、卤代烷、二氧化碳等灭火系统组成的灭火装置；点数按多线制、总线制联动控制器的点数计算）</td></tr>
<tr><td>030706003</td><td>防火控制系统装置调试</td><td>1. 名称
2. 类型</td><td>处</td><td>按设计图示数量计算（包括电动防火门、防火卷帘门、正压送风阀、排烟阀、防火控制阀）</td></tr>
<tr><td>030706004</td><td>气体灭火系统装置调试</td><td>试验容器规格</td><td>个</td><td>按调试、检验和验收所消耗的试验容器总数计算</td><td>1. 模拟喷气试验
2. 备用灭火器贮存容器切换操作试验</td></tr>
</table>

各种器件的工程量按图计数即可。表中的“重复显示器”就是上面所述的“火灾显示盘”，也有资料称其为“楼层显示器”。

应注意：

(1) 点型探测器有多种型号，比如感温探测器、感烟探测器、火焰探测器等，不同型号的探测器应单独列项。类似地，模块也有输入、输出之分，输出又分单输出和多输出（参见定额列项部分），不同型号的模块应单列。

(2) 线型探测器以长度计量，配套的接线盒及终端盒的价格应一并计入线型探测器中（参见定额列项部分）。

(3) 当系统设计为集中报警中心或控制中心报警系统时，区域报警器和集中报警器均应根据线制、是否带联动功能及不同的容量分别列项。如不带联动功能，则应套“030705005 报警控制器”。

(4) 控制器不包含图形显示装置（一般是 CRT 彩色显示器）、火灾应急广播主机和消防电话主机，如果实际工程中配有 CRT 显示器，可借用楼宇安全防范系统的“031208016 CRT 显示终端”清单子目，广播主机和电话主机应另套广西补充清单项目“桂 030705011”和“桂 030705014”，如表 17-3 所示。

火灾自动报警控制系统　　表 17-3

项目编码	项目名称	项目特征	计量单位	工程量计算规则	工程内容
桂 030705011	火灾事故广播设备安装	1. 名称、规格、型号 2. 安装方式	台	按设计图示数量计算	1. 功放安装 2. 录音机安装 3. 控制柜安装 4. 基础槽钢角钢安装
桂 030705012	扬声器安装	1. 规格、型号 2. 安装方式	只		1. 本体安装 2. 接线盒安装
桂 030705013	广播分配器安装	规格、型号	台		安装
桂 030705014	消防通信电话交换机安装	1. 门数 2. 安装方式	台		1. 本体安装 2. 基础槽钢角钢安装
桂 030705015	消防通信分机	规格、型号	部		1. 本体安装 2. 接线盒安装

(5) 描述控制器的“点数”时，应从型号及其技术资料中了解，而不能依据现场探测器的数量来定，尤其是控制器的“点数”可扩充时，应将最大容量及投标要求的实际容量都描述清楚。

(6) 落地式报警控制器的基础槽钢（或角钢）应单独列项：广西补充清单“桂 030204032 基础型钢”。

(7) 扬声器和消防电话分机也应套用广西补充清单项目。

(8) 气体灭火系统装置调试按试验容器的规格以“个”计量，规格应与工程实际的容器相同；当图纸未明确试验容器的个数时，可以依据《气体灭火系统施工及验收规范》GB 50263—2007 来确定。

(9) 消防系统中的电缆、桥架、配管配线、动力、应急照明、电动阀门检查接线、水流指示器（压力开关）检查接线、防雷接地装置等项目的工程量清单可按 08 规范附录 C.2“电气设备安装工程”编制。

17.2.2　清单计价

火灾自动报警与消防联动系统的定额计价，应套用广西 08 安装定额第七册第十一章。该章定额包括以下工作内容：

(1) 施工技术准备、施工机械准备、标准仪器准备、施工安全防护措施、安装位置的清理。

(2) 设备和箱、机及元件的搬运，开箱检查，清点，杂物回收，安装就位，接地，密封，箱、机内的校线、接线，挂锡，编码，测试，清洗，记录整理等。

(3) 各种消防器件（报警控制器、探测器、按钮、模块、警报器等）的校线、接线和本体调试。

不包括以下工作内容：

1) 设备支架、底座、基础的制作与安装。

2) 构件加工、制作。

3) 联动设备电机检查、接线及调试。

4) 事故照明及疏散指示控制装置安装。

5）显示装置（如CRT显示器）安装。

（4）列项前应熟悉定额的工程量计算规则，以下内容有助于对规则的理解：

1）关于模块

在使用定额套价时，“模块”是一个难点，有时工程图纸对模块的表达也并不完整，常常要借助工程经验。实际上，“模块”与“接口”没有本质的区别，是对同一种器件的不同称谓而已。从作用上讲，模块分为三种：

①输入模块，配接于探测器与报警控制器之间，用于将开关信号转换为数字信号，如水流指示器模块、压力开关模块，定额中称为“报警接口”。

②输出模块，配接于消防联动设备与报警控制器之间，用于控制消防设备的开闭，如非消防照明的切断模块，定额中称为“控制模块”。

定额中的控制模块分为“单输出”和“多输出”。多输出应用于多动作的设备，如二步降防卷帘门。

③输入输出模块，同时具有输入和输出功能的模块，如防排烟阀模块，要控制阀的开启，当阀开启后还要向报警控制器反馈一个“确认”信号。广西08定额没有编制专门的输入输出模块，套价时可以把这一类模块归入“控制模块”。

所谓的“输入”与“输出”，是站在报警控制器的角度而言的。

④常用模块套价如下：

A. 总线制的感温、感烟、感光探测器，手动报警按钮，楼层显示器、声光报警器、消防电话，本身已经数字化，直接与信号总线连接，无需计模块工程量。

B. 单输入模块：常用于水流指示器、压力开关、信号蝶阀，套“报警接口”模块。

C. 单输入单输出模块：常用于排烟阀、送风阀、防火阀，套“单输出控制模块”。

D. 双输入双输出模块：常用于二步降防卷帘门、双速水泵、双速排烟风机等双动作设备，套“多输出控制模块”。

套价原则：模块如果用于驱动某种设备产生动作，就可以套用“控制模块”定额。短路隔离器并不驱动设备产生动作，套“报警接口”定额更合适一些。

通常情况下，一个模块占一个地址编码，即一个“点”，但也有一些特殊的中继模块不占用地址编码。

2）关于线型探测器

线型探测器安装时由感温电缆、接线盒（模块）和终端盒三部分组成，如图17-6所示。

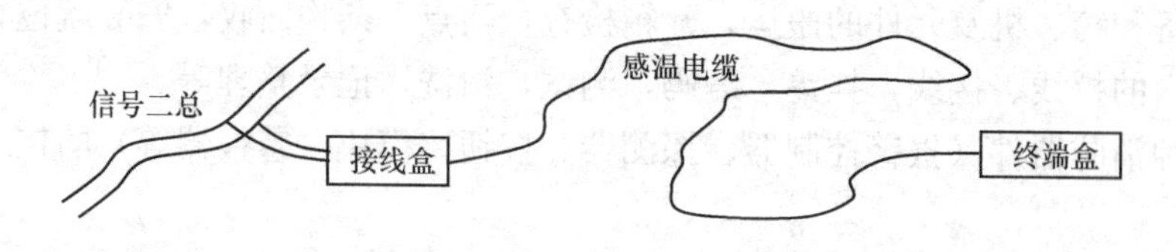

图17-6　线型探测器接线图

接线盒实际上是一个输入模块，终端盒起电阻作用。计价时除了按长度计线型探测器外，还需另计接线盒和终端盒（套“报警接口”）。

3）关于点型探测器

定额按线制的不同分为多线制与总线制，不分规格、型号 、安装方式与位置，以“只”为计量单位，按图计数。探测器安装包括了探头和底座的安装及本体调试。

对于感烟感温一体的探测器，定额中没有专门的定额，可借用感烟探测器定额。有些图纸标示的“感光探测器”，应套用“火焰探测器”定额。

红外线探测器以“对”为计量单位。红外线探测器是成对使用的，在计算时一对为两只。定额中包括了探头支架安装和探测器的调试、对中。

4）关于按钮

包括消火栓按钮、手动报警按钮、气体灭火启停按钮，以“只”为计量单位。定额已按在轻质墙体和硬质墙体上安装两种方式综合考虑，执行时不得因安装方式不同而调整。

5）关于报警控制器

报警控制器按线制、安装方式及“点”数划分定额子目，以“台”为单位计量，直接从系统图上数出。

报警控制器的“点”，应从产品说明书中了解，比如“海湾”产品 JB-QB-GST200，容量为 242 个地址编码点，切忌以现场安装的探头数目为依据套取定额。当报警控制器的容量可扩展时，以图纸的配置容量（而不是最大容量）套取定额更合理一些。

一体机安装定额是以成套装置编制的，已包括了成套配置的机柜、报警控制器、联动控制器、备用电源等设备，但不包括图形显示器、广播主机、消防主机及基础槽钢。

图形显示器可借用第七册第 3 章计算机网络系统设备安装工程的“CRT 显示终端”、“液晶显示终端”或“等离子显示终端”定额，广播主机、消防主机套本章定额，基础槽钢借用第二册相应定额。

柜式及琴台式报警控制器属于套用“落地式”子目。

壁挂式报警控制器暗配管时，应计一个暗出线盒。

6）关于配管配线

消防系统的配管配线执行第二册的相应定额，管内穿线按动力线路或多股软导线套用。

计算导线工程量时需要注意，各种消防器件（报警控制器、探测器、按钮、模块、警报器等）定额虽包含校线、接线和本体调试，但不包含接线预留，这一点与第二册不同，因此所有消防器件的接线处的导线预留均应加到导线的工程量中（探测器、按钮、模块、警报器等可按 15cm/线，箱按半周长）。

7）关于调试

定额中消防系统调试包括：自动报警系统、水灭火系统控制装置、火灾事故广播、消防通信系统、消防电梯系统、电动防火门、防火卷帘门、正压送风阀、排烟阀 、防火阀控制装置、气体灭火系统装置。

①自动报警系统包括各种探测器、报警按钮、报警控制器组成的报警系统，区分不同点数以“系统”为计量单位。

②水灭火系统控制装置的“点”数，是指水灭火系统中由报警控制器控制的开关、按钮、模块、阀门等的数量，施工中主要是调试控制信号，确保信号有效和准确无误。由一个报警控制器所控制的点均算在一个系统内。

③火灾事故广播、消防通信系统调试，按消防广播喇叭、音箱和消防通信的电话分

机、电话插孔的数量，以“10只”为计量单位。

④消防用电梯调试以“部”为计量单位。

⑤电动防火门、防火卷帘门调试，按联动控制器所控制的电动防火门、防火卷帘门数量，以“1处”为计量单位，每樘为一处。

⑥正压送风阀、排烟阀、防火阀以“10处”为计量单位，一个阀为一处。

⑦气体灭火系统装置调试包括模拟喷气试验、备用灭火器贮存容器切换操作试验，按试验容器的规格，分别以“个”为计量单位。

⑧试验容器的数量包括系统调试、检测和验收所消耗的试验容器的总数，试验介质不同时可以换算。

8）对于电气火灾监控系统，目前广西尚未编制相应的定额。

17.3　火灾自动报警系统计价编制实例

序号	清单/定额编码	清单/定额项目名称及项目特征描述	单位	工程量
1	030705007001	总线制火灾报警联动一体机 JB-QG-GST5000，968点，含多线制控制盘 LD-KZ014，电源盘 GST-LD-D02，备用电源	台	1.00
	03071157	火灾报警联动一体机 JB-QG-GST5000	台	1.00
	03071175	消防报警备用电源	台	1.00
2	桂 030705014001	电话系统 GST-TS-Z01A	台	1.00
	03071170	电话系统 GST-TS-Z01	台	1.00
3	桂 030705011001	消防广播系统 LD-GBFP-200	台	1.00
	03071166	消防广播控制柜	台	1.00
4	031208016001	CRT 彩色显示系统 GST-CRT，含机柜安装	台	1.00
	03070382	CRT 彩色显示系统 GST-CRT	台	1.00
	03070406	计算机台柜安装	台	1.00
5	030705001001	智能光电感烟探测器 JTY-GD-G3，总线制	只	492.00
	03071116	智能光电感烟探测器 JTY-GD-G3	只	492.00
	B-	感烟探测器底座	只	492.00
6	030705001002	智能光电感温探测器 JTW-ZCD-G3N，总线制	只	106.00
	03071117	智能光电感温探测器 JTW-ZCD-G3N	只	106.00
	B-	感温探测器底座	只	106.00
7	030705003001	手动报警按钮 J-SAP-8401	只	50.00
	03071122	手动报警按钮 J-SAP-8401	只	50.00
8	030705004001	短路隔离器 GST-LD-8313	只	16.00
	03071123	报警接口 GST-LD-8313	只	16.00
9	030705004002	单输入模块 GST-LD-8300	只	5.00
	03071123	单输入模块 GST-LD-8300	只	5.00
10	030705004003	单输入单输出模块 GST-LD-8301	只	102.00

续表

序号	清单/定额编码	清单/定额项目名称及项目特征描述	单位	工程量
	03071124	单输入单输出模块 GST-LD-8301	只	102.00
11	030705004004	双输入双输出模块 GST-LD-8303	只	25.00
	03071125	双输入双输出模块 GST-LD-8303	只	25.00
12	030705009001	火灾声光报警器 GST-HX-M8501-2	台	4.00
	03071162	火灾声光报警器 GST-HX-M8501-2	只	4.00
13	030705008001	火灾显示盘 ZF-500 总线制	台	18.00
	03071161	火灾显示盘 ZF-500	台	18.00
14	桂 030705012001	吸顶式扬声器 XD-100B	只	116.00
	03071167	吸顶式扬声器 XD-100B	台	116.00
15	桂 030705015001	报警电话 GST-TS-100A	部	23.00
	03071173	报警电话 GST-TS-100A	个	23.00
16	030212001004	钢管沿砖混结构暗配 SC20（含凿沟槽及所凿沟槽恢复）	m	9816.00
	03021221	钢管沿砖混结构暗配 SC20	100m	98.16
	03021536	电气配管凿砖槽 SC20	10m	148.80
	03021559	电气配管所凿沟槽恢复 SC20	10m	148.80
17	030212001005	钢管沿墙混结构暗配 SC25	m	3642.00
	03021222	钢管沿墙混结构暗配 SC25	100m	36.42
18	桂 030212004002	可挠金属短管敷设 $\Phi 20L=400$mm		718.00
	03021294	可挠金属短管敷设 $\Phi 20L=400$mm	10 根	71.80
19	030212003005	管内穿铜锌线 BV-2.5mm^2	m	18660.00
	03021372	管内穿铜锌线 BV-2.5mm^2	100m 单线	195.93
20	030212003006	管内穿软线 RVS-2×1.0mm^2	m	11051.00
	03021393	管内穿软线 RVS-2×1.0mm^2	100m 单线	116.04
21	030212003007	管内穿软线 RVV-4×1.5mm^2	m	2465.00
	03021398	管内穿软线 RVV-4×1.5mm^2	100m 单线	25.88
22	030208002001	控制电缆敷设 RVV-5×1.5mm^2	m	627.00
	03020799	控制电缆敷设 RVV-5×1.5mm^2	100m	6.53
23	030208002002	控制电缆敷设 RVS-7×1.5mm^2	m	358.00
	03020800	控制电缆敷设 RVS-7×1.5mm^2	100m	3.77
24	030706001001	自动报警系统装置测试 800 点	系统	1.00
	03071179	自动报警系统装置测试 800 点以下	系统	1.00
25	030706002001	水灭火系统控制装置调试 200 点	系统	1.00
	03071181	水灭火系统控制装置调试 200 点以下	系统	1.00
26	030706003001	火灾事故广播、消防通信系统装置调试	处	139.00
	03071184	广播喇叭及音箱、通信分机及插孔	10 只	13.90
27	030706003002	防火控制系统装置调试	处	21.00
	03071188	正压送风阀、排烟阀、防火阀	10 处	2.10

思考题与习题

一、建筑电气

1. 从各电气系统工程量计算规律中，归纳出电气工程量计算的普遍规律。

2. 归纳各强电工程系统哪些调试（整）工作要列项，按工程量计算不用系数计算？

3. 归纳各弱电工程系统经常要计算哪些调试工作？

4. 强电工程系统与弱电工程系统在工程量计算与使用定额时，一般发生交叉，其交叉在哪些子目内，试归纳比较。

5. 建筑电气日新月异，产品繁多，安装定额中没有相应的子目可以使用，该怎样处理？

6. 电缆直埋沟、接地母线沟、配线管沟、给排水管道沟，同是沟土方，它们工程量计算区别在何处？怎样使用定额？

7. 怎样计算电缆长度？

8. 如何计算动力、照明控制设备安装工程量？计算时应注意什么？

9. 什么是电气设备安装中的柜、屏、箱、盘（板）？它们工程量怎样计算？

10. 操作台、控制台，操作箱、控制箱，操作柜、控制柜，操作屏、控制屏，是否是同一概念？是否使用不同定额子目？

11. 将各系统工程量的计算规则与08规范中“C.2电气设备安装工程”的计算规则逐一对比，找出它们的对应关系。

12. 怎样计算配管工程量？计算配管工程量时要注意什么？

13. 如何计算管内穿线工程量？计算时要注意什么？

14. 计算灯具安装工程量时包含哪些方面？计算时应注意哪些事项？

15. 如何计算开关插座安装工程量？计算时要注意什么？

16. 如何计算防雷及接地装置工程量？计算时要注意什么？

17. 电气调试系统是如何划分的？计算电气调试系统工程量时要注意什么？

18. 计算例图各安装项目工程量。（随堂）

19. 综合编制电气施工图预算书。（大作业）

二、建筑水暖

1. 水表组、消火栓套或组、消防水泵接合器组、供热低压器具组、疏水器组、散热器组、卫生器具组或套、湿式报警阀组等这些组或套的安装范围和所包括的内容各是什么？

2. 铸铁散热片组对成散热器，需要些什么件和材料才能将它们组对起来？

3. 喷淋灭火管道工程系统安装要求高，为什么不能用工业管道工程定额？在同一幢楼里喷淋和给水管道均通水，为什么不能用第八篇《给排水、采暖、燃气工程》定额，而喷淋管道单独制订一个安装定额？

4. 试分析比较给水管道和采暖管道、燃气管道、消防灭火喷淋管道、工业管道（低压）等管道，同样是管道安装为什么要分别制订定额？使用时相同子目又不可互相串用，然而没有的子目可以借用，谁向谁借？可借用哪些子目？能列出清单来吗？

5. 试分析给水管道和采暖管道、燃气管道、工业管道（低压）、消防灭火喷淋管道，它们的试压、调试（整），安装定额是怎样划分的？各自不同点是什么？

6. 市场采购的阀件、设备与定额规定的型号规格不同时，该怎样处理？

7.《给排水、采暖、燃气工程》定额中，室内承插铸铁给水管道与承插铸铁排水管道，同是石棉水泥接口，为什么前者管道主材消耗量如*DN*75为10m，而后者为8.8m，室外承插铸铁排水管道为10.3m？

8. 采暖工程系统调整费属综合系数吗？安装工程中有几个系统调整费属综合系数？为什么热水采暖

工程系统不计算调整费？其采暖系统调整费包括哪些？

9. 喷淋灭火管道系统水压试验、严密性试验、强度试验怎样取费？喷淋灭火系统调试怎样取费？

10. 将各系统工程量的计算规则与08规范中“C.7消防工程”和“C.8给排水、采暖、燃气工程”的计算规则逐一对比，找出它们的对应关系。

三、通风空调

1. 一般通风管道穿楼板、过墙的孔洞修补工作，净化通风管道穿楼板、过墙的孔隙密封和净化处理工作，通风管道穿墙、过楼板的防火处理工作，需不需要计算？若要计算怎样计算？

2. 通风管道法兰垫片厚度、材质超过了定额要求，这时该怎么处理？

3. 通风空调非标设备、通风管道、部件及配件等，发生场外运输时，其运输费如何计算？

4. 通风空调部件，安装定额一般规定为现场加工并安装，而现实均为市场采购，其规格型号与定额规定不相符时，这时如何使用定额？

5. 通风空调系统该做哪些调试或调整？其系统调试费如何计取？通风空调系统调试费应包括哪些费用？空调系统的恒温恒湿系统调试及系统的冷热水系统调试，相应的电气系统调试包不包括在通风空调系统调试内？不包括应怎样计算？通风空调系统调试与通风空调系统“联动试车”是否相同？怎样划分？如何计算？

6. 通风工程系统调整（试）费属综合系数吗？安装工程中有几个系统调整（试）费属综合系数？除这些之外的系统调整（试）费为什么不属综合系数？

7. 第一册《机械设备安装工程》与第九册《通风空调工程》均有离心式通风机安装和轴流式通风机安装，为什么不能串用？

8. 薄钢板风管接缝有哪些方法？定额按此划项了吗？请指出。

9. 节能、高效、质量好、速度又快的无法兰风管连接。若采用此新技术，定额怎样选择使用？

10. 净化风管施工要求场地不起尘，若铺设了橡胶板、塑料板或不产生灰尘的材料，怎样计算？

11. 通风空调“系统调整（试）费”与“通风空调系统综合效能测定与调整费”有区别吗？为什么？

12. 将本章定额工程量的计算规则与08规范中“C.9通风空调工程”的计算规则对比，找出它们的对应关系。

第3篇　综　合　实　训

18　建筑安装工程计价书的编制方法与要求

《建设工程工程量清单计价规范》GB 50500—2008的出台，进一步规范了工程量清单计价行为。随后各地根据实际情况也相应制定了《建设工程工程量清单计价规范》的实施细则，将其正文条款的内容细化。因此，建筑安装工程计价书的编制要求和方法各地会有一些差异，下面以广西壮族自治区的做法为例介绍建筑安装工程计价书的编制要求和方法。

18.1　工程量清单的编制方法

18.1.1　工程量清单编制的依据

(1) 08规范及广西实施细则；

(2) 自治区建设主管部门颁发的消耗量定额、费用标准、计价相关规定；

(3) 建设工程设计文件；

(4) 与建设工程项目有关的标准、规范、技术资料；

(5) 招标文件及其补充通知、答疑纪要；

(6) 施工现场情况、工程特点及常规施工方案；

(7) 其他相关资料。

18.1.2　分部分项工程量清单的编制

(1) 分部分项工程量清单应根据清单规范附录规定的项目编码、项目名称、项目特征、计量单位和工程量计算规则进行编制。

(2) 分部分项工程量清单的项目编码，应采用十二位阿拉伯数字表示。一至九位应按附录的规定设置，十至十二位应根据拟建工程的工程量清单项目名称设置，同一招标工程的项目编码不得有重码。

(3) 分部分项工程量清单的项目名称应按附录的项目名称结合拟建工程的实际确定。

(4) 分部分项工程量清单中所列工程量应按附录中规定的工程量计算规则计算。

1) 以"吨"为计量单位的应保留小数点三位，第四位小数四舍五入；

2) 以"m^3"、"m^2"、"m"、"kg"为计量单位的应保留小数点二位，第三位小数四舍五入；

3) 以"项"、"个"等为计量单位的应取整数。

(5) 分部分项工程量清单的计量单位应按附录中规定的计量单位确定。当计量单位有两个或两个以上时，应根据所编工程量清单项目的特征要求，选择最适宜表现该项目特征并方便计量的单位。

（6）分部分项工程量清单项目特征应按附录中规定的项目特征，结合拟建工程项目的实际予以描述。

1）分部分项工程量清单的项目特征是确定一个清单项目综合单价的重要依据，在编制的工程量清单中必须对其项目特征进行准确和全面的描述。

2）清单项目特征的描述，应根据08清单规范附录中有关项目特征的要求，结合技术规范、标准图集、施工图纸，按照工程结构、使用材质及规格或安装位置等，予以详细而准确的表述和说明。

3）有的项目特征用文字往往又难以准确和全面的描述清楚，因此为达到规范、简洁、准确、全面描述项目特征的要求，在描述工程量清单项目特征时应按以下原则进行：

①项目特征描述的内容按08规范附录规定的内容，项目特征的表述按拟建工程的实际要求，以能满足确定综合单价的需要为前提。

②对采用标准图集或施工图纸能够全部或部分满足项目特征描述要求的，项目特征描述可直接采用详见xx图集或xx图号的方式。但对不能满足项目特征描述要求的部分，仍应用文字描述进行补充。

4）编制工程量清单出现附录中未包括的项目，编制人应作补充，并报当地工程造价管理机构备案，各市工程造价管理机构每月将备案项目上报自治区工程造价管理机构。补充项目的编码由附录的顺序码与B和三位阿拉伯数字组成，并应从×B001起顺序编制，同一招标工程的项目不得重码。工程量清单中需附有补充项目的名称、项目特征、计量单位、工程量计算规则、工程内容。

5）招标人可依据项目特性，选择有代表性的或组成合同造价占较大比重的分部分项工程量清单项目，要求投标人做出“主要清单项目工料机分析表”。

18.1.3 措施项目清单的编制

（1）措施项目清单应根据拟建工程的实际情况列项。若出现广西实施细则未列的项目，可根据工程实际情况补充，补充项目应列在相应措施项目清单项目最后，并在“序号”栏中以“B”字示之。

（2）措施项目清单的编制，应考虑多种因素。除工程本身的因素外，还涉及水文、气象、环境、安全以及施工企业的实际情况。

（3）主要措施见表4-5。

（4）措施项目中可以计算工程量的项目清单宜采用分部分项工程量清单的方式编制，列出项目编码、项目名称、项目特征、计量单位和工程量计算规则；不宜采用分部分项工程量清单的方式编制的项目清单，以“项”为计量单位。

18.2 招标控制价编制规定

18.2.1 招标控制价编制依据

（1）08规范及广西实施细则；

（2）自治区建设行政主管部门颁发的《广西消耗量定额》、费用标准、计价相关规定；

（3）建设工程设计文件及相关资料；

（4）招标文件中的工程量清单及有关要求；

（5）与建设项目相关的标准、规范、技术资料；

（6）建设工程造价管理机构发布的工程造价信息，工程造价信息没有发布的参照市场价；

（7）施工图以外发生的特殊施工措施等费用根据施工现场条件、市场因素给予充分考虑；

（8）其他的相关资料。

18.2.2 分部分项工程费

分部分项工程费应根据招标文件中的分部分项工程量清单项目的特征描述及有关要求，按广西实施细则第4.2.3条的规定确定综合单价计算。综合单价中应包括招标文件中要求投标人承担的风险费用。

（1）综合单价的确定

1）人工单价按照自治区建设主管部门或其授权的自治区工程造价管理机构发布的定额人工单价执行，材料费按各市工程造价管理机构公布的当时当地相应编码的市场材料单价计取，机械台班单价除人工费、动力燃料费可按相应规定调整外，其余均不得调整。

2）综合单价中的费率（或标准）由自治区工程造价管理机构根据全区实际进行统一制定和调整。招标人编制招标控制价时，管理费和利润的计取一般按《广西建设工程费用定额》中费率区间的平均值计算。

（2）招标文件提供了暂估单价的材料，按暂估的单价计入综合单价。

18.2.3 措施项目费

措施项目费应根据招标文件中的措施项目清单按广西实施细则第4.1.4、4.1.5和4.2.3条的规定计价。

18.2.4 其他项目费

（1）暂列金额应根据工程特点，按有关计价规定估算，或参考如下原则估算。在招标控制价中需估算一笔暂列金额。暂列金额可根据工程的复杂程度、设计深度、工程环境条件（包括地质、水文、气候条件等）进行估算，一般可按分部分项工程费的10%～15%作为参考。

（2）暂估价中的材料单价应根据工程造价信息或参照市场价格估算。暂估价中的专业工程金额应分不同专业，按有关计价规定估算；暂估价中的检验试验费应根据分部分项工程费和措施项目费合计数乘以规定的费率估算。

（3）计日工应根据工程特点和有关计价依据计算。计日工包括计日工人工、材料和施工机械费用。计日工综合单价应含管理费、利润，但不含规费、税金。在编制招标控制价时，对计日工中的人工单价和施工机械台班单价按自治区建设主管部门或其授权的工程造价管理机构公布的单价计算；材料价格按当地工程造价管理机构《造价信息》上发布的市场信息计算，《造价信息》未发布市场价格信息的材料，其价格应按市场调查确定的价格计算。

（4）编制招标控制价时，总承包服务费按照广西建设主管部门的规定计算，或参考如下标准估算。

1）招标人仅要求对分包的专业工程进行总承包管理和协调时，按分包的专业工程估算造价的1.5%计算；

2）招标人要求对分包的专业工程进行总承包管理和协调，并同时要求提供配合服务时，根据招标文件列出的配合服务内容和提出的要求，按分包的专业工程估算造价的3%～5%计算；

3）招标人自行供应材料的，按招标人供应材料价值的1%计算。

(5) 检验试验配合费及检验试验费应根据分部分项工程费和措施项目费合计数乘以规定的费率计算。

(6) 优良工程增加费应根据分部分项工程费和措施项目费合计数乘以规定的费率计算。

18.2.5 税前项目费

税前项目费应按广西实施细则第4.1.8条的规定计算。

18.2.6 规费和税金

规费和税金应按广西实施细则第4.1.9条的规定计算。

18.3 工程量清单及招标控制价表格提供要求

根据08清单规范及广西实施细则规定，工程量清单涉及表格共18张，其中主表13张，明细表5张（无需提供表-09，表-10，表-12分析表）；招标控制价涉及表格共21张，其中主表13张，明细表8张，具体如下：

1 封面（工程量清单为封-1，招标控制价为封-2）

2 编制说明（表-01）

3 建设项目招标控制价汇总表（表-02）

4 单项工程招标控制价汇总表（表-03）

5 单位工程招标控制价汇总表（表-04）

6 分部分项工程量清单与计价表（表-08）

6.1 分部分项工程量清单综合单价分析表（表-09）

6.2 主要清单项目工料机分析表（表-10）

7 技术措施项目清单与计价表（表-11）

8 其他措施项目清单与计价表（表-12）

9 其他项目清单与计价汇总表（表-13）

9.1 暂列金额明细表（表-13-1）

9.2 计日工表（表-13-2）

9.3 总承包服务费计价表（表-13-3）

9.4 材料暂估单价表（表-13-4）

9.5 专业工程暂估价表（表-13-6）

10 税前项目清单与计价表（表-15）

11 规费、税金清单与计价表（表-16）

12 主要材料及价格表（表-17）

13 设备及价格表（表-18）

其中1、2、5、6、6.1、7、7.1、8、9、11、12为基本表格，每个工程均必须提供这些表格；9.1、9.2、9.3、9.4、9.5为其他项目费的明细表，如其他项目清单与计价表中有相应的费用，则必须提供相应的细目表，否则不需提供；3、4、6.2、10、13可结合工程实际需要提供。

18.4 工程量及招标控制价编制注意事项

1. 工程量清单及招标控制价格式尽可能简化

一个建设项目由一个或多个单项工程组成，一个单项工程由一个或多个单位工程组成。如一般的民用建筑工程通常包括：建筑装饰装修工程、给排水工程、电气工程、消防工程、通风空调工程、智能化工程六个单位工程。在编制清单及招标控制价时，为了减少篇幅，建议如无特殊情况，不需按照每个单位工程分别各自设置一套工程量清单，可以根据需要将某栋楼的给排水、电气、通风空调、消防、智能化等单位工程合并成一个单位工程，再与建筑装饰单位工程合并成一个单项工程编制一套清单及招标控制价。同理，某一道路工程包含土方工程、道路工程、排水工程，可将其合并成一个单位工程编制；某一园林绿化工程包含绿化和园林铺装、小品等，可将其合并成一个单位工程编制。

2. 封面签字盖章不许遗漏

工程量清单及招标控制价封面需按要求签字、盖章，不得有任何遗漏。其中，工程造价咨询人需盖单位资质专用章：编制人和复核人需要同时签字和盖专用章，且两者不能为同一人，复核人必须是造价工程师。一套工程量清单及招标控制价涉及多个专业的造价人员编制时，每个专业要有一名编制人在封面相应处签字盖章。

3. 编制说明的内容尽可能详尽

编制说明内容应包括：工程概况、招标范围、具体的计价依据（如施工图号、08清单规范及广西实施细则、具体的定额名称及参考的信息价等）及其他有关问题说明，不能过于简化。装饰工程及安装工程部分材料价格品牌差异大，因此对于这两个专业的材料总说明中（项目少的可在清单名称描述中注明）分别写明各种主要材料相当于什么品牌的哪一个档次，未注明的则按普通档次产品定价。

4. 工程量清单项目设置在遵循原则上可适当调整

工程量清单项目设置原则上按照08清单规范附录要求进行，但由于附录中有些项目设置操作性不强，清单编制人可根据实际情况对清单项目包含的内容适当做局部小调整，但一定要在工程量清单及招标控制价总说明中或单项清单名称描述中注明清楚。如：安装工程中连接高低压配电柜主母线及基础槽钢安装，08清单规范附录要求该两项工作内容含在相应高低压配电柜中，但把这些本身连为一体的材料人为分摊到每个配电柜中不是很合理，且较繁琐，编制清单时可将这两项工作内容单独列清单项目。为避免自行调整导致规则不统一，一般情况下不许随意做大幅度调整。

5. 工程量清单项目编码不能重复和随意编造

在同一份招标控制价内，工程量清单编码不允许出现重复，且清单编码一定要严格按照08清单规范附录相应的编码另加3位序号数共12位数计列，不能仅按08清单规范的9位数编码。

6. 工程量清单名称描述要满足计价需要而不累赘

工程量清单名称的描述要规范、具体。工程量清单名称原则上按08清单规范附录的特征要求进行描述，以能满足确定综合单价的需要为前提。需要注意的是，工作内容不必描述。因为在08清单规范中，工程量清单项目与工作内容有意义对应的关系，当采用08清单规范这一标准时，工程内容均有规定，无需描述。除非为了考虑操作便利需要调整某一清单包括的工作内容时，才需要对该部分工作内容加以说明。此外，附录中有些清单项目要求描述的特征对造价几乎没有影响或影响甚微，为简化起见可不进行详细描述，而是根据定额的口径列项即可。如：安装工程电缆清单项目，附录特征要求描述电缆敷设方式，但是由于一根电缆从起点到终点有可能涉及几种敷设方式，定额中电缆安装费除垂直通道电缆外其余不分敷设方式综合考虑，因此电缆敷设清单项目名称可不具体描述敷设方式。本书中的清单名称描述是按照通常的较为简洁且准确的一种描述方法，但由于不同工程个性差异较大，对于特征的描述不拘泥于一种死板的表述方法，可以针对不同的情况灵活处理，但凡影响报价的因素均应表述清楚。

7. 招标控制价编制执行我区相关定额及人材机计算规定

(1) 编制招标控制价时，我区现行定额中已有的项目原则上按照定额的规定套用，无定额套用的项目可暂时根据市场行情自行确定，同时向造价管理机构反映，以便补充完善。编制控制价时，费用定额中有费率区间的可竞争费用（如管理费、利润等），一般情况下用中值计算，特殊工程业主可在区间内自行选择。

(2) 人材机价格编制招标控制价时，材料单价应按照编制期各市造价管理机构发布的信息价执行。人工单价按照广西建设行政主管部门颁布的最新文件执行，机械台班单价按照广西最新机械台班定额（可以调整人工及燃料动力费）执行，不能按照自行了解的人工市场单价和机械台班市场租赁价执行。

8. 措施项目清单不列入与本工程无关的项目

措施项目清单要结合工程实际情况按常规列项，不要将与本工程无关的项目全部罗列。其中，其他措施项目清单中的安全施工费、文明施工费、环境保护费、临时设施费等项目为必列项目，编招标控制价时，环境保护和临时设施费费率一般情况下按高限计取(建筑工程有特殊规定的按其规定)。市政工程施工围栏属于技术措施项目，不含在安全文明施工费中。

9. 其他项目清单中部分项目是否列入要视具体情况定

其他项目清单中的检验试验配合费及检验试验费暂估价是每个工程必列的项目，除此之外，其他项目可视具体情况定。

(1) 暂列金额。由于原制定的暂列金额估算费率（10%～15%）是按照通常情况考虑的，实际应用时可视工程具体情况适当降低暂列金额估算比例。

(2) 计日工。计日工的内容和数量均为招标人估列，报价金额为包含管理费和利润在内的综合单价。

计日工中的人工和材料综合单价可参考各市造价管理机构发布的劳务市场信息价和材料信息价并考虑一定的管理费和利润；机械综合单价按照广西机械台班费用定额台班单价(机上人工和燃料动力费可调整）并考虑一定的管理费和利润。计日工的作用主要是为施工期间签证的零星工程计价提供依据，在招标工程量清单中是否需要列入由招标人定，不作强制规定。

将多个专业分部合并成一个单位工程编制工程量清单及招标控制价时，暂列金额、计日工等内容仅在主体分部工程中列项。如建筑装饰工程一般在建筑工程分部中列项，装饰工程分部不再重列；市政道路工程一般在道路工程分部中列项，不在排水工程分部重列；市政桥梁工程在桥梁工程分部列项，不在辅助道路等其他分部中列项。

10. 表格数据具有可追溯性

招标控制价各项表格中的计算基数及费率一定要列上具体的数额，且每个数额均可追溯，要有数据来源，以供核对。

11. 主要材料价格表突出重点材料

主要材料价格表一律要按照招标人要求提供的材料进行报价，招标人提交的招标清单中的主要材料价格表要针对工程实际列出本工程主要材料，尤其要包含在招标文件及合同条款中明确的属于风险调整范围的主要材料，不必要把所有材料都列上。

19　建筑安装工程计价书编制实例

19.1　封　　面

某综合楼水电安装　工程

招 标 控 制 价

招标控制价（小写）：2461138.20（元）

（大写）：贰佰肆拾陆万壹仟壹佰叁拾捌元贰角

招　标　人：广西××建设公司
（单位盖章）

工程造价咨询人：广西××造价咨询有限公司
（单位资质专用章）

法定代表人或其授权人：×××
（签字或盖章）

法定代表人或其授权人：×××
（签字或盖章）

编　制　人：×××
（造价人员签字盖专用章）

复　核　人：×××
（造价工程师签字盖专用章）

编制时间：××年×月×日　　复核时间：××年×月×日

19.2 编制说明

工程名称：某综合楼水电安装工程　　　　第1页　共1页

1. 本工程为一综合楼，共十二层，其中：地下一层为停车场，地上十一层为综合楼。总建筑面积为11631.65平方米（其中地下室为1000平方米），建筑高度为39.95m。

2. 本单位工程招标控制价范围包括：配电系统；照明、动力系统；防雷系统；电视电话及网络系统、消防自动报警系统；漏电火灾报警系统；给排水系统、消防水（消火栓、自动喷淋系统）、通风防排烟系统。

3. 招标控制价编制依据。

(1)《建设工程工程量清单计价规范》GB 50500—2008及广西壮族自治区实施细则；

(2) 招标文件提供的工程量清单；

(3) 招标文件中有关计价要求；

(4) ××安装工程设计施工图，图号为××；

(5) 2008版《广西壮族自治区安装工程消耗量定额》及配套费用定额、有关计价文件；

(6) 材料价格采用工程所在地工程造价管理机构××年第×期工程造价信息发布的中档产品价格信息；对于工程信息没有发布价格信息的材料，其价格参照市场中档产品价。其中：配电箱内元件参照或相当于天津"梅兰日兰"产品；灯具、开关、电气插座、信息插座、电话插座参照或相当于无锡"TCL罗格朗"品牌中档产品；生活给水泵、排污泵、消防泵、喷淋泵参照或相当于上海"凯泉"产品；各类阀门参照或相当于福建"南高"产品；卫生洁具参照或相当于唐山"惠达"中档产品；自动报警设备及器件参照或相当于北京"利达"产品；风机参照或相当于浙江"上虞"产品。

4. 其他需要说明的问题

(1) 本招标控制价的计算范围：

1) 给排水：2层以下按图计算，3～11层标准办公室卫生间内只预留管道，卫生洁具不安装；

2) 电气：1层商铺、2～11层办公室只计预留电源部分。

(2) 本工程检验试验费为暂估价，结算时按实调整。

(3) 根据桂造价[2009]33号文规定，本工程单价在1万元以内的小型设备等同于材料，其价值计入相应综合单价中，单价大于1万元的大型设备不计入综合单价，单列于设备表中，仅计取税金。

19.3 单位工程招标控制价汇总表

工程名称：某综合楼水电安装　　　　　　　　　　　　　　　　　　第1页　共1页

序号	汇总内容	金额（元）	备　注
1	分部分项工程工程量清单计价合计	1967333.38	
1.1	其中：暂估价		
2	措施项目清单计价合计	112944.65	
2.1	技术措施项目清单计价合计	29639.37	
2.2	其他措施项目清单计价合计	83305.28	
2.3	其中：安全文明施工费	65950.01	
3	其他项目清单计价合计	32246.55	
4	税前项目清单计价合计		
5	规费、税金项目清单计价合计	225787.92	
5.1	其中：养老保险费	72674.31	
6	设备费	195500.00	
7	工程总造价＝1＋2＋3＋4＋5＋6	2533812.50	
8	招标控制价＝1＋2＋3＋4＋5＋6－5.1	2461138.19	

19.4　分部分项工程量清单与计价表

分部分项工程量清单与计价表

工程名称：某综合楼水电安装　　　　第1页　共17页

序号	项目编码	项目名称及项目特征描述	计量单位	工程量	金额（元）		
					综合单价	合价	其中：暂估价
		C.2　电气设备安装工程				578192.17	
1	030204018001	双电源照明配电箱 1ALE 安装方式：底边距地 1.5m 明装	台	1.00	4078.17	4078.17	
2	030204018002	双电源照明配电箱 4ALE 安装方式：底边距地 1.5m 明装	台	1.00	4078.17	4078.17	
3	030204018003	双电源照明配电箱 7ALE 安装方式：底边距地 1.5m 明装	台	1.00	4078.17	4078.17	
4	030204018004	双电源照明配电箱 10ALE 安装方式：底边距地 1.5m 明装	台	1.00	4078.17	4078.17	
5	030204018005	双电源消防配电箱 1ALE/XF 安装方式：底边距地 1.5m 明装	台	1.00	3378.17	3378.17	
6	030204018006	双电源消防风机配电箱 1APE/FJ 安装方式：底边距地 1.5m 明装	台	1.00	3178.17	3178.17	
7	030204018007	双电源消防风机配电箱 12APE/FJ 安装方式：底边距地 1.5m 明装	台	1.00	3178.17	3178.17	
8	030204018008	双电源消防电梯配电箱 12APE/XT 安装方式：底边距地 1.5m 明装	台	1.00	3378.17	3378.17	
9	030204018009	双电源消防配电箱 12APE/DT 安装方式：底边距地 1.5m 明装	台	1.00	3378.17	3378.17	
10	030204018010	双电源切换箱 −1APE/P 安装方式：落地安装 含 50×50×5 基础角钢制安	台	1.00	8248.80	8248.80	
11	030204018011	双电源切换箱 −1APE/X 安装方式：落地安装 含 50×50×5 基础角钢制安	台	1.00	7448.80	7448.80	
12	030204018012	双电源切换箱 −1APE/S 安装方式：落地安装 含 50×50×5 基础角钢制安	台	1.00	5248.80	5248.80	
13	030204018013	双电源切换箱 −1APE/RD 安装方式：底边距地 1.5m 明装	台	1.00	3578.17	3578.17	
14	030204018014	双电源切换箱 −1ALE 安装方式：底边距地 1.5m 明装	台	1.00	3778.17	3778.17	

分部分项工程量清单与计价表

工程名称：某综合楼水电安装　　　　　　　　　　　　第2页　共17页

序号	项目编码	项目名称及项目特征描述	计量单位	工程量	金额（元）		
					综合单价	合价	其中：暂估价
15	030204018015	动力配电箱 －AP 安装方式：底边距地 1.5m 明装	台	1.00	2978.17	2978.17	
16	030204018016	动力配电箱 －AP' 安装方式：底边距地 1.5m 明装	台	1.00	2978.17	2978.17	
17	030204018017	动力配电箱 －AM 安装方式：底边距地 1.5m 明装	台	1.00	1378.17	1378.17	
18	030204018018	动力配电箱 －AM' 安装方式：底边距地 1.5m 明装	台	1.00	1378.17	1378.17	
19	030204018019	电缆 T 接线箱	台	12.00	267.60	3211.20	
20	030204018020	照明配电箱 1AL 安装方式：底边距地 1.5m 明装	台	1.00	1523.43	1523.43	
21	030204018021	照明配电箱 2AL 安装方式：底边距地 1.5m 明装	台	1.00	923.43	923.43	
22	030204018022	照明配电箱 3AL 安装方式：底边距地 1.5m 明装	台	1.00	1089.12	1089.12	
23	030204018023	照明配电箱 4AL 安装方式：底边距地 1.5m 明装	台	1.00	1089.12	1089.12	
24	030204018024	照明配电箱 5AL 安装方式：底边距地 1.5m 明装	台	1.00	1089.12	1089.12	
25	030204018025	照明配电箱 6AL 安装方式：底边距地 1.5m 明装	台	1.00	1089.12	1089.12	
26	030204018026	照明配电箱 7AL 安装方式：底边距地 1.5m 明装	台	1.00	1089.12	1089.12	
27	030204018027	照明配电箱 8AL 安装方式：底边距地 1.5m 明装	台	1.00	1089.12	1089.12	
28	030204018028	照明配电箱 9AL 安装方式：底边距地 1.5m 明装	台	1.00	1089.12	1089.12	
29	030204018029	照明配电箱 10AL 安装方式：底边距地 1.5m 明装	台	1.00	1089.12	1089.12	
30	030204018030	照明配电箱 11AL 安装方式：底边距地 1.5m 明装	台	1.00	1089.12	1089.12	
31	030204018031	照明配电箱 al 安装方式：底边距地 1.5m 明装	台	4.00	227.92	911.68	
32	030204018032	照明配电箱 al1 安装方式：底边距地 1.5m 明装	台	189.00	317.92	60086.88	

分部分项工程量清单与计价表

工程名称：某综合楼水电安装　　　　　　　　　　　　　　　　　　　　　　　　　第 3 页　共 17 页

序号	项目编码	项目名称及项目特征描述	计量单位	工程量	金额（元）		
					综合单价	合价	其中：暂估价
33	030204018033	照明配电箱 al2 安装方式：底边距地 1.5m 明装	台	9.00	337.92	3041.28	
34	030204018034	照明配电箱 －AL 安装方式：底边距地 1.5m 明装	台	1.00	1178.17	1178.17	
35	030204017001	排水泵控制箱 －AC1 安装方式：底边距地 1.5m 明装	台	3.00	878.17	2634.51	
36	030204017002	排水泵控制箱 －AC2 安装方式：底边距地 1.5m 明装	台	1.00	1078.17	1078.17	
37	030204017003	排水泵控制箱 －AC3 安装方式：底边距地 1.5m 明装	台	1.00	1078.17	1078.17	
38	030204017004	排水泵控制箱 －AC4 安装方式：底边距地 1.5m 明装	台	1.00	878.17	878.17	
39	030204017005	排风机控制箱 －PF1 安装方式：底边距地 1.5m 明装	台	1.00	1178.17	1178.17	
40	030204017006	排风机控制箱 －PF2 安装方式：底边距地 1.5m 明装	台	1.00	978.17	978.17	
41	030213001001	吸顶安装天棚灯（带玻璃罩）32W 250V 含接线底盒	套	180.00	76.85	13833.00	
42	030213001002	暗装座灯 1×18W 36V 含接线底盒	套	14.00	35.57	497.98	
43	030213001003	嵌入式防水壁灯 1×24W 220V 含接线底盒	套	10.00	39.80	398.00	
44	030213003001	壁装应急照明灯（带蓄电池）2×8W 220V 含接线底盒 蓄电池供电时间≥30min	套	84.00	109.64	9209.76	
45	030213003002	吊管安装双面疏散指示灯 2×3W 220V 蓄电池供电时间≥30min 含接线底盒	套	8.00	103.52	828.16	
46	030213003003	壁装安全出口标志灯 1×3W 220V 蓄电池供电时间≥30min 含接线底盒	套	52.00	98.53	5123.56	
47	030213003004	壁装单面疏散指示灯 1×3W 220V 蓄电池供电时间≥30min 含接线底盒	套	26.00	98.53	2561.78	
48	030213004001	壁装应急灯（带玻璃罩）1×36W 220V 蓄电池供电时间≥80min 含接线底盒	套	28.00	123.58	3460.24	

分部分项工程量清单与计价表

工程名称：某综合楼水电安装 第4页 共17页

序号	项目编码	项目名称及项目特征描述	计量单位	工程量	金额（元）		
					综合单价	合价	其中：暂估价
49	030213004002	吊管安装应急灯（带玻璃罩）1×36W 220V 含接线底盒 蓄电池供电时间≥80min	套	9.00	116.31	1046.79	
50	030213004003	吊管安装应急灯（带玻璃罩）3×28W 220V 蓄电池供电时间≥80min 含接线底盒	套	4.00	290.06	1160.24	
51	030213004004	壁装单管荧光灯 1×6W 220V 含接线底盒	套	22.00	73.08	1607.76	
52	030213004005	吊管安装单管荧光灯 1×36W 220V 含接线底盒	套	38.00	65.81	2500.78	
53	030213004006	吊管安装双管荧光灯 2×28W 220V 含接线底盒	套	8.00	95.86	766.88	
54	030213004007	吸顶安装格栅荧光灯 3×18W 220V 含接线底盒	套	69.00	161.78	11162.82	
55	030204031001	暗装二、三孔插座 250V 10A 含接线底盒	套	54.00	23.50	1269.00	
56	030204031002	暗装二、三孔卫生间插座 250V 10A 含接线底盒、带盖防溅	套	5.00	26.56	132.80	
57	030204031003	暗装三孔空调插座 250V 16A 含接线底盒、带开关	套	3.00	22.94	68.82	
58	030204031004	暗装单联开关 250V 10A 含接线底盒	套	187.00	16.40	3066.80	
59	030204031005	暗装双联开关 250V 10A 含接线底盒	套	11.00	19.18	210.98	
60	030204031006	暗装三联开关 250V 10A 含接线底盒	套	17.00	23.49	399.33	
61	030204031007	暗装声光延时开关 250V 10A 含接线底盒	套	43.00	36.63	1575.09	
62	030204031008	暗装单联双控开关 250V 10A 含接线底盒	套	2.00	17.71	35.42	
63	030204031009	排气扇 250V 48W 含接线底盒	套	5.00	107.53	537.65	
64	030208004001	镀锌金属电缆桥架 CT-200×200 δ=1.2mm 含桥架支架制安及支架刷油防腐	m	164.70	91.82	15122.75	
65	030208004002	镀锌金属线槽 MT-100×100 δ=1.2mm 含线槽支架制安及支架刷油防腐	m	74.00	63.33	4686.42	

分部分项工程量清单与计价表

工程名称：某综合楼水电安装　　　　　　　　　　　　　　　　　　　第5页　共17页

序号	项目编码	项目名称及项目特征描述	计量单位	工程量	金额（元）		
					综合单价	合价	其中：暂估价
66	030212001001	预埋电源进户线镀锌钢管 SC100	m	75.00	72.48	5436.00	
67	030212001002	砖、混凝土结构暗配　刚性阻燃管 PVC32 含砖墙刨沟及恢复	m	150.70	10.80	1627.56	
68	030212001003	砖、混凝土结构暗配　刚性阻燃管 PVC25 含砖墙刨沟及恢复	m	603.00	8.02	4836.06	
69	030212001004	砖、混凝土结构暗配　刚性阻燃管 PVC20 含砖墙刨沟及恢复	m	4072.20	9.27	37749.29	
70	030212001005	砖、混凝土结构暗配　刚性阻燃管 PVC15 含砖墙刨沟及恢复	m	90.90	5.68	516.31	
71	030212001006	砖、混凝土结构暗配　钢管 SC25 含砖墙刨沟及恢复	m	170.60	21.33	3638.90	
72	030212001007	砖、混凝土结构暗配　钢管 SC20 含砖墙刨沟及恢复	m	5.40	27.63	149.20	
73	030208001001	敷设电力电缆 YJV-1KV-3×25＋2×16mm^2 含电缆头制安	m	2.60	6599.38	17158.39	
74	030208001002	敷设电力电缆 NH-YJV-1KV-5×10mm^2	m	21.60	75.14	1623.02	
75	030208001003	敷设电力电缆 YJV-1KV-5×10mm^2	m	135.00	51.78	6990.30	
76	030208001004	敷设电力电缆 YJV-1KV-5×16mm^2 含电缆头制安	m	105.40	75.58	7966.13	
77	030208001005	敷设电力电缆 NH-YJV-1KV-3×25＋2×16mm^2 含电缆头制安	m	196.20	110.10	21601.62	
78	030208001006	敷设电力电缆 NH-YJV-1KV-3×35＋2×16mm^2 含电缆头制安	m	51.20	135.80	6952.96	
79	030208001007	敷设电力电缆 NH-YJV-1KV-4×35mm^2 含电缆头制安	m	14.80	143.97	2130.76	
80	030208001008	敷设电力电缆 NH-YJV-1KV-3×70＋2×35mm^2　含电缆头制安	m	104.00	252.91	26302.64	
81	030208001009	敷设电力电缆 YJV-1KV-4×185mm^2 含电缆头制安	m	18.60	505.13	9395.42	
82	030208001010	敷设电力电缆 YJV-1KV-4×240mm^2 含电缆头制安	m	117.00	636.73	74497.41	

分部分项工程量清单与计价表

工程名称：某综合楼水电安装　　　　第6页　共17页

序号	项目编码	项目名称及项目特征描述	计量单位	工程量	金额（元）		
					综合单价	合价	其中：暂估价
83	030208001011	敷设电力电缆 YJV-1KV-3×240＋1×120mm^2 含电缆头制安	m	13.20	572.14	7552.25	
84	030208001012	敷设电力电缆 NH-YJV-1KV-5×6mm^2	m	185.00	44.06	8151.10	
85	030212003001	线槽内穿线 BV-450/750V-10mm^2	m	108.00	1.27	137.16	
86	030212003002	管内穿线 BV-450/750V-10mm^2	m	798.50	8.02	6403.97	
87	030212003003	线槽内穿线 BV-450/750V-6mm^2	m	11350.80	0.89	10102.21	
88	030212003004	管内穿线 BV-450/750V-6mm^2	m	1161.00	8.21	9531.81	
89	030212003005	管内穿线 ZR-BV-450/750V-6mm^2	m	4.00	82.12	328.48	
90	030212003006	管内穿线 ZR-BV-450/750V-4mm^2	m	548.40	3.17	1738.43	
91	030212003007	管内穿线 BV-450/750V-4mm^2	m	621.60	3.10	1926.96	
92	030212003008	管内穿线 BV-450/750V-2.5mm^2	m	6400.90	2.51	16066.26	
93	030212003009	管内穿线 NH-BV-450/750V-2.5mm^2	m	4924.60	3.14	15463.24	
94	030209002001	避雷装置 1. 采用 ϕ10 热镀锌圆钢沿天面女儿墙或隔热层内敷设作为避雷网； 2. 利用柱内两根≥ϕ16 主筋通长焊接作为防雷引下线； 3. 卫生间内做局部等电位端子箱 LEB； 4. 利用基础梁两根主筋通长焊接作为水平接地极； 5. 利用 40×4 镀锌扁钢引上作为电梯井、各层配电间、水泵房连接板连接； 6. 2×BV-1×50-PC32 暗敷引上负一层弱电间 MEB 箱； 7. BV-2×25-PC32 暗敷引上二层消防中心引出连接板	项	1.00	26329.82	26329.82	
95	030206006001	电动机检查接线及调试 100kW 以内	台	2.00	1038.10	2076.20	
96	030206006002	电动机检查接线及调试 30kW 以内	台	2.00	865.36	1730.72	
97	030206006003	电动机检查接线及调试 13kW 以内	台	2.00	213.01	426.02	
98	030206006004	电动机检查接线及调试 3kW 以内	台	4.00	117.33	469.32	
99	030211008001	接地装置调试	系统	1.00	678.57	678.57	
100	030211002001	送配电装置系统	系统	1.00	922.41	922.41	
		C.7　建筑智能化系统设备安装工程				236922.99	
101	031103013001	19 寸机柜 PB1466-42U，落地安装	架	1.00	3286.33	3286.33	

分部分项工程量清单与计价表

工程名称：某综合楼水电安装　　　　第7页　共17页

序号	项目编码	项目名称及项目特征描述	计量单位	工程量	金额（元）		
					综合单价	合价	其中：暂估价
102	031103013002	19寸机柜 PB1466-27U，落地安装	架	4.00	1486.33	5945.32	
103	031101030001	100对110配线架 PI3100 机柜内安装	架	4.00	233.11	932.44	
104	031101030002	24口RJ45模块配线架 PD2124	架	26.00	610.16	15864.16	
105	031101030003	12位ST型光纤配线架 PD5012-ST 安装方式：机柜内安装	架	4.00	454.01	1816.04	
106	031101036001	六类RJ45非屏蔽跳线 PJ21020	条	7.00	30.44	213.08	
107	031101036002	110跳线 PJ00220	条	3.00	31.64	94.92	
108	031101036003	ST/SC型光跳线 PJ5013m^2	条	10.00	32.59	325.90	
109	031101030004	理线器 PA2211（02）	架	12.00	14.21	170.52	
110	031101030005	理线器 PA2211（20）	架	12.00	16.71	200.52	
111	031103015001	多媒体信息接线箱 PB6016CZ01	个	202.00	162.29	32782.58	
112	031205002001	电视前端箱 VH 箱底距地 1.5m 明装	个	1.00	473.49	473.49	
113	031205010001	电视集中分配器 7712 箱底距地 1.5m 明装	个	19.00	45.20	858.80	
114	031208011001	电视二分支器	个	9.00	28.33	254.97	
115	031208011002	电视一分支器	个	2.00	23.53	47.06	
116	031103023001	暗装一位信息插座含接线底盒	个	4.00	30.18	120.72	
117	031103025001	暗装一位信息、语音插座含接线底盒	个	3.00	47.85	143.55	
118	桂031103036001	暗装一位电视插座含接线底盒	个	1.00	32.86	32.86	
119	桂030705012001	壁装传声器	个	3.00	342.31	1026.93	
120	030204031010	暗装残疾人呼叫按钮含接线底盒	只	2.00	127.78	255.56	
121	031103010001	电缆桥架 CT-300×100 δ=1.2mm 含桥架支架制作安装及刷油防腐	m	49.80	90.48	4505.90	
122	031103004001	镀锌金属线槽 MR-100×100 δ=1.2mm 含线槽支架制作安装及刷油防腐	m	962.40	65.22	62767.73	
123	030212001008	砖、混凝土结构暗配　刚性阻燃管 PVC20 含砖墙刨沟及恢复	m	1759.00	9.51	16728.09	
124	030212001009	砖、混凝土结构暗配　刚性阻燃管 PVC16 含砖墙刨沟及恢复	m	50.30	9.33	469.30	
125	031103017001	管内穿六类4对非屏蔽对绞电缆 PC201004	m	1955.80	3.96	7744.97	
126	031103017002	线槽内穿六类4对非屏蔽对绞电缆 PC201004	m	12620.00	4.05	51111.00	
127	031103018001	管内穿射频同轴电视电缆 SYWV-75-5	m	777.20	3.53	2743.52	

分部分项工程量清单与计价表

工程名称：某综合楼水电安装　　　　第8页　共17页

序号	项目编码	项目名称及项目特征描述	计量单位	工程量	金额（元） 综合单价	合价	其中：暂估价
128	031103018002	线槽内穿射频同轴电视电缆 SYWV-75-5	m	5446.80	3.79	20643.37	
129	031103022001	线槽内敷设四芯多模光纤 PC51MM62.5-4	m	150.00	9.67	1450.50	
130	031103017003	线槽内敷设五类25对非屏蔽电缆 PC101025	m	412.50	7.32	3019.50	
131	031103018003	线槽内穿射频同轴电视电缆 SYWV-75-12	m	101.20	7.60	769.12	
132	030212003010	管内穿线 RVS-2×1.5mm^2	m	50.30	2.47	124.24	
		C.7　消防报警控制系统工程				152446.75	
133	030705007001	火灾报警联动控制器 JB-3208G 带多线联动单元、联动外控电源 LDY-8A/NZ 消防电话主机 HJ-1756Z	台	1.00	2557.39	2557.39	
134	桂 030705014001	消防电话主机 HJ-1756Z 安装	台	1.00	2032.97	2032.97	
135	030705001001	吸顶安装感烟探测器 JTY-GD-3002B 含接线底盒及探测器底座	只	352.00	103.40	36396.80	
136	030705001002	吸顶安装感温探测器 JTY-GD-3005 含接线底盒及探测器底座	只	38.00	102.79	3906.02	
137	030705003002	暗装带电话插孔手动报警按钮 J-SAP-M-03 含接线底盒	只	26.00	134.45	3495.70	
138	桂 030705015001	壁装报警电话 HY5716B 含接线底盒	部	6.00	191.65	1149.90	
139	030705004001	暗装总线控制模块 HJ-1825 含接线底盒	只	41.00	276.30	11328.30	
140	030705004002	暗装中继模块 HJ-1750 含接线底盒	只	17.00	276.30	4697.10	
141	030705004003	暗装输入模块 HJ-1750B 含接线底盒	只	12.00	198.95	2387.40	
142	030705003003	消火栓报警按钮 J-XAPD-02A 含接线底盒	只	43.00	128.39	5520.77	
143	030705009001	火灾声光报警器（带地址）YA9204 含接线底盒	台	15.00	212.33	3184.95	
144	030212001010	砖、混凝土结构暗配　刚性阻燃管 PC32 含砖墙刨沟及恢复	m	62.90	22.44	1411.48	
145	030212001011	砖、混凝土结构暗配　刚性阻燃管 PC25 含砖墙刨沟及恢复	m	634.80	8.10	5141.88	
146	030212001012	砖、混凝土结构暗配　刚性阻燃管 PC25 含砖墙刨沟及恢复	m	319.20	8.26	2636.59	

分部分项工程量清单与计价表

工程名称：某综合楼水电安装　　　　第9页　共17页

序号	项目编码	项目名称及项目特征描述	计量单位	工程量	金额（元）		
					综合单价	合价	其中：暂估价
147	030212001013	砖、混凝土结构暗配　刚性阻燃管 PC16 含砖墙刨沟及恢复	m	2490.30	6.32	15738.70	
148	030212003011	管内穿线 ZR-RVS-2×4mm²	m	159.60	11.18	1784.33	
149	030212003012	管内穿线 ZR-RVS-4×1.5mm²	m	538.10	6.37	3427.70	
150	030212003013	管内穿线 ZR-RVS-2×1.5mm²	m	2649.90	2.67	7075.23	
151	030706001001	自动报警系统装置调试 500 点以下	系统	1.00	16667.29	16667.29	
152	030706002001	水灭火系统控制装置调试 200 点以下	系统	1.00	4487.45	4487.45	
153	030706003001	通信分机及插孔（10个）调试	处	32.00	20.68	661.76	
154	030706003002	消防电梯系统装置调试 电梯（部）	处	2.00	667.77	1335.54	
155	030706003003	正压送风阀、排烟阀、防火阀调试	处	207.00	74.50	15421.50	
		C.7　漏电火灾报警系统安装工程				20206.70	
156	030705007002	电气火灾监控主机 WEFPS-B64 配 USB 接口、打印机、后备电源、监控管理软件、中央报警器、四端口集线器	台	1.00	1651.87	1651.87	
157	030705001003	电气火灾监控探测器 WEFPT-125ZGD	只	12.00	639.90	7678.80	
158	030705001004	电气火灾监控探测器 WEFPT-25ZGD	只	5.00	619.70	3098.50	
159	030212001014	砖、混凝土结构明配 钢管 SC20	m	115.00	12.65	1454.75	
160	030212003014	管内穿线 RVSP-2×1.5mm²	m	115.00	5.28	607.20	
161	030706001002	自动报警系统装置调试 128 点以下	系统	1.00	5715.58	5715.58	
		C.8　给排水系统工程				264259.89	
162	030109001001	无负压自动供水设备 XMW-NZ-24-3 单泵：$Q=25m^3/h$ $H=45m$ 配套气压罐 $\phi=1000$ $L=1720$ 含配套连接板及隔振器	套	1.00	1003.91	1003.91	
163	030109011001	潜水泵 50JYWQ15-15-1.5	台	6.00	2460.36	14762.16	
164	030109011002	潜水泵 50JYWQ15-15-2.2	台	2.00	2560.37	5120.74	
165	030801001001	潜水泵排水镀锌钢管（螺纹连接）*DN*80 管道刷三油两布防腐 含管件及柔性防水套管制作安装	m	3.80	221.83	842.95	
166	030801001002	潜水泵排水镀锌钢管（螺纹连接）*DN*65 管道刷三油两布防腐 含管件及刚性防水套管制作安装 潜水泵排水镀锌钢管（螺纹连接）	m	16.40	126.54	2075.26	
167	030801001003	*DN*50 管道刷三油两布防腐 含管件及刚性防水套管制作安装 钢丝缠绕复合管（热熔连接）	m	44.90	73.19	3286.23	

分部分项工程量清单与计价表

工程名称：某综合楼水电安装　　　　第10页　共17页

序号	项目编码	项目名称及项目特征描述	计量单位	工程量	金额（元）		
					综合单价	合价	其中：暂估价
168	030801007001	$de160$ $P_n=1.20$MPa 含刚性防水套管制作安装 含管件安装；管道消毒、冲洗，水试压；穿墙设钢套管	m	6.10	307.31	1874.59	
169	030801007002	铝合金衬塑给水管（热熔连接）$de110$ $P_n=1.20$MPa 含刚性防水套管制作安装 含管件安装；管道消毒、冲洗，水试压	m	7.50	238.84	1791.30	
170	030801007003	铝合金衬塑给水管（热熔连接）$de90$ $P_n=1.20$MPa 含过楼板套管制作安装 含管件安装；管道消毒、冲洗，水试压	m	87.55	134.22	11750.96	
171	030801007004	铝合金衬塑给水管（热熔连接）$de75$ $P_n=1.20$MPa 含过楼板套管制作安装 含管件安装；管道消毒、冲洗，水试压	m	44.30	130.22	5768.75	
172	030801007005	铝合金衬塑给水管（热熔连接）$de63$ $P_n=1.20$MPa 含柔性防水套管制作安装 含管件安装；管道消毒、冲洗，水试压	m	46.60	92.75	4322.15	
173	030801007006	铝合金衬塑给水管（热熔连接）$de50$ $P_n=1.20$MPa 含管件安装；管道消毒、冲洗，水试压；含过楼板套管及穿水池刚性防水套管制作安装	m	74.45	99.22	7386.93	
174	030801007007	铝合金衬塑给水管（热熔连接）$de40$ $P_n=1.20$MPa 含过楼板套管制作安装 含管件安装；管道消毒、冲洗，水试压	m	139.10	70.30	9778.73	
175	030801007008	铝合金衬塑给水管（热熔连接）$de32$ $P_n=1.20$MPa 含过楼板套管制作安装 含管件安装；管道消毒、冲洗，水试压	m	105.40	55.10	5807.54	
176	030801005001	PP-R塑料给水管（热熔连接）$de63$ $P_n=1.20$MPa 含过楼板套管制作安装 含管件安装；管道消毒、冲洗，水试压	m	20.75	47.44	984.38	
177	030801005002	PP-R塑料给水管（热熔连接）$de50$ $P_n=1.20$MPa 含管件安装；管道消毒、冲洗，水试压；含过楼板及穿墙套管制作安装	m	12.95	58.21	753.82	
178	030801005003	PP-R塑料给水管（热熔连接）$de40$ $P_n=1.20$MPa 含管件安装；管道消毒、冲洗，水试压	m	41.00	31.25	1281.25	

分部分项工程量清单与计价表

工程名称：某综合楼水电安装　　　　第11页　共17页

序号	项目编码	项目名称及项目特征描述	计量单位	工程量	金额（元）		
					综合单价	合价	其中：暂估价
179	030801005004	PP-R 塑料给水管（热熔连接）*de*32 P_n=1.20MPa 含管件安装；管道消毒、冲洗，水试压	m	28.05	19.27	540.52	
180	030801005005	PP-R 塑料给水管（热熔连接）*de*25 P_n=1.20MPa 含管件安装；管道消毒、冲洗，水试压；含穿墙套管制作安装	m	23.00	16.70	384.10	
181	030801005006	PP-R 塑料给水管（热熔连接）*de*20 P_n=1.20MPa 含管件安装；管道消毒、冲洗，水试压；含刨沟及恢复	m	20.70	26.53	549.17	
182	040501006001	FRPP 排水管（橡胶圈连接）*de*200 S=4kN/m^2 管道闭水试验 含管件及橡胶圈安装	m	65.90	61.40	4046.26	
183	030801005007	PVC-U 塑料排水管（粘接连接）*de*160 含管件及阻火圈制作安装	m	106.00	97.70	10356.20	
184	030801005008	PVC-U 塑料排水管（粘接连接）*de*110 含管件、穿墙套管及阻火圈制作安装	m	769.65	58.72	45193.85	
185	030801005009	PVC-U 塑料排水管（粘接连接）*de*75 含管件安装	m	12.60	31.54	397.40	
186	030801005010	PVC-U 塑料排水管（粘接连接）*de*50 含管件安装	m	831.10	20.89	17361.68	
187	030801005011	PVC-U 塑料直通雨水管（粘接连接）*de*110 含管件及雨水斗安装	m	243.55	31.87	7761.94	
188	030801007009	空调排水管（粘接连接）*de*32	m	797.40	40.62	32390.39	
189	030802001001	管道支架制作安装 支架刷红丹防锈漆、调和漆各两道	kg	75.00	11.86	889.50	
190	030803003001	法兰铜制橡胶阀瓣止回阀 *DN*80 P_n=1.60MPa	个	3.00	705.39	2116.17	
191	030803001001	螺纹铜制橡胶阀瓣止回阀 *DN*50 P_n=1.60MPa	个	15.00	346.25	5193.75	
192	030803003002	法兰铜芯进水控制阀组 *DN*100 P_n=1.60MPa	个	1.00	2580.82	2580.82	
193	030803003003	法兰铜芯闸阀 *DN*100 P_n=1.60MPa	个	1.00	827.53	827.53	
194	030803003004	法兰铜芯闸阀 *DN*80 P_n=1.60MPa	个	7.00	695.39	4867.73	
195	030803003005	法兰铜芯闸阀 *DN*65 P_n=1.60MPa	个	1.00	561.82	561.82	
196	030803001002	螺纹铜芯闸阀 *DN*50 P_n=1.60MPa	个	11.00	373.52	4108.72	

分部分项工程量清单与计价表

工程名称：某综合楼水电安装　　　　第12页　共17页

序号	项目编码	项目名称及项目特征描述	计量单位	工程量	金额（元）		
					综合单价	合价	其中：暂估价
197	030803001003	螺纹铜芯截止阀 $DN50$ P_n＝1.60MPa	个	2.00	182.63	365.26	
198	030803001004	螺纹铜芯截止阀 $DN40$ P_n＝1.60MPa	个	12.00	148.96	1787.52	
199	030803001005	螺纹铜芯截止阀 $DN32$ P_n＝1.60MPa	个	11.00	109.70	1206.70	
200	030803001006	螺纹铜芯截止阀 $DN20$ P_n＝1.60MPa	个	198.00	71.75	14206.50	
201	030803001007	螺纹铜芯截止阀 $DN15$ P_n＝1.60MPa	个	11.00	45.93	505.23	
202	030803013001	法兰橡胶软接头 $DN100$ P_n＝1.20MPa	个	1.00	453.35	453.35	
203	030803013002	法兰橡胶软接头 $DN50$ P_n＝1.20MPa	个	8.00	119.28	954.24	
204	030803005001	螺纹自动排气阀 $DN15$ P_n＝1.60MPa	个	11.00	55.27	607.97	
205	030803001008	螺纹铜芯浮球阀 $DN50$ P_n＝1.60MPa	个	1.00	623.27	623.27	
206	030803001009	螺纹浮球阀 公称直径（mm以内）15	个	1.00	8.29	8.29	
207	031001002001	压力仪表 P_n＝0～0.3MPa 含表弯制作安装	块	9.00	90.49	814.41	
208	030804012001	陶瓷蹲式大便器安装 含配件及脚踩式冲洗阀 $DN25$	套	15.00	288.33	4324.95	
209	030804012002	陶瓷坐式大便器安装 含配件及低水箱，水箱容积≤6L	套	1.00	494.00	494.00	
210	030804013001	陶瓷立式小便器安装 含配件及感应式冲洗阀	套	6.00	673.58	4041.48	
211	030804003001	陶瓷台式洗脸盆安装 含配件及感应式龙头 $DN15$	组	10.00	665.92	6659.20	
212	030804015001	排水栓带存水弯 $de50$	组	4.00	25.04	100.16	
213	030804016001	普通瓷芯给水水龙头 $DN15$	个	4.00	20.23	80.92	
214	030804017001	PVC-U高水封地漏 $de50$	个	207.00	18.82	3895.74	
215	030804017002	普通塑料地漏 $de50$	个	5.00	12.39	61.95	
216	030804018001	PVC-U地面扫除口 $de110$	个	8.00	14.61	116.88	
217	030804018002	PVC-U地面扫除口 $de50$	个	2.00	7.23	14.46	
218	010101006001	管沟挖/填土方 平均覆土深1.0m $de200$	m	65.90	34.35	2263.67	
219	010101006002	管沟挖/填土方 平均覆土深1.0m $de160$	m	59.90	32.63	1954.54	
		C.8　消火栓给水系统工程				226996.08	
220	030109001002	气压补压设备 ZW（L）-I-XZ-10 泵 25LGW3-10X4、罐 SQL1000×0.6	套	1.00	1834.40	1834.40	
221	030109001003	消防切线泵 XBD7.2/20-100-250AL Q＝20L/S　H＝72m　P＝30kW	台	2.00	682.37	1364.74	

分部分项工程量清单与计价表

工程名称：某综合楼水电安装　　　　　　　　　　　　　　　第13页　共17页

序号	项目编码	项目名称及项目特征描述	计量单位	工程量	金额（元）		
					综合单价	合价	其中：暂估价
222	030701003001	消火栓内外壁镀锌钢管（法兰连接）*DN*200 含管件安装；管道冲洗，水试压； 管道刷红丹防锈漆、调和漆各两道 含柔性防水套管制作安装	m	4.40	756.51	3328.64	
223	030701003002	消火栓内外壁镀锌钢管（法兰连接）*DN*150 含管件安装；管道冲洗，水试压； 管道刷红丹防锈漆、调和漆各两道	m	5.40	258.50	1395.90	
224	030701003003	消火栓内外壁镀锌钢管（法兰连接）*DN*100含管件安装；管道刷红丹防锈漆、调和漆各两道，含过楼板套管、穿水箱柔性套管制作安装，管道冲洗、试压	m	389.30	276.65	107699.85	
225	030701003004	消火栓内外壁镀锌钢管（丝扣连接）*DN*80含管件安装；含刚性防水套管制安管道刷红丹防锈漆、调和漆各两道，管道冲洗试压	m	21.00	117.74	2472.54	
226	030701003005	消火栓内外壁镀锌钢管（丝扣连接）*DN*65含管件安装；含过楼板套管制安，管道刷红丹防锈漆、调和漆各两道，管道冲洗试压	m	54.50	81.19	4424.85	
227	030701003006	消火栓内外壁镀锌钢管（丝扣连接）*DN*65含管件安装；含刚性防水套管制安管道刷红丹防锈漆、调和漆各两道，管道冲洗试压	m	17.65	104.21	1839.31	
228	030704001001	管道支架制作安装 支架刷红丹防锈漆、调和漆各两道	kg	502.08	13.69	6873.48	
229	030701019001	地上式消防水泵接合器*DN*150	套	2.00	1164.97	2329.94	
230	030701007001	法兰铜芯刀阀*DN*200 P_n=1.60MPa	个	2.00	2215.10	4430.20	
231	030701007002	法兰铜芯闸阀*DN*150 P_n=1.60MPa	个	2.00	1730.63	3461.26	
232	030701007003	法兰铜芯多功能水泵控制阀*DN*150 P_n=1.60MPa	个	2.00	1650.63	3301.26	
233	030803013003	法兰橡胶软接头*DN*200 P_n=1.60MPa	个	2.00	1149.91	2299.82	
234	030701007004	法兰铜芯蝶阀*DN*100 P_n=1.60MPa	个	8.00	839.53	6716.24	
235	030701007005	法兰铜芯蝶阀*DN*65 P_n=1.60MPa	个	4.00	677.82	2711.28	
236	030701007006	法兰铜芯闸阀*DN*100 P_n=1.60MPa	个	3.00	827.53	2482.59	
237	030701007007	法兰橡胶阀瓣止回阀*DN*100 P_n=1.60MPa	个	2.00	832.53	1665.06	

分部分项工程量清单与计价表

工程名称：某综合楼水电安装　　　　　　　　　　　　　　　　　　第14页　共17页

序号	项目编码	项目名称及项目特征描述	计量单位	工程量	金额（元）		
					综合单价	合价	其中：暂估价
238	030701007008	法兰铜芯安全泄压阀 $DN65$ $P_n=1.60$MPa	个	1.00	1157.82	1157.82	
239	030701005001	螺纹橡胶阀瓣止回阀 $DN32$ $P_n=1.60$MPa	个	2.00	284.43	568.86	
240	030701005002	螺纹铜芯截止阀 $DN32$ $P_n=1.60$MPa	个	2.00	109.70	219.40	
241	030701005003	螺纹铜芯截止阀 $DN15$ $P_n=1.60$MPa	个	1.00	45.94	45.94	
242	030803005002	螺纹自动排气阀 $DN15$ $P_n=1.60$MPa	个	1.00	55.27	55.27	
243	030701007009	法兰铜芯蝶阀 $DN100$ $P_n=1.60$MPa	个	4.00	839.53	3358.12	
244	030701007010	法兰铜芯蝶阀 $DN80$ $P_n=1.60$MPa	个	1.00	754.39	754.39	
245	030701007011	法兰铜芯蝶阀 $DN65$ $P_n=1.60$MPa	个	5.00	677.82	3389.10	
246	030604001001	钢制大小头 $DN200\times150$ $P_n=1.60$MPa	个	2.00	172.15	344.30	
247	030604001002	钢制波纹管 $DN150$ $P_n=1.60$MPa	个	2.00	113.05	226.10	
248	031001002002	压力仪表 $P_n=0\sim0.3$MPa 含表弯制作安装	块	1.00	95.56	95.56	
249	031001002003	压力仪表 $P_n=0\sim0.3$MPa 含表弯制作安装	块	2.00	95.55	191.10	
250	030701018001	减压稳压型室内消火栓 $DN65$ 配 $DN25$ 水喉；$\phi65$ 水带 25m	套	31.00	755.98	23435.38	
251	030701018002	室内单栓消火栓 $DN65$ 配 $DN25$ 水喉；$\phi65$ 水带 25m	套	30.00	607.98	18239.40	
252	030701018003	试验消火栓 $DN65$	套	1.00	253.98	253.98	
253	桂 030701021001	铝合金双灭火器箱 内置两具手提式干粉灭火器 MF/ABC5	套	61.00	230.00	14030.00	
		C.8　自动喷淋给水系统工程				342318.37	
254	030109001004	消防切线泵 XBD8.4/30-125-250AL $Q=30L/S$ $H=72$m $P=55$kW	台	2.00	682.37	1364.74	
255	030701001001	自动喷淋内外壁镀锌钢管（沟槽连接）$DN200$ 含柔性防水套管制作安装管道冲洗试压 含管件安装； 管道刷红丹防锈漆、调和漆各两道	m	7.70	542.67	4178.56	
256	030701001002	自动喷淋内外壁镀锌钢管（沟槽连接）$DN150$ 含过楼板套管制作安装管道冲洗试压 含管件安装； 管道刷红丹防锈漆、调和漆各两道	m	28.70	482.79	13856.07	

分部分项工程量清单与计价表

工程名称：某综合楼水电安装　　　　第15页　共17页

序号	项目编码	项目名称及项目特征描述	计量单位	工程量	金额（元）		
					综合单价	合价	其中：暂估价
257	030701001003	自动喷淋内外壁镀锌钢管（沟槽连接）*DN*125 管道冲洗、试压 含管件安装； 管道刷红丹防锈漆、调和漆各两道	m	328.20	221.85	72811.17	
258	030701001004	自动喷淋内外壁镀锌钢管（沟槽连接）*DN*100 含过楼板套管/刚性防水套管制作安装含管件安装，管道冲洗、试压 管道刷红丹防锈漆、调和漆各两道	m	217.10	201.04	43645.78	
259	030701001005	自动喷淋内外壁镀锌钢管（螺纹连接）*DN*80 管道冲洗、试压 含管件安装； 管道刷红丹防锈漆、调和漆各两道	m	36.90	106.86	3943.13	
260	030701001006	自动喷淋内外壁镀锌钢管（螺纹连接）*DN*65 含管件安装，含刚性防水套管制安，管道刷红丹防锈漆、调和漆各两道，管道冲洗试压	m	19.30	90.64	1749.35	
261	030701001007	自动喷淋内外壁镀锌钢管（螺纹连接）*DN*50 含管件安装；管道冲洗、试压 管道刷红丹防锈漆、调和漆各两道	m	33.10	60.05	1987.66	
262	030701001008	自动喷淋内外壁镀锌钢管（螺纹连接）*DN*40 含管件安装；管道冲洗、试压 管道刷红丹防锈漆、调和漆各两道	m	606.30	51.25	31072.88	
263	030701001009	自动喷淋内外壁镀锌钢管（螺纹连接）*DN*32 含管件安装；管道冲洗、试压 管道刷红丹防锈漆、调和漆各两道	m	458.40	45.71	20953.46	
264	030701001010	自动喷淋内外壁镀锌钢管（螺纹连接）*DN*25 含管件安装；管道冲洗、试压 管道刷红丹防锈漆、调和漆各两道	m	748.45	43.37	32460.28	
265	030704001002	管道支架制作安装 支架刷红丹防锈漆、调和漆各两道	kg	3174.71	13.69	43461.78	
266	030701019002	地上式消防水泵接合器 *DN*150	套	2.00	1164.97	2329.94	
267	030701012001	湿式报警装阀 ZSFS *DN*150 P_n=1.60MPa	组	1.00	3004.85	3004.85	
268	030701016001	末端试水装置 *DN*25 P_n=1.60MPa	组	11.00	304.52	3349.72	
269	030701014001	法兰水流指示器 *DN*125 P_n=1.60MPa	个	11.00	510.59	5616.49	
270	030701014002	法兰水流指示器 *DN*150 P_n=1.60MPa	个	1.00	560.59	560.59	
271	030701007012	法兰铜芯信号阀 *DN*125 P_n=1.60MPa	个	11.00	592.49	6517.39	
272	030701007013	法兰铜芯信号阀 *DN*150 P_n=1.60MPa	个	1.00	820.63	820.63	
273	030701007014	法兰铜芯刀阀 *DN*200 P_n=1.60MPa	个	2.00	2215.10	4430.20	
274	030701007015	法兰铜芯闸阀 *DN*150 P_n=1.60MPa	个	4.00	1730.63	6922.52	
275	030701007016	法兰铜芯闸阀 *DN*100 P_n=1.60MPa	个	2.00	827.53	1655.06	
276	030701007017	法兰铜芯闸阀 *DN*65 P_n=1.60MPa	个	1.00	561.82	561.82	

分部分项工程量清单与计价表

工程名称：某综合楼水电安装　　　　第16页　共17页

序号	项目编码	项目名称及项目特征描述	计量单位	工程量	金额（元） 综合单价	合价	其中：暂估价
277	030701005004	螺纹铜芯截止阀 $DN15$ P_n=1.60MPa	个	2.00	45.94	91.88	
278	030803005003	螺纹自动排气阀 $DN15$ P_n=1.60MPa	个	2.00	55.27	110.54	
279	030701007018	法兰铜芯止回阀 $DN100$ P_n=1.60MPa	个	2.00	832.53	1665.06	
280	030701007019	法兰铜芯多功能水泵控制阀 $DN150$ P_n=1.60MPa	个	2.00	1650.63	3301.26	
281	030701007020	法兰铜芯安全泄压 $DN65$ P_n=1.60MPa	个	1.00	1157.82	1157.82	
282	031001002004	压力仪表 P_n=0～0.3MPa 含表弯制安	块	3.00	95.55	286.65	
283	030701011001	闭式玻璃喷头（吊顶式）ZSTD15/68	个	651.00	36.86	23995.86	
284	030701011002	标准响应玻璃球喷头（边墙式）ZSTB-20型	个	23.00	43.93	1010.39	
285	030803013004	法兰橡胶软接头 $DN200$ P_n=1.60MPa	个	2.00	1149.91	2299.82	
286	030604001003	钢制大小头 $DN200\times150$ P_n=1.60MPa	个	2.00	172.15	344.30	
287	030604001004	钢制波纹管 $DN150$ P_n=1.60MPa	个	2.00	113.05	226.10	
288	030604001005	吸水喇叭口 $DN200$ 含支座制作安装	个	2.00	287.31	574.62	
		C.9　通风空调工程				145990.43	
289	030901002001	双速消防高温排烟风机 HTF-IIN07# L=18000/14000m^3/h，P=700/280Pa N=8/6.5kW 中心距地 2.70m 吊装 含支架制安及刷油防腐	台	1.00	8417.95	8417.95	
290	030901002002	低噪声混流通风机 SWF-3A L=1100m^3/h P=200Pa N=0.25kW 安装方式：中心距地 2.70m 吊装 含支架制安及刷油防腐	台	2.00	3096.68	6193.36	
291	030901002003	加压风机 SWF-6.5A L=12000m^3/h P=400Pa N=2.2kW 含支架制安及刷油防腐	台	1.00	1640.34	1640.34	
292	030901002004	加压风机 SWF-7A L=18000m^3/h P=320Pa N=3kW 含支架制安及刷油	台	1.00	2172.84	2172.84	
293	030901002005	加压风机 SWF-9B L=25000m^3/h P=469Pa N=5.5kW 含支架制安及刷油防腐	台	1.00	3347.95	3347.95	
294	030902003001	镀锌薄钢板圆形风管（咬口连接）δ=1.2mm 周长≥1120mm 含风管支架制安及刷红丹防锈漆二道	m^2	11.04	146.12	1612.73	
295	030902003002	镀锌薄钢板圆形风管（咬口连接）δ=1.2mm 周长≤1120mm 含风管支架制安及刷红丹防锈漆二道	m^2	66.03	133.30	8802.33	

分部分项工程量清单与计价表

工程名称：某综合楼水电安装　　　　第17页 共17页

序号	项目编码	项目名称及项目特征描述	计量单位	工程量	金额（元）		
					综合单价	合价	其中：暂估价
296	030902003003	镀锌薄钢板矩形风管（咬口连接）δ=1.2mm 周长≥4000mm 含风管支架制安及刷红丹防锈漆二道	m^2	15.84	132.77	2103.08	
297	030902003004	镀锌薄钢板矩形风管（咬口连接）δ=1.2mm 周长≤400mm 含风管支架制安及刷红丹防锈漆二道	m^2	118.81	125.24	14880.01	
298	030902003005	镀锌薄钢板矩形风管（咬口连接）δ=1.2mm 周长≤2000mm 含风管支架制安及刷红丹防锈漆二道	m^2	8.12	136.39	1106.94	
299	桂 030903023001	消声静压箱安装 规格尺寸：2000×1600×1200（h）	个	1.00	2277.04	2277.04	
300	030903007001	单层百叶风口（带调节阀）800×300	个	6.00	135.57	813.42	
301	030903007002	单层百叶风口（带调节阀）250×200	个	2.00	69.90	139.80	
302	030903007003	单层百叶送风口 500×1200	个	1.00	1111.44	1111.44	
303	030903007004	多叶送风口 500×（1200+250）	个	1.00	1231.44	1231.44	
304	030903007005	自垂百叶送风口 1000×900	个	1.00	435.94	435.94	
305	030903007006	防火百叶风口（70℃）300×500	个	1.00	317.72	317.72	
306	030903007007	多叶送风口 500×（1200+250）	个	11.00	1231.44	13545.84	
307	030903001001	风管止回阀 Φ900	个	1.00	545.27	545.27	
308	030903001002	风管止回阀 Φ700	个	2.00	445.27	890.54	
309	030903001003	风管止回阀 Φ650	个	1.00	425.27	425.27	
310	030903001004	风管止回阀 Φ300	个	1.00	172.78	172.78	
311	030903001005	防火调节阀（70℃）Φ700	个	1.00	464.42	464.42	
312	030903001006	防火调节阀（70℃）Φ300	个	1.00	284.42	284.42	
313	030903001007	防火阀（280℃）1800×400	个	1.00	937.79	937.79	
314	030903001008	防火阀（280℃）1200×500	个	1.00	861.41	861.41	
315	030903001009	防火阀（280℃）400×200	个	1.00	529.42	529.42	
316	030903001010	防火阀（280℃）250×200	个	3.00	434.42	1303.26	
317	030903001011	防火阀（70℃）Φ100	个	198.00	214.42	42455.16	
318	030901003001	卫生间排气扇 $L=200m^3/h$ $P=20Pa$ $N=0.025kW$	台	1.00	145.48	145.48	
319	030901003002	卫生间排气扇 $L=150m^3/h$ $P=20Pa$ $N=0.020kW$	台	198.00	135.48	26825.04	
		合计				1967333.38	
		Σ人工费				335438.41	
		Σ材料费				1417059.27	
		Σ机械费				40365.75	
		Σ管理费				117343.09	
		Σ利 润				57126.85	

19.5 工程量清单综合单价分析表

工程量清单综合单价分析表

工程名称：某综合楼水电安装　　　　第1页　共56页

序号	项目编码	项目名称及项目特征描述	单位	工程量	综合单价（元）	综合单价组成						
						人工费	材料费		机械费	管理费	利润	其中：暂估价
							附材费	主材费				
		C.2 电气设备安装工程										
1	030204018001	双电源照明配电箱 1ALE 安装方式：底边距地 1.5m 明装	台	1.00	4078.17	84.60	30.12	3900.00	19.46	29.61	14.38	
	03020270 换	双电源照明配电箱 1ALE	台	1.00	4078.17	84.60	30.12	3900.00	19.46	29.61	14.38	
2	030204018002	双电源照明配电箱 4ALE 安装方式：底边距地 1.5m 明装	台	1.00	4078.17	84.60	30.12	3900.00	19.46	29.61	14.38	
	03020270 换	双电源照明配电箱 4ALE	台	1.00	4078.17	84.60	30.12	3900.00	19.46	29.61	14.38	
3	030204018003	双电源照明配电箱 7ALE 安装方式：底边距地 1.5m 明装	台	1.00	4078.17	84.60	30.12	3900.00	19.46	29.61	14.38	
	03020270 换	双电源照明配电箱 7ALE	台	1.00	4078.17	84.60	30.12	3900.00	19.46	29.61	14.38	
4	030204018004	双电源照明配电箱 10ALE 安装方式：底边距地 1.5m 明装	台	1.00	4078.17	84.60	30.12	3900.00	19.46	29.61	14.38	
	03020270 换	双电源照明配电箱 10ALE	台	1.00	4078.17	84.60	30.12	3900.00	19.46	29.61	14.38	
5	030204018005	双电源消防配电箱 1ALE/XF 安装方式：底边距地 1.5m 明装	台	1.00	3378.17	84.60	30.12	3200.00	19.46	29.61	14.38	
	03020270 换	双电源消防配电箱 1ALE/XF	台	1.00	3378.17	84.60	30.12	3200.00	19.46	29.61	14.38	
6	030204018006	双电源消防风机配电箱 1APE/FJ 安装方式：底边距地 1.5m 明装	台	1.00	3178.17	84.60	30.12	3000.00	19.46	29.61	14.38	
	03020270 换	双电源消防风机配电箱 1APE/FJ	台	1.00	3178.17	84.60	30.12	3000.00	19.46	29.61	14.38	
7	030204018007	双电源消防风机配电箱 12APE/FJ 安装方式：底边距地 1.5m 明装	台	1.00	3178.17	84.60	30.12	3000.00	19.46	29.61	14.38	
	03020270 换	双电源消防风机配电箱 12APE/FJ	台	1.00	3178.17	84.60	30.12	3000.00	19.46	29.61	14.38	

工程量清单综合单价分析表

工程名称：某综合楼水电安装　　　　第2页　共56页

序号	项目编码	项目名称及项目特征描述	单位	工程量	综合单价（元）	综合单价组成						
						人工费	材料费		机械费	管理费	利润	其中：暂估价
							附材费	主材费				
8	030204018008	双电源消防电梯配电箱 12APE/XT 安装方式：底边距地 1.5m 明装	台	1.00	3378.17	84.60	30.12	3200.00	19.46	29.61	14.38	
	03020270 换	双电源消防电梯配电箱 12APE/XT	台	1.00	3378.17	84.60	30.12	3200.00	19.46	29.61	14.38	
9	030204018009	双电源消防配电箱 12APE/DT 安装方式：底边距地 1.5m 明装	台	1.00	3378.17	84.60	30.12	3200.00	19.46	29.61	14.38	
	03020270 换	双电源消防配电箱 12APE/DT	台	1.00	3378.17	84.60	30.12	3200.00	19.46	29.61	14.38	
10	030204018010	双电源切换箱 -1APE/P 安装方式：落地安装 含 50×50×5 基础角钢制安	台	1.00	8248.80	99.17	75.80	8000.00	22.26	34.71	16.86	
	03020270 换	双电源切换箱 -1APE/P	台	1.00	8178.17	84.60	30.12	8000.00	19.46	29.61	14.38	
	03020370 换	基础槽钢、角钢制作安装　角钢	10m	0.20	353.13	72.85	228.40		14.00	25.50	12.38	
11	030204018011	双电源切换箱 -1APE/X 安装方式：落地安装 含 50×50×5 基础角钢制安	台	1.00	7448.80	99.17	75.80	7200.00	22.26	34.71	16.86	
	03020270 换	双电源切换箱 -1APE/X	台	1.00	7378.17	84.60	30.12	7200.00	19.46	29.61	14.38	
	03020370 换	基础槽钢、角钢制作安装　角钢	10m	0.20	353.13	72.85	228.40		14.00	25.50	12.38	
12	030204018012	双电源切换箱 -1APE/S 安装方式：落地安装 含 50×50×5 基础角钢制安	台	1.00	5248.80	99.17	75.80	5000.00	22.26	34.71	16.86	
	03020270 换	双电源切换箱 -1APE/S	台	1.00	5178.17	84.60	30.12	5000.00	19.46	29.61	14.38	
	03020370 换	基础槽钢、角钢制作安装　角钢	10m	0.20	353.13	72.85	228.40		14.00	25.50	12.38	

工程量清单综合单价分析表

工程名称：某综合楼水电安装 第3页 共56页

序号	项目编码	项目名称及项目特征描述	单位	工程量	综合单价（元）	人工费	材料费		机械费	管理费	利润	其中：暂估价
							附材费	主材费				
13	030204018013	双电源切换箱 -1APE/RD 安装方式：底边距地 1.5m 明装	台	1.00	3578.17	84.60	30.12	3400.00	19.46	29.61	14.38	
	03020270 换	双电源切换箱 -1APE/RD	台	1.00	3578.17	84.60	30.12	3400.00	19.46	29.61	14.38	
14	030204018014	双电源切换箱 -1ALE 安装方式：底边距地 1.5m 明装	台	1.00	3778.17	84.60	30.12	3600.00	19.46	29.61	14.38	
	03020270 换	双电源切换箱 -1ALE	台	1.00	3778.17	84.60	30.12	3600.00	19.46	29.61	14.38	
15	030204018015	动力配电箱 -AP 安装方式：底边距地 1.5m 明装	台	1.00	2978.17	84.60	30.12	2800.00	19.46	29.61	14.38	
	03020270 换	动力配电箱 -AP	台	1.00	2978.17	84.60	30.12	2800.00	19.46	29.61	14.38	
16	030204018016	动力配电箱 -AP’ 安装方式：底边距地 1.5m 明装	台	1.00	2978.17	84.60	30.12	2800.00	19.46	29.61	14.38	
	03020270 换	动力配电箱 -AP’	台	1.00	2978.17	84.60	30.12	2800.00	19.46	29.61	14.38	
17	030204018017	动力配电箱 -AM 安装方式：底边距地 1.5m 明装	台	1.00	1378.17	84.60	30.12	1200.00	19.46	29.61	14.38	
	03020270	动力配电箱 -AM	台	1.00	1378.17	84.60	30.12	1200.00	19.46	29.61	14.38	
18	030204018018	动力配电箱 -AM’ 安装方式：底边距地 1.5m 明装	台	1.00	1378.17	84.60	30.12	1200.00	19.46	29.61	14.38	
	03020270	动力配电箱 -AM’	台	1.00	1378.17	84.60	30.12	1200.00	19.46	29.61	14.38	
19	030204018019	电缆 T 型接线箱	台	12.00	267.60	38.54	27.94	180.00	1.08	13.49	6.55	
	03020267	电缆 T 型接线箱安装	台	12.00	267.60	38.54	27.94	180.00	1.08	13.49	6.55	

工程量清单综合单价分析表

工程名称：某综合楼水电安装　　　　第4页　共56页

序号	项目编码	项目名称及项目特征描述	单位	工程量	综合单价（元）	综合单价组成						其中：暂估价
						人工费	材料费		机械费	管理费	利润	
							附材费	主材费				
20	030204018020	照明配电箱 1AL 安装方式：底边距地 1.5m 明装	台	1.00	1523.43	108.10	32.30	1300.00	26.81	37.84	18.38	
	03020271	照明配电箱 1AL	台	1.00	1523.43	108.10	32.30	1300.00	26.81	37.84	18.38	
21	030204018021	照明配电箱 2AL 安装方式：底边距地 1.5m 明装	台	1.00	923.43	108.10	32.30	700.00	26.81	37.84	18.38	
	03020271	照明配电箱 2AL	台	1.00	923.43	108.10	32.30	700.00	26.81	37.84	18.38	
22	030204018022	照明配电箱 3AL 安装方式：底边距地 1.5m 明装	台	1.00	1089.12	131.60	45.43	800.00	43.66	46.06	22.37	
	03020272	照明配电箱 3AL	台	1.00	1089.12	131.60	45.43	800.00	43.66	46.06	22.37	
23	030204018023	照明配电箱 4AL 安装方式：底边距地 1.5m 明装	台	1.00	1089.12	131.60	45.43	800.00	43.66	46.06	22.37	
	03020272	照明配电箱 4AL	台	1.00	1089.12	131.60	45.43	800.00	43.66	46.06	22.37	
24	030204018024	照明配电箱 5AL 安装方式：底边距地 1.5m 明装	台	1.00	1089.12	131.60	45.43	800.00	43.66	46.06	22.37	
	03020272	照明配电箱 5AL	台	1.00	1089.12	131.60	45.43	800.00	43.66	46.06	22.37	
25	030204018025	照明配电箱 6AL 安装方式：底边距地 1.5m 明装	台	1.00	1089.12	131.60	45.43	800.00	43.66	46.06	22.37	
	03020272	照明配电箱 6AL	台	1.00	1089.12	131.60	45.43	800.00	43.66	46.06	22.37	
26	030204018026	照明配电箱 7AL 安装方式：底边距地 1.5m 明装	台	1.00	1089.12	131.60	45.43	800.00	43.66	46.06	22.37	
	03020272	照明配电箱 7AL	台	1.00	1089.12	131.60	45.43	800.00	43.66	46.06	22.37	

工程量清单综合单价分析表

工程名称：某综合楼水电安装　　　　第5页　共56页

序号	项目编码	项目名称及项目特征描述	单位	工程量	综合单价（元）	综合单价组成						
						人工费	材料费		机械费	管理费	利润	其中：暂估价
							附材费	主材费				
27	030204018027	照明配电箱 8AL 安装方式：底边距地 1.5m 明装	台	1.00	1089.12	131.60	45.43	800.00	43.66	46.06	22.37	
	03020272	照明配电箱 8AL	台	1.00	1089.12	131.60	45.43	800.00	43.66	46.06	22.37	
28	030204018028	照明配电箱 9AL 安装方式：底边距地 1.5m 明装	台	1.00	1089.12	131.60	45.43	800.00	43.66	46.06	22.37	
	03020272	照明配电箱 9AL	台	1.00	1089.12	131.60	45.43	800.00	43.66	46.06	22.37	
29	030204018029	照明配电箱 10AL 安装方式：底边距地 1.5m 明装	台	1.00	1089.12	131.60	45.43	800.00	43.66	46.06	22.37	
	03020272	照明配电箱 10AL	台	1.00	1089.12	131.60	45.43	800.00	43.66	46.06	22.37	
30	030204018030	照明配电箱 11AL 安装方式：底边距地 1.5m 明装	台	1.00	1089.12	131.60	45.43	800.00	43.66	46.06	22.37	
	03020272	照明配电箱 11AL	台	1.00	1089.12	131.60	45.43	800.00	43.66	46.06	22.37	
31	030204018031	照明配电箱 al 安装方式：底边距地 1.5m 明装	台	4.00	227.92	70.50	28.64	80.00	12.11	24.68	11.99	
	03020269	照明配电箱 al	台	4.00	227.92	70.50	28.64	80.00	12.11	24.68	11.99	
32	030204018032	照明配电箱 al1 安装方式：底边距地 1.5m 明装	台	189.00	317.92	70.50	28.64	170.00	12.11	24.68	11.99	
	03020269	照明配电箱 al1	台	189.00	317.92	70.50	28.64	170.00	12.11	24.68	11.99	
33	030204018033	照明配电箱 al2 安装方式：底边距地 1.5m 明装	台	9.00	337.92	70.50	28.64	190.00	12.11	24.68	11.99	
	03020269	照明配电箱 al2	台	9.00	337.92	70.50	28.64	190.00	12.11	24.68	11.99	

工程量清单综合单价分析表

工程名称：某综合楼水电安装　　　　第6页　共56页

序号	项目编码	项目名称及项目特征描述	单位	工程量	综合单价（元）	综合单价组成						
						人工费	材料费		机械费	管理费	利润	其中：暂估价
							附材费	主材费				
34	030204018034	照明配电箱-AL 安装方式：底边距地1.5m明装	台	1.00	1178.17	84.60	30.12	1000.00	19.46	29.61	14.38	
	03020270	照明配电箱-AL	台	1.00	1178.17	84.60	30.12	1000.00	19.46	29.61	14.38	
35	030204017001	排水泵控制箱-AC1 安装方式：底边距地1.5m明装	台	3.00	878.17	84.60	30.12	700.00	19.46	29.61	14.38	
	03020270换	排水泵控制箱-AC1	台	3.00	878.17	84.60	30.12	700.00	19.46	29.61	14.38	
36	030204017002	排水泵控制箱-AC2 安装方式：底边距地1.5m明装	台	1.00	1078.17	84.60	30.12	900.00	19.46	29.61	14.38	
	03020270换	排水泵控制箱-AC2	台	1.00	1078.17	84.60	30.12	900.00	19.46	29.61	14.38	
37	030204017003	排水泵控制箱-AC3 安装方式：底边距地1.5m明装	台	1.00	1078.17	84.60	30.12	900.00	19.46	29.61	14.38	
	03020270换	排水泵控制箱-AC3	台	1.00	1078.17	84.60	30.12	900.00	19.46	29.61	14.38	
38	030204017004	排水泵控制箱-AC4 安装方式：底边距地1.5m明装	台	1.00	878.17	84.60	30.12	700.00	19.46	29.61	14.38	
	03020270换	排水泵控制箱-AC4	台	1.00	878.17	84.60	30.12	700.00	19.46	29.61	14.38	
39	030204017005	排风机控制箱-PF1 安装方式：底边距地1.5m明装	台	1.00	1178.17	84.60	30.12	1000.00	19.46	29.61	14.38	
	03020270换	排风机控制箱-PF1	台	1.00	1178.17	84.60	30.12	1000.00	19.46	29.61	14.38	
40	030204017006	排风机控制箱-PF2 安装方式：底边距地1.5m明装	台	1.00	978.17	84.60	30.12	800.00	19.46	29.61	14.38	
	03020270换	排风机控制箱-PF2	台	1.00	978.17	84.60	30.12	800.00	19.46	29.61	14.38	

工程量清单综合单价分析表

工程名称：某综合楼水电安装　　　　第7页　共56页

序号	项目编码	项目名称及项目特征描述	单位	工程量	综合单价（元）	综合单价组成						
						人工费	材料费		机械费	管理费	利润	其中：暂估价
							附材费	主材费				
41	030213001001	吸顶安装天棚灯(带玻璃罩) 32W 250V 含接线底盒	套	180.00	76.85	12.27	6.02	52.01	0.16	4.29	2.09	
	03021593	吸顶安装天棚灯(带玻璃罩) 32W 250V	10套	18.00	768.43	122.67	60.21	520.15	1.62	42.93	20.85	
42	030213001002	暗装座灯 1×18W 36V 含接线底盒	套	14.00	35.57	8.60	4.16	18.18	0.16	3.01	1.46	
	03021603	暗装座灯 1×18W 36V	10套	1.40	355.72	86.01	41.57	181.80	1.62	30.10	14.62	
43	030213001003	嵌入式防水壁灯 1×24W 220V 含接线底盒	套	10.00	39.80	12.27	6.02	14.97	0.16	4.29	2.09	
	03021593	嵌入式防水壁灯 1×24W 220V	10套	1.00	397.96	122.67	60.21	149.68	1.62	42.93	20.85	
44	030213003001	壁装应急照明灯(带蓄电池) 2×8W 220V 蓄电池供电时间≥30min 含接线底盒	套	84.00	109.64	13.63	5.56	82.82	0.54	4.77	2.32	
	03021758	壁装应急照明灯(带蓄电池) 2×8W 220V	10套	8.40	1096.35	136.30	55.56	828.20	5.41	47.71	23.17	
45	030213003002	吊管安装双面疏散指示灯 2×3W 220V 蓄电池供电时间≥30min 含接线底盒	套	8.00	103.52	15.51	7.96	71.71	0.27	5.43	2.64	
	03021757	吊管安装双面疏散指示灯 2×3W 220V	10套	0.80	1035.20	155.10	79.63	717.10	2.71	54.29	26.37	
46	030213003003	壁装安全出口标志灯 1×3W 220V 蓄电池供电时间≥30min 含接线底盒	套	52.00	98.53	13.63	5.56	71.71	0.54	4.77	2.32	
	03021758	壁装安全出口标志灯 1×3W 220V	10套	5.20	985.25	136.30	55.56	717.10	5.41	47.71	23.17	

工程量清单综合单价分析表

工程名称：某综合楼水电安装　　　　第8页　共56页

序号	项目编码	项目名称及项目特征描述	单位	工程量	综合单价（元）	综合单价组成						
						人工费	材料费		机械费	管理费	利润	其中：暂估价
							附材费	主材费				
47	030213003004	壁装单面疏散指示灯 1×3W 220V 蓄电池供电时间≥30min 含接线底盒	套	26.00	98.53	13.63	5.56	71.71	0.54	4.77	2.32	
	03021758	壁装单面疏散指示灯 1×3W 220V	10套	2.60	985.25	136.30	55.56	717.10	5.41	47.71	23.17	
48	030213004001	壁装应急灯(带玻璃罩) 1×36W 220V 蓄电池供电时间≥80min 含接线底盒	套	28.00	123.58	14.62	13.67	87.26	0.43	5.12	2.48	
	03021806	壁装应急灯(带玻璃罩) 1×36W 220V	10套	2.80	1235.81	146.17	136.66	872.64	4.33	51.16	24.85	
49	030213004002	吊管安装应急灯(带玻璃罩) 1×36W 220V 蓄电池供电时间≥80min 含接线底盒	套	9.00	116.31	12.31	10.07	87.26	0.27	4.31	2.09	
	03021800	吊管安装应急灯(带玻璃罩) 1×36W 220V	10套	0.90	1163.19	123.14	100.67	872.64	2.71	43.10	20.93	
50	030213004003	吊管安装应急灯(带玻璃罩) 3×28W 220V 蓄电池供电时间≥80min 含接线底盒	套	4.00	290.06	16.45	10.07	254.71	0.27	5.76	2.80	
	03021802	吊管安装应急灯(带玻璃罩) 3×28W 220V	10套	0.40	2900.56	164.50	100.68	2547.13	2.70	57.58	27.97	
51	030213004004	壁装单管荧光灯 1×36W 220V 含接线底盒	套	22.00	73.08	14.62	13.67	36.76	0.43	5.12	2.48	
	03021806	壁装单管荧光灯 1×36W 220V	10套	2.20	730.81	146.17	136.66	367.64	4.33	51.16	24.85	
52	030213004005	吊管安装单管荧光灯 1×36W 220V 含接线底盒	套	38.00	65.81	12.31	10.07	36.76	0.27	4.31	2.09	

工程量清单综合单价分析表

工程名称：某综合楼水电安装　　　　第 9 页　共 56 页

序号	项目编码	项目名称及项目特征描述	单位	工程量	综合单价（元）	综合单价组成						
						人工费	材料费		机械费	管理费	利润	其中：暂估价
							附材费	主材费				
	03021800	吊管安装单管荧光灯 1×36W 220V	10套	3.80	658.19	123.14	100.67	367.64	2.71	43.10	20.93	
53	030213004006	吊管安装双管荧光灯 2×28W 220V 含接线底盒	套	8.00	95.86	14.95	10.07	62.80	0.27	5.23	2.54	
	03021801	吊管安装双管荧光灯 2×28W 220V	10套	0.80	958.59	149.45	100.68	628.03	2.71	52.31	25.41	
54	030213004007	吸顶安装格栅荧光灯 3×18W 220V 含接线底盒	套	69.00	161.78	16.45	5.88	130.62	0.27	5.76	2.80	
	03021805	吸顶安装格栅荧光灯 3×18W 220V	10套	6.90	1617.74	164.50	58.75	1306.23	2.71	57.58	27.97	
55	030204031001	暗装二、三孔插座 250V 10A 含接线底盒	套	54.00	23.50	6.56	4.16	9.38		2.29	1.11	
	03021942	暗装二、三孔插座 250V 10A	10套	5.40	235.10	65.56	41.60	93.84		22.95	11.15	
56	030204031002	暗装二、三孔卫生间插座 250V 10A 含接线底盒、带盖防溅	套	5.00	26.56	6.56	4.16	12.44		2.29	1.11	
	03021942	暗装二、三孔卫生间插座 250V 10A	10套	0.50	265.70	65.56	41.60	124.44		22.95	11.15	
57	030204031003	暗装三孔空调插座 250V 16A 含接线底盒、带开关	套	3.00	22.94	6.56	3.70	9.28		2.29	1.11	
	03021944	暗装三孔空调插座 250V 16A	10套	0.30	229.47	65.57	36.97	92.83		22.95	11.15	
58	030204031004	暗装单联开关 250V 10A 含接线底盒	套	187.00	16.40	5.50	2.64	5.41		1.92	0.93	
	03021918	暗装单联开关 250V 10A	10套	18.70	164.06	54.99	26.41	54.06		19.25	9.35	
59	030204031005	暗装双联开关 250V 10A 含接线底盒	套	11.00	19.18	5.67	2.92	7.65		1.98	0.96	

工程量清单综合单价分析表

工程名称：某综合楼水电安装　　　　第10页　共56页

序号	项目编码	项目名称及项目特征描述	单位	工程量	综合单价（元）	综合单价组成						
						人工费	材料费		机械费	管理费	利润	其中：暂估价
							附材费	主材费				
	03021919	暗装双联开关 250V 10A	10套	1.10	191.85	56.68	29.19	76.50		19.84	9.64	
60	030204031006	暗装三联开关 250V 10A 含接线底盒	套	17.00	23.49	5.84	3.20	11.42		2.04	0.99	
	03021920	暗装三联开关 250V 10A	10套	1.70	234.95	58.38	31.98	114.24		20.43	9.92	
61	030204031007	暗装声光延时开关 250V 10A 含接线底盒	套	43.00	36.63	6.05	2.65	24.79		2.12	1.03	
	03021933	暗装声光延时开关 250V 10A	10套	4.30	366.27	60.49	26.47	247.86		21.17	10.28	
62	030204031008	暗装单联双控开关 250V 10A 含接线底盒	套	2.00	17.71	5.63	2.83	6.33		1.97	0.96	
	03021924	暗装单联双控开关 250V 10A	10套	0.20	177.00	56.25	28.25	63.25		19.69	9.56	
63	030204031009	排气扇 250V 48W 含接线底盒	套	5.00	107.53	27.77	3.24	61.53	0.54	9.72	4.73	
	03021978	排气扇 250V 48W	台	5.00	102.06	25.80	2.30	60.00	0.54	9.03	4.39	
	03021584	接线盒暗装	10个	0.50	54.75	19.74	9.44	15.30		6.91	3.36	
64	030208004001	镀锌金属电缆桥架 CT-200×200 δ=1.2mm 含桥架支架制安及支架刷油防腐	m	164.70	91.82	15.39	4.40	62.75	1.26	5.39	2.63	
	03020588	镀锌金属电缆桥架 CT-200×200 δ=1.2mm	10m	16.47	846.88	134.51	34.14	599.99	8.29	47.08	22.87	
	03020371	一般铁构件制作安装	100kg	0.85	1318.39	363.78	187.86	509.86	67.73	127.32	61.84	
	03110114	一般钢结构 红丹防锈漆 第一遍	100kg	0.85	30.08	5.77	2.09	11.02	8.20	2.02	0.98	
	03110115	一般钢结构 红丹防锈漆 第二遍	100kg	0.85	27.81	5.77	1.81	9.03	8.20	2.02	0.98	
65	030208004002	镀锌金属线槽 MT-100×100 δ=1.2mm	m	74.00	63.33	15.41	4.41	34.23	1.26	5.39	2.63	

工程量清单综合单价分析表

工程名称：某综合楼水电安装　　　　第11页　共56页

序号	项目编码	项目名称及项目特征描述	单位	工程量	综合单价（元）	综合单价组成						
						人工费	材料费		机械费	管理费	利润	其中：暂估价
							附材费	主材费				
		含线槽支架制安及支架刷油防腐										
	03020588	镀锌金属线槽 MT-100×100 δ=1.2mm	10m	7.40	561.46	134.51	34.14	314.57	8.29	47.08	22.87	
	03020371	铁构件制作、安装及箱、盒制作 一般铁构件制作安装	100kg	0.39	1318.38	363.78	187.85	509.87	67.72	127.32	61.84	
	03110114	一般钢结构 红丹防锈漆 第一遍	100kg	0.39	30.10	5.78	2.10	11.01	8.21	2.02	0.98	
	03110115	一般钢结构 红丹防锈漆 第二遍	100kg	0.39	27.84	5.78	1.81	9.04	8.21	2.02	0.98	
66	030212001001	预埋电源进户线镀锌钢管 SC100	m	75.00	72.48	6.98	3.43	56.83	1.61	2.44	1.19	
	03020562	预埋电源进户线镀锌钢管 SC100	100m	0.75	7247.19	697.95	343.09	5682.51	160.71	244.28	118.65	
67	030212001002	砖、混凝土结构暗配 刚性阻燃管 PVC32 含砖墙刨沟及恢复	m	150.70	10.80	3.82	0.61	4.30	0.09	1.33	0.65	
	03021323	砖、混凝土结构暗配 刚性阻燃管 PVC32	100m	1.51	941.16	311.56	31.66	430.10	5.82	109.05	52.97	
	03021537	刨沟 砖结构(管径 mm 以内) 32	10m	2.16	56.63	31.96	7.57		0.48	11.19	5.43	
	03021560	所凿沟槽恢复 沟槽尺寸(管径 mm 以内) 32	10m	2.16	39.30	16.92	12.46		1.12	5.92	2.88	
68	030212001003	砖、混凝土结构暗配 刚性阻燃管 PVC25 含砖墙刨沟及恢复	m	603.00	8.02	3.28	0.41	2.55	0.07	1.15	0.56	
	03021322	砖、混凝土结构暗配 刚性阻燃管 PVC25	100m	6.03	735.84	294.46	27.24	255.20	5.82	103.06	50.06	
	03021537	刨沟 砖结构(管径 mm 以内) 32	10m	4.18	56.63	31.96	7.57		0.48	11.19	5.43	
	03021560	所凿沟槽恢复 沟槽尺寸(管径 mm 以内) 32	10m	4.18	39.30	16.92	12.46		1.12	5.92	2.88	
69	030212001004	砖、混凝土结构暗配 刚性阻燃管 PVC20 含砖墙刨沟及恢复	m	4072.20	9.27	4.26	0.83	1.85	0.12	1.49	0.72	
	03021321	砖、混凝土结构暗配 刚性阻燃管 PVC20	100m	45.72	613.75	276.03	23.36	165.00	5.82	96.61	46.93	
	03021536	刨沟 砖结构(管径 mm 以内) 20	10m	132.05	42.30	22.56	7.52		0.48	7.90	3.84	

工程量清单综合单价分析表

工程名称：某综合楼水电安装　　　　第12页　共56页

序号	项目编码	项目名称及项目特征描述	单位	工程量	综合单价（元）	综合单价组成						
						人工费	材料费		机械费	管理费	利润	其中：暂估价
							附材费	主材费				
	03021559	所凿沟槽恢复 沟槽尺寸(管径 mm 以内) 20	10m	132.05	31.13	13.16	10.24		0.88	4.61	2.24	
70	030212001005	砖、混凝土结构暗配 刚性阻燃管 PVC15 含砖墙刨沟及恢复	m	90.90	5.68	2.69	0.30	1.23	0.06	0.94	0.46	
	03021320	砖、混凝土结构暗配 刚性阻燃管 PVC15	100m	0.91	537.88	253.98	22.81	123.20	5.82	88.89	43.18	
	03021536	刨沟 砖结构(管径 mm 以内) 20	10m	0.38	42.32	22.58	7.53		0.47	7.90	3.84	
	03021559	所凿沟槽恢复 沟槽尺寸(管径 mm 以内) 20	10m	0.38	31.12	13.16	10.24		0.87	4.61	2.24	
71	030212001006	砖、混凝土结构暗配 钢管 SC25 含砖墙刨沟及恢复	m	170.60	21.33	8.32	1.42	6.65	0.61	2.92	1.41	
	03021222	砖、混凝土结构暗配 钢管 SC25	100m	3.09	1081.70	410.31	58.12	367.71	32.20	143.61	69.75	
	03021537	刨沟 砖结构(管径 mm 以内) 32	10m	3.15	56.63	31.96	7.57		0.48	11.19	5.43	
	03021560	所凿沟槽恢复 沟槽尺寸(管径 mm 以内) 32	10m	3.15	39.30	16.92	12.46		1.12	5.92	2.88	
72	030212001007	砖、混凝土结构暗配 钢管 SC20 含砖墙刨沟及恢复	m	5.40	27.63	11.87	2.30	6.66	0.63	4.16	2.01	
	03021221	砖、混凝土结构暗配 钢管 SC20	100m	0.14	860.16	358.66	41.27	253.38	20.35	125.53	60.97	
	03021536	刨沟 砖结构(管径 mm 以内) 20	10m	0.37	42.26	22.54	7.51		0.49	7.89	3.83	
	03021559	所凿沟槽恢复 沟槽尺寸(管径 mm 以内) 20	10m	0.37	31.14	13.16	10.24		0.89	4.61	2.24	
73	030208001001	敷设电力电缆 YJV-1kV-3×25+2×16mm^2 含电缆终端头制安	m	2.60	6599.38	326.95	205.00	5865.59	31.82	114.44	55.58	
	03020663	敷设电力电缆 YJV-1kV-3×25+2×16mm^2	100m	2.06	8083.20	345.22	111.53	7410.37	36.56	120.83	58.69	
	03020706	干包终端头(1kV 以下截面 mm^2 以下) 35	个	6.00	87.20	23.27	50.58		1.25	8.14	3.96	

工程量清单综合单价分析表

工程名称：某综合楼水电安装 第13页 共56页

序号	项目编码	项目名称及项目特征描述	单位	工程量	综合单价（元）	综合单价组成						
						人工费	材料费		机械费	管理费	利润	其中：暂估价
							附材费	主材费				
74	030208001002	敷设电力电缆 NH-YJV-1kV-5×10mm²	m	21.60	75.14	3.08	1.20	68.95	0.32	1.08	0.52	
	03020661	敷设电力电缆 NH-YJV-1kV-5×10mm²	100m	0.27	5967.51	244.71	95.04	5475.22	25.29	85.65	41.60	
75	030208001003	敷设电力电缆 YJV-1kV-5×10mm²	m	135.00	51.78	2.69	1.05	46.36	0.28	0.94	0.46	
	03020661	敷设电力电缆 YJV-1kV-5×10mm²	100m	1.49	4703.96	244.70	95.02	4211.70	25.29	85.65	41.60	
76	030208001004	敷设电力电缆 YJV-1kV-5×16mm² 含电缆终端头制安	m	105.40	75.58	3.41	2.70	67.43	0.27	1.19	0.58	
	03020662	敷设电力电缆 YJV-1kV-5×16mm²	100m	1.13	6810.58	269.14	98.04	6278.16	25.29	94.20	45.75	
	03020705	干包终端头(1kV 以下截面 mm² 以下）16	个	4.00	64.30	13.68	43.50			4.79	2.33	
77	030208001005	敷设电力电缆含电缆终端头制安 NH-YJV-1kV-3×25+2×16mm²	m	196.20	110.10	4.10	2.20	101.24	0.41	1.44	0.70	
	03020663	敷设电力电缆 NH-YJV-1kV-3×25+2×16mm²	100m	2.06	10306.29	345.21	111.53	9633.48	36.56	120.82	58.69	
	03020706	干包终端头(1kV 以下截面 mm² 以下）35	个	4.00	87.20	23.27	50.58		1.25	8.14	3.96	
78	030208001006	敷设电力电缆含电缆终端头制安 NH-YJV-1kV-3×35+2×16mm²	m	51.20	135.80	4.62	3.18	125.16	0.44	1.62	0.78	
	03020663	敷设电力电缆 NH-YJV-1kV-3×35+2×16mm²	100m	0.55	12324.39	345.22	111.53	11651.56	36.56	120.83	58.69	
	03020706	干包终端头(1kV 以下截面 mm² 以下）35	个	2.00	87.20	23.27	50.58		1.25	8.14	3.96	
79	030208001007	敷设电力电缆含电缆终端头制安 NH-YJV-1kV-4×35mm²	m	14.80	143.97	5.87	7.72	126.88	0.46	2.05	0.99	
	03020663	敷设电力电缆 NH-YJV-1kV-4×35mm²	100m	0.15	12871.59	265.59	85.79	12354.01	28.09	92.96	45.15	

工程量清单综合单价分析表

工程名称：某综合楼水电安装　　　　第14页　共56页

序号	项目编码	项目名称及项目特征描述	单位	工程量	综合单价（元）	综合单价组成						
						人工费	材料费		机械费	管理费	利润	其中：暂估价
							附材费	主材费				
	03020706	干包终端头(1kV以下截面 mm^2 以下) 35	个	2.00	87.20	23.27	50.58		1.25	8.14	3.96	
80	030208001008	敷设电力电缆含电缆终端头制安 NH-YJV-1kV-3×70+2×35mm^2	m	104.00	252.91	6.49	3.57	238.64	0.84	2.27	1.10	
	03020664	敷设电力电缆 NH-YJV-1kV-3×70+2×35mm^2	100m	1.12	23155.85	504.38	117.38	22198.89	72.93	176.53	85.74	
	03020707	干包终端头(1kV以下截面 mm^2 以下) 70	个	4.00	103.68	27.73	59.97		1.56	9.71	4.71	
81	030208001009	敷设电力电缆含电缆终端头制安 YJV-1kV-4×185mm^2	m	18.60	505.13	12.71	7.54	475.91	2.36	4.45	2.16	
	03020667	敷设电力电缆 YJV-1kV-4×185mm^2	100m	0.19	49488.96	1028.39	106.29	47591.18	228.33	359.94	174.83	
	03020710	干包终端头(1kV以下截面 mm^2 以下) 185	个	1.00	190.59	45.12	120.45		1.56	15.79	7.67	
82	030208001010	电力电缆敷设 YJV-1kV-4×240mm^2 含电缆终端头制安	m	117.00	636.73	12.72	5.26	608.98	3.16	4.45	2.16	
	03020668	敷设电力电缆 YJV-1kV-4×240mm^2	100m	1.17	63035.71	1130.82	112.65	60897.95	306.26	395.79	192.24	
	03020711	干包终端头(1kV以下截面 mm^2 以下) 240	个	3.00	248.52	54.99	161.04		3.89	19.25	9.35	
83	030208001011	敷设电力电缆含电缆终端头制安 YJV-1kV-3×240+1×120mm^2	m	13.20	572.14	19.98	25.56	512.45	3.75	7.00	3.40	
	03020668	敷设电力电缆 YJV-1kV-3×240+1×120mm^2	100m	0.14	51875.16	1130.81	112.65	49737.43	306.25	395.78	192.24	
	03020711	干包终端头(1kV以下截面 mm^2 以下) 240	个	2.00	248.52	54.99	161.04		3.89	19.25	9.35	
84	030208001012	敷设电力电缆 NH-YJV-1kV-5×6mm^2	m	185.00	44.06	2.64	1.03	38.76	0.27	0.92	0.45	

工程量清单综合单价分析表

工程名称：某综合楼水电安装

序号	项目编码	项目名称及项目特征描述	单位	工程量	综合单价（元）	综合单价组成						
						人工费	材料费		机械费	管理费	利润	其中：暂估价
							附材费	主材费				
	03020661	敷设电力电缆 NH-YJV-1kV-5×6mm^2	100m	2.00	4080.69	244.70	95.02	3588.43	25.29	85.65	41.60	
85	030212003001	线槽内穿线 BV-450/750V-10mm^2	m	108.00	1.27	0.81	0.04			0.28	0.14	
	03021413	线槽内穿线 BV-450/750V-10mm^2	100m	1.53	89.54	57.10	2.74			19.99	9.71	
86	030212003002	管内穿线 BV-450/750V-10mm^2	m	798.50	8.02	0.43	0.24	7.13		0.15	0.07	
	03021375	管内穿线 BV-450/750V-10mm^2	100m	8.58	747.31	40.19	22.62	663.60		14.07	6.83	
87	030212003003	线槽内穿线 BV-450/750V-6mm^2	m	11350.80	0.89	0.56	0.03			0.20	0.10	
	03021412	线槽内穿线 BV-450/750V-6mm^2	100m	122.96	81.83	52.03	2.74			18.21	8.85	
88	030212003004	管内穿线 BV-450/750V-6mm^2	m	1161.00	8.21	0.62	0.36	6.90		0.22	0.11	
	03021374	管内穿线 BV-450/750V-6mm^2	100m	21.43	444.63	33.84	19.40	373.80		11.84	5.75	
89	030212003005	管内穿线 ZR-BV-450/750V-6mm^2	m	4.00	82.12	6.09	3.49	69.36		2.13	1.04	
	03021374	管内穿线 ZR-BV-450/750V-6mm^2	100m	0.72	456.17	33.83	19.40	385.35		11.84	5.75	
90	030212003006	管内穿线 ZR-BV-450/750V-4mm^2	m	548.40	3.17	0.20	0.19	2.68		0.07	0.03	
	03021355	管内穿线 ZR-BV-450/750V-4mm^2	100m	5.66	307.87	19.74	18.16	259.70		6.91	3.36	
91	030212003007	管内穿线 BV-450/750V-4mm^2	m	621.60	3.10	0.20	0.19	2.61		0.07	0.03	
	03021355	管内穿线 BV-450/750V-4mm^2	100m	6.44	300.45	19.74	18.16	252.28		6.91	3.36	
92	030212003008	管内穿线 BV-450/750V-2.5mm^2	m	6400.90	2.51	0.32	0.21	1.83		0.11	0.05	
	03021354	管内穿线 BV-450/750V-2.5mm^2	100m	72.63	222.05	28.20	18.27	160.92		9.87	4.79	
93	030212003009	管内穿线 NH-BV-450/750V-2.5mm^2	m	4924.60	3.14	0.33	0.21	2.43		0.11	0.06	
	03021354	管内穿线 NH-BV-450/750V-2.5mm^2	100m	57.06	270.65	28.20	18.27	209.52		9.87	4.79	

工程量清单综合单价分析表

工程名称：某综合楼水电安装　　　　第16页　共56页

序号	项目编码	项目名称及项目特征描述	单位	工程量	综合单价（元）	综合单价组成						
						人工费	材料费		机械费	管理费	利润	其中：暂估价
							附材费	主材费				
94	030209002001	避雷装置 1. 采用 ϕ10 热镀锌圆钢沿天面女儿墙或隔热层内敷设作为避雷网； 2. 利用柱内两根≥ϕ16 主筋通长焊接作为防雷引下线； 3. 卫生间内做局部等电位端子箱 LEB； 4. 利用基础梁两根主筋通长焊接作为水平接地极； 5. 利用 40×4 镀锌扁钢引上作为电梯井、各层配电间、水泵房连接板连接； 6. 2×BV-1×50-PC32 暗敷引上负一层弱电间 MEB 箱； 7. BV-2×25-PC32 暗敷引上二层消防中心引出连接板	项	1.00	26329.82	9412.00	3667.48	5875.21	2480.88	3294.21	1600.04	
	03020883	避雷网安装 沿女儿墙敷设 ϕ10 热镀锌圆钢	10m	27.57	224.10	65.33	67.63	40.94	16.22	22.87	11.11	
	03020885	避雷网安装 沿隔热板敷设 ϕ10 热镀锌圆钢	10m	15.24	114.90	39.01	7.09	40.95	7.57	13.65	6.63	
	03020879	避雷引下线敷设 利用柱主筋引下	10m	41.40	51.51	19.27	3.88		18.34	6.74	3.28	
	03020891	等电位连接 局部等电位端子连接箱	台	216.00	59.15	23.50	5.40	15.15	2.87	8.23	4.00	
	03020879	避雷引下线敷设 利用柱主筋引下	10m	5.50	51.51	19.27	3.88		18.34	6.74	3.28	
	03020829	接地母线敷设 利用地圈梁主筋做接地母线	10m	37.32	56.95	24.44	8.16		11.65	8.55	4.15	
	03020824	户内接地母线敷设-40×4 镀锌扁钢	10m	0.20	203.83	57.95	20.20	89.15	6.40	20.28	9.85	
	03021323	混凝土结构楼板墙暗配 砖、混凝土结构暗配 刚性阻燃管公称口径(mm 以内) 32	100m	0.22	941.14	311.55	31.68	430.09	5.82	109.04	52.96	
	03021379	动力线路(铜芯) 导线截面(mm^2 以内) 50	100m 单线	0.14	3297.64	120.07	31.32	3083.82		42.02	20.41	
	03021377	动力线路(铜芯) 导线截面(mm^2 以内) 25	100m 单线	0.20	1722.02	57.98	26.36	1607.53		20.29	9.86	
	03020353	压铜接线端子 导线截面(mm^2 以内) 70	10个	0.20	155.12	55.80	67.85		2.45	19.53	9.49	

工程量清单综合单价分析表

工程名称：某综合楼水电安装　　　　第17页　共56页

序号	项目编码	项目名称及项目特征描述	单位	工程量	综合单价（元）	综合单价组成						
						人工费	材料费		机械费	管理费	利润	其中：暂估价
							附材费	主材费				
	03020352	压铜接线端子 导线截面(mm^2 以内) 35	10个	0.20	86.03	27.95	41.10		2.45	9.78	4.75	
95	030206006001	低压交流异步电动机检查接线及调试 100kW 以内	台	2.00	1038.10	486.72	72.56		225.73	170.35	82.74	
	03020437	交流异步电机检查接线(功率 kW 以下) 100	台	2.00	494.86	270.72	68.84		14.53	94.75	46.02	
	03021128	低压交流异步电动机调试	台	2.00	543.24	216.00	3.72		211.20	75.60	36.72	
96	030206006002	低压交流异步电动机检查接线及调试 30kW 以内	台	2.00	865.36	385.62	53.48		225.73	134.97	65.56	
	03020436	交流异步电机检查接线(功率 kW 以下) 30	台	2.00	322.12	169.62	49.76		14.53	59.37	28.84	
	03021128	低压交流异步电动机调试	台	2.00	543.24	216.00	3.72		211.20	75.60	36.72	
97	030206006003	低压交流异步电动机检查接线及调试 13kW 以内	台	2.00	213.01	108.29	37.59		10.82	37.90	18.41	
	03020435	交流异步电机检查接线(功率 kW 以下) 13	台	2.00	213.01	108.29	37.59		10.82	37.90	18.41	
98	030206006004	低压交流异步电动机检查接线及调试 3kW 以内	台	4.00	117.33	56.69	21.92		9.24	19.84	9.64	
	03020434	交流异步电机检查接线(功率 kW 以下) 3	台	4.00	117.33	56.69	21.92		9.24	19.84	9.64	
99	030211008001	接地装置调试	系统	1.00	678.57	324.00	4.64		181.45	113.40	55.08	
	03021084	母线、避雷器、电容器、接地装置调试 接地网系统	系统	1.00	678.57	324.00	4.64		181.45	113.40	55.08	
100	030211002001	送配电装置系统	系统	1.00	922.41	540.00	4.64		96.97	189.00	91.80	
	03021041	送配电装置系统调试 1kV 以下交流供电（综合）	系统	1.00	922.41	540.00	4.64		96.97	189.00	91.80	
		C.7 建筑智能化系统设备安装工程										
101	031103013001	19 寸机柜 PB1466-42U 安装方式：落地安装	架	1.00	3286.33	183.60	7.26	3000.00		64.26	31.21	
	03070123	19 寸机柜 PB1466-42U	台	1.00	3286.33	183.60	7.26	3000.00		64.26	31.21	

工程量清单综合单价分析表

工程名称：某综合楼水电安装　　　　第18页　共56页

序号	项目编码	项目名称及项目特征描述	单位	工程量	综合单价（元）	综合单价组成						
						人工费	材料费		机械费	管理费	利润	其中：暂估价
							附材费	主材费				
102	031103013002	19寸机柜 PB1466-27U 安装方式：落地安装	架	4.00	1486.33	183.60	7.26	1200.00		64.26	31.21	
	03070123	19寸机柜 PB1466-27U	台	4.00	1486.33	183.60	7.26	1200.00		64.26	31.21	
103	031101030001	100对110配线架 PI3100 安装方式：机柜内安装	架	4.00	233.11	97.20	0.37	60.00	25.00	34.02	16.52	
	03070013	100对110配线架 PI3100	条	4.00	233.11	97.20	0.37	60.00	25.00	34.02	16.52	
104	031101030002	24口RJ45模块配线架 PD2124 安装方式：机柜内安装	架	26.00	610.16	116.64	0.37	400.00	32.50	40.82	19.83	
	03070017	24口RJ45模块配线架 PD2124	条	26.00	610.16	116.64	0.37	400.00	32.50	40.82	19.83	
105	031101030003	12位ST型光纤配线架 PD5012-ST 安装方式：机柜内安装	架	4.00	454.01	58.32	0.37	350.00	15.00	20.41	9.91	
	03070016	12位ST型光纤配线架 PD5012-ST	条	4.00	454.01	58.32	0.37	350.00	15.00	20.41	9.91	
106	031101036001	六类RJ45非屏蔽跳线 PJ21020	条	7.00	30.44	1.08		28.80		0.38	0.18	
	03070012	六类RJ45非屏蔽跳线 PJ21020	条	7.00	30.44	1.08		28.80		0.38	0.18	
107	031101036002	110跳线 PJ00220	条	3.00	31.64	1.08		30.00		0.38	0.18	
	03070012	110跳线 PJ00220	条	3.00	31.64	1.08		30.00		0.38	0.18	
108	031101036003	ST/SC型光跳线 PJ5013m^2	条	10.00	32.59	8.10		15.30	4.97	2.84	1.38	
	03070043	ST/SC型光跳线 PJ5013m^2	根	10.00	32.59	8.10		15.30	4.97	2.84	1.38	
109	031101030004	理线器 PA2211(02)	架	12.00	14.21	5.40		6.00		1.89	0.92	
	03070023	理线器 PA2211(02)	10个	1.20	142.08	54.00		60.00		18.90	9.18	
110	031101030005	理线器 PA2211(20)	架	12.00	16.71	5.40		8.50		1.89	0.92	

工程量清单综合单价分析表

工程名称：某综合楼水电安装

序号	项目编码	项目名称及项目特征描述	单位	工程量	综合单价（元）	综合单价组成						
						人工费	材料费		机械费	管理费	利润	其中：暂估价
							附材费	主材费				
	03070023	理线器 PA2211(20)	10个	1.20	167.08	54.00		85.00		18.90	9.18	
111	031103015001	多媒体信息接线箱 PB6016CZ01	个	202.00	162.29	27.00	1.25	120.00		9.45	4.59	
	03071089	多媒体信息接线箱 PB6016CZ01	台	202.00	162.29	27.00	1.25	120.00		9.45	4.59	
112	031205002001	电视前端箱 VH 安装方式：箱底距地 1.5m 明装	个	1.00	473.49	81.00		350.00	0.37	28.35	13.77	
	03070811	电视前端箱 VH	台	1.00	473.49	81.00		350.00	0.37	28.35	13.77	
113	031205010001	电视集中分配器 7712 安装方式：箱底距地 1.5m 明装	个	19.00	45.20	10.80	0.78	28.00		3.78	1.84	
	03070677	电视集中分配器 7712	10个	1.90	451.97	108.00	7.81	280.00		37.80	18.36	
114	031208011001	电视二分支器	个	9.00	28.33	7.56	0.03	16.80		2.65	1.29	
	03070678	电视二分支器	10个	0.90	283.19	75.60	0.28	168.00		26.46	12.85	
115	031208011002	电视一分支器	个	2.00	23.53	7.56	0.03	12.00		2.65	1.29	
	03070678	电视一分支器	10个	0.20	235.21	75.60	0.30	120.00		26.46	12.85	
116	031103023001	暗装一位信息插座 含接线底盒	个	4.00	30.18	5.67	2.19	19.38		1.98	0.96	
	03070020	暗装一位信息插座	10个	0.40	301.89	56.70	21.90	193.80		19.85	9.64	
117	031103025001	暗装一位信息、语音插座 含接线底盒	个	3.00	47.85	7.83	2.19	33.76		2.74	1.33	
	03070021	暗装一位信息、语音插座	10个	0.30	478.60	78.33	21.90	337.63		27.42	13.32	
118	桂 031103036001	暗装一位电视插座 含接线底盒	个	1.00	32.86	10.26	2.22	15.05		3.59	1.74	

工程量清单综合单价分析表

工程名称：某综合楼水电安装　　　　第20页　共56页

序号	项目编码	项目名称及项目特征描述	单位	工程量	综合单价（元）	综合单价组成						
						人工费	材料费		机械费	管理费	利润	其中：暂估价
							附材费	主材费				
	03070681	暗装一位电视插座	10个	0.10	328.65	102.60	22.20	150.50		35.91	17.44	
119	桂030705012001	壁装传声器	个	3.00	342.31	27.00	0.90	300.00	0.37	9.45	4.59	
	03070750	壁装传声器	台	3.00	342.31	27.00	0.90	300.00	0.37	9.45	4.59	
120	030204031010	暗装残疾人呼叫按钮 含接线底盒	只	2.00	127.78	41.79	7.16	55.55	1.55	14.63	7.10	
	03021931	暗装残疾人呼叫按钮	只	2.00	127.78	41.79	7.16	55.55	1.55	14.63	7.10	
121	031103010001	封闭式电缆桥架 CT-300×100 δ=1.2mm 含桥架支架制作安装及刷油防腐	m	49.80	90.48	15.02	4.22	62.24	1.18	5.27	2.55	
	03020588	封闭式电缆桥架 CT-300×100 δ=1.2mm	10m	4.98	846.88	134.51	34.14	599.99	8.29	47.08	22.87	
	03020371	铁构件制作、安装及箱、盒制作 一般铁构件制作安装	100kg	0.21	1318.35	363.76	187.86	509.86	67.71	127.32	61.84	
	03110114	一般钢结构 红丹防锈漆 第一遍	100kg	0.21	30.05	5.76	2.10	11.00	8.19	2.02	0.98	
	03110115	一般钢结构 红丹防锈漆 第二遍	100kg	0.21	27.81	5.76	1.81	9.05	8.19	2.02	0.98	
122	031103004001	镀锌金属线槽 MR-100×100 δ=1.2mm 含线槽支架制作安装及刷油防腐	m	962.40	65.22	15.93	4.67	34.95	1.38	5.57	2.72	
	03020588	镀锌金属线槽 MR-100×100 δ=1.2mm	10m	96.24	561.46	134.51	34.14	314.57	8.29	47.08	22.87	
	03020371	铁构件制作、安装及箱、盒制作 一般铁构件制作安装	100kg	6.34	1318.39	363.78	187.86	509.86	67.73	127.32	61.84	
	03110114	一般钢结构 红丹防锈漆 第一遍	100kg	6.34	30.10	5.78	2.09	11.02	8.21	2.02	0.98	
	03110115	一般钢结构 红丹防锈漆 第二遍	100kg	6.34	27.83	5.78	1.81	9.03	8.21	2.02	0.98	
123	030212001008	砖、混凝土结构暗配 刚性阻燃管 PVC20 含砖墙刨沟及恢复	m	1759.00	9.51	4.40	1.05	1.65	0.12	1.54	0.75	

工程量清单综合单价分析表

工程名称：某综合楼水电安装　　　　第21页　共56页

序号	项目编码	项目名称及项目特征描述	单位	工程量	综合单价（元）	综合单价组成						
						人工费	材料费		机械费	管理费	利润	其中：暂估价
							附材费	主材费				
	03021321	砖、混凝土结构暗配 刚性阻燃管 PVC20	100m	17.59	613.75	276.03	23.36	165.00	5.82	96.61	46.93	
	03021536	刨沟 砖结构(管径 mm 以内) 20	10m	80.80	42.30	22.56	7.52		0.48	7.90	3.84	
	03021559	所凿沟槽恢复 沟槽尺寸(管径 mm 以内) 20	10m	80.80	31.13	13.16	10.24		0.88	4.61	2.24	
124	030212001009	砖、混凝土结构暗配 刚性阻燃管 PVC16 含砖墙刨沟及恢复	m	50.30	9.33	4.46	1.18	1.23	0.14	1.56	0.76	
	03021320	砖、混凝土结构暗配 刚性阻燃管 PVC16	100m	0.50	537.88	253.98	22.80	123.20	5.83	88.89	43.18	
	03021536	刨沟 砖结构(管径 mm 以内) 20	10m	2.70	42.30	22.56	7.52		0.48	7.90	3.84	
	03021559	所凿沟槽恢复 沟槽尺寸(管径 mm 以内) 20	10m	2.70	31.13	13.16	10.24		0.88	4.61	2.24	
125	031103017001	管内穿六类 4 对非屏蔽对绞电缆 PC201004	m	1955.80	3.96	0.63	0.02	2.94	0.04	0.22	0.11	
	03070001	管内穿六类 4 对非屏蔽对绞电缆 PC201004	100m	19.56	395.95	63.18	2.04	294.00	3.88	22.11	10.74	
126	031103017002	线槽内穿六类 4 对非屏蔽对绞电缆 PC201004	m	12620.00	4.05	0.69	0.02	2.94	0.04	0.24	0.12	
	03070006	线槽内穿六类 4 对非屏蔽对绞电缆 PC201004	100m	126.20	404.50	68.85	1.97	294.00	3.88	24.10	11.70	
127	031103018001	管内穿射频同轴电视电缆 SYWV-75-5	m	777.20	3.53	0.70		2.42	0.04	0.25	0.12	
	03070586	管内穿射频同轴电视电缆 SYWV-75-5	100m	7.77	352.43	70.20		241.50	4.23	24.57	11.93	
128	031103018002	线槽内穿射频同轴电视电缆 SYWV-75-5	m	5446.80	3.79	0.81	0.13	2.42	0.02	0.28	0.14	
	03070588	线槽内穿射频同轴电视电缆 SYWV-75-5	100m	54.47	379.83	81.00	12.73	241.50	2.48	28.35	13.77	
129	031103022001	线槽内敷设四芯多模光纤 PC51MM62.5-4	m	150.00	9.67	0.92		8.23	0.04	0.32	0.16	
	03070026	线槽内敷设四芯多模光纤 PC51MM62.5-4	100m	1.50	966.25	91.80		823.20	3.51	32.13	15.61	
130	031103017003	线槽内敷设五类 25 对非屏蔽电缆 PC101025	m	412.50	7.32	0.78	0.02	6.06	0.06	0.27	0.13	
	03070002	线槽内敷设五类 25 对非屏蔽电缆 PC101025	100m	4.13	731.75	77.76	2.04	605.85	5.66	27.22	13.22	
131	031103018003	线槽内穿射频同轴电视电缆 SYWV-75-12	m	101.20	7.60	1.03	0.13	5.88	0.03	0.36	0.17	

工程量清单综合单价分析表

工程名称：某综合楼水电安装　　　　　　　　　　　　　　　　第22页　共56页

序号	项目编码	项目名称及项目特征描述	单位	工程量	综合单价（元）	综合单价组成						
						人工费	材料费		机械费	管理费	利润	其中：暂估价
							附材费	主材费				
	03070589	线槽内穿射频同轴电视电缆 SYWV-75-12	100m	1.01	759.86	102.60	12.73	588.00	3.18	35.91	17.44	
132	030212003010	管内穿线 RVS-2×1.5mm^2	m	50.30	2.47	0.35	0.25	1.68		0.12	0.06	
	03021394	管内穿线 RVS-2×1.5mm^2	100m单线	0.50	246.95	35.11	25.09	168.49		12.29	5.97	
		C.7 消防报警控制系统工程										
133	030705007001	火灾报警联动控制器 JB-3208G 带多线联动单元、联动外控电源 LDY-8A/NZ 消防电话主机 HJ-1756Z	台	1.00	2557.39	1535.43	30.72		192.82	537.40	261.02	
	03071156	火灾报警联动控制器 JB-3208G	台	1.00	2557.39	1535.43	30.72		192.82	537.40	261.02	
134	桂 030705014001	消防电话主机 HJ-1756Z 安装	台	1.00	2032.97	10.69	5.48	2010.70	0.54	3.74	1.82	
	03071173	消防电话主机 HJ-1756Z	个	1.00	2032.97	10.69	5.48	2010.70	0.54	3.74	1.82	
135	030705001001	吸顶安装感烟探测器 JTY-GD-3002B 含接线底盒及探测器底座	只	352.00	103.40	28.19	5.26	54.40	0.89	9.87	4.79	
	03071111	吸顶安装感烟探测器 JTY-GD-3002B	只	352.00	99.10	28.19	5.26	50.10	0.89	9.87	4.79	
	B-	探测器底座	只	352.00	4.30			4.30				
136	030705001002	吸顶安装感温探测器 JTY-GD-3005 含接线底盒及探测器底座	只	38.00	102.79	28.19	5.26	54.40	0.28	9.87	4.79	
	03071112	吸顶安装感温探测器 JTY-GD-3005	只	38.00	98.49	28.19	5.26	50.10	0.28	9.87	4.79	
	B-	探测器底座	只	38.00	4.30			4.30				
137	030705003002	暗装带电话插孔手动报警按钮 J-SAP-M-03 含接线底盒	只	26.00	134.45	41.79	7.16	62.22	1.55	14.63	7.10	
	03071122	暗装带电话插孔手动报警按钮 J-SAP-M-03	只	26.00	134.45	41.79	7.16	62.22	1.55	14.63	7.10	

工程量清单综合单价分析表

工程名称：某综合楼水电安装　　　　第 23 页　共 56 页

序号	项目编码	项目名称及项目特征描述	单位	工程量	综合单价（元）	综合单价组成						
						人工费	材料费		机械费	管理费	利润	其中：暂估价
							附材费	主材费				
138	桂 030705015001	壁装报警电话 HY5716B 含接线底盒	部	6.00	191.65	10.69	5.48	169.38	0.54	3.74	1.82	
	03071173	壁装报警电话 HY5716B	个	6.00	191.65	10.69	5.48	169.38	0.54	3.74	1.82	
139	030705004001	暗装总线控制模块 HJ-1825 含接线底盒	只	41.00	276.30	83.59	5.40	141.40	2.44	29.26	14.21	
	03071125	暗装总线控制模块 HJ-1825	只	41.00	276.30	83.59	5.40	141.40	2.44	29.26	14.21	
140	030705004002	暗装中继模块 HJ-1750 含接线底盒	只	17.00	276.30	83.59	5.40	141.40	2.44	29.26	14.21	
	03071125	暗装中继模块 HJ-1750	只	17.00	276.30	83.59	5.40	141.40	2.44	29.26	14.21	
141	030705004003	暗装输入模块 HJ-1750B 含接线底盒	只	12.00	198.95	88.45	7.06	55.35	2.09	30.96	15.04	
	03071123	暗装输入模块 HJ-1750B	只	12.00	198.95	88.45	7.06	55.35	2.09	30.96	15.04	
142	030705003003	消火栓报警按钮 J-XAPD-02A 含接线底盒	只	43.00	128.39	41.79	7.16	56.16	1.55	14.63	7.10	
	03071122	消火栓报警按钮 J-XAPD-02A	只	43.00	128.39	41.79	7.16	56.16	1.55	14.63	7.10	
143	030705009001	火灾声光报警器（带地址）YA9204 含接线底盒	台	15.00	212.33	61.26	3.91	113.84	1.46	21.44	10.42	
	03071162	火灾声光报警器（带地址）YA9204	只	15.00	206.86	59.29	2.97	112.31	1.46	20.75	10.08	
	03021584	暗装接线盒	10 个	1.50	54.74	19.74	9.43	15.30		6.91	3.36	
144	030212001010	砖、混凝土结构暗配 刚性阻燃管 PC32 含砖墙刨沟及恢复	m	62.90	22.44	7.78	1.11	9.35	0.16	2.72	1.32	

工程量清单综合单价分析表

工程名称：某综合楼水电安装　　　　第24页　共56页

序号	项目编码	项目名称及项目特征描述	单位	工程量	综合单价（元）	综合单价组成						
						人工费	材料费		机械费	管理费	利润	其中：暂估价
							附材费	主材费				
	03021323	砖、混凝土结构暗配 刚性阻燃管 PC32	100m	1.37	941.16	311.56	31.66	430.10	5.82	109.05	52.97	
	03021537	刨沟 砖结构(管径 mm 以内) 32	10m	1.30	56.61	31.95	7.57		0.48	11.18	5.43	
	03021560	所凿沟槽恢复 沟槽尺寸(管径 mm 以内) 32	10m	1.30	39.30	16.92	12.46		1.12	5.92	2.88	
145	030212001011	砖、混凝土结构暗配 刚性阻燃管 PC25 含砖墙刨沟及恢复	m	634.80	8.10	3.32	0.43	2.55	0.07	1.17	0.56	
	03021322	砖、混凝土结构暗配 刚性阻燃管 PC25	100m	6.35	735.83	294.45	27.24	255.20	5.82	103.06	50.06	
	03021537	刨沟 砖结构(管径 mm 以内) 32	10m	5.00	56.63	31.96	7.57		0.48	11.19	5.43	
	03021560	所凿沟槽恢复 沟槽尺寸(管径 mm 以内) 32	10m	5.00	39.30	16.92	12.46		1.12	5.92	2.88	
146	030212001012	砖、混凝土结构暗配 刚性阻燃管 PC25 含砖墙刨沟及恢复	m	319.20	8.26	3.40	0.46	2.55	0.07	1.20	0.58	
	03021322	砖、混凝土结构暗配 刚性阻燃管 PC25	100m	3.19	735.83	294.45	27.24	255.20	5.82	103.06	50.06	
	03021537	刨沟 砖结构(管径 mm 以内) 32	10m	3.00	56.63	31.96	7.57		0.48	11.19	5.43	
	03021560	所凿沟槽恢复 沟槽尺寸(管径 mm 以内) 32	10m	3.00	39.30	16.92	12.46		1.12	5.92	2.88	
147	030212001013	砖、混凝土结构暗配 刚性阻燃管 PC16 含砖墙刨沟及恢复	m	2490.30	6.32	2.99	0.34	1.37	0.06	1.05	0.51	
	03021320	砖、混凝土结构暗配 刚性阻燃管 PC16	100m	27.66	537.87	253.98	22.80	123.20	5.82	88.89	43.18	
	03021536	刨沟砖结构(管径 mm 以内) 20	10m	12.00	42.30	22.56	7.52		0.48	7.90	3.84	
	03021559	所凿沟槽恢复 沟槽尺寸(管径 mm 以内) 20	10m	12.00	31.13	13.16	10.24		0.88	4.61	2.24	
148	030212003011	管内穿线 ZR-RVS-2×4mm²	m	159.60	11.18	0.70	0.52	9.59		0.25	0.12	
	03021395	管内穿线 ZR-RVS-2×4mm²	100m单线	3.15	566.20	35.54	26.18	486.00		12.44	6.04	
149	030212003012	管内穿线 ZR-RVS-4×1.5mm²	m	538.10	6.37	0.60	0.48	4.98		0.21	0.10	

工程量清单综合单价分析表

工程名称：某综合楼水电安装　　　　第25页　共56页

序号	项目编码	项目名称及项目特征描述	单位	工程量	综合单价（元）	综合单价组成						
						人工费	材料费		机械费	管理费	利润	其中：暂估价
							附材费	主材费				
	03021398	管内穿线 ZR-RVS-4×1.5mm²	100m	7.76	442.72	41.88	33.46	345.6C		14.66	7.12	
150	030212003013	管内穿线 ZR-RVS-2×1.5mm²	m	2649.90	2.67	0.37	0.27	1.84		0.13	0.06	
	03021394	管内穿线 ZR-RVS-2×1.5mm²	100m	28.05	252.33	35.11	25.08	173.8ɛ		12.29	5.97	
151	030706001001	自动报警系统装置调试 500 点以下	系统	1.00	16667.29	8383.78	705.08		3218.87	2934.32	1425.24	
	03071178	自动报警系统装置调试 500 点以下	系统	1.00	16667.29	8383.78	705.08		3218.87	2934.32	1425.24	
152	030706002001	水灭火系统控制装置调试 200 点以下	系统	1.00	4487.45	2585.52	155.37		402.09	904.93	439.54	
	03071181	水灭火系统控制装置调试 200 点以下	系统	1.00	4487.45	2585.52	155.37		402.09	904.93	439.54	
153	030706003001	通信分机及插孔(10 个)调试	处	32.00	20.68	6.24	3.40		7.80	2.18	1.06	
	03071184	通信分机及插孔(10 个)调试	10 只	3.20	206.74	62.37	33.98		77.96	21.83	10.60	
154	030706003002	消防电梯系统装置调试 电梯(部)	处	2.00	667.77	358.56	77.95		44.80	125.50	60.96	
	03071185	消防电梯系统装置调试 电梯(部)	部	2.00	667.77	358.56	77.95		44.80	125.50	60.96	
155	030706003003	正压送风阀、排烟阀、防火阀调试	处	207.00	74.50	18.74	39.08		6.93	6.56	3.19	
	03071188	正压送风阀、排烟阀、防火阀调试	10 处	20.70	744.89	187.38	390.82		69.26	65.58	31.85	
		C.7 漏电火灾报警系统安装工程										
156	030705007002	电气火灾监控主机 WEFPS-B64 配 USB 接口、打印机、后备电源、监控管理软件、中央报警器、四端口集线器	台	1.00	1651.87	988.20	22.17		127.64	345.87	167.99	
	03071150	电气火灾监控主机 WEFPS-B64	台	1.00	1651.87	988.20	22.17		127.64	345.87	167.99	
157	030705001003	组合式电气火灾监控探测器 WEFPT-125ZGD	只	12.00	639.90	83.59	5.40	505.00	2.44	29.26	14.21	
	03071125	组合式电气火灾监控探测器 WEFPT-125ZGD	只	12.00	639.90	83.59	5.40	505.00	2.44	29.26	14.21	
158	030705001004	组合式电气火灾监控探测器 WEFPT-25ZGD	只	5.00	619.70	83.59	5.40	484.80	2.44	29.26	14.21	

工程量清单综合单价分析表

工程名称：某综合楼水电安装　　　　第26页　共56页

序号	项目编码	项目名称及项目特征描述	单位	工程量	综合单价（元）	综合单价组成						
						人工费	材料费		机械费	管理费	利润	其中：暂估价
							附材费	主材费				
	03071125	组合式电气火灾监控探测器 WEFPT-25ZGD	只	5.00	619.70	83.59	5.40	484.80	2.44	29.26	14.21	
159	030212001014	砖、混凝土结构明配 钢管 SC20	m	115.00	12.65	5.32	1.76	2.53	0.27	1.86	0.90	
	03021210	砖、混凝土结构明配 钢管 SC20	100m	1.15	1265.76	532.13	176.13	253.38	27.41	186.25	90.46	
160	030212003014	管内穿线 RVSP-2×1.5mm²	m	115.00	5.28	0.40	0.28	4.38		0.14	0.07	
	03021394	管内穿线 RVSP-2×1.5mm²	100m单线	1.30	466.17	35.11	25.08	387.72		12.29	5.97	
161	030706001002	自动报警系统装置调试 128 点以下	系统	1.00	5715.58	2884.68	271.11		1059.75	1009.64	490.40	
	03071176	自动报警系统装置调试 128 点以下	系统	1.00	5715.58	2884.68	271.11		1059.75	1009.64	490.40	
		C.8 给排水系统工程										
162	030109001001	无负压自动供水设备 XMW-NZ-24-3 单泵：$Q=25m^3/h$ $H=45m$ 配套气压罐 $\phi=1000$ $L=1720$ 含配套连接板及隔振器	套	1.00	1003.91	514.87	125.08		96.23	180.21	87.52	
	03010818	无负压自动供水设备 XMW-NZ-24-3	台	1.00	961.23	486.79	125.08		96.23	170.38	82.75	
	03011442	减振器、隔振垫安装 减振器（个）	台	4.00	10.67	7.02				2.46	1.19	
163	030109011001	潜水泵 50JYWQ15-15-1.5	台	6.00	2460.36	103.11	3.63	2300.00		36.09	17.53	
	03010920	潜水泵 设备重量(t) 0.10	台	6.00	2460.36	103.11	3.63	2300.00		36.09	17.53	
164	030109011002	潜水泵 50JYWQ15-15-2.2	台	2.00	2560.37	103.12	3.63	2400.00		36.09	17.53	
	03010920	潜水泵 设备重量(t) 0.10	台	2.00	2560.37	103.12	3.63	2400.00		36.09	17.53	
165	030801001001	潜水泵排水镀锌钢管（螺纹连接）$DN80$ 含管件及柔性防水套管制作安装	m	3.80	221.83	37.55	23.67	136.68	4.39	13.15	6.39	

工程量清单综合单价分析表

工程名称：某综合楼水电安装　　　　第27页　共56页

序号	项目编码	项目名称及项目特征描述	单位	工程量	综合单价（元）	综合单价组成						
						人工费	材料费		机械费	管理费	利润	其中：暂估价
							附材费	主材费				
		管道刷三油两布防腐										
	03080007	钢管(螺纹连接) 公称直径（mm以内）80	10m	0.38	1453.09	150.42	26.21	1187.58	10.66	52.65	25.57	
	03080199	刚性防水套管制作 公称直径（mm以内）80 制作	个	1.00	129.49	36.44	41.05	20.46	12.60	12.75	6.19	
	03080216	刚性防水套管制作 公称直径（mm以内）150 安装	个	1.00	90.85	35.47	36.94			12.41	6.03	
	03110568 换	管道沥青防腐 沥青玻璃布 一布二油	$10m^2$	0.11	381.69	70.19	11.51	263.49		24.57	11.93	
	03110569 换	管道沥青防腐 沥青玻璃布 每增一布一油	$10m^2$	0.11	282.07	58.40	7.36	185.94		20.44	9.93	
166	030801001002	潜水泵排水镀锌钢管(螺纹连接)*DN*65 含管件及刚性防水套管制作安装 管道刷三油两布防腐	m	16.40	126.54	28.05	17.03	63.58	3.32	9.82	4.75	
	03080006 换	钢管(螺纹连接) 公称直径（mm以内)70	10m	1.64	765.73	130.19	24.75	532.88	10.21	45.57	22.13	
	03080199	刚性防水套管制作 公称直径(mm以内)80 制作	个	3.00	129.49	36.44	41.05	20.46	12.60	12.75	6.19	
	03080216	刚性防水套管制作公称直径(mm以内)150 安装	个	3.00	90.85	35.47	36.94			12.41	6.03	
	03110568 换	管道沥青防腐 沥青玻璃布 一布二油	$10m^2$	0.24	381.78	70.21	11.55	263.51		24.57	11.94	
	03110569 换	管道沥青防腐 沥青玻璃布 每增一布一油	$10m^2$	0.24	282.17	58.41	7.41	185.98		20.44	9.93	
167	030801001003	潜水泵排水镀锌钢管(螺纹连接)*DN*50 含管件及刚性防水套管制作安装 管道刷三油两布防腐	m	44.90	73.19	16.47	5.57	40.91	1.64	5.78	2.81	
	03080005 换	钢管(螺纹连接) 公称直径（mm以内）50	10m	4.49	582.23	117.03	18.27	376.70	9.37	40.96	19.90	
	03080198	刚性防水套管制作 公称直径（mm以内）50 制作	个	3.00	106.73	30.61	33.11	16.59	10.51	10.71	5.20	

工程量清单综合单价分析表

工程名称：某综合楼水电安装　　　　第28页　共56页

序号	项目编码	项目名称及项目特征描述	单位	工程量	综合单价（元）	综合单价组成						
						人工费	材料费		机械费	管理费	利润	其中：暂估价
							附材费	主材费				
	03080215	刚性防水套管制作 公称直径（mm以内）50安装	个	3.00	69.67	31.58	21.67			11.05	5.37	
	03110568换	管道沥青防腐 沥青玻璃布 一布二油	$10m^2$	0.21	381.82	70.23	11.55	263.52		24.58	11.94	
	03110569换	管道沥青防腐 沥青玻璃布 每增一布一油	$10m^2$	0.21	282.04	58.36	7.37	185.96		20.43	9.92	
168	030801007001	钢丝缠绕复合管(热熔连接)$de160$ P_n=1.20MPa 含管件安装；管道消毒、冲洗，水试压； 含刚性防水套管制作安装穿墙设钢套管	m	6.10	307.31	28.87	20.88	238.07	4.47	10.11	4.91	
	03080077	钢丝缠绕复合管(热熔连接)$de160$ P_n=1.20MPa	10m	0.61	2544.20	93.07	14.15	2380.70	7.89	32.57	15.82	
	03080202	刚性防水套管制作公称直径（mm以内）150制作	个	1.00	179.69	61.71	64.06		21.83	21.60	10.49	
	03080216	刚性防水套管制作 公称直径150安装	个	1.00	90.85	35.47	36.94			12.41	6.03	
	03080228	一般过墙、楼板钢套管制作、安装公称直径（mm以内）200	个	1.00	51.97	22.16	17.70		0.58	7.76	3.77	
169	030801007002	铝合金衬塑给水管(热熔连接)$de110$ P_n=1.20MPa 含管件安装；管道消毒、冲洗，水试压； 含刚性防水套管制作安装	m	7.50	238.84	20.45	12.90	191.56	3.31	7.16	3.47	
	03080077	铝合金衬塑给水管(热熔连接)$de110$ P_n=1.20MPa	10m	0.75	2044.20	93.07	14.15	1880.71	7.88	32.57	15.82	
	03080200	刚性防水套管制作 公称直径100 制作	个	1.00	167.26	48.10	49.09	26.14	18.91	16.84	8.18	
	03080216	刚性防水套管制作 公称直径（mm以内）150安装	个	1.00	90.85	35.47	36.94			12.41	6.03	

工程量清单综合单价分析表

工程名称：某综合楼水电安装　　　　第 29 页　共 56 页

序号	项目编码	项目名称及项目特征描述	单位	工程量	综合单价（元）	综合单价组成							
						人工费	材料费		机械费	管理费	利润	其中：暂估价
							附材费	主材费				
170	030801007003	铝合金衬塑给水管(热熔连接)$de90$ P_n=1.20MPa 含过楼板套管制作安装 含管件安装；管道消毒、冲洗，水试压	m	87.55	134.22	7.30	1.28	121.06	0.80	2.55	1.24	
	03080076	铝合金衬塑给水管(热熔连接)$de90$ P_n=1.20MPa	10m	6.98	1638.18	77.55	10.13	1502.90	7.28	27.14	13.18	
	03080226	一般过墙、楼板钢套管制作、安装　公称直径 100	个	7.00	46.51	14.05	5.85	16.59	2.71	4.92	2.39	
171	030801007004	铝合金衬塑给水管(热熔连接)$de75$ P_n=1.20MPa 含过楼板套管制作安装 含管件安装；管道消毒、冲洗，水试压	m	44.30	130.22	7.94	0.99	116.63	0.53	2.78	1.35	
	03080075	铝合金衬塑给水管(热熔连接)$de75$ P_n=1.20MPa	10m	4.43	1297.07	77.08	8.73	1166.30	4.88	26.98	13.10	
	03080225	一般过墙、楼板钢套管制作、安装 公称直径 80	个	1.00	22.71	10.27	5.24		1.86	3.59	1.75	
172	030801007005	铝合金衬塑给水管(热熔连接)$de63$ P_n=1.20MPa 含柔性防水套管制作安装 含管件安装；管道消毒、冲洗，水试压	m	46.60	92.75	9.93	3.78	73.01	0.86	3.47	1.69	
	03080074	铝合金衬塑给水管(热熔连接)$de63$ P_n=1.20MPa	10m	4.66	847.71	76.14	7.21	722.95	1.82	26.65	12.94	
	03080173	柔性套管制作与安装 公称直径 80 制作	个	1.00	338.14	86.48	141.70	33.29	31.70	30.27	14.70	
	03080190	柔性套管制作与安装 公称直径 150 安装	个	1.00	33.21	21.38	0.72			7.48	3.63	
173	030801007006	铝合金衬塑给水管(热熔连接)$de50$ P_n=1.20MPa 含管件安装；管道消毒、冲洗，水试压； 含过楼板套管及穿水池刚性防水套管制作安装	m	74.45	99.22	9.66	2.46	81.35	0.72	3.39	1.64	

工程量清单综合单价分析表

工程名称：某综合楼水电安装　　　　第30页　共56页

序号	项目编码	项目名称及项目特征描述	单位	工程量	综合单价（元）	综合单价组成						
						人工费	材料费		机械费	管理费	利润	其中：暂估价
							附材费	主材费				
	03080073	铝合金衬塑给水管（热熔连接）de50 P_n=1.20MPa	10m	7.45	916.86	75.29	6.68	793.92	1.82	26.35	12.80	
	03080224	一般过墙、楼板钢套管制作、安装 公称直径(mm以内) 50	个	16.00	24.07	6.06	4.91	8.09	1.86	2.12	1.03	
	03080198	刚性防水套管制作 公称直径50 制作	个	1.00	106.73	30.61	33.11	16.59	10.51	10.71	5.20	
	03080215	刚性防水套管制作 公称直径50 安装	个	1.00	69.67	31.58	21.67			11.05	5.37	
174	030801007007	铝合金衬塑给水管（热熔连接）de40 P_n=1.20MPa 含管件安装；管道消毒、冲洗，水试压； 含过楼板套管制作安装	m	139.10	70.30	7.71	1.49	56.56	0.53	2.70	1.31	
	03080072	铝合金衬塑给水管（热熔连接）de40 P_n=1.20MPa	10m	13.91	651.16	64.01	4.30	548.24	1.33	22.40	10.88	
	03080224	一般过墙、楼板钢套管制作、安装 公称直径50	个	30.00	24.07	6.06	4.91	8.09	1.86	2.12	1.03	
175	030801007008	铝合金衬塑给水管（热熔连接）de32 P_n=1.20MPa 含过楼板套管制作安装 含管件安装；管道消毒、冲洗，水试压	m	105.40	55.10	8.18	1.81	40.18	0.68	2.86	1.39	
	03080071	铝合金衬塑给水管（热熔连接）de32 P_n=1.20MPa	10m	10.54	480.33	64.01	3.71	378.00	1.33	22.40	10.88	
	03080224	一般过墙、楼板钢套管制作、安装 公称直径50	个	31.00	24.07	6.06	4.91	8.09	1.86	2.12	1.03	
176	030801005001	PP-R塑料给水管（热熔连接）de63 P_n=1.20MPa 含管件安装；管道消毒、冲洗，水试压； 含过楼板套管制作安装	m	20.75	47.44	4.18	0.57	40.42	0.10	1.47	0.71	

工程量清单综合单价分析表

工程名称：某综合楼水电安装

第31页 共56页

序号	项目编码	项目名称及项目特征描述	单位	工程量	综合单价（元）	综合单价组成						
						人工费	材料费		机械费	管理费	利润	其中：暂估价
							附材费	主材费				
	03080074	PP-R 塑料给水管（热熔连接）$de63P_n$=1.20MPa	10m	1.11	877.66	76.14	7.21	752.90	1.82	26.65	12.94	
	03080238	过墙、楼板塑料套管制作、安装 公称外径（mm 以内）75	个	1.00	10.11	2.35	3.64	2.90		0.82	0.40	
177	030801005002	PP-R 塑料给水管（热熔连接）$de50P_n$=1.20MPa 含管件安装；管道消毒、冲洗，水试压； 含过楼板及穿墙套管制作安装	m	12.95	58.21	7.89	1.23	44.80	0.18	2.77	1.34	
	03080073	PP-R 塑料给水管（热熔连接）$de50P_n$=1.20MPa	10m	1.30	566.44	75.29	6.68	443.50	1.82	26.35	12.80	
	03080238	过墙、楼板塑料套管制作、安装 公称外径（mm 以内）75	个	2.00	10.11	2.35	3.64	2.90		0.82	0.40	
178	030801005003	PP-R 塑料给水管（热熔连接）$de40P_n$=1.20MPa 含管件安装；管道消毒、冲洗，水试压	m	41.00	31.25	6.40	0.43	20.96	0.13	2.24	1.09	
	03080072	PP-R 塑料给水管（热熔连接）$de40P_n$=1.20MPa	10m	4.10	312.52	64.01	4.30	209.60	1.33	22.40	10.88	
179	030801005004	PP-R 塑料给水管（热熔连接）$de32P_n$=1.20MPa 含管件安装；管道消毒、冲洗，水试压	m	28.05	19.27	6.40	0.37	9.04	0.13	2.24	1.09	
	03080071	PP-R 塑料给水管（热熔连接）$de32P_n$=1.20MPa	10m	2.81	192.73	64.01	3.71	90.40	1.33	22.40	10.88	
180	030801005005	PP-R 塑料给水管（热熔连接）$de25P_n$=1.20MPa 含管件安装；管道消毒、冲洗，水试压； 含穿墙套管制作安装	m	23.00	16.70	5.73	0.42	7.44	0.13	2.01	0.97	
	03080070	PP-R 塑料给水管（热熔连接）$de25P_n$=1.20MPa	10m	2.30	164.68	56.49	3.69	73.80	1.33	19.77	9.60	

工程量清单综合单价分析表

工程名称：某综合楼水电安装　　　　　　第32页　共56页

序号	项目编码	项目名称及项目特征描述	单位	工程量	综合单价（元）	综合单价组成						
						人工费	材料费		机械费	管理费	利润	其中：暂估价
							附材费	主材费				
	03080235	过墙、楼板塑料套管制作、安装 公称外径(mm以内) 32	个	1.00	5.33	1.88	1.15	1.32		0.66	0.32	
181	030801005006	PP-R塑料给水管（热熔连接）$de20P_n$=1.20MPa 含管件安装；管道消毒、冲洗，水试压；含刨沟及恢复	m	20.70	26.53	8.64	2.06	11.13	0.22	3.02	1.46	
	03080069	PP-R塑料给水管（热熔连接）$de20P_n$=1.20MPa	10m	1.86	214.14	56.50	3.22	124.20	0.84	19.77	9.61	
	03021536	刨沟 砖结构（管径mm以内）20	10m	2.07	42.30	22.56	7.52		0.48	7.90	3.84	
	03021559	所凿沟槽恢复 沟槽尺寸（管径mm以内）20	10m	2.07	31.13	13.16	10.24		0.88	4.61	2.24	
182	040501006001	FRPP排水管（橡胶圈连接）$de200$ S=4kN/m^2 含管件及橡胶圈安装管道闭水试验	m	65.90	61.40	4.63	0.66	53.70		1.62	0.79	
	04050113换	双壁波纹管铺设（承插式胶圈接口）DN200mm以内	100m	0.66	5941.69	375.99		5370.18		131.60	63.92	
	04050251	管道闭水试验 ϕ400mm以内（水泥砂浆1：2）	100m	0.66	197.82	86.95	65.66			30.43	14.78	
183	030801005007	PVC-U塑料排水管（粘接连接）$de160$ 含管件及阻火圈制作安装	m	106.00	97.70	15.69	3.69	70.17		5.49	2.66	
	03080155	承插塑料排水管（粘接连接）公称外径（mm以内）160	10m	10.60	930.38	153.69	36.17	660.60		53.79	26.13	
	03080250	阻火圈安装 公称直径（mm以内）160	个	6.00	82.49	5.64	1.32	72.60		1.97	0.96	
184	030801005008	PVC-U塑料排水管（粘接连接）$de110$ 含管件、穿墙套管及阻火圈制作安装	m	769.65	58.72	11.69	4.49	36.46		4.09	1.99	
	03080154	承插塑料排水管（粘接连接）公称外径（mm以内）110	10m	72.51	491.84	109.04	37.50	288.60		38.16	18.54	

工程量清单综合单价分析表

工程名称：某综合楼水电安装　　　　第33页　共56页

序号	项目编码	项目名称及项目特征描述	单位	工程量	综合单价（元）	综合单价组成						
						人工费	材料费		机械费	管理费	利润	其中：暂估价
							附材费	主材费				
	03080249	阻火圈安装 公称直径（mm以内）110	个	122.00	58.89	4.70	1.32	50.42		1.65	0.80	
	03080241	过墙、楼板塑料套管制作、安装 公称外径（mm以内）160	个	99.00	23.62	5.17	5.80	9.96		1.81	0.88	
185	030801005009	PVC-U塑料排水管（粘接连接）*de*75 含管件安装	m	12.60	31.54	9.78	2.07	14.61		3.42	1.66	
	03080153	承插塑料排水管（粘接连接）公称外径75	10m	1.26	315.37	97.76	20.67	146.10		34.22	16.62	
186	030801005010	PVC-U塑料排水管（粘接连接）*de*50 含管件安装	m	831.10	20.89	7.19	1.50	8.46		2.52	1.22	
	03080152	承插塑料排水管（粘接连接）公称外径50	10m	83.11	208.88	71.91	14.98	84.60		25.17	12.22	
187	030801005011	PVC-U塑料直通雨水管（粘接连接）*de*110 含管件及雨水斗安装	m	243.55	31.87	6.11	3.06	19.51		2.14	1.04	
	03080169	塑料直通雨水管安装 公称外径（mm以内）110	10m	24.36	311.93	61.10	30.65	188.40		21.39	10.39	
	B-	PVC-U塑料圆形雨水斗 *de*110	个	9.00	18.01			18.01				
188	030801007009	空调排水管（粘接连接）*de*32 含管件安装	m	797.40	40.62	5.03	1.39	31.58	0.01	1.76	0.85	
	03080162	过阳台承插塑料雨水管、空调排水管（粘接连接）安装 公称外径32	10m	79.74	406.26	50.29	13.91	315.80	0.11	17.60	8.55	
189	030802001001	管道支架制作安装 支架刷红丹防锈漆、调和漆各两道	kg	75.00	11.86	3.35	0.89	4.73	1.16	1.18	0.58	
	03080251	管道支架制作、安装 管道支架	100kg	0.65	1261.96	363.78	97.48	509.86	101.68	127.32	61.84	
	03110114	一般钢结构 红丹防锈漆 第一遍	100kg	0.65	30.11	5.78	2.09	11.02	8.22	2.02	0.98	
	03110115	一般钢结构 红丹防锈漆 第二遍	100kg	0.65	27.85	5.78	1.82	9.03	8.22	2.02	0.98	

工程量清单综合单价分析表

工程名称：某综合楼水电安装　　　　第34页　共56页

序号	项目编码	项目名称及项目特征描述	单位	工程量	综合单价（元）	综合单价组成						
						人工费	材料费		机械费	管理费	利润	其中：暂估价
							附材费	主材费				
	03110123	一般钢结构 调和漆 第一遍	100kg	0.65	25.52	5.97	0.63	7.60	8.22	2.09	1.01	
	03110124	一般钢结构 调和漆 第二遍	100kg	0.65	24.20	5.78	0.55	6.65	8.22	2.02	0.98	
190	030803003001	法兰铜制橡胶阀瓣止回阀 $DN80P_n$=1.60MPa	个	3.00	705.39	35.25	139.00	495.00	17.81	12.34	5.99	
	03080333	法兰铜制橡胶阀瓣止回阀 $DN80P_n$=1.60MPa	个	3.00	705.39	35.25	139.00	495.00	17.81	12.34	5.99	
191	030803001001	螺纹铜制橡胶阀瓣止回阀 $DN50P_n$=1.60MPa	个	15.00	346.25	11.75	11.25	317.14		4.11	2.00	
	03080312	螺纹铜制橡胶阀瓣止回阀 $DN50P_n$=1.60MPa	个	15.00	346.25	11.75	11.25	317.14		4.11	2.00	
192	030803003002	法兰铜芯进水控制阀组 $DN100P_n$=1.60MPa	个	1.00	2580.82	49.35	226.07	2248.00	31.74	17.27	8.39	
	03080382	法兰铜芯进水控制阀组 $DN100P_n$=1.60MPa	个	1.00	2580.82	49.35	226.07	2248.00	31.74	17.27	8.39	
193	030803003003	法兰铜芯闸阀 $DN100P_n$=1.60MPa	个	1.00	827.53	43.71	172.19	568.00	20.90	15.30	7.43	
	03080334	法兰铜芯闸阀 $DN100P_n$=1.60MPa	个	1.00	827.53	43.71	172.19	568.00	20.90	15.30	7.43	
194	030803003004	法兰铜芯闸阀 $DN80P_n$=1.60MPa	个	7.00	695.39	35.25	139.00	485.00	17.81	12.34	5.99	
	03080333	法兰铜芯闸阀 $DN80P_n$=1.60MPa	个	7.00	695.39	35.25	139.00	485.00	17.81	12.34	5.99	
195	030803003005	法兰铜芯闸阀 $DN65P_n$=1.60MPa	个	1.00	561.82	31.02	104.86	392.00	17.81	10.86	5.27	
	03080332	法兰铜芯闸阀 $DN65P_n$=1.60MPa	个	1.00	561.82	31.02	104.86	392.00	17.81	10.86	5.27	
196	030803001002	螺纹铜芯闸阀 $DN50P_n$=1.60MPa	个	11.00	373.52	11.75	11.25	344.41		4.11	2.00	
	03080312	螺纹铜芯闸阀 $DN50P_n$=1.60MPa	个	11.00	373.52	11.75	11.25	344.41		4.11	2.00	
197	030803001003	螺纹铜芯截止阀 $DN50P_n$=1.60MPa	个	2.00	182.63	11.75	11.25	153.52		4.11	2.00	
	03080312	螺纹铜芯截止阀 $DN50P_n$=1.60MPa	个	2.00	182.63	11.75	11.25	153.52		4.11	2.00	
198	030803001004	螺纹铜芯截止阀 $DN40P_n$=1.60MPa	个	12.00	148.96	11.75	7.88	123.22		4.11	2.00	
	03080311	螺纹铜芯截止阀 $DN40P_n$=1.60MPa	个	12.00	148.96	11.75	7.88	123.22		4.11	2.00	

工程量清单综合单价分析表

工程名称：某综合楼水电安装　　　　第35页　共56页

序号	项目编码	项目名称及项目特征描述	单位	工程量	综合单价（元）	综合单价组成						
						人工费	材料费		机械费	管理费	利润	其中：暂估价
							附材费	主材费				
199	030803001005	螺纹铜芯截止阀 $DN32P_n$=1.60MPa	个	11.00	109.70	7.05	6.06	92.92		2.47	1.20	
	03080310	螺纹铜芯截止阀 $DN32P_n$=1.60MPa	个	11.00	109.70	7.05	6.06	92.92		2.47	1.20	
200	030803001006	螺纹铜芯截止阀 $DN20P_n$=1.60MPa	个	198.00	71.75	4.70	3.00	61.61		1.64	0.80	
	03080308	螺纹铜芯截止阀 $DN20P_n$=1.60MPa	个	198.00	71.76	4.70	3.00	61.61		1.65	0.80	
201	030803001007	螺纹铜芯截止阀 $DN15P_n$=1.60MPa	个	11.00	45.93	4.70	2.43	36.36		1.64	0.80	
	03080307	螺纹铜芯截止阀 $DN15P_n$=1.60MPa	个	11.00	45.94	4.70	2.43	36.36		1.65	0.80	
202	030803013001	法兰橡胶软接头 $DN100P_n$=1.20MPa	个	1.00	453.35	44.65	172.58	192.00	20.90	15.63	7.59	
	03080403	法兰橡胶软接头 $DN100P_n$=1.20MPa	个	1.00	453.35	44.65	172.58	192.00	20.90	15.63	7.59	
203	030803013002	法兰橡胶软接头 $DN50P_n$=1.2MPa	个	8.00	119.28	20.68	77.78		10.06	7.24	3.52	
	03080400	法兰橡胶软接头 $DN50P_n$=1.2MPa	个	8.00	119.28	20.68	77.78		10.06	7.24	3.52	
204	030803005001	螺纹自动排气阀 $DN15P_n$=1.60MPa	个	11.00	55.27	7.99	7.12	36.00		2.80	1.36	
	03080362	螺纹自动排气阀 $DN15P_n$=1.60MPa	个	11.00	55.27	7.99	7.12	36.00		2.80	1.36	
205	030803001008	螺纹铜芯浮球阀 $DN50P_n$=1.60MPa	个	1.00	623.27	11.75	5.41	600.00		4.11	2.00	
	03080371	螺纹铜芯浮球阀 $DN50P_n$=1.60MPa	个	1.00	623.27	11.75	5.41	600.00		4.11	2.00	
206	030803001009	螺纹浮球阀 公称直径（mm以内）15	个	1.00	8.29	4.70	1.14			1.65	0.80	
	03080366	螺纹浮球阀 公称直径（mm以内）15	个	1.00	8.29	4.70	1.14			1.65	0.80	
207	031001002001	压力仪表 P_n=0～0.3MPa 含表弯制作安装	块	9.00	90.49	25.49	1.00	50.00	0.74	8.92	4.34	
	03100030	压力仪表 P_n=0～0.3MPa	台（块）	9.00	82.04	23.33	0.83	45.00	0.74	8.17	3.97	
	03100493	取源部件制作安装 压力表弯安装（10套）	10个	0.90	84.47	21.56	1.69	50.00		7.55	3.67	
208	030804012001	陶瓷蹲式大便器安装 含配件及脚踩式冲洗阀 $DN25$	套	15.00	288.33	33.89	55.02	181.80		11.86	5.76	

工程量清单综合单价分析表

工程名称：某综合楼水电安装　　　　第36页　共56页

序号	项目编码	项目名称及项目特征描述	单位	工程量	综合单价（元）	综合单价组成						
						人工费	材料费		机械费	管理费	利润	其中：暂估价
							附材费	主材费				
	03080492 换	蹲式大便器安装 蹲式 自闭式冲洗	10套	1.50	2883.31	338.87	550.23	1818.00		118.60	57.61	
209	030804012002	陶瓷坐式大便器安装 含配件及低水箱，水箱容积≤6L	套	1.00	494.00	45.41	71.48	353.50		15.89	7.72	
	03080490	蹲式大便器安装 蹲式 低水箱	10组	0.10	4940.04	454.10	714.80	3535.00		158.94	77.20	
210	030804013001	陶瓷立式小便器安装 含配件及感应式冲洗阀	套	6.00	673.58	36.00	67.36	551.50		12.60	6.12	
	03080496	立式小便器安装 立式 自闭式	10组	0.60	2570.32	251.93	672.38	1515.00		88.18	42.83	
	03080498	感应控制器安装 暗装	10套	0.60	4165.50	108.10	1.18	4000.00		37.84	18.38	
211	030804003001	陶瓷台式洗脸盆安装 含配件及感应式龙头 DN15	组	10.00	665.92	31.11	51.98	566.65		10.89	5.29	
	03080475	台式洗脸盆 冷水	10组	1.00	2493.71	203.04	518.59	1666.50		71.06	34.52	
	03080498	感应控制器安装 暗装	10套	1.00	4165.50	108.10	1.18	4000.00		37.84	18.38	
212	030804015001	排水栓带存水弯 de50	组	4.00	25.04	8.93	11.46			3.13	1.52	
	03080516	带存水弯 de50	10组	0.40	250.29	89.30	114.55			31.26	15.18	
213	030804016001	普通瓷芯给水水龙头 DN15	个	4.00	20.23	1.32	0.05	18.18		0.46	0.22	
	03080511	水龙头安装 公称直径（mm以内）15	10个	0.40	202.29	13.15	0.50	181.80		4.60	2.24	
214	030804017001	PVC-U 高水封地漏 de50	个	207.00	18.82	7.52	0.96	6.43		2.63	1.28	
	03080522	地漏安装 地漏 de50	10个	20.70	188.18	75.20	9.58	64.30		26.32	12.78	
215	030804017002	普通塑料地漏 de50	个	5.00	12.39	7.52	0.96			2.63	1.28	
	03080522	地漏安装 地漏 de50	10个	0.50	123.88	75.20	9.58			26.32	12.78	

工程量清单综合单价分析表

工程名称：某综合楼水电安装　　　　第 37 页　共 56 页

序号	项目编码	项目名称及项目特征描述	单位	工程量	综合单价（元）	综合单价组成						
						人工费	材料费		机械费	管理费	利润	其中：暂估价
							附材费	主材费				
	B—	存水弯 DN50		50.00								
216	030804018001	PVC-U 地面扫除口 de110	个	8.00	14.61	4.56	0.27	7.40		1.60	0.78	
	03080529	地面扫除口安装　地面扫除口 100	10 个	0.80	146.02	45.60	2.71	74.00		15.96	7.75	
217	030804018002	PVC-U 地面扫除口 de50	个	2.00	7.23	3.53	0.18	1.69		1.23	0.60	
	03080527	地面扫除口安装　地面扫除口 50	10 个	0.20	72.23	35.25	1.75	16.90		12.34	5.99	
218	010101006001	管沟挖/填土方　平均覆土深 1.0m de200	m									
219	010101006002	管沟土方 土壤类别 管外径 挖沟平均深度 弃土石运距 回填要求	m	65.90	34.35	22.60				7.91	3.84	
	03020542	人工挖填沟槽、风镐开挖路面　人工挖填沟槽 一般土沟	10m³	5.27	429.35	282.47				98.86	48.02	
220	010101006003	管沟挖/填土方　平均覆土深 1.0m de160	m	59.90	32.63	21.47				7.51	3.65	
	03020542	人工挖填沟槽、风镐开挖路面 人工挖填沟槽 一般土沟	10m³	4.55	429.35	282.47				98.86	48.02	
		C.8 消火栓给水系统工程										
221	030109001002	气压补压设备 ZW（L）-I-XZ-10 泵 25LGW3-10X4、罐 SQL1000×0.6	套	1.00	1834.40	947.50	171.04		223.15	331.63	161.08	
	B—	气压补压设备 ZW（L）-I-XZ-10	套	1.00								

工程量清单综合单价分析表

工程名称：某综合楼水电安装　　　　第38页　共56页

序号	项目编码	项目名称及项目特征描述	单位	工程量	综合单价（元）	综合单价组成						
						人工费	材料费		机械费	管理费	利润	其中：暂估价
							附材费	主材费				
	03010816	多级离心泵 设备重量（t以内）0.3	台	2.00	523.26	262.25	76.52		48.12	91.79	44.58	
	03080737	隔膜式气压水罐安装（气压罐）公称直径（mm以内）1000	台	1.00	787.87	423.00	18.00		126.91	148.05	71.91	
222	030109001003	消防切线泵 XBD7.2/20-100-250AL Q=20L/s H=72m P=30kW	台	2.00	682.37	349.41	97.33		53.94	122.29	59.40	
	03010817	消防切线泵 XBD7.2/20-100-250AL	台	2.00	682.37	349.41	97.33		53.94	122.29	59.40	
223	030701003001	消火栓内外壁镀锌钢管（法兰连接）DN200 含管件安装；管道、冲洗，水试压； 管道刷红丹防锈漆、调和漆各两道 含柔性防水套管制作安装	m	4.40	756.51	145.07	147.87	320.21	67.94	50.77	24.66	
	03080029换	钢管（法兰连接）公称直径（mm以内）200	10m	0.44	4106.60	560.39	104.89	2746.86	403.05	196.14	95.27	
	03110048	管道刷油 红丹防锈漆 第一遍	$10m^2$	0.28	33.97	11.45	2.57	13.99		4.01	1.95	
	03110049	管道刷油 红丹防锈漆 第二遍	$10m^2$	0.28	32.05	11.45	2.28	12.36		4.01	1.95	
	03110057	管道刷油 调和漆 第一遍	$10m^2$	0.28	28.73	11.85	0.76	9.96		4.15	2.01	
	03110058	管道刷油 调和漆 第二遍	$10m^2$	0.28	27.01	11.45	0.76	8.84		4.01	1.95	
	03080177	柔性套管制作与安装 公称直径200 制作	个	2.00	698.92	160.34	300.50	93.91	60.79	56.12	27.26	
	03080191	柔性套管制作与安装 公称直径200 安装	个	2.00	45.17	29.15	0.86			10.20	4.96	
224	030701003002	消火栓内外壁镀锌钢管（法兰连接）DN150 含管件安装；管道、冲洗，水试压； 管道刷红丹防锈漆、调和漆各两道	m	5.40	258.50	47.22	8.68	150.40	27.62	16.54	8.02	

工程量清单综合单价分析表

工程名称：某综合楼水电安装 第39页 共56页

序号	项目编码	项目名称及项目特征描述	单位	工程量	综合单价（元）	综合单价组成						
						人工费	材料费		机械费	管理费	利润	其中：暂估价
							附材费	主材费				
	03080028换	钢管（法兰连接） 公称直径（mm以内）150	10m	0.54	2521.88	448.39	83.54	1480.61	276.17	156.94	76.23	
	03110048	管道刷油 红丹防锈漆 第一遍	10m^2	0.28	33.90	11.43	2.57	13.96		4.00	1.94	
	03110049	管道刷油 红丹防锈漆 第二遍	10m^2	0.28	32.02	11.43	2.29	12.36		4.00	1.94	
	03110057	管道刷油 调和漆 第一遍	10m^2	0.28	28.78	11.86	0.79	9.96		4.15	2.02	
	03110058	管道刷油 调和漆 第二遍	10m^2	0.28	27.02	11.43	0.79	8.86		4.00	1.94	
225	030701003003	消火栓内外壁镀锌钢管（法兰连接）DN100 含管件安装；管道冲洗，水试压； 管道刷红丹防锈漆、调和漆各两道 含过楼板套管、穿水箱柔性套管制作安装	m	389.30	276.65	40.70	9.94	184.93	19.91	14.24	6.92	
	03080026换	钢管（法兰连接）公称直径（mm以内）100	10m	38.93	2628.64	365.66	73.67	1802.93	196.24	127.98	62.16	
	03110048	管道刷油 红丹防锈漆 第一遍	10m^2	8.12	33.91	11.42	2.58	13.97		4.00	1.94	
	03110049	管道刷油 红丹防锈漆 第二遍	10m^2	8.12	32.01	11.42	2.30	12.35		4.00	1.94	
	03110057	管道刷油 调和漆 第一遍	10m^2	8.12	28.74	11.84	0.77	9.98		4.14	2.01	
	03110058	管道刷油 调和漆 第二遍	10m^2	8.12	26.97	11.42	0.77	8.84		4.00	1.94	
	03080227	一般过墙、楼板钢套管制作、安装 公称直径（mm以内）150	个	48.00	71.15	19.45	12.88	28.12	0.58	6.81	3.31	
	03080174	柔性套管制作与安装 公称直径100制作	个	1.00	410.24	109.80	157.28	38.28	47.78	38.43	18.67	
	03080190	柔性套管制作与安装 公称直径150安装	个	1.00	33.21	21.38	0.72			7.48	3.63	
	03080200	刚性防水套管制作 公称直径（mm以内）100制作	个	2.00	167.28	48.10	49.09	26.16	18.91	16.84	8.18	
	03080216	刚性防水套管制作 公称直径（mm以内）150安装	个	2.00	90.85	35.47	36.94			12.41	6.03	

工程量清单综合单价分析表

工程名称：某综合楼水电安装　　　　第40页　共56页

序号	项目编码	项目名称及项目特征描述	单位	工程量	综合单价（元）	综合单价组成						
						人工费	材料费		机械费	管理费	利润	其中：暂估价
							附材费	主材费				
226	030701003004	消火栓内外壁镀锌钢管（丝扣连接）DN80 含管件安装；管道冲洗，水试压； 管道刷红丹防锈漆、调和漆各两道 含刚性防水套管制作安装	m	21.00	117.74	23.18	10.22	70.03	2.27	8.10	3.93	
	03080007 换	钢管（螺纹连接）公称直径（mm以内）80	10m	2.10	933.77	150.40	26.21	668.30	10.65	52.64	25.57	
	03110048	管道刷油 红丹防锈漆 第一遍	10m²	0.58	33.90	11.41	2.59	13.97		3.99	1.94	
	03110049	管道刷油 红丹防锈漆 第二遍	10m²	0.58	31.97	11.41	2.29	12.34		3.99	1.94	
	03110057	管道刷油 调和漆 第一遍	10m²	0.58	28.75	11.84	0.78	9.98		4.14	2.01	
	03110058	管道刷油 调和漆 第二遍	10m²	0.58	26.96	11.41	0.78	8.84		3.99	1.94	
	03080199	刚性防水套管制作 公称直径（mm以内）80 制作	个	2.00	129.52	36.45	41.05	20.46	12.60	12.76	6.20	
	03080216	刚性防水套管制作 公称直径（mm以内）150 安装	个	2.00	90.85	35.47	36.94			12.41	6.03	
227	030701003005	消火栓内外壁镀锌钢管（丝扣连接）DN65 含管件安装；管道冲洗，水试压； 管道刷红丹防锈漆、调和漆各两道 含过楼板套管制作安装	m	54.50	81.19	14.60	2.92	54.98	1.12	5.12	2.47	
	03080006 换	钢管（螺纹连接）公称直径（mm以内）70	10m	5.45	765.73	130.19	24.75	532.88	10.21	45.57	22.13	
	03110048	管道刷油 红丹防锈漆 第一遍	10m²	1.20	33.91	11.42	2.58	13.97		4.00	1.94	
	03110049	管道刷油 红丹防锈漆 第二遍	10m²	1.20	32.01	11.42	2.30	12.35		4.00	1.94	
	03110057	管道刷油 调和漆 第一遍	10m²	1.20	28.74	11.84	0.77	9.98		4.14	2.01	
	03110058	管道刷油 调和漆 第二遍	10m²	1.20	26.97	11.42	0.77	8.84		4.00	1.94	

工程量清单综合单价分析表

工程名称：某综合楼水电安装　　　　第41页　共56页

序号	项目编码	项目名称及项目特征描述	单位	工程量	综合单价（元）	综合单价组成						
						人工费	材料费		机械费	管理费	利润	其中：暂估价
							附材费	主材费				
	03080225	一般过墙、楼板钢套管制作、安装 公称直径（mm以内）80	个	3.00	35.49	10.27	5.24	12.78	1.86	3.59	1.75	
228	030701003006	消火栓内外壁镀锌钢管（丝扣连接）DN65 含管件安装；管道冲洗，水试压； 管道刷红丹防锈漆、调和漆各两道 含刚性防水套管制作安装	m	17.65	104.21	22.18	11.47	56.60	2.45	7.78	3.75	
	03080006 换	钢管（螺纹连接）公称直径（mm以内）70	10m	1.77	765.73	130.19	24.75	532.88	10.21	45.57	22.13	
	03110048	管道刷油 红丹防锈漆 第一遍	$10m^2$	0.39	33.93	11.44	2.58	13.97		4.00	1.94	
	03110049	管道刷油 红丹防锈漆 第二遍	$10m^2$	0.39	32.02	11.44	2.29	12.35		4.00	1.94	
	03110057	管道刷油 调和漆 第一遍	$10m^2$	0.39	28.77	11.86	0.77	9.97		4.15	2.02	
	03110058	管道刷油 调和漆 第二遍	$10m^2$	0.39	26.99	11.44	0.77	8.84		4.00	1.94	
	03080199	刚性防水套管制作 公称直径 80 制作	个	2.00	129.52	36.45	41.05	20.46	12.60	12.76	6.20	
	03080216	刚性防水套管制作 公称直径（mm以内）150 安装	个	2.00	90.85	35.47	36.94			12.41	6.03	
229	030704001001	管道支架制作安装 支架刷红丹防锈漆、调和漆各两道	kg	502.08	13.69	3.88	1.03	5.45	1.34	1.35	0.66	
	03080251	管道支架制作、安装 管道支架	100kg	5.02	1261.94	363.78	97.47	509.86	101.67	127.32	61.84	
	03110114	一般钢结构 红丹防锈漆 第一遍	100kg	5.02	30.10	5.78	2.09	11.02	8.21	2.02	0.98	
	03110115	一般钢结构 红丹防锈漆 第二遍	100kg	5.02	27.83	5.78	1.81	9.03	8.21	2.02	0.98	
	03110123	一般钢结构 调和漆 第一遍	100kg	5.02	25.51	5.97	0.63	7.60	8.21	2.09	1.01	
	03110124	一般钢结构 调和漆 第二遍	100kg	5.02	24.20	5.78	0.56	6.65	8.21	2.02	0.98	
230	030701019001	地上式消防水泵接合器 DN150	套	2.00	1164.97	114.21	173.94	806.00	11.43	39.97	19.42	

工程量清单综合单价分析表

工程名称：某综合楼水电安装　　　　第42页　共56页

序号	项目编码	项目名称及项目特征描述	单位	工程量	综合单价（元）	综合单价组成						
						人工费	材料费		机械费	管理费	利润	其中：暂估价
							附材费	主材费				
	03080733	地上式消防水泵接合器 $DN150$	套	2.00	1164.97	114.21	173.94	806.00	11.43	39.97	19.42	
231	030701007001	法兰铜芯刀阀 $DN200$ $P_n=1.60$MPa	个	2.00	2215.10	96.35	487.55	1530.00	51.10	33.72	16.38	
	03080337	法兰铜芯刀阀 $DN200$ $P_n=1.60$MPa	个	2.00	2215.10	96.35	487.55	1530.00	51.10	33.72	16.38	
232	030701007002	法兰铜芯闸阀 $DN150$ $P_n=1.60$MPa	个	2.00	1730.63	66.27	326.67	1280.00	23.23	23.19	11.27	
	03080336	法兰铜芯闸阀 $DN150$ $P_n=1.60$MPa	个	2.00	1730.63	66.27	326.67	1280.00	23.23	23.19	11.27	
233	030701007003	多功能水泵控制阀 $DN150$ $P_n=1.60$MPa	个	2.00	1650.63	66.27	326.67	1200.00	23.23	23.19	11.27	
	03080336	多功能水泵控制阀 $DN150$ $P_n=1.60$MPa	个	2.00	1650.63	66.27	326.67	1200.00	23.23	23.19	11.27	
234	030803013003	法兰橡胶软接头 $DN200$ $P_n=1.60$MPa	个	2.00	1149.91	98.23	489.50	460.00	51.10	34.38	16.70	
	03080406	法兰橡胶软接头 $DN200$ $P_n=1.60$MPa	个	2.00	1149.91	98.23	489.50	460.00	51.10	34.38	16.70	
235	030701007004	法兰铜芯蝶阀 $DN100$ $P_n=1.60$MPa	个	8.00	839.53	43.71	172.19	580.00	20.90	15.30	7.43	
	03080334	法兰铜芯蝶阀 $DN100$ $P_n=1.60$MPa	个	8.00	839.53	43.71	172.19	580.00	20.90	15.30	7.43	
236	030701007005	法兰铜芯蝶阀 $DN65$ $P_n=1.60$MPa	个	4.00	677.82	31.02	104.86	508.00	17.81	10.86	5.27	
	03080332	法兰铜芯蝶阀 $DN65$ $P_n=1.60$MPa	个	4.00	677.82	31.02	104.86	508.00	17.81	10.86	5.27	
237	030701007006	法兰铜芯闸阀 $DN100$ $P_n=1.60$MPa	个	3.00	827.53	43.71	172.19	568.00	20.90	15.30	7.43	
	03080334	法兰铜芯闸阀 $DN100$ $P_n=1.60$MPa	个	3.00	827.53	43.71	172.19	568.00	20.90	15.30	7.43	
238	030701007007	法兰橡胶阀瓣止回阀 $DN100$ $P_n=1.60$MPa	个	2.00	832.53	43.71	172.19	573.00	20.90	15.30	7.43	
	03080334	法兰橡胶阀瓣止回阀 $DN100$ $P_n=1.60$MPa	个	2.00	832.53	43.71	172.19	573.00	20.90	15.30	7.43	
239	030701007008	法兰铜芯安全泄压阀 $DN65$ $P_n=1.60$MPa	个	1.00	1157.82	31.02	104.86	988.00	17.81	10.86	5.27	
	03080332	法兰铜芯安全泄压阀 $DN65$ $P_n=1.60$MPa	个	1.00	1157.82	31.02	104.86	988.00	17.81	10.86	5.27	
240	030701005001	螺纹橡胶阀瓣止回阀 $DN32$ $P_n=1.60$MPa	个	2.00	284.43	7.05	6.06	267.65		2.47	1.20	
	03080310	螺纹橡胶阀瓣止回阀 $DN32$ $P_n=1.60$MPa	个	2.00	284.43	7.05	6.06	267.65		2.47	1.20	

工程量清单综合单价分析表

工程名称：某综合楼水电安装　　　　第43页　共56页

序号	项目编码	项目名称及项目特征描述	单位	工程量	综合单价（元）	综合单价组成						
						人工费	材料费		机械费	管理费	利润	其中：暂估价
							附材费	主材费				
241	030701005002	螺纹铜芯截止阀 $DN32$ P_n=1.60MPa	个	2.00	109.70	7.05	6.06	92.92		2.47	1.20	
	03080310	螺纹铜芯截止阀 $DN32$ P_n=1.60MPa	个	2.00	109.70	7.05	6.06	92.92		2.47	1.20	
242	030701005003	螺纹铜芯截止阀 $DN15$ P_n=1.60MPa	个	1.00	45.94	4.70	2.43	36.36		1.65	0.80	
	03080307	螺纹铜芯截止阀 $DN15$ P_n=1.60MPa	个	1.00	45.94	4.70	2.43	36.36		1.65	0.80	
243	030803005002	螺纹自动排气阀 $DN15$ P_n=1.60MPa	个	1.00	55.27	7.99	7.12	36.00		2.80	1.36	
	03080362	螺纹自动排气阀 $DN15$ P_n=1.60MPa	个	1.00	55.27	7.99	7.12	36.00		2.80	1.36	
244	030701007009	法兰铜芯蝶阀 $DN100$ P_n=1.60MPa	个	4.00	839.53	43.71	172.19	580.00	20.90	15.30	7.43	
	03080334	法兰铜芯蝶阀 $DN100$ P_n=1.60MPa	个	4.00	839.53	43.71	172.19	580.00	20.90	15.30	7.43	
245	030701007010	法兰铜芯蝶阀 $DN80$ P_n=1.60MPa	个	1.00	754.39	35.25	139.00	544.00	17.81	12.34	5.99	
	03080333	法兰铜芯蝶阀 $DN80$ P_n=1.60MPa	个	1.00	754.39	35.25	139.00	544.00	17.81	12.34	5.99	
246	030701007011	法兰铜芯蝶阀 $DN65$ P_n=1.60MPa	个	5.00	677.82	31.02	104.86	508.00	17.81	10.86	5.27	
	03080332	法兰铜芯蝶阀 $DN65$ P_n=1.60MPa	个	5.00	677.82	31.02	104.86	508.00	17.81	10.86	5.27	
247	030604001001	钢制大小头 $DN200\times150$ P_n=1.60MPa	个	2.00	172.15	42.29	12.74	64.84	30.29	14.80	7.19	
	03060683	钢制大小头 $DN200\times150$ P_n=1.60MPa	10个	0.20	1721.40	422.90	127.35	648.40	302.85	148.01	71.89	
248	030604001002	钢制波纹管 $DN150$ P_n=1.60MPa	个	2.00	113.05	32.76	8.24	34.03	20.99	11.46	5.57	
	03060682	钢制波纹管 $DN150$ P_n=1.60MPa	10个	0.20	1130.47	327.55	82.40	340.30	209.90	114.64	55.68	
249	031001002002	压力仪表 P_n=0～0.3MPa 含表弯制作安装	块	1.00	95.56	21.17	13.38	50.00		7.41	3.60	
	03100027	压力仪表 P_n=0～0.3MPa	块	1.00	87.10	19.01	13.21	45.00		6.65	3.23	
	03100493	取源部件制作安装 压力表弯安装（10套）	10个	0.10	84.53	21.60	1.70	50.00		7.56	3.67	
250	031001002003	压力仪表 P_n=0～0.3MPa	块	2.00	95.55	21.17	13.38	50.00		7.40	3.60	

工程量清单综合单价分析表

工程名称：某综合楼水电安装　　　　　　　　第44页　共56页

序号	项目编码	项目名称及项目特征描述	单位	工程量	综合单价（元）	综合单价组成						
						人工费	材料费		机械费	管理费	利润	其中：暂估价
							附材费	主材费				
		含表弯制作安装										
	03100027	压力仪表 P_n=0～0.3MPa	块	2.00	87.10	19.01	13.21	45.00		6.65	3.23	
	03100493	取源部件制作安装 压力表弯安装（10套）	10个	0.20	84.45	21.55	1.70	50.00		7.54	3.66	
251	030701018001	减压稳压型室内消火栓 *DN*65	套	31.00	755.98	44.18	6.06	682.00	0.77	15.46	7.51	
		配 *DN*25 水喉；ϕ65 水带 25m										
	03080714	减压稳压型室内消火栓 *DN*65	套	31.00	755.98	44.18	6.06	682.00	0.77	15.46	7.51	
252	030701018002	室内单栓消火栓 *DN*65	套	30.00	607.98	44.18	6.06	534.00	0.77	15.46	7.51	
		配 *DN*25 水喉；ϕ65 水带 25m										
	03080714	室内单栓消火栓 *DN*65	套	30.00	607.98	44.18	6.06	534.00	0.77	15.46	7.51	
253	030701018003	试验消火栓 *DN*65	套	1.00	253.98	44.18	6.06	180.00	0.77	15.46	7.51	
	03080714	试验消火栓 *DN*65	套	1.00	253.98	44.18	6.06	180.00	0.77	15.46	7.51	
254	桂 030701021001	铝合金双灭火器箱	套	61.00	230.00			230.00				
		内置两具手提式干粉灭火器 MF/ABC5										
	B—	铝合金双灭火器箱	个	61.00	50.00			50.00				
	B—	手提式干粉灭火器 MF/ABC5	具	122.00	90.00			90.00				
		C.8 自动喷淋给水系统工程										
255	030109001004	消防切线泵 XBD8.4/30-125-250AL	台	2.00	682.37	349.41	97.33		53.94	122.29	59.40	
		Q=30L/s H=72m P=55kW										
	03010817	消防切线泵 XBD8.4/30-125-250AL	台	2.00	682.37	349.41	97.33		53.94	122.29	59.40	
256	030701001001	自动喷淋内外壁镀锌钢管（沟槽连接）*DN*200	m	7.70	542.67	70.83	82.82	331.95	20.25	24.79	12.04	

工程量清单综合单价分析表

工程名称：某综合楼水电安装

第45页 共56页

序号	项目编码	项目名称及项目特征描述	单位	工程量	综合单价（元）	综合单价组成						
						人工费	材料费		机械费	管理费	利润	其中：暂估价
							附材费	主材费				
		含管件安装；管道冲洗，水试压； 管道刷红丹防锈漆、调和漆各两道 含柔性防水套管制作安装										
	03080036换	钢管（沟槽连接）公称直径（mm以内）200	10m	0.77	3417.54	187.06	41.55	3047.06	44.60	65.47	31.80	
	03110048	管道刷油 红丹防锈漆 第一遍	10m²	0.48	33.88	11.40	2.58	13.97		3.99	1.94	
	03110049	管道刷油 红丹防锈漆 第二遍	10m²	0.48	31.98	11.40	2.29	12.36		3.99	1.94	
	03110057	管道刷油 调和漆 第一遍	10m²	0.48	28.73	11.84	0.76	9.98		4.14	2.01	
	03110058	管道刷油 调和漆 第二遍	10m²	0.48	26.93	11.40	0.76	8.84		3.99	1.94	
	03080177	柔性套管制作与安装 公称直径（mm以内）200制作	个	2.00	698.92	160.34	300.50	93.91	60.79	56.12	27.26	
	03080191	柔性套管制作与安装 公称直径（mm以内）200安装	个	2.00	45.17	29.15	0.86			10.20	4.96	
257	030701001002	自动喷淋内外壁镀锌钢管（沟槽连接）*DN*150 含管件安装；管道冲洗，水试压； 管道刷红丹防锈漆、调和漆各两道 含过楼板套管制作安装	m	28.70	482.79	48.51	13.30	394.80	0.95	16.98	8.24	
	03080035换	钢管（沟槽连接）公称直径（mm以内）150	10m	6.80	1848.13	158.86	26.11	1577.45	3.10	55.60	27.01	
	03110048	管道刷油 红丹防锈漆 第一遍	10m²	1.49	33.91	11.42	2.58	13.97		4.00	1.94	
	03110049	管道刷油 红丹防锈漆 第二遍	10m²	1.49	32.01	11.42	2.30	12.35		4.00	1.94	
	03110057	管道刷油 调和漆 第一遍	10m²	1.49	28.74	11.84	0.77	9.98		4.14	2.01	
	03110058	管道刷油 调和漆 第二遍	10m²	1.49	26.97	11.42	0.77	8.84		4.00	1.94	

工程量清单综合单价分析表

工程名称：某综合楼水电安装　　　　第46页　共56页

序号	项目编码	项目名称及项目特征描述	单位	工程量	综合单价（元）	综合单价组成						
						人工费	材料费		机械费	管理费	利润	其中：暂估价
							附材费	主材费				
	03080228	一般过墙、楼板钢套管制作、安装 公称直径（mm以内）200	个	11.00	100.78	22.16	17.70	48.81	0.58	7.76	3.77	
258	030701001003	自动喷淋内外壁镀锌钢管（沟槽连接）DN125 含管件安装；管道冲洗，水试压； 管道刷红丹防锈漆、调和漆各两道	m	328.20	221.85	18.30	2.54	191.24	0.20	6.42	3.13	
	03080034换	钢管（沟槽连接）公称直径（mm以内）125	10m	36.90	1925.46	144.76	20.23	1683.37	1.82	50.67	24.61	
	03110048	管道刷油 红丹防锈漆 第一遍	10m²	14.43	33.91	11.42	2.58	13.97		4.00	1.94	
	03110049	管道刷油 红丹防锈漆 第二遍	10m²	14.43	32.01	11.42	2.30	12.35		4.00	1.94	
	03110057	管道刷油 调和漆 第一遍	10m²	14.43	28.74	11.84	0.77	9.98		4.14	2.01	
	03110058	管道刷油 调和漆 第二遍	10m²	14.43	26.97	11.42	0.77	8.84		4.00	1.94	
259	030701001004	自动喷淋内外壁镀锌钢管（沟槽连接）DN100 含管件安装；管道冲洗，水试压； 管道刷红丹防锈漆、调和漆各两道 含过楼板套管制作安装 含刚性防水套管制作安装	m	217.10	201.04	22.93	2.55	162.90	0.75	8.02	3.90	
	03080033换	钢管（沟槽连接）公称直径（mm以内）100	10m	32.29	1280.11	130.66	5.51	1072.32	3.68	45.73	22.21	
	03110048	管道刷油 红丹防锈漆 第一遍	10m²	7.77	33.91	11.42	2.58	13.97		4.00	1.94	
	03110049	管道刷油 红丹防锈漆 第二遍	10m²	7.77	32.01	11.42	2.30	12.35		4.00	1.94	
	03110057	管道刷油 调和漆 第一遍	10m²	7.77	28.74	11.84	0.77	9.98		4.14	2.01	
	03110058	管道刷油 调和漆 第二遍	10m²	7.77	26.97	11.42	0.77	8.84		4.00	1.94	

工程量清单综合单价分析表

工程名称：某综合楼水电安装　　　　第47页　共56页

序号	项目编码	项目名称及项目特征描述	单位	工程量	综合单价（元）	综合单价组成						
						人工费	材料费		机械费	管理费	利润	其中：暂估价
							附材费	主材费				
	03080227	一般过墙、楼板钢套管制作、安装 公称直径150	个	12.00	71.15	19.45	12.88	28.12	0.58	6.81	3.31	
	03080200	刚性防水套管制作 公称直径（mm以内）100 制作	个	2.00	167.28	48.10	49.09	26.16	18.91	16.84	8.18	
	03080216	刚性防水套管制作 公称直径（mm以内）150 安装	个	2.00	90.85	35.47	36.94			12.41	6.03	
260	030701001005	自动喷淋内外壁镀锌钢管（螺纹连接）*DN*80 含管件安装；管道冲洗，水试压； 管道刷红丹防锈漆、调和漆各两道	m	36.90	106.86	17.96	3.08	75.32	1.18	6.27	3.04	
	03080007换	钢管（螺纹连接）公称直径（mm以内）80	10m	4.09	933.77	150.40	26.21	668.30	10.65	52.64	25.57	
	03110048	管道刷油 红丹防锈漆 第一遍	10m²	1.02	33.92	11.43	2.58	13.97		4.00	1.94	
	03110049	管道刷油 红丹防锈漆 第二遍	10m²	1.02	32.02	11.43	2.30	12.35		4.00	1.94	
	03110057	管道刷油 调和漆 第一遍	10m²	1.02	28.74	11.84	0.77	9.98		4.14	2.01	
	03110058	管道刷油 调和漆 第二遍	10m²	1.02	26.98	11.43	0.77	8.84		4.00	1.94	
261	030701001006	自动喷淋内外壁镀锌钢管（螺纹连接）*DN*65 含管件安装；管道冲洗，水试压； 管道刷红丹防锈漆、调和漆各两道 含刚性防水套管制作安装	m	19.30	90.64	17.76	6.66	55.34	1.67	6.22	3.00	
	03080006换	钢管（螺纹连接）公称直径（mm以内）70	10m	1.93	765.73	130.19	24.75	532.88	10.21	45.57	22.13	
	03110048	管道刷油 红丹防锈漆 第一遍	10m²	0.42	33.89	11.42	2.57	13.96		4.00	1.94	
	03110049	管道刷油 红丹防锈漆 第二遍	10m²	0.42	32.03	11.42	2.31	12.36		4.00	1.94	
	03110057	管道刷油 调和漆 第一遍	10m²	0.42	28.79	11.86	0.78	9.98		4.15	2.02	
	03110058	管道刷油 调和漆 第二遍	10m²	0.42	26.98	11.42	0.78	8.84		4.00	1.94	

工程量清单综合单价分析表

工程名称：某综合楼水电安装　　　　第48页　共56页

序号	项目编码	项目名称及项目特征描述	单位	工程量	综合单价（元）	综合单价组成						
						人工费	材料费		机械费	管理费	利润	其中：暂估价
							附材费	主材费				
	03080199	刚性防水套管制作 公称直径（mm以内）80 制作	个	1.00	129.49	36.44	41.05	20.46	12.60	12.75	6.19	
	03080216	刚性防水套管制作 公称直径（mm以内）150 安装	个	1.00	90.85	35.47	36.94			12.41	6.03	
262	030701001007	自动喷淋内外壁镀锌钢管（螺纹连接）DN50 含管件安装；管道冲洗，水试压； 管道刷红丹防锈漆、调和漆各两道	m	33.10	60.05	12.39	1.92	38.35	0.94	4.34	2.11	
	03080005换	钢管（螺纹连接）公称直径（mm以内）50	10m	3.31	582.23	117.03	18.27	376.70	9.37	40.96	19.90	
	03110048	管道刷油 红丹防锈漆 第一遍	10m²	0.50	33.92	11.42	2.59	13.97		4.00	1.94	
	03110049	管道刷油 红丹防锈漆 第二遍	10m²	0.50	32.00	11.42	2.30	12.34		4.00	1.94	
	03110057	管道刷油 调和漆 第一遍	10m²	0.50	28.73	11.84	0.76	9.98		4.14	2.01	
	03110058	管道刷油 调和漆 第二遍	10m²	0.50	26.96	11.42	0.76	8.84		4.00	1.94	
263	030701001008	自动喷淋内外壁镀锌钢管（螺纹连接）DN40 含管件安装；管道冲洗，水试压； 管道刷红丹防锈漆、调和漆各两道	m	606.30	51.25	12.11	1.60	30.42	0.82	4.24	2.06	
	03080004换	钢管（螺纹连接）公称直径（mm以内）40	10m	61.36	488.34	112.80	14.93	293.82	8.13	39.48	19.18	
	03110048	管道刷油 红丹防锈漆 第一遍	10m²	9.14	33.91	11.42	2.58	13.97		4.00	1.94	
	03110049	管道刷油 红丹防锈漆 第二遍	10m²	9.14	32.01	11.42	2.30	12.35		4.00	1.94	
	03110057	管道刷油 调和漆 第一遍	10m²	9.14	28.74	11.84	0.77	9.98		4.14	2.01	
	03110058	管道刷油 调和漆 第二遍	10m²	9.14	26.97	11.42	0.77	8.84		4.00	1.94	
264	030701001009	自动喷淋内外壁镀锌钢管（螺纹连接）DN32 含管件安装；管道冲洗，水试压；	m	458.40	45.71	11.41	1.62	25.95	0.77	3.98	1.96	

工程量清单综合单价分析表

工程名称：某综合楼水电安装　　　　第49页　共56页

序号	项目编码	项目名称及项目特征描述	单位	工程量	综合单价（元）	综合单价组成						
						人工费	材料费		机械费	管理费	利润	其中：暂估价
							附材费	主材费				
		管道刷红丹防锈漆、调和漆各两道										
	03080003 换	钢管（螺纹连接）公称直径（mm以内）32	10m	49.23	410.57	100.58	14.37	236.17	7.15	35.20	17.10	
	03110048	管道刷油 红丹防锈漆 第一遍	$10m^2$	6.05	33.91	11.42	2.58	13.97		4.00	1.94	
	03110049	管道刷油 红丹防锈漆 第二遍	$10m^2$	6.05	32.01	11.42	2.30	12.35		4.00	1.94	
	03110057	管道刷油 调和漆 第一遍	$10m^2$	6.05	28.74	11.84	0.77	9.98		4.14	2.01	
	03110058	管道刷油 调和漆 第二遍	$10m^2$	6.05	26.97	11.42	0.77	8.84		4.00	1.94	
265	030701001010	自动喷淋内外壁镀锌钢管（螺纹连接）*DN*25 含管件安装；管道冲洗，水试压； 管道刷红丹防锈漆、调和漆各两道	m	748.45	43.37	12.62	1.64	21.95	0.62	4.40	2.14	
	03080002 换	钢管（螺纹连接）公称直径（mm以内）25	10m	93.25	337.89	97.34	12.63	172.34	4.96	34.07	16.55	
	03110048	管道刷油 红丹防锈漆 第一遍	$10m^2$	7.99	33.91	11.42	2.58	13.97		4.00	1.94	
	03110049	管道刷油 红丹防锈漆 第二遍	$10m^2$	7.99	32.01	11.42	2.30	12.35		4.00	1.94	
	03110057	管道刷油 调和漆 第一遍	$10m^2$	7.99	28.74	11.84	0.77	9.98		4.14	2.01	
	03110058	管道刷油 调和漆 第二遍	$10m^2$	7.99	26.97	11.42	0.77	8.84		4.00	1.94	
266	030704001002	管道支架制作安装 支架刷红丹防锈漆、调和漆各两道	kg	3174.71	13.69	3.88	1.03	5.45	1.34	1.35	0.66	
	03080251	管道支架制作、安装 管道支架	100kg	31.75	1261.94	363.78	97.47	509.86	101.67	127.32	61.84	
	03110114	一般钢结构 红丹防锈漆 第一遍	100kg	31.75	30.10	5.78	2.09	11.02	8.21	2.02	0.98	
	03110115	一般钢结构 红丹防锈漆 第二遍	100kg	31.75	27.83	5.78	1.81	9.03	8.21	2.02	0.98	
	03110123	一般钢结构 调和漆 第一遍	100kg	31.75	25.51	5.97	0.63	7.60	8.21	2.09	1.01	
	03110124	一般钢结构 调和漆 第二遍	100kg	31.75	24.20	5.78	0.56	6.65	8.21	2.02	0.98	

工程量清单综合单价分析表

工程名称：某综合楼水电安装　　　　第50页　共56页

序号	项目编码	项目名称及项目特征描述	单位	工程量	综合单价（元）	综合单价组成						
						人工费	材料费		机械费	管理费	利润	其中：暂估价
							附材费	主材费				
267	030701019002	地上式消防水泵接合器 $DN150$	套	2.00	1164.97	114.21	173.94	806.00	11.43	39.97	19.42	
	03080733	消防水泵接合器安装 地上式 150	套	2.00	1164.97	114.21	173.94	806.00	11.43	39.97	19.42	
268	030701012001	湿式报警装阀 ZSFS $DN150$ P_n=1.60MPa	组	1.00	3004.85	435.69	424.00	1876.00	42.60	152.49	74.07	
	03080690	湿式报警装置安装 公称直径（mm以内）150	组	1.00	3004.85	435.69	424.00	1876.00	42.60	152.49	74.07	
269	030701016001	末端试水装置 $DN25$ P_n=1.60MPa	组	11.00	304.52	70.97	58.61	135.34	2.70	24.84	12.06	
	03080711	末端试水装置安装 公称直径（mm以内）25	组	11.00	304.52	70.97	58.61	135.34	2.70	24.84	12.06	
270	030701014001	法兰水流指示器 $DN125$ P_n=1.60MPa	个	11.00	510.59	98.70	58.63	280.00	21.93	34.55	16.78	
	03080704	法兰水流指示器 $DN125$ P_n=1.60MPa	个	11.00	510.59	98.70	58.63	280.00	21.93	34.55	16.78	
271	030701014002	法兰水流指示器 $DN150$ P_n=1.60MPa	个	1.00	560.59	98.70	58.63	330.00	21.93	34.55	16.78	
	03080704	法兰水流指示器 $DN150$ P_n=1.60MPa	个	1.00	560.59	98.70	58.63	330.00	21.93	34.55	16.78	
272	030701007012	法兰铜芯信号阀 $DN125$ P_n=1.60MPa	个	11.00	592.49	55.93	221.79	264.00	21.68	19.58	9.51	
	03080335	法兰铜芯信号阀 $DN125$ P_n=1.60MPa	个	11.00	592.49	55.93	221.79	264.00	21.68	19.58	9.51	
273	030701007013	法兰铜芯信号阀 $DN150$ P_n=1.60MPa	个	1.00	820.63	66.27	326.67	370.00	23.23	23.19	11.27	
	03080336	法兰铜芯信号阀 $DN150$ P_n=1.60MPa	个	1.00	820.63	66.27	326.67	370.00	23.23	23.19	11.27	
274	030701007014	法兰铜芯刀阀 $DN200$ P_n=1.60MPa	个	2.00	2215.10	96.35	487.55	1530.00	51.10	33.72	16.38	
	03080337	法兰铜芯刀阀 $DN200$ P_n=1.60MPa	个	2.00	2215.10	96.35	487.55	1530.00	51.10	33.72	16.38	
275	030701007015	法兰铜芯闸阀 $DN150$ P_n=1.60MPa	个	4.00	1730.63	66.27	326.67	1280.00	23.23	23.19	11.27	
	03080336	法兰铜芯闸阀 $DN150$ P_n=1.60MPa	个	4.00	1730.63	66.27	326.67	1280.00	23.23	23.19	11.27	
276	030701007016	法兰铜芯闸阀 $DN100$ P_n=1.60MPa	个	2.00	827.53	43.71	172.19	568.00	20.90	15.30	7.43	
	03080334	法兰铜芯闸阀 $DN100$ P_n=1.60MPa	个	2.00	827.53	43.71	172.19	568.00	20.90	15.30	7.43	
277	030701007017	法兰铜芯闸阀 $DN65$ P_n=1.60MPa	个	1.00	561.82	31.02	104.86	392.00	17.81	10.86	5.27	

工程量清单综合单价分析表

工程名称：某综合楼水电安装　　　　第51页　共56页

序号	项目编码	项目名称及项目特征描述	单位	工程量	综合单价（元）	综合单价组成						
						人工费	材料费		机械费	管理费	利润	其中：暂估价
							附材费	主材费				
	03080332	法兰铜芯闸阀 $DN65$ P_n=1.60MPa	个	1.00	561.82	31.02	104.86	392.00	17.81	10.86	5.27	
278	030701005004	螺纹铜芯截止阀 $DN15$ P_n=1.60MPa	个	2.00	45.94	4.70	2.43	36.36		1.65	0.80	
	03080307	螺纹铜芯截止阀 $DN15$ P_n=1.60MPa	个	2.00	45.94	4.70	2.43	36.36		1.65	0.80	
279	030803005003	螺纹自动排气阀 $DN15$ P_n=1.60MPa	个	2.00	55.27	7.99	7.12	36.00		2.80	1.36	
	03080362	螺纹自动排气阀 $DN15$ P_n=1.60MPa	个	2.00	55.27	7.99	7.12	36.00		2.80	1.36	
280	030701007018	法兰铜芯止回阀 $DN100$ P_n=1.60MPa	个	2.00	832.53	43.71	172.19	573.00	20.90	15.30	7.43	
	03080334	法兰铜芯止回阀 $DN100$ P_n=1.60MPa	个	2.00	832.53	43.71	172.19	573.00	20.90	15.30	7.43	
281	030701007019	多功能水泵控制阀 $DN150$ P_n=1.60MPa	个	2.00	1650.63	66.27	326.67	1200.0C	23.23	23.19	11.27	
	03080336	法兰铜芯多功能水泵控制阀 $DN150$ P_n=1.60MPa	个	2.00	1650.63	66.27	326.67	1200.0C	23.23	23.19	11.27	
282	030701007020	安全泄压阀 $DN65$ P_n=1.60MPa	个	1.00	1157.82	31.02	104.86	988.00	17.81	10.86	5.27	
	03080332	法兰铜芯安全泄压阀 $DN65$ P_n=1.60MPa	个	1.00	1157.82	31.02	104.86	988.00	17.81	10.86	5.27	
283	031001002004	压力仪表 P_n=0～0.3MPa 含表弯制作安装	块	3.00	95.55	21.17	13.38	50.00		7.40	3.60	
	03100027	压力仪表 P_n=0～0.3MPa	块	3.00	87.10	19.01	13.21	45.00		6.65	3.23	
	03100493	取源部件制作安装 压力表弯安装（10套）	10个	0.30	84.49	21.57	1.70	50.00		7.55	3.67	
284	030701011001	闭式玻璃喷头（吊顶式）ZSTD15/68	个	651.00	36.86	9.12	3.95	18.18	0.87	3.19	1.55	
	03080686	闭式玻璃喷头（吊顶式）ZSTD15/68	10个	65.10	368.60	91.18	39.48	181.80	8.73	31.91	15.50	
285	030701011002	标准响应玻璃球喷头（边墙式）ZSTB-20型	个	23.00	43.93	9.12	3.95	25.25	0.87	3.19	1.55	
	03080686	标准响应玻璃球喷头（边墙式）ZSTB-20型	10个	2.30	439.30	91.18	39.48	252.50	8.73	31.91	15.50	
286	030803013004	法兰橡胶软接头 $DN200$ P_n=1.60MPa	个	2.00	1149.91	98.23	489.50	460.00	51.10	34.38	16.70	
	03080406	法兰橡胶软接头 $DN200$ P_n=1.60MPa	个	2.00	1149.91	98.23	489.50	460.00	51.10	34.38	16.70	

工程量清单综合单价分析表

工程名称：某综合楼水电安装　　　　第52页　共56页

序号	项目编码	项目名称及项目特征描述	单位	工程量	综合单价（元）	综合单价组成						
						人工费	材料费		机械费	管理费	利润	其中：暂估价
							附材费	主材费				
287	030604001003	钢制大小头 DN200×150 P_n=1.60MPa	个	2.00	172.15	42.29	12.74	64.84	30.29	14.80	7.19	
	03060683	钢制大小头 DN200×150 P_n=1.60MPa	10个	0.20	1721.40	422.90	127.35	648.40	302.85	148.01	71.89	
288	030604001004	钢制波纹管 DN150 P_n=1.60MPa	个	2.00	113.05	32.76	8.24	34.03	20.99	11.46	5.57	
	03060682	钢制波纹管 DN150 P_n=1.60MPa	10个	0.20	1130.47	327.55	82.40	340.30	209.90	114.64	55.68	
289	030604001005	吸水喇叭口 DN200 含支座制作安装	个	2.00	287.31	42.29	12.74	180.00	30.29	14.80	7.19	
	03060683	吸水喇叭口 DN200	10个	0.20	2873.00	422.90	127.35	1800.00	302.85	148.01	71.89	
		C.9 通风空调工程										
290	030901002001	双速消防高温排烟风机　HTF-IIN07＃ L=18000/14000m³/h P=700/280Pa N=8/6.5kW 安装方式：中心距地2.70m吊装 含支架制安及刷油防腐	台	1.00	8417.95	171.38	152.84	8000.00	4.62	59.98	29.13	
	03090213	双速消防高温排烟风机 HTF-IIN07＃	台	1.00	8417.95	171.38	152.84	8000.00	4.62	59.98	29.13	
291	030901002002	低噪声混流通风机 SWF-3A L=1100m³/h P=200Pa N=0.25kW 安装方式：中心距地2.70m吊装 含支架制安及刷油防腐	台	2.00	3096.68	115.70	117.31	2800.00	3.51	40.49	19.67	
	03090212	低噪音混流通风机 SWF-7A	台	2.00	3096.68	115.70	117.31	2800.00	3.51	40.49	19.67	
292	030901002003	加压风机 SWF-6.5A L=12000m³/h P=400Pa N=2.2kW 含支架制安及刷油防腐	台	1.00	1640.34	212.68	157.44	1155.00	4.62	74.44	36.16	

工程量清单综合单价分析表

工程名称：某综合楼水电安装

第53页 共56页

序号	项目编码	项目名称及项目特征描述	单位	工程量	综合单价（元）	综合单价组成						
						人工费	材料费		机械费	管理费	利润	其中：暂估价
							附材费	主材费				
	03090202	加压风机 SWF-6.5A	台	1.00	1640.34	212.68	157.44	1155.00	4.62	74.44	36.16	
293	030901002004	加压风机 SWF-7A 含支架制安及刷油防腐 $L=18000m^3/h$ $P=320Pa$ $N=3kW$	台	1.00	2172.84	438.84	247.23	1250.00	8.58	153.59	74.60	
	03090203	加压风机 SWF-7A	台	1.00	2172.84	438.84	247.23	1250.00	8.58	153.59	74.60	
294	030901002005	加压风机 SWF-9B 含支架制安及刷油防腐 $L=25000m^3/h$ $P=469Pa$ $N=5.5kW$	台	1.00	3347.95	853.66	339.06	1700.00	11.33	298.78	145.12	
	03090204	加压风机 SWF-9B	台	1.00	3347.95	853.66	339.06	1700.00	11.33	298.78	145.12	
295	030902003001	镀锌薄钢板圆形风管（咬口连接）$\delta=1.2mm$ 周长≥1120 含风管支架制安及刷红丹防锈漆二道	m^2	11.04	146.12	36.51	21.43	68.37	0.81	12.78	6.21	
	03090004	镀锌薄钢板圆形风管（$\delta=1.2mm$ 以内咬口）直径(mm) 1120 以上	$10m^2$	1.10	1461.93	365.29	214.45	684.17	8.07	127.85	62.10	
296	030902003002	镀锌薄钢板圆形风管（咬口连接）$\delta=1.2mm$ 周长≤1120 含风管支架制安及刷红丹防锈漆二道	m^2	66.03	133.30	28.89	19.59	68.41	1.38	10.11	4.91	
	03090003	镀锌薄钢板圆形风管（$\delta=1.2mm$ 以内咬口）直径(mm) 1120 以下	$10m^2$	6.60	1333.17	288.96	195.96	684.17	13.82	101.14	49.12	
297	030902003003	镀锌薄钢板矩形风管（咬口连接）$\delta=1.2mm$ 周长≥4000 含风管支架制安及刷红丹防锈漆二道	m^2	15.84	132.77	26.18	23.54	68.42	1.03	9.16	4.45	
	03090008	镀锌薄钢板矩形风管（$\delta=1.2mm$ 以内咬口）周长(mm) 4000 以上	$10m^2$	1.58	1327.70	261.79	235.36	684.17	10.25	91.63	44.50	
298	030902003004	镀锌薄钢板矩形风管（咬口连接）$\delta=1.2mm$ 周长≤4000	m^2	118.81	125.24	23.74	19.37	68.42	1.36	8.31	4.04	

工程量清单综合单价分析表

工程名称：某综合楼水电安装　　　　第54页　共56页

序号	项目编码	项目名称及项目特征描述	单位	工程量	综合单价（元）	综合单价组成						
						人工费	材料费		机械费	管理费	利润	其中：暂估价
							附材费	主材费				
		含风管支架制安及刷红丹防锈漆二道										
	03090007	镀锌薄钢板矩形风管（δ=1.2mm 以内咬口）周长（mm）4000 以下	10m²	11.88	1252.34	237.40	193.70	684.17	13.62	83.09	40.36	
299	030902003005	镀锌薄钢板矩形风管（咬口连接）δ=1.2mm 周长≤2000 含风管支架制安及刷红丹防锈漆二道	m²	8.12	136.39	28.53	22.20	68.45	2.37	9.99	4.85	
	03090006	镀锌薄钢板矩形风管（δ=1.2mm 以内咬口）周长（mm）2000 以下	10m²	0.81	1363.21	285.20	221.86	684.17	23.68	99.82	48.48	
300	桂 030903023001	消声静压箱安装 规格尺寸：2000×1600×1200（h）	个	1.00	2277.04	89.16	140.46	2000.00	1.05	31.21	15.16	
	03090172	消声静压箱安装 2000×1600×1200（h）	个	1.00	2277.04	89.16	140.46	2000.00	1.05	31.21	15.16	
301	030903007001	单层百叶风口（带调节阀）800×300	个	6.00	135.57	22.65	0.44	100.00	0.70	7.93	3.85	
	03090088	单层百叶风口（带调节阀）800×300	个	6.00	135.57	22.65	0.44	100.00	0.70	7.93	3.85	
302	030903007002	单层百叶风口（带调节阀）250×200	个	2.00	69.90	12.93	0.24	50.00		4.53	2.20	
	03090085	单层百叶风口（带调节阀）250×200	个	2.00	69.90	12.93	0.24	50.00		4.53	2.20	
303	030903007003	单层百叶送风口 500×1200	个	1.00	1111.44	39.39	0.76	1050.00	0.80	13.79	6.70	
	03090084	单层百叶送风口 500×1200	个	1.00	1111.44	39.39	0.76	1050.00	0.80	13.79	6.70	
304	030903007004	多叶送风口 500×（1200+250）	个	1.00	1231.44	39.39	0.76	1170.00	0.80	13.79	6.70	
	03090084	多叶送风口 500×（1200+250）	个	1.00	1231.44	39.39	0.76	1170.00	0.80	13.79	6.70	
305	030903007005	自垂百叶送风口 1000×900	个	1.00	435.94	39.39	0.76	374.50	0.80	13.79	6.70	
	03090084	自垂百叶送风口 1000×900	个	1.00	435.94	39.39	0.76	374.50	0.80	13.79	6.70	

工程量清单综合单价分析表

工程名称：某综合楼水电安装　　　　第 55 页　共 56 页

序号	项目编码	项目名称及项目特征描述	单位	工程量	综合单价（元）	综合单价组成						
						人工费	材料费		机械费	管理费	利润	其中：暂估价
							附材费	主材费				
306	030903007006	防火百叶风口（70℃）300×500	个	1.00	317.72	17.63	0.32	290.00	0.60	6.17	3.00	
	03090081	防火百叶风口（70℃）300×500	个	1.00	317.72	17.63	0.32	290.00	0.60	6.17	3.00	
307	030903007007	多叶送风口 500×（1200+250）	个	11.00	1231.44	39.39	0.76	1170.00	0.80	13.79	6.70	
	03090084	多叶送风口 500×（1200+250）	个	11.00	1231.44	39.39	0.76	1170.00	0.80	13.79	6.70	
308	030903001001	风管止回阀 Φ900	个	1.00	545.27	23.50	9.16	500.00	0.38	8.23	4.00	
	03090059	风管止回阀 Φ900	个	1.00	545.27	23.50	9.16	500.00	0.38	8.23	4.00	
309	030903001002	风管止回阀 Φ700	个	2.00	445.27	23.50	9.16	400.00	0.38	8.23	4.00	
	03090059	风管止回阀 Φ700	个	2.00	445.27	23.50	9.16	400.00	0.38	8.23	4.00	
310	030903001003	风管止回阀 Φ650	个	1.00	425.27	23.50	9.16	380.00	0.38	8.23	4.00	
	03090059	风管止回阀 Φ650	个	1.00	425.27	23.50	9.16	380.00	0.38	8.23	4.00	
311	030903001004	风管止回阀 Φ300	个	1.00	172.78	13.16	2.54	150.00	0.23	4.61	2.24	
	03090057	风管止回阀 Φ300	个	1.00	172.78	13.16	2.54	150.00	0.23	4.61	2.24	
312	030903001005	防火调节阀（70℃）Φ700	个	1.00	464.42	33.70	12.96	400.00	0.23	11.80	5.73	
	03090064	防火调节阀（70℃）Φ700	个	1.00	464.42	33.70	12.96	400.00	0.23	11.80	5.73	
313	030903001006	防火调节阀（70℃）Φ300	个	1.00	284.42	33.70	12.96	220.00	0.23	11.80	5.73	
	03090064	防火调节阀（70℃）Φ300	个	1.00	284.42	33.70	12.96	220.00	0.23	11.80	5.73	
314	030903001007	防火阀（280℃）1800×400	个	1.00	937.79	75.91	42.03	780.00	0.38	26.57	12.90	
	03090066	防火阀（280℃）1800×400	个	1.00	937.79	75.91	42.03	780.00	0.38	26.57	12.90	
315	030903001008	防火阀（280℃）1200×500	个	1.00	861.41	55.51	31.73	745.00	0.30	19.43	9.44	
	03090065	防火阀（280℃）1200×500	个	1.00	861.41	55.51	31.73	745.00	0.30	19.43	9.44	

工程量清单综合单价分析表

工程名称：某综合楼水电安装　　　　第56页　共56页

序号	项目编码	项目名称及项目特征描述	单位	工程量	综合单价（元）	综合单价组成						
						人工费	材料费		机械费	管理费	利润	其中：暂估价
							附材费	主材费				
316	030903001009	防火阀（280℃）400×200	个	1.00	529.42	33.70	12.96	465.00	0.23	11.80	5.73	
	03090064	防火阀（280℃）400×200	个	1.00	529.42	33.70	12.96	465.00	0.23	11.80	5.73	
317	030903001010	防火阀（280℃）250×200	个	3.00	434.42	33.70	12.96	370.00	0.23	11.80	5.73	
	03090064	防火阀（280℃）250×200	个	3.00	434.42	33.70	12.96	370.00	0.23	11.80	5.73	
318	030903001011	防火阀（70℃）Φ100	个	198.00	214.42	33.70	12.96	150.00	0.23	11.80	5.73	
	03090064	防火阀（70℃）Φ100	个	198.00	214.42	33.70	12.96	150.00	0.23	11.80	5.73	
319	030901003001	卫生间排气扇　$L=200m^3/h$ $P=20Pa$ $N=0.025kW$	台	1.00	145.48	16.45	0.17	120.00	0.30	5.76	2.80	
	03090194	卫生间排气扇　$L=200m^3/h$ $P=20Pa$ $N=0.025kW$	台	1.00	145.48	16.45	0.17	120.00	0.30	5.76	2.80	
320	030901003002	卫生间排气扇　$L=150m^3/h$ $P=20Pa$ $N=0.020kW$	台	198.00	135.48	16.45	0.17	110.00	0.30	5.76	2.80	
	03090194	卫生间排气扇　$L=150m^3/h$ $P=20Pa$ $N=0.020kW$	台	198.00	135.48	16.45	0.17	110.00	0.30	5.76	2.80	

19.6 技术措施项目清单与计价表

工程名称：某综合楼水电安装　　　　第1页　共1页

序号	项目编号	项目名称及项目特征描述	计量单位	工程量	金额（元）		
					综合单价	合价	其中：暂估价
	1.1	脚手架费	项	1.00	16230.61	16230.61	
	1.2	混凝土、钢筋混凝土模板及支架费	项	1.00			
	1.3	混凝土泵送费	项	1.00			
	1.4	施工排水、降水费	项	1.00			
	1.5	已完工程及设备保护费	项	1.00			
	1.6	二次搬运费	项	1.00			
	1.7	大型机械设备进出场及安拆费	项	1.00			
	4.1	组装平台	项	1.00			
	4.2	设备管道施工安全、防冻和焊接保护措施	项	1.00			
	4.3	压力容器和高压管道的检验	项	1.00			
	4.4	焦炉施工大棚	项	1.00			
	4.5	焦炉烘炉、热态工程	项	1.00			
	4.6	管道安装后的充气保护措施	项	1.00			
	4.7	隧道内施工的通风、供水、供气、照明及通信设施	项	1.00			
	4.8	现场施工围栏	项	1.00			
	4.9	格架式桅杆	项	1.00			
	4.10	高层建筑增加费	项	1.00	11700.97	11700.97	
	4.11	系统调试费	项	1.00	1707.79	1707.79	
	4.12	同时施工增加费	项	1.00			
	4.13	有害健康增加费	项	1.00			
	4.14	其他	项	1.00			
		合　计				29639.37	
		Σ人工费				11666.85	
		Σ材料费				11905.75	
		Σ机械费				0.00	
		Σ管理费				4083.39	
		Σ利润				1983.38	

19.7 技术措施项目清单综合单价分析表

工程名称：某综合楼水电安装　　　　第1页　共2页

序号	项目编码	项目名称及项目特征描述	单位	工程量	综合单价（元）	综合单价组成					
						人工费	材料费	机械费	管理费	利润	其中：暂估价
	1.1	脚手架费	项	1.00	16230.61	3591.01	10772.26		1256.85	610.49	
1		脚手架费/（2）电气设备　人（R×4%×25%）材（R×4%×75%）	元	1.00	4987.95	1103.64	3310.42		386.27	187.62	
2		脚手架费/（11）刷油防腐绝热（刷油）　人（R×8%×25%）材（R×8%×75%）	元	1.00	9.52	2.10	6.32		0.74	0.36	
3		脚手架费/（7）建筑智能化　人（R×4%×25%）材（R×4%×75%）	元	1.00	1188.07	262.87	788.51		92.00	44.69	
4		脚手架费/（7）建筑智能化　人（R×4%×25%）材（R×4%×75%）	元	1.00	1959.13	433.44	1300.31		151.70	73.68	
5		脚手架费/（2）电气设备　人（R×4%×25%）材（R×4%×75%）	元	1.00	599.12	132.56	397.62		46.40	22.54	
6		脚手架费/（8）给排水、燃气工程　人（R×5%×25%）材（R×5%×75%）	元	1.00	1929.18	426.83	1280.40		149.39	72.56	
7		脚手架费/（11）刷油防腐绝热（防腐蚀）　人（R×12%×25%）材（R×12%×75%）	元	1.00	9.74	2.15	6.47		0.75	0.37	
8		脚手架费/（8）给排水、燃气工程　人（R×5%×25%）材（R×5%×75%）	元	1.00	4579.29	1013.15	3039.30		354.60	172.24	
9		脚手架费/（11）刷油防腐绝热（刷油）　人（R×8%×25%）材（R×8%×75%）	元	1.00	328.10	72.56	217.80		25.40	12.34	
10		脚手架费/（9）通风空调　人（R×3%×25%）材（R×3%×75%）	元	1.00	640.51	141.71	425.11		49.60	24.09	
	1.2	混凝土、钢筋混凝土模板及支架费	项	1.00							
	1.3	混凝土泵送费	项	1.00							
	1.4	施工排水、降水费	项	1.00							
	1.5	已完工程及设备保护费	项	1.00							
	1.6	二次搬运费	项	1.00							

工程名称：某综合楼水电安装 第2页 共2页

序号	项目编码	项目名称及项目特征描述	单位	工程量	综合单价（元）	综合单价组成					
						人工费	材料费	机械费	管理费	利润	其中：暂估价
	4.5	焦炉烘炉、热态工程	项	1.00							
	4.6	管道安装后的冲气保护措施	项	1.00							
	4.7	隧道内施工的通风、供水、供气、照明及通信设施	项	1.00							
	4.8	现场施工围栏	项	1.00							
	4.9	格架式桅杆	项	1.00							
	4.10	高层建筑增加费	项	1.00	11700.97	7698.01			2694.30	1308.66	
11		高层建筑增加费/（2）电气设备 人（$R\times2\%$）	元	1.00	3354.46	2206.88			772.41	375.17	
12		高层建筑增加费/（7）建筑智能化 人（$R\times2\%$）	元	1.00	799.01	525.67			183.98	89.36	
13		高层建筑增加费/（7）建筑智能化 人（$R\times2\%$）	元	1.00	1317.66	866.88			303.41	147.37	
14		高层建筑增加费/（2）电气设备 人（$R\times2\%$）	元	1.00	402.90	265.07			92.77	45.06	
15		高层建筑增加费/（8）给排水 人（$R\times3\%$）	元	1.00	1556.92	1024.29			358.50	174.13	
16		高层建筑增加费/（8）给排水 人（$R\times3\%$）	元	1.00	3695.72	2431.39			850.99	413.34	
17		高层建筑增加费/（9）通风空调 人（$R\times2\%$）	元	1.00	574.30	377.83			132.24	64.23	
	4.11	系统调试费	项	1.00	1707.79	377.83	1133.49		132.24	64.23	
18		系统调试费/（9）通风空调 人（$R\times8\%\times25\%$）材（$R\times8\%\times75\%$）	元	1.00	1707.79	377.83	1133.49		132.24	64.23	
	4.12	同时施工增加费	项	1.00							
	4.13	有害健康增加费	项	1.00							
	4.14	其他	项	1.00							

19.8 其他措施项目清单与计价表

工程名称：某综合楼水电安装　　　　第1页　共1页

序号	项目名称	计算基础	费率（%）	金额（元）
1	环境保护费	人工费		1735.53
2	文明施工费	人工费		6942.10
3	安全施工费	人工费		15619.74
4	临时设施费	人工费		41652.64
5	雨季施工增加费	人工费		17355.27
6	缩短工期增加费	人工费		
7	夜间施工增加费			
8	特殊保健费			
9	室内空气污染测试费			
10	停工窝工损失费			
11	机械台班停滞费			
12	交叉施工补贴			
13	暗室施工增加费			
14	行车、行人干扰增加费			
15	其他施工组织措施费			
	合计			83305.28

19.9 其他项目清单与计价项目汇总表

工程名称：某综合楼水电安装　　　　第1页　共1页

序号	项目名称	计 算 公 式	金额（元）
1	暂列金额	明细详见表	
2	计日工	明细详见表	
3	总承包服务费	明细详见表	
4	检验试验配合费	（分部分项工程费＋措施项目费）×相应费率	2080.28
5	暂估价	5.1＋5.2＋5.3	30166.27
5.1	材料暂估价	明细详见表	
5.2	专业工程暂估价	明细详见表	
5.3	检验试验费暂估价	（分部分项工程费＋措施项目费）×相应费率	30166.27
6	优良工程增加费	（分部分项工程费＋措施项目费）×相应费率	
7	开放城市补贴	（综合工日＋机械工日）×相应费率	
合　计			32246.55

注：专业工程暂估价、检验试验费暂估价包含除税金之外的所有费用，不计规费。

19.10 规费、税金项目清单与计价表

工程名称：某综合楼水电安装　　　　　　　　　　　　　　　　　　　　　　第1页　共1页

序号	项目名称	计算基础	费率（%）	金额（元）
1	规费	1.1+1.2+1.3+1.4+1.5		138685.06
1.1	工程排污费	分部分项工程费+措施项目费+其他项目费		1249.41
1.2	社会保障费			109115.57
(1)	养老保险费			72674.31
(2)	失业保险费			7288.25
(3)	医疗保险费			29153.01
1.3	住房公积金			18949.46
1.4	危险作业意外伤害保险费			6038.84
1.5	工伤保险费			3331.78
2	税金	分部分项工程费+措施项目费+其他项目费+规费+税前项目费		87102.86
		合计		225787.92

19.11 主要材料及价格表

工程名称：某综合楼水电安装　　　　第1页　共2页

序号	材料编码	项目名称及规格、型号等特殊要求	单位	数量	单价（元）
1	03010920	潜水泵　设备重量（t）0.10	台	6	2300.00
2	03010920	潜水泵　设备重量（t）0.10	台	2	2400.00
3	03070012	110跳线　PJ00220	条	3	30.00
4	03070013	100对110配线架　PI3100	条	4	60.00
5	03070016	12位ST型光纤配线架 PD5012-ST	条	4	350.00
6	03070017	24口RJ45模块配线架 PD2124	条	26	400.00
7	03070023	理线器 PA2211（02）	10个	1.2	60.00
8	03070023	理线器 PA2211（20）	10个	1.2	85.00
9	03070677	电视集中分配器 7712	10个	1.9	280.00
10	03070678	电视二分支器	10个	0.9	168.00
11	03070811	设备安装　接线箱	台	1	350.00
12	03071089	家居控制系统设备安装　家居智能布线箱　暗装	台	202	120.00
13	03090203	加压风机 SWF-7A	台	1	1250.00
14	03090204	加压风机 SWF-9B	台	1	1700.00
15	03090212	低噪声混流通风机 SWF-7A	台	2	2800.00
16	03090213	双速消防高温排烟风机 HTF-IIN07#	台	1	8000.00
17	B—	铝合金双灭火器箱	个	61	50.00
18	B—	手提式干粉灭火器 MF/ABC5	具	122	90.00
19	B—	探测器底座	只	390	4.30
20	W0301001	双壁波纹管 *de*200	m	66.559	52.10
21	W0311007	橡胶圈 *DN*200	个	10.874	6.55
22	Z000010	机柜（机架）	个	4	1200.00
23	Z000010	机柜（机架）	个	1	3000.00
24	Z000289	电缆	m	6535.2	2.30
25	Z000289	电缆	m	106.26	5.60
26	Z001209	8位模块式信息插座（双口）	个	3.06	33.10
27	Z01002	桥架	m	1041.582	31.30
28	Z01002	桥架	m	215.573	59.70
29	Z01003	双绞线缆	m	15304.59	2.80
30	Z01003	双绞线缆	m	433.125	5.77

工程名称：某综合楼水电安装　　　　第2页　共2页

序号	材料编码	项目名称及规格、型号等特殊要求	单位	数量	单价（元）
31	Z01016	尾纤（10m双头）	根	10.2	15.00
32	Z01098	用户终端盒（TV.FM）	个	1.01	14.90
33	Z01124004	绝缘导线	m	7844.148	1.49
34	Z01124004	绝缘导线	m	6162.264	1.94
35	Z01124004	绝缘导线	m	682.746	2.38
36	Z01124008	照明开关	只	11.22	7.50
37	Z01124011	金属软管	m	12.5	
38	Z01124016	成套按钮	套	2.02	55.00
39	Z01124016	成套按钮	套	26.26	61.60
40	Z01124017	成套插座	套	5.1	12.20
41	Z01124017	成套插座	套	55.08	9.20
42	Z01124024	成套灯具	套	69.69	129.33
43	Z01124024	成套灯具	套	10.1	14.82
44	Z01124024	成套灯具	套	14.14	18.00
45	Z01124024	成套灯具	套	4.04	252.19
46	Z01124024	成套灯具	套	60.6	36.40
47	Z01124024	成套灯具	套	181.8	51.50
48	Z01124024	成套灯具	套	8.08	62.18
49	Z01124024	成套灯具	套	86.86	71.00
50	Z01124024	成套灯具	套	84.84	82.00
51	Z01124024	成套灯具	套	37.37	86.40
52	Z01124027	刚性阻燃管	m	3198.25	1.12
53	Z01124027	刚性阻燃管	m	6964.21	1.50
54	Z01124027	刚性阻燃管	m	1712.7	2.32
55	Z01124027	刚性阻燃管	m	340.34	3.91
56	Z01124029	轴流排气扇	台	5	60.00
57	Z01124036	铜芯绝缘导线	m	20.79	15.31
58	Z01124036	铜芯绝缘导线	m	2249.625	3.56
59	Z01124036	铜芯绝缘导线	m	900.375	6.32
60	Z01124037	接线盒	个	20.4	1.50
61	Z01124051	铜芯多股绝缘导线	m	54.324	1.56
62	Z01124051	铜芯多股绝缘导线	m	3029.724	1.61
63	Z01124051	铜芯多股绝缘导线	m	837.756	3.20
64	Z01124051	铜芯多股绝缘导线	m	140.4	3.59
65	Z01124051	铜芯多股绝缘导线	m	340.2	4.50

19.12 设备及价格表

工程名称：某综合楼水电安装　　　　第1页　共1页

序号	设备名称、规格、型号等特殊要求	单位	数量	单价（元）	合价（元）
1	消防切线泵 XBD7.2/20-100-250AL	台	2.000	15500.00	31000.00
2	消防切线泵 XBD8.4/30-125-250AL	台	2.000	24000.00	48000.00
3	无负压自动供水设备 XMW-NZ-24-3	台	1.000	45000.00	45000.00
4	电气火灾监控主机 WEFPS-B64	台	1.000	30000.00	30000.00
5	火灾报警联动控制器 JB-3208G	台	1.000	11500.00	11500.00
6	气压补压设备 ZW（L）-I-XZ-10	套	1.000	30000.00	30000.00
7	合　计				195500.00

参 考 文 献

[1] 广西安装工程消耗量定额(2008 年版).

[2] GB 50500—2008，建设工程工程量清单计价规范 .

[3] 广西建设工程工程量清单计价应用指南 .

[4] 建设工程工程量清单计价规范 GB 50500—2008 广西壮族自治区实施细则 .

[5] 广西壮族自治区工程量清单及招标控制价编制示范文本 .

[6] 吴心伦，黎诚 . 安装工程造价 . 重庆：重庆大学出版社，2006.

[7] 《给排水、采暖、燃气工程》编委会 . 定额预算与工程量清单计价对照使用手册(给排水采暖燃气工程). 北京：水利水电出版社，2007.

[8] 冯钢，景巧玲 . 安装工程计量与计价 . 北京：北京大学出版社，2009.

[9] 文桂萍 . 建筑设备安装与识图 . 北京：机械工业出版社，2010.